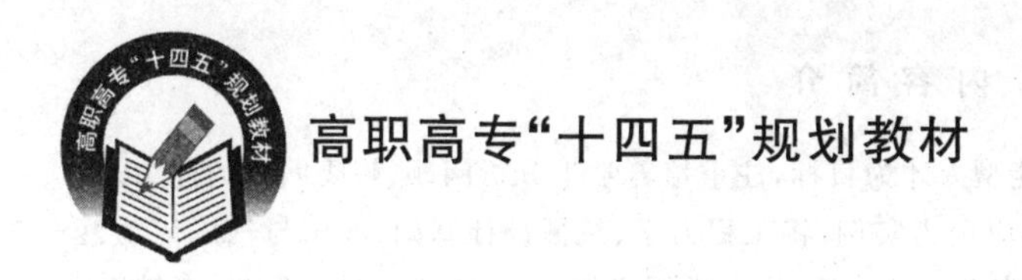

汽车机械基础

（第 2 版）

主　编　李文兵　刘利军
副主编　李郑临　吴则旭
主　审　罗　意

北京航空航天大学出版社

内容简介

本书以培养适应现代工业发展的应用技能型人才为目标，注重培养学生分析问题、解决问题的能力。本书以项目任务为载体，以相关知识在汽车中的应用为实例，将工程力学、机械设计基础、液压与气压传动、公差与配合等内容整合为6个教学项目，分别为汽车力学分析、汽车常用机构、汽车常用机械传动、汽车轴系零部件、汽车液压传动与气压传动、汽车零件公差与配合。本书涵盖了汽车相关专业必需的专业基础知识，为后续的相关课程的学习奠定了基础。

本书可作为高等职业院校汽车相关专业的教材，也可作为汽车行业的工程技术人员的参考用书。

图书在版编目(CIP)数据

汽车机械基础 / 李文兵，刘利军主编. --2版. --
北京 ：北京航空航天大学出版社，2022.7
ISBN 978-7-5124-3804-0

Ⅰ. ①汽… Ⅱ. ①李… ②刘… Ⅲ. ①汽车一机械学一高等学校一教材 Ⅳ. ①U463

中国版本图书馆 CIP 数据核字(2022)第 080964 号

汽车机械基础(第 2 版)
主 编 李文兵 刘利军
副主编 李郑临 吴则旭
主审 罗意
策划编辑 冯颖 责任编辑 冯颖
*
北京航空航天大学出版社出版发行
北京市海淀区学院路 37 号(邮编 100191) http://www.buaapress.com.cn
发行部电话：(010)82317024 传真：(010)82328026
读者信箱：goodtextbook@126.com 邮购电话：(010)82316936
涿州市新华印刷有限公司印装 各地书店经销
*
开本：787×1 092 1/16 印张：17.25 字数：453 千字
2022 年 8 月第 2 版 2022 年 8 月第 1 次印刷 印数：2 000 册
ISBN 978-7-5124-3804-0 定价：52.00 元

第2版前言

我国的汽车工业创建于20世纪50年代。进入21世纪后，随着经济的高速发展和人民生活水平的不断提高，我国汽车工业迅速发展，生产能力不断提高，2008年我国的汽车产销量突破1 000万辆，超过美国，成为世界第一汽车产销大国。同时，各汽车生产企业不断提高技术水平、研发改进车型、积极提高生产能力，2010年我国的汽车产销量更是达到1 800万辆，为我国经济的持续发展注入了强劲的动力。

随着汽车工业的发展，汽车技术逐渐由机械技术向机电技术、电子技术方向发展。不论怎样发展，都无法脱离基本的机构、传动，如现代汽车中采用的配气机构、前轮转向机构、活塞连杆机构、带传动、链传动及齿轮传动、齿轮变速箱、差速器、离合器等。汽车类专业的学生在从事汽车零部件设计、安装、调试、使用、维护、保养等工作中，将不可避免地遇到汽车中液压传动、气压制动技术的应用，汽车中零件的力学分析、强度计算，以及汽车装配过程中的公差与配合等问题。为解决这些问题，要求学生必须具备工程力学、机械设计基础、液压与气压传动、公差与配合等方面的基本知识，并通过学习和完成项目任务，掌握基本技能和综合职业能力。

本书根据汽车专业后续教学的需要，以项目任务为载体，以汽车对相关知识的应用为实例，将工程力学、机械设计基础、液压与气压传动、公差与配合等内容整合为6个教学项目，包括汽车力学分析、汽车常用机构、汽车常用机械传动、汽车轴系零部件、汽车液压传动与气压传动、汽车零件公差与配合。每个项目设置多个学习任务，大多以汽车实例为载体，为后续专业课的学习打下基础。

本书由四川航天职业技术学院李文兵、刘利军担任主编，湖南财经工业职业技术学院李郑临、四川航天职业技术学院吴则旭担任副主编。吴则旭编写项目一，李郑临编写项目二，四川航天职业技术学院李文兵编写项目三、项目四，罗意编写项目五，四川航天职业技术学院刘利军编写项目六。全书由李文兵统稿、定稿，由四川航天职业技术学院罗意高级工程师任主审。

由于编者水平有限，书中存在的错误和不妥之处，恳请广大读者批评指正。

编　者

2022年6月

配套动画素材清单

（请发邮件至 goodtextbook@126.com 申请索取）

项目二

任务一

图 2-1-1　单缸内燃机
图 2-1-17　局部自由度的平面机构
图 2-1-20　对称结构的虚约束

任务二

曲柄摇杆
双摇杆机构
表 2-2-1(h)　定块机构
表 2-2-1(f)　曲柄 3-28 转动导杆机构
表 2-2-1(f)　曲柄摆动导杆机构
表 2-2-1(k)　双滑块机构
表 2-2-1(j)　双转块
图 2-2-3　惯性筛
图 2-2-4　平行四边形机构
图 2-2-5　天平机构
图 2-2-6　摄影升降台
图 2-2-7　反平行四边形机构
图 2-2-9　车门启闭机构
图 2-2-10　鹤式起重机
图 2-2-11　汽车前轮转向机构
图 2-2-13　对心曲柄滑块机构
图 2-2-13　偏心曲柄滑块
图 2-2-14(b)　曲柄摇杆机构的演化 1
图 2-2-14(c)　曲柄摇杆机构的演化 2
图 2-2-15　缝纫机引线机构
图 2-2-16(a)　抽水唧筒
图 2-2-18　十字滑块联轴器
图 2-2-19　椭圆仪
图 2-2-26　内燃发动机
图 2-2-27　6 缸发动机
图 2-2-29　飞机起落架

任务三

盘形凸轮机构
力封闭式凸轮机构 1
力封闭凸轮机构 2
图 2-3-2 (a)　移动凸轮机构
图 2-3-2 (b)　圆柱凸轮绕线器
图 2-3-3 (a)　尖顶从动件凸轮机构
图 2-3-3 (c)　平底从动件凸轮机构
图 2-3-3　滚子从动件凸轮机构
图 2-3-4　形封闭式凸轮机构 1
图 2-3-4　形封闭凸轮机构 2

任务四

图 2-4-1 (a)　棘轮机构
图 2-4-1 (b)　可变向棘轮机构
图 2-4-2　双动式棘轮机构
图 2-4-3　加遮挡板棘轮机构
图 2-4-6　摩擦式棘轮机构
图 2-4-7　槽轮机构

项目三

任务一

图 3-1-1　带传动机构
图 3-1-2 (a)　平带传动
图 3-1-2 (b)　V带传动
图 3-1-2 (c)　多楔带传动
图 3-1-2 (d)　圆带传动
图 3-1-2 (e)　同步带传动 3

任务二

图 3-2-1　链传动
图 3-2-2 (a)　套筒滚子链

任务三

图 3-3-1 (a)　外啮合齿轮传动
图 3-3-1 (b)　内啮合齿轮传动
图 3-3-1(c)　齿轮齿条传动
图 3-3-1(d)　斜齿圆柱齿轮啮合啮合
图 3-3-1 (e)　人字齿圆柱齿轮传动
图 3-3-1(f)　圆锥齿轮传动
图 3-3-1 (g)　空间斜齿传动
图 3-3-3　渐开线的形成
图 3-3-5　标准直齿圆锥齿轮尺寸计算
图 3-3-6　齿廓啮合定律推导
图 3-3-7　渐开线齿轮正确啮合条件
图 3-3-8　齿轮连续传动条件
图 3-3-8　直齿轮的重合度
图 3-3-9　铣齿
图 3-3-10 (a)　齿轮插刀
图 3-3-10 (a)　齿轮插刀切制
图 3-3-10 (b)　共轭齿廓互为包络原理
图 3-3-11　齿条插刀
图 3-3-12　滚齿
图 3-3—13　避免根切的条件
图 3-3-14　轮齿的失效形式
六、斜齿圆柱齿轮传动
图 3-3-16　直齿齿廓形成
图 3-3-18　圆锥齿轮传动
图 3-3-17　斜齿轮齿廓的形成
图 3-3-19　蜗杆传动
图 3-3-20　蜗杆传动的中间平面
图 3-3-21　定轴轮系
图 3-3-28　周转轮系
实现大传动比传动
图 3-3-33　轮系分路传动
图 3-3-34　实现变速
图 3-3-37　汽车差速器

任务四

图 3-4-3　螺纹的线数
图 3-4-3　右旋螺纹
图 3-4-3　左旋螺纹
图 3-4-5 (a)　普通螺栓连接
图 3-4-5 (b)　铰制孔螺栓连接
图 3-4-5 (c)　双头螺柱连接
图 3-4-5 (d)　螺钉连接
图 3-4-5 (e)　紧定螺钉连接
图 3-4-6 (a)　力矩扳手
图 3-4-11　滚珠丝杆

项目四

任务一

图 4-1-14　盘形铣刀铣键槽铣键椿
图 4-1-14　指形铣刀铣键椿

图 4-1-15　导向平键连接
图 4-1-17　楔键联接
图 4-1-19　切向键联接
图 4-1-20　花键联接

任务二

图 4-2-3　整体式滑动轴承
图 4-2-8　推力轴承
图 4-2-11　带油沟的轴瓦
滚动轴承基本结构
图 4-2-13　常用滚动体
图 4-2-14（c）　径向接触圆柱滚子轴承
图 4-2-14（e）　向心角接触圆柱滚子轴承
图 4-2-14（f）　轴向接触推力球轴承

任务三

图 4-3-5　凸缘联轴器
图 4-3-6　十字滑块联轴器
图 4-3-7　齿式联轴器
图 4-3-10　弹性套柱销联轴器
图 4-3-11　弹性柱销联轴器
图 4-3-12　滑块联轴器
图 4-3-15　单片式摩擦离合器
图 4-3-16　多片式摩擦离合器

项目五

任务一

图 5-1-1　千斤顶

任务二

图 5-2-1
图 5-2-3　内啮合齿轮泵
图 5-2-4　单作用叶片泵
图 5-2-5　双作用叶片泵
图 5-2-7　轴向柱塞泵
图 5-2-8　单杆活塞缸
图 5-2-9（a）　钢管固定式双杆活塞缸
图 5-2-9（b）　活塞杆固定式双杆活塞

任务三

图 5-3-2　单向阀
图 5-3-4
图 5-3-5　三位五通
图 5-3-6　直动型溢流阀
图 5-3-7
图 5-3-9
图 5-3-12　调速阀工作原理

任务四

图 5-4-3　液压单向阀的锁紧回路
图 5-4-4（c）　调压回路
图 5-4-6（a）　单作用塔压器增压回路

目　录

项目一　汽车力学分析 …… 1

任务一　活塞连杆组的受力分析 …… 1
任务二　汽车构件力矩与力偶 …… 9
任务三　汽车构件平面力系的分析 …… 12
任务四　物系的平衡分析 …… 15
任务五　汽车构件承载能力分析 …… 17

项目二　汽车常用机构 …… 35

任务一　汽车常见机构的组成 …… 36
任务二　汽车常见四杆机构 …… 49
任务三　汽车内燃机配气机构 …… 63
任务四　汽车驻车制动锁止机构 …… 67

项目三　汽车常用机械传动 …… 70

任务一　汽车带传动 …… 70
任务二　汽车链传动 …… 79
任务三　汽车齿轮传动 …… 81
任务四　汽车螺纹传动与连接 …… 110

项目四　汽车轴系零部件 …… 120

任务一　汽车手动变速器轴 …… 120
任务二　汽车轴承 …… 131
任务三　汽车联轴器和离合器 …… 142

项目五　汽车液压传动与气压传动 …… 152

任务一　液压系统工作原理及图形符号 …… 152
任务二　液压泵及液压缸 …… 157
任务三　液压系统中的控制阀 …… 163
任务四　汽车液压基本回路 …… 172
任务五　气压传动 …… 177

项目六　汽车零件公差与配合 …… 183

任务一　汽车零件尺寸公差与配合 …… 184

任务二　汽车零件形状和位置公差 …… 215

任务三　汽车零件表面结构 …… 246

附　录 …… 257

参考文献 …… 266

项目一　汽车力学分析

☞ 案例导入

汽车是由基本的机构来实现传动的，如现代汽车中采用的配气机构、前轮转向机构、活塞连杆机构、带传动、链传动及齿轮传动、齿轮变速箱、差速器、离合器等。在传动过程中，汽车的零部件都应满足设计的承载能力，所以，汽车类专业的学生在从事汽车零部件安装、调试、使用、维护、保养、设计等工作时，将不可避免地遇到汽车中零件的力学分析、强度计算等机械方面的问题。

任务一　活塞连杆组的受力分析

教学目标

- 熟悉力、力系、刚体、平衡和约束与约束反力的基本概念；
- 掌握静力学的基本公理；
- 掌握各种约束类型及约束反力的画法。

一、静力分析的基本概念及公理

（一）基本概念

1. 力的概念

力是物体间的相互作用，这种作用使物体的运动状态或形状发生变化。例如，人推小车，人与小车之间产生相互作用，小车的运动状态改变；用锤子敲打会使烧红的铁块变形等。

力对物体的作用效果取决于力的三要素：力的大小、力的方向和力的作用点。在这三个要素中，如果改变其中任何一个，就会改变力对物体的作用效果。例如，用扳手拧螺母时，作用在扳手上的力，因大小不同、方向不同或作用点不同，产生的效果不同，如图 1－1－1(a)所示。

力是矢量，通常用按一定比例绘制的带箭头的有向线段来表示。如图 1－1－1(b)所示，线段 AB 按一定比例绘制代表力的大小，线段的方位和箭头表示力的方向，其起点和终点表示力的作用点。在绘图或书写时可用一个黑体字母 $\mathbf{F}$ 或在字母上加箭头表示力的矢量，并以同一字母的非黑体字 F 表示该矢量的模(即力的大小)。

在国际单位制中，力的单位是牛[顿](N)或千牛[顿](kN)。

2. 力的效应

作用在物体上的力可以使物体产生两种效应，一种是可以引起物体运动状态或速度发生变化，一般称为力的“外效应”或“运动效应”；另一种是可以引起物体形状改变，一般称为“内效应”或“变形效应”。这两种效应既可能单独出现，也可能同时出现。实践证明，力的运动效应

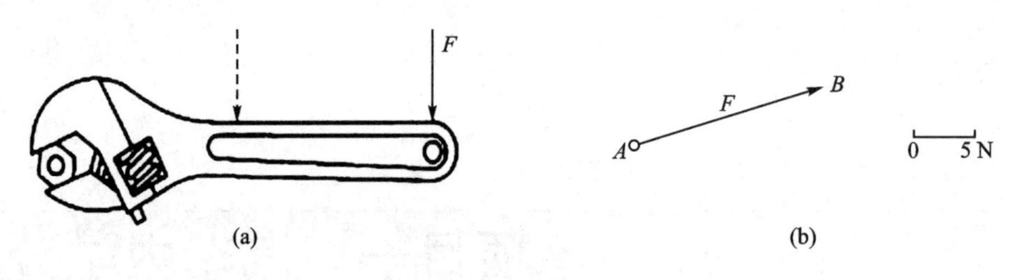

图1-1-1 力的三要素

和变形效应均与力的三要素有关,三要素中任何一个要素的改变,都会引起力对物体作用效应的改变。

3. 力系的概念

作用于同一物体上的若干力所组成的系统称为力系。

如果作用在同一物体上的力系可以用另一力系代替,而不改变对物体的作用效应,则这两个力系互为等效力系。

力系可分为平面力系和空间力系两大类。组成力系各力的作用线都处在同一平面内,则称为平面力系;组成力系各力的作用线不都处在同一平面内,则称为空间力系。

4. 刚体的概念

刚体是指在受力状态下保持其几何形状和尺寸不变的物体。显然,这是一个理想化的模型,实际上并不存在这样的物体。工程实际中的机械零件和结构构件,在正常工作情况下所产生的变形,一般都是非常微小的,这样微小的变形对于研究物体的外效应影响极小,可以忽略不计。但是在研究物体的变形问题时,就不能把物体看作是刚体,否则会导致错误的结果,甚至无法进行研究。

5. 平衡的概念

平衡是指物体相对于地球处于静止或做匀速直线运动的状态,是机械运动的一种特殊情况。如果一个力系作用在物体上使物体处于平衡状态,则称该力系为平衡力系。

(二)静力学公理

公理一　二力平衡公理　作用于刚体上的两个力使刚体处于平衡状态的必要和充分条件是:这两个力大小相等、方向相反且作用在同一直线上,即等值、反向、共线,如图1-1-2所示,用矢量表示为

$$F_A = -F_B \tag{1-1-1}$$

这一公理表明了作用于刚体上的最简单力系平衡时应满足的条件。而对于变形体,这个条件是必要的,但是是不充分的。

只受两个力作用而平衡的构件称为二力构件。二力构件的两个力必然在两个力作用点的连线上,且等值、反向,如图1-1-3所示。

公理二　加减平衡力系公理　作用于刚体的任意力系,加上或者减去一个平衡力系,都不会改变原力系对刚体的作用效果。

根据加减平衡力系公理,可以推证出作用于刚体的力的一个重要推论。

推论　力的可传性原理　刚体上的力可沿其作用线移到该刚体上的任意位置,并不改变该力对刚体的效应。

如图1-1-4所示,在小车上A点作用力F和在小车上B点作用力F'对小车的作用效

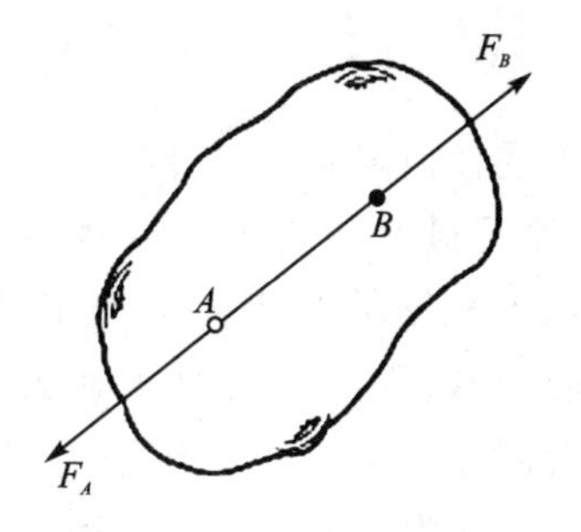

图 1-1-2 二力平衡条件

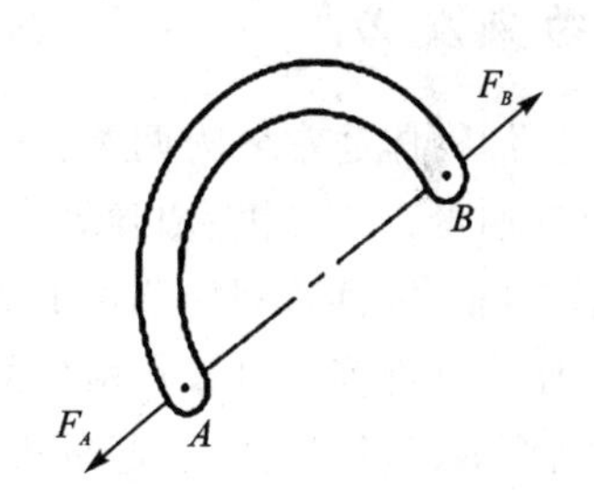

图 1-1-3 二力构件

应是相同的，由此可见，力对刚体的效应与力的作用点在作用线上的位置无关。因此，对于刚体，力的三要素可改为力的大小、方向和作用线。

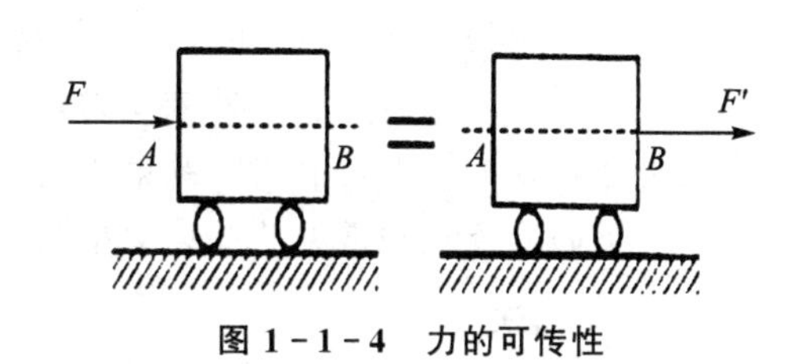

图 1-1-4 力的可传性

公理三 力的平行四边形公理 作用于物体上同一点的两个力可以合成为一个合力，合力的作用点仍在该点，合力的大小和方向由这两个力为邻边所构成的平行四边形的对角线来确定，如图 1-1-5(a)所示。

力的平行四边形公理表明，合力 F_R 等于两个分力 F_1、F_2 的矢量和，即

$$F_R = F_1 + F_2 \tag{1-1-2}$$

为方便起见，在利用矢量加法求合力时，可不必画出整个平行四边形，而是从 A 点作矢量 F_2，再由 F_1 的末端 B 作矢量 F_2，则矢量 AC 即为合力 F_R。这种求合力的方法称为力的三角形法则，如图 1-1-5(b)所示。显然，若改变 F_1、F_2 合成的顺序，其结果不变，如图 1-1-5(c)所示。

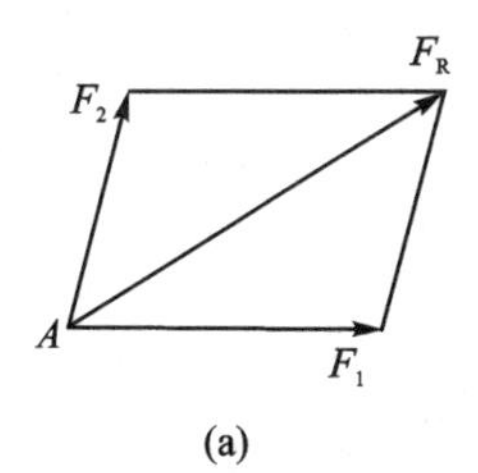

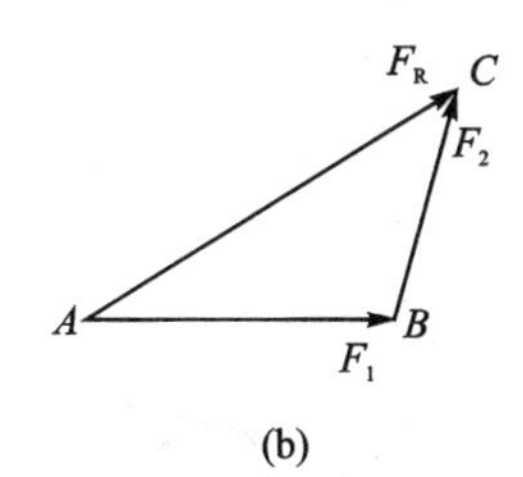

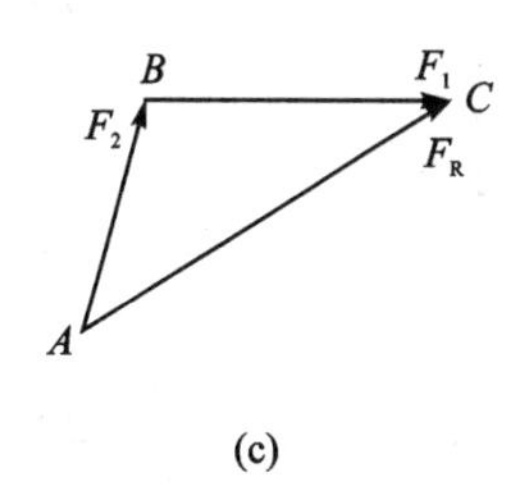

图 1-1-5 两力的合成

力的平行四边形公理是力系合成的法则，也是力系分解的法则。

公理四 作用与反作用公理 两物体间的作用力与反作用力，总是大小相等，方向相反，沿同一直线，并分别作用在这两个物体上。

此公理概括了自然界中物体间相互作用关系，表明一切力总是成对出现，揭示了力的存在形式和力在物体间的传递方式。

特别要注意的是，必须把作用和反作用公理与二力平衡公理严格地区分开。作用和反作用公理是表明两个物体相互作用的力学性质，作用力与反作用力虽然等值、反向、共线，但它们却分别作用在不同的物体上，不能理解为一对平衡力；而二力平衡公理则说明一个刚体在两个力作用下处于平衡时两力满足的条件。

二、约束与约束反力

工程上所遇到的物体通常分为两类:一类是不受任何限制,可以向任一方向自由运动的物体,称为自由体,例如飞行的飞机、炮弹等;另一类是受到其他物体的限制,沿着某些方向不能产生运动的物体,称非自由体,例如跑道上的飞机、电机轴承上的转轴、建筑物柱子上的屋架、起重机钢索下悬挂的重物等。对非自由体的某些运动起限制作用的其他物体称为约束,例如上述的跑道、电机轴承、建筑物柱子、起重机钢索等就是约束。约束作用于非自由体上的力称为约束反力或约束力,约束反力的方向总是与约束所能限制的物体的运动趋势方向相反,其作用点在约束与被约束物体的接触点上。与此相对应,凡是能主动引起物体运动或使物体有运动趋势的力通常称为主动力,主动力一般是物体承受的载荷,如重力、水压、油压、电磁力等。

约束反力是由主动力引起一种被动力,在对物体进行受力分析时,主动力通常是已知的,而约束反力是未知的。工程上实际约束的类型是各式各样的,不同类型的约束,有不同特征的约束反力。下面介绍几种常见的约束类型及其相应的约束力特征。

(一)柔性约束

由柔软而不计自重的绳子、传送带、链条等构成的约束就属于这类约束。柔性约束限制物体沿柔索伸长方向运动,所以柔性约束的约束力的方向沿柔索中心线且背离被约束物体指向。在柔索十分柔软但又不可伸长的情况下,柔性约束对物体的作用只能是拉力,通常用符号 F_T 表示。

如图 1-1-6(a)所示,起重机吊起重物时,重物通过钢绳悬吊在挂钩上。钢绳 AC、BC 对重物的约束力沿钢绳的中线,背离重物,如图 1-1-6(b)所示。

当柔索绕过轮子时,如图 1-1-7(a)所示的链传动或带传动等,通常把包络在轮上的柔索看成是轮子的一部分,从柔索与轮的切点处解除约束。约束力作用于切点处,沿柔索中线,背离轮子,图 1-1-7(b)所示为其约束力的画法。

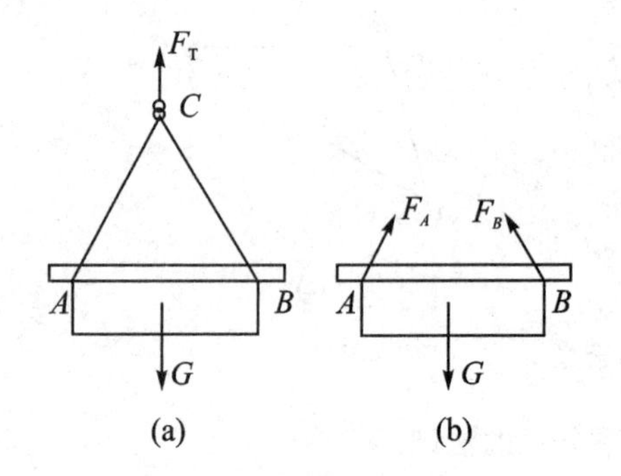

图 1-1-6 柔索起吊重物的约束

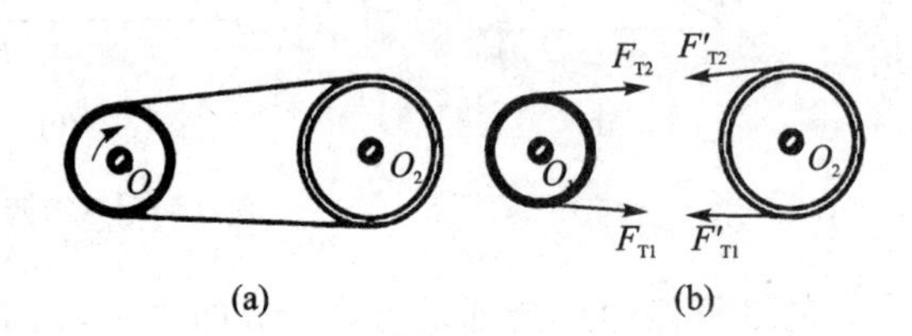

图 1-1-7 柔索绕过轮子的约束

(二)光滑面约束

支承物体的接触面有的是平面,有的是曲面,在不计摩擦的情况下,它们不能限制物体沿接触点处公切面任何方向的运动,而只能限制物体沿接触点处公法线方向的运动,此即为光滑面约束。这类约束对物体的约束力作用于接触点处,沿接触点处表面公法线,并指向被约束物体,对物体的作用只能是压力。这类约束力又称法向反力,符号通常用 F_N 表示。

如图 1-1-8 所示,重力为 G 的圆柱形工件放在 V 形槽内,在 A、B 两点与槽面接触,其约束力沿接触面的公法线方向指向工件。

图 1－1－9(a)所示为一对齿轮啮合传动机构，从动轮 2 对主动轮的约束反力如图 1－1－9(b)所示。

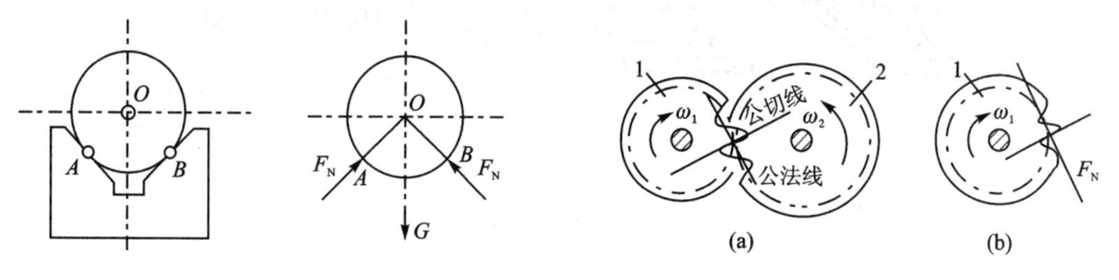

图 1－1－8　V 形槽支撑的约束力

图 1－1－9　齿轮啮合传动机构的约束力

(三) 光滑圆柱形铰链

铰链是工程上常见的一种约束。它是在两个分别钻有直径相同的圆柱形孔的构件之间采用圆柱定位销所形成的连接，如图 1－1－10 所示。

一般认为销钉与构件光滑接触，所以这也是一种光滑表面约束。约束反力应通过接触点沿公法线方向(通过销钉中心)指向构件，如图 1－1－11(a)所示。销钉在圆柱形孔内的点(线)接触位置会随约束所承的力的改变而变化，因此，光滑圆柱形铰链的约束力是一个过销钉轴线，大小和方向均无法预先确定的未知量。所以这种约束反力通常是用两个通过铰链中心且大小和方向未知的正交分力 F_x 和 F_y 来表示，两个力的指向可以任意设定，如图 1－1－11(b)所示。这类约束在工程上应用广泛，可分为下面三种类型。

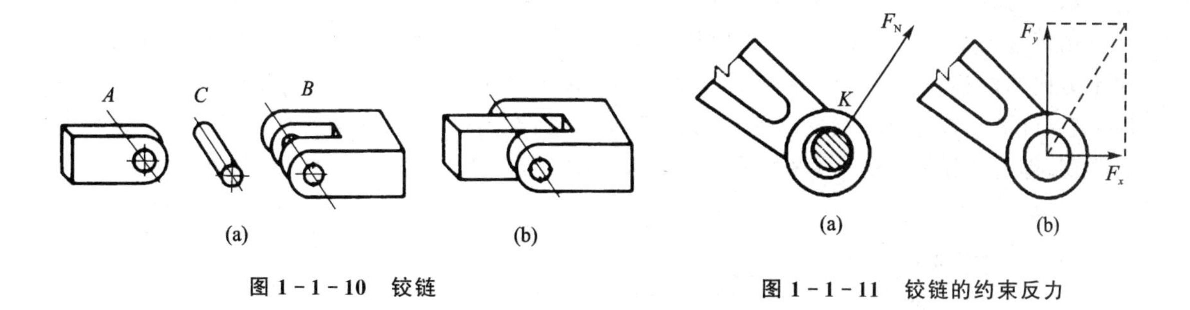

图 1－1－10　铰链

图 1－1－11　铰链的约束反力

1. 固定铰链支座

用铰链连接的两构件之一是固定的结构，如将物体连接在地、墙或机架等支撑物上的装置称为支座。固定铰链支座是在物体和支座上各开一直径相同的孔，然后使两圆孔重叠，并用圆柱销钉将其连接而成。约束力仍用两个正交分力 F_x 和 F_y 表示，如图 1－1－12 所示。

2. 中间铰链

中间铰链用来连接两个可以相对转动但不能移动的构件，如曲柄连杆机构中曲柄与连杆、连杆与滑块的连接，如图 1－1－13(a)所示。通常在两个构件连接处用一个小圆圈表示铰接，如图 1－1－13(b)所示。约束力仍用两个正交分力 F_x 和 F_y 表示，如图 1－1－13(c)所示。

3. 活动铰链支座

在桥梁、屋架等工程结构中经常采用这种约束。这种约束的支座没有固定在地、墙或机架上，而是在支座底座与支承面之间装有几个可滚动的辊轴，这样就构成了活动铰链支座，又称

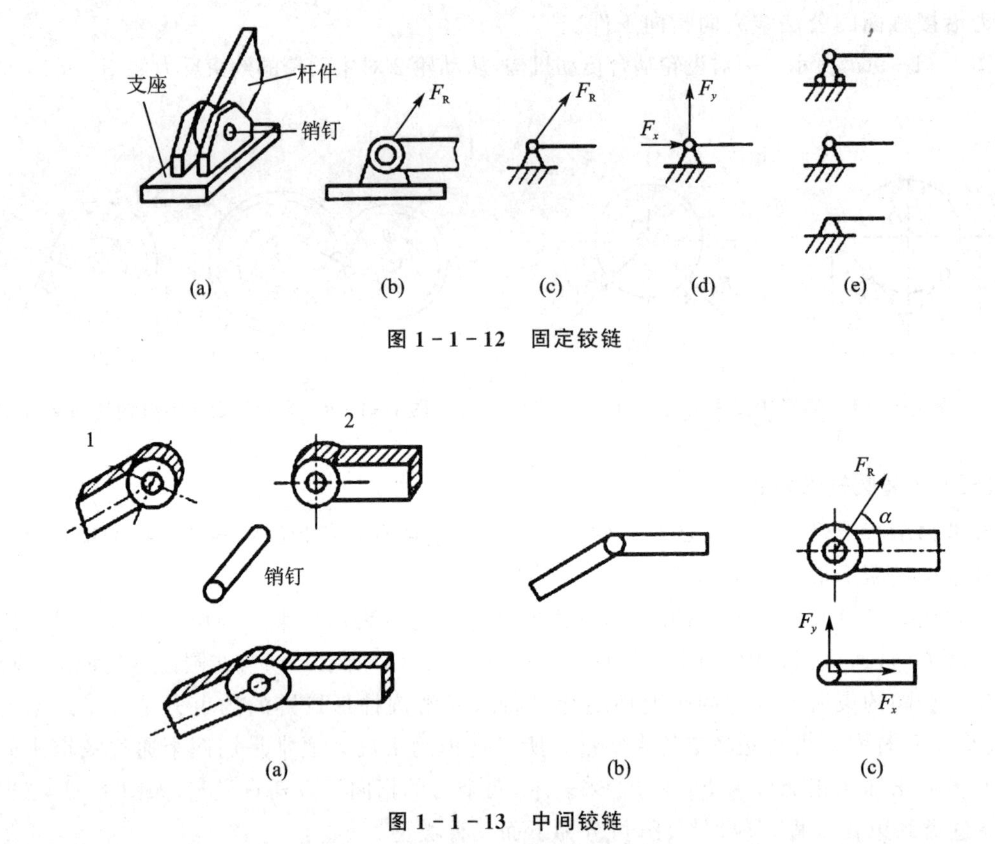

图 1-1-12 固定铰链

图 1-1-13 中间铰链

辊轴约束,如图 1-1-14(a)、(b)所示。这类支座通常用简图 1-1-14(c)表示。

由于这种约束只限制所支承的物体沿垂直于支承面方向的位移,而不限制物体沿支承面水平方向的位移和绕铰链销钉的转动,因而当温度变化引起桥梁等结构物在跨度方向有伸缩时,则允许活动铰链支座沿支承面移动。因此,活动铰链支座的约束力特征与光滑接触面约束力类似,即通过铰链中心,约束力垂直于支承面,用 F_N 表示,如图 1-1-14(d)所示。

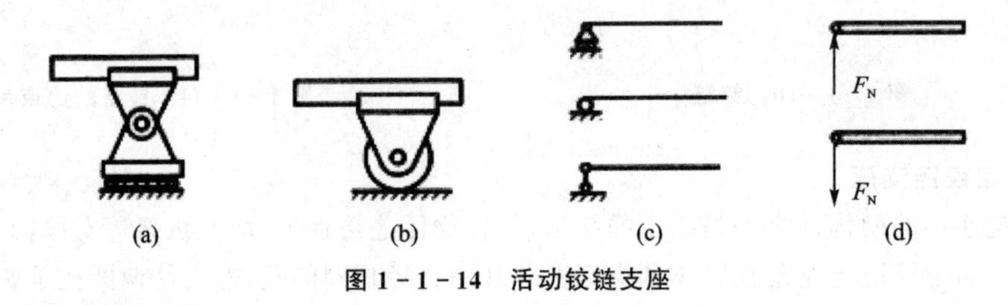

图 1-1-14 活动铰链支座

(四) 受力分析与受力图

工程上遇到的物体几乎都是非自由体,它们与周围的物体互相连接着。为了对某一个或几个物体进行受力分析,首先需要把这一个或几个物体作为研究对象,然后将其从与它有联系的周围物体中分离出来,也就是解除它周围的约束,单独画出该物体的简图,并把作用在物体上的全部已知的主动力和未知的约束力都画出来,由此所得到的表示物体受力的简明图形就是受力图。画出物体的受力图是解决力学问题的第一步,也是关键的一步。在画受力图时,一定要注意分析所取研究对象受到一些什么样的力,同时还要明确每个力的作用位置、作用方向以及怎样用力矢表示。只有正确画出周围物体对该物体的全部作用力，才能进一步用力学原理进行运算。对物体进行受力分析，画受力图应遵循以下步骤。

(1) 确定研究对象，取分离体。按题意的要求确定研究对象，画出其分离体图。注意从周围物体中分离出来的研究对象可以是一个物体，也可以是几个物体的组合乃至整个物体系统（整体），所画分离体图应是这个研究对象的轮廓形图或其简明图形。

(2) 画出作用于分离体上的全部主动力。主动力一般是已知的，画主动力应按照已给出的方向和作用点来画。

(3) 在分离体的每一约束处，根据其约束的类型和特征画出约束力。画受力图时所取分离体是受力体，它周围的物体为施力体。约束力也是施力体施加的。在画每一约束处的约束力时，首先要弄清楚这一约束力是哪个施力体施加的，不要多画力或少画力；然后按前面介绍的根据约束的类型和特征画约束力的方法，在物体与约束接触点处或连接处画出约束力并画明指向。对铰链约束，其约束力常用两个相互垂直的分力表示，但方向可任意假定。另外，还要注意两物体间的相互约束力必须符合作用与反作用公理。

例 1-1-1 重力为 P 的圆球放在板 AC 与墙壁 AB 之间，如图 1-1-15(a)所示。设板 AC 重力不计，试作出板与球的受力图。

解 先取球为研究对象，作出简图。球上主动力 P，约束反力 F_{ND} 和 F_{NE}，均属光滑面约束的法向反力，受力图如图 1-1-15(b)所示。再取板作研究对象。由于板的自重不计，故只有 A、C、E 处有约束反力。其中 A 处为固定铰支座，其反力可用一对正交分力 F_{AX}、F_{BY} 表示；C 处为柔索约束，其反力为拉力 F_T；E 处的反力为法向反力 F'_{NE}，该反力与球在处所受反力 F_{NE} 为作用与反作用的关系，其受力如图 1-1-15(c)所示。

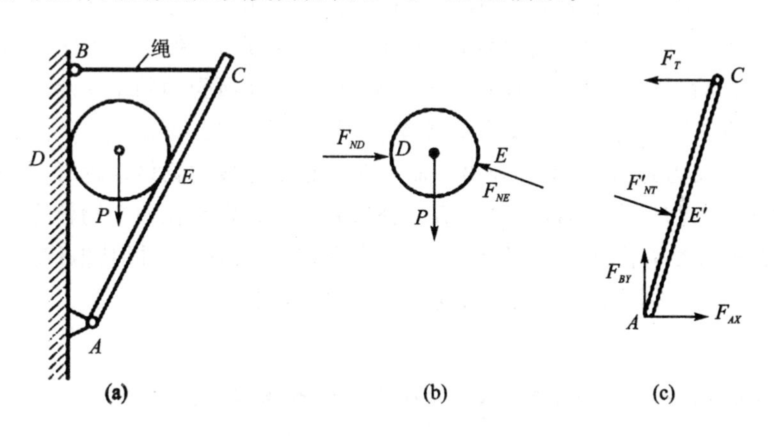

图 1-1-15 板与球的受力图

例 1-1-2 图 1-1-16(a)所示为三铰拱桥的力学计算简图。左、右两拱与地面通过三铰连接而成，各拱自重不计。已知左拱作用有载荷 F，试画出左拱 AB 受力图。

解 取左拱 AB 为研究对象。由于拱桥自重不计，因此主动力只有载荷 F。左拱 AB 在铰链 B 处受到右拱 BC 给它的约束力 F_B 作用，根据作用和反作用定律，$F_B=-F'_B$（右拱为二力构件，如图 1-1-16(c)所示）。左拱 AB 在铰链 A 处受到固定铰链支座的作用，约束力用方向可任意假定的两个正交分力 F_{AX} 和 F_{AY} 表示，如图 1-1-16(b)所示。

例 1-1-3 图 1-1-17(a)所示为凸轮机构结构简图，试画出从动杆的受力图。

解 以从动杆 AB 为研究对象，取分离体，如图 1-1-17(b)所示，从动杆自重不计，凸轮

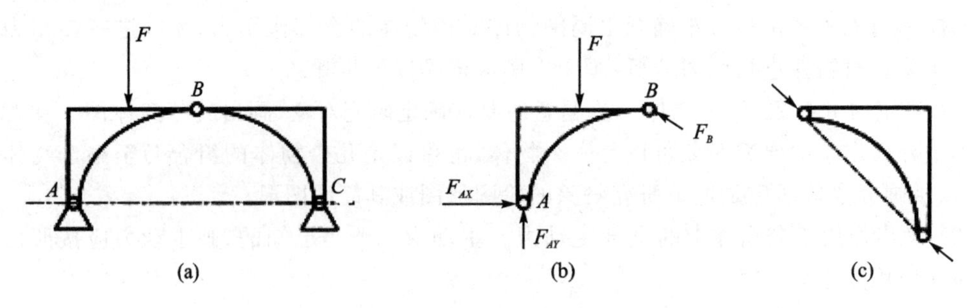

图 1-1-16 拱桥的受力

对从动杆的作用力 F_R 沿接触点公法线指向从动杆；F_R 与主动力 **P** 有使从动杆顺时针方向倾斜的趋势，并使其与滑道 B、D 点接触，故有光滑面约束力 F_{NB}、F_{ND} 沿 B、D 两点处公法线方向指向从动杆，如图 1-1-17(b) 所示。

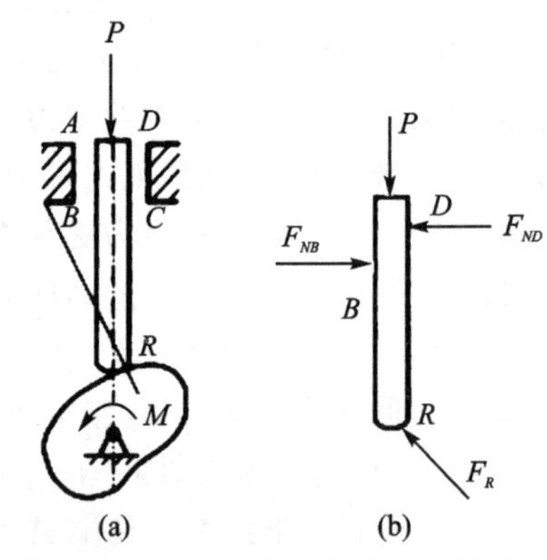

图 1-1-17 凸轮机构从动杆的受力

归纳上面各例，画受力图，特别是画约束力时应注意以下几点：

(1) 应根据约束类型及其性质，确定约束力的作用位置、作用方向。

(2) 利用二力或三力平衡条件，有利于确定某些未知约束力的作用方向。

(3) 正确利用作用与反作用定律，有助于由一个分析对象上的受力方向确定。

(4) 作图时要明确所取的研究对象，把它单独取出来分析，在取整体作为研究对象时，有时为简便起见，可以在题图上画受力图，但要明确，这时整体所受的约束实际上已被解除。

(5) 要注意两个构件连接处的反力的关系。当所取的研究对象是几个构件的结合体时，它们之间结合处的反力是内力，不必画出。而当两个相互连接的物体被拆开时，其连接处的约束反力是一对作用力与反作用力，需要等值、反向、共线地分别画在两个物体上。

(6) 若机构中有二力构件，应先分析二力构件的受力，然后再分析其他作用力。画受力图可概括为“据要求取构件，主动力画上面；连接处解约束，先分析二力件。”

[习题]

1-1-1 如习题图 1-1-1 所示，分别画出其中各物体的受力图。

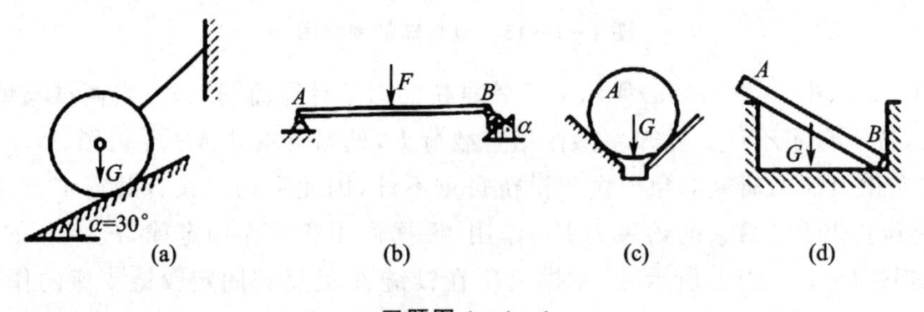

习题图 1-1-1

1-1-2 如习题图 1-1-2 所示，画出其中 ABC 杆和 AD、BC 杆的受力图。

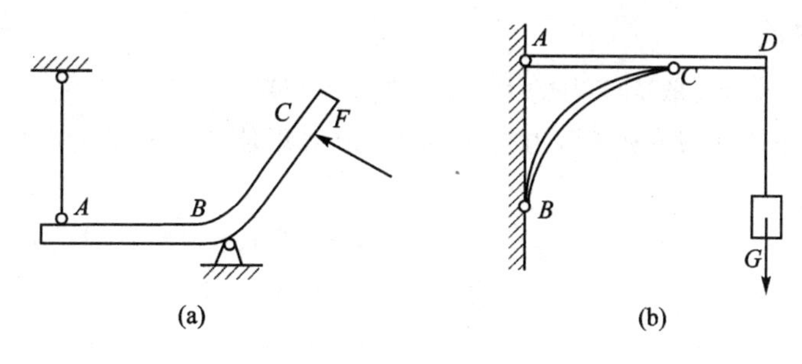

习题图 1-1-2

任务二　汽车构件力矩与力偶

教学目标

- 掌握力的分解与合成；
- 掌握力矩的概念、合力矩定理；
- 掌握力偶的基本概念、性质、力偶的三要素；
- 掌握力的平移定理。

一、力　矩

(一) 力矩的概念

力对物体的运动效应包括力对物体的移动和转动的效应，其中力对物体的移动效应用力矢量来描述，力对物体的转动效应用力矩来度量。

在生产劳动中，当通过杠杆、滑轮、绞盘等简单机械来移动或提升重物时，能够体会到力对物体的转动效应的存在。例如用扳手拧紧螺母时，可以感受到施于扳手的力 F 使扳手及螺母绕某一转动中心点 O 产生的转动效应强弱，该转动效应不仅与力 F 的大小成正比，而且与转动中心点 O 到力 F 作用线的垂直距离 d 成正比，如图 1-2-1 所示。

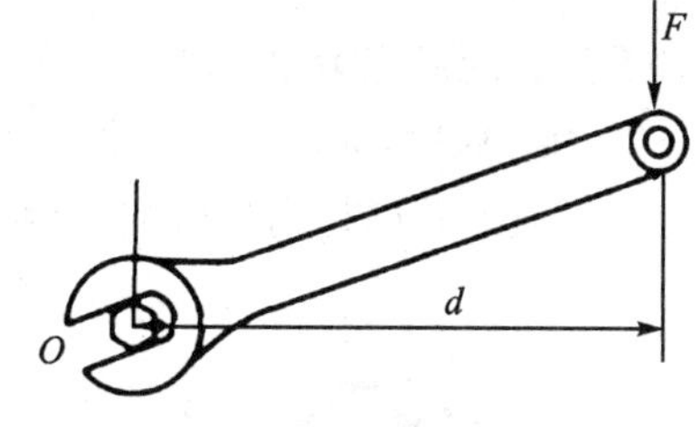

图 1-2-1　力对点的力矩

因此，在力 F 作用线和转动中心点 O 所在的同一平面内，将点 O 称为矩心，点 O 到力 F 作用线的垂直距离 d 称为力臂。于是，力 F 使物体绕转动中心 O 点旋转的转动效应，以力的大小与力臂的乘积并冠以适当的正负号来度量，这个量称为力对点的矩或力矩，用符号 $M_O(F)$ 表示，亦即有

$$M_O(F) = \pm F_d \tag{1-2-1}$$

式中正负号的规定为：使物体绕矩心作逆时针转动时力矩取正号，顺时针转动时取负号。由此可以看出，平面内力对点的矩，只取决于力矩的大小及其正负号，说明平面内力矩是代数量。力矩的国际单位为牛[顿]米(N·m)或千牛[顿]米(kN·m)。

应当指出，力矩的矩心不一定是固定在物体上绕之转动的某一点，它可以是物体上的或物体以外的任意一点。换句话说，平面上的一个力可以对平面内任意一点取矩，而一个力对不同的点取矩，其力矩一般是不同的。

(二)力矩的性质

(1)力对点之矩,不仅取决于力的大小和方向,还与矩心的位置有关。

(2)当力的作用线通过矩心时,力臂值为零,则力矩值为零;当力的大小为零时,力矩值为零。

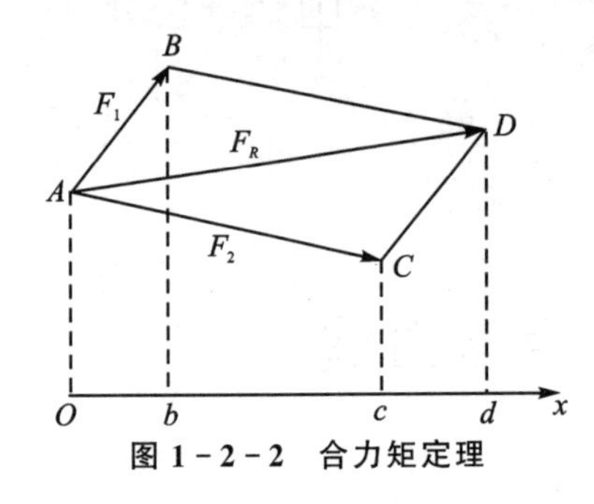

图1-2-2 合力矩定理

(3)力沿其作用线滑移时,不会改变力矩的值,因为此时没有改变力和力臂的大小及力矩的转向。

(4)互相平衡的两个力对于同一点之矩的代数和等于零。

(三)合力矩定理

力系的合力对于平面上任一点之矩,等于力系中所有的各分力对同一点力矩的代数和,如图1-2-2所示。这就是合力矩定理,即

$$M_O(F)=M_O(F_1)+M_O(F_2)+\cdots\cdots+M_O(F_n)=\sum_{i=1}^{n}M_O(F_i) \qquad (1-2-2)$$

在计算力矩时,若力臂值计算较烦琐,则可应用此定理,简化力沿已知尺寸方向作正交分解,分别计算两个分力的力矩,然后相加求得原力对同点之矩。

二、力　偶

(一)力偶的概念

在实际中,常常会遇到两个力使物体产生转动效应的情况,如司机用双手转动汽车方向盘,如图1-2-3(a)所示;钳工用丝锥攻螺纹,如图1-2-3(b)所示等。可以看出,产生转动效应的这些物体受到的是一对等值、反向且不共线的平行力。显然,等值反向平行力的矢量和为零,但由于它们不共线而无法平衡,却能使物体产生转动效应。这种由两个大小相等、方向相反且不共线的平行力组成的力系称为力偶,用符号(F、F')表示。力偶中两个力之间的垂直距离d称为力偶臂,如图1-2-3(c)所示,力偶中两个力所在的平面称为力偶作用面,力偶中两个力所形成的转向称力偶转向。因此,力偶对物体作用的外效应是使物体产生转动运动的变化。

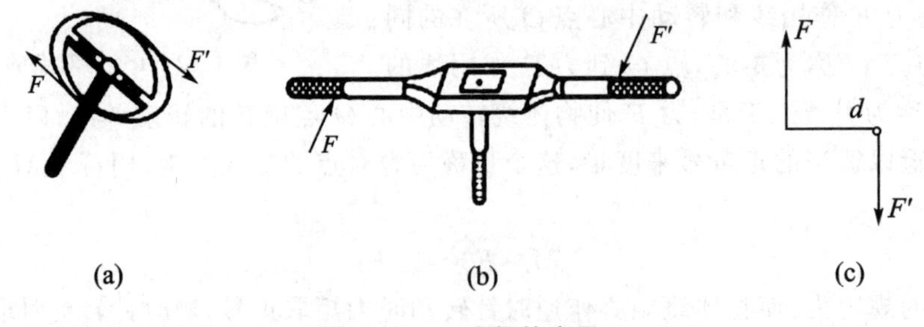

图1-2-3 力偶的应用

(二)力偶矩

实践证明,力偶对物体的作用效果不仅取决于组成力偶的力的大小,而且取决于力偶臂的大小和力偶的转向。因此,力偶对物体的转动效应可用力与力偶臂的乘积来度量,称为力偶

矩，用符号 $M(F,F')$（简写为 M）表示，即

$$M(F,F')=M=\pm F_d \tag{1-2-3}$$

力偶矩是一个代数量，其大小的绝对值等于力的大小与力偶臂的乘积，力偶在作用面内的转向用正负号表示，一般规定：使物体作逆时针转动的力偶矩为正，反之则为负。力偶矩的单位与力矩单位相同，为牛[顿]米（N・m）或千牛[顿]米（kN・m）。

（三）力偶的三要素

力偶的三要素为力偶矩的大小、力偶的转向及力偶的作用面。三要素中的任何一个要素发生改变，力偶对物体的转动效应就会发生改变。

（四）力偶的性质

力偶作为一种特殊的力系，有其自身独特的性质。

性质 1　力偶无合力。故力偶不能与一个力等效，也不能与一个力平衡。

性质 2　力偶对其作用面内任意点的力矩值恒等于此力偶的力偶矩，与该点（即矩心）在平面内的位置无关。

性质 3　作用在同一平面内的两个力偶，若二者的力偶矩大小相等且转向相同，则两个力偶对刚体的作用等效。

由此得出以下两个推论：

（1）只要保持力偶矩的大小和转向不变，力偶可以在其作用面内任意转动和移动，而不改变它对刚体的作用效应。

（2）只要保持力偶矩的大小和转向不变，可以同时改变力偶中力的大小和力偶臂的大小，而不改变力偶对刚体的作用效应。

三、力的平移定理

由力的可传性原理可知，在刚体上作用的力，若沿其作用线移至任意一点，不会改变力对刚体的作用效应。但是，若将作用在刚体上的力平行移动到作用线以外的任意一点处，它将改变它对刚体的作用效应。那么在什么样的条件下，将力平移到作用线以外的地方，才可以不改变力对刚体的作用效应呢？

假设有一力 F 作用在刚体上 A 点，如图 1-2-4(a)所示，把它平移到刚体上的另一点 O。为此，根据加减平衡力系公理，在点 O 加一对平衡力 F' 和 F''，如图 1-2-4(b)所示，使它们与力平行，且 $F'=-F''=F$，这时三个力 F、F' 和 F'' 对刚体的作用，显然与一个力 F 对刚体的作用等效。与此同时，我们还可以看出力 F 和 F'' 组成了一个力偶(F,F'')，其力偶臂为 d。因此，我们可以认为作用于点 A 的力 F 可以平行移动到另一点 B，但同时还要附加一个力偶，如

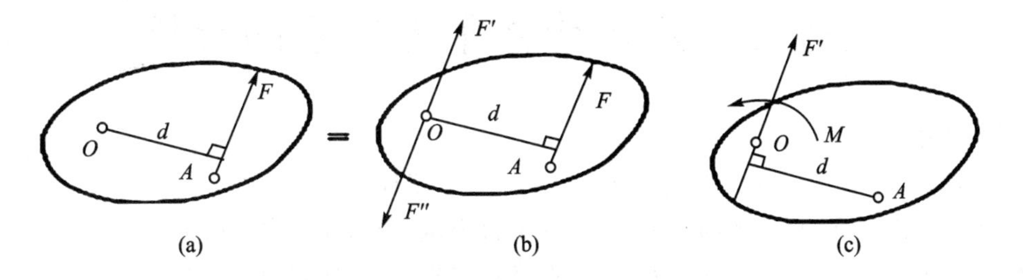

图 1-2-4　力的平移

图1-2-4(c)所示,这个附加力偶的力偶矩为

$$M = Fd = M_B(F) \tag{1-2-4}$$

由此可以得出结论:作用于刚体上某点的力可以平行移动到刚体上的任意一点,但必须同时附加一个力偶,此附加力偶的力偶矩等于原力对平行移动点之矩,这就是力的平移定理。

须注意,力的平移定理只适用于刚体,而且力的平移只能在同一刚体上进行。力的平移定理也表明了一个力可以与同一平面内的一个力和一个力偶等效,也就是一个力可以分解为作用在同一平面内的一个力和一个力偶。反之,同一平面内的一个力和一个力偶也可以合成为一个力。力的平移定理有着广泛的应用,在力系向某一点简化的内容中,也将用到力的平移定理。如图1-2-5所示,用丝锥攻螺纹时,如果用单手操作,作用在铰杠上的力F平移到丝锥中心时,其附加力偶M使丝锥转动,但同时力F'会使丝锥杆变形甚至折断。如果用双手操作,两手作用在铰杠上的力若能保持基本等值、反向和平行,则平移到丝锥中心上的两平移力能基本上相互抵消,丝锥杆则只产生转动。所以,用丝锥攻螺纹时,要求用双手操作且均匀用力,而不能单手操作。另外,应用力的平移定理即可解释打乒乓球时发生的现象。在打乒乓球时,若击球力不通过球心,而是用力擦击球面,则球的运动状态就与击球力直接通过球心时大不一样。根据力的平移定理,将擦击力平移到球心,所附加的力偶就使球旋转,于是乒乓球同时获得了具备移动和转动的运动特征。

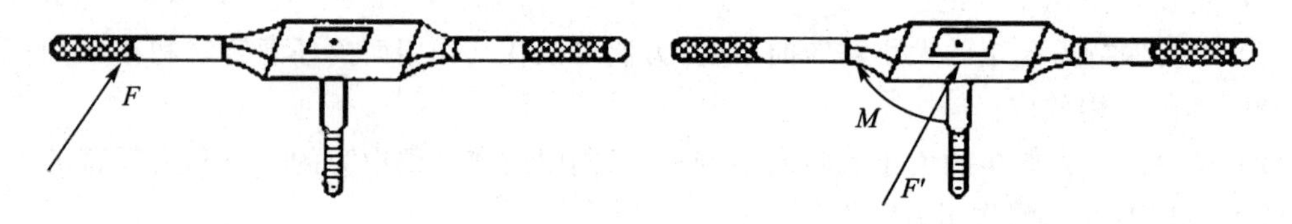

图1-2-5 丝锥功螺纹

[习题]

如习题图1-2-1所示,试求其所示各种情况下力F对点O的力矩。

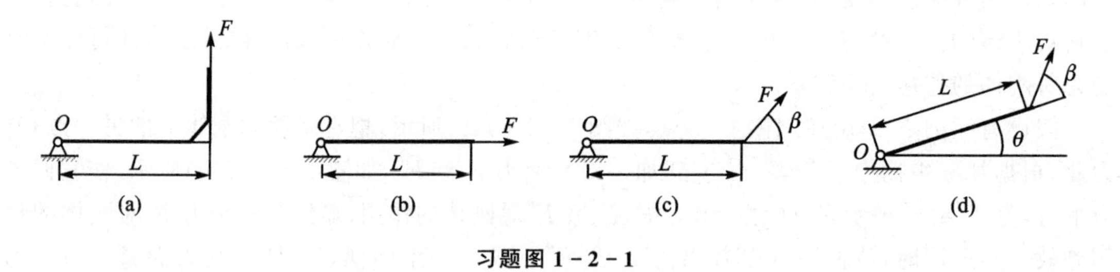

习题图1-2-1

任务三 汽车构件平面力系的分析

教学目标

- 了解力在平面直角坐标轴上的投影、合力投影定理;
- 熟悉平面汇交力系、平面力偶系、平面平行力系、平面任意力系的概念;
- 熟悉平面汇交力系、平面力偶系、平面平行力系、平面任意力系的平衡条件。

一、平面汇交力系

工程实际中，某些构件所受到的力都在同一结构平面内，各力的作用线都在同一平面内时称为平面力系。在平面力系中如果各力的作用线全部汇交于一点，则该力系称为平面汇交力系。

（一）力在平面直角坐标轴上的投影

如图 1－3－1 所示，在直角坐标系 Oxy 平面内有一力 F，从力矢 F 的两端分别向 x 轴和 y 轴作垂线，得垂足 a、b、a' 和 b'，线段 ab 和 $a'b'$ 的长度冠以适当的正负号，就表示力在 x 轴和 y 轴上的投影，并记为 F_x、F_y。规定力 F 投影的走向（从 a 到 b 或 a' 到 b' 的指向）与投影 x、y 的正向一致时为正；反之为负。力在直角坐标轴上的投影是代数量，若力 F 与平面直角坐标轴 x 的夹角为 α，则力 F 在 x、y 的投影表达式如下：

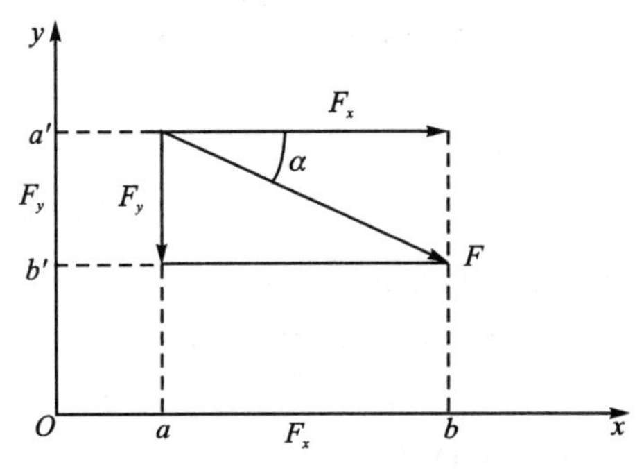

图 1－3－1　力在直角坐标轴上的投影

$$F_x = \pm F \cos\alpha$$
$$F_y = \pm F \sin\alpha \qquad (1-3-1)$$

反之，若已知力 F 在平面直角坐标轴上的投影 F_x 和 F_y，则该力的大小和方向为

$$F = \sqrt{F_x^2 + F_y^2}$$
$$\tan\alpha = \left|\frac{F_y}{F_x}\right| \qquad (1-3-2)$$

式中：α 是 F 与 x 轴所夹的锐角。

（二）合力投影定理

由 n 个力 $F_1, F_2, \cdots, F_n$ 组成的平面汇交力系作用在刚体上，其合力为 F_R，在该力系平面内建立直角坐标系 Oxy，并将力系的分力和合力都投影在 x、y 轴上。容易证明，合力在某一轴上的投影等于各分力在同一轴上投影的代数和，亦即

$$F_{Rx} = F_{1x} + F_{2x} + \cdots + F_{nx} = \sum_{i=1}^{n} F_{ix}$$
$$F_{Ry} = F_{1y} + F_{2y} + \cdots + F_{ny} = \sum_{i=1}^{n} F_{iy} \qquad (1-3-3)$$

这就是合力投影定理。若已知分力在直角坐标 x、y 轴上的投影，可求得合力 F_R 的大小和方向余弦为

$$F_R = \sqrt{F_{Rx}^2 + F_{Ry}^2}$$
$$\tan\alpha = \left|\frac{F_R}{F_{Rx}}\right| = \left|\frac{\sum_{i=1}^{n} F_{iy}}{\sum_{i=1}^{n} F_{ix}}\right| \qquad (1-3-4)$$

例 1－3－1　如图 1－3－2 所示，试求吊钩的合力。

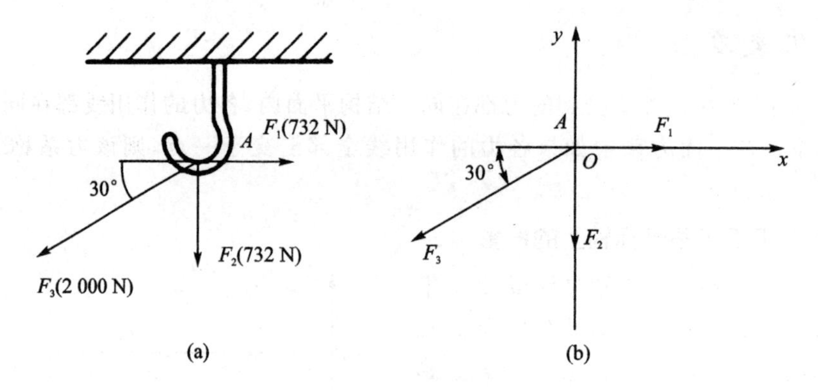

图 1-3-2 吊钩的合力

解 建立直角坐标系 Axy,由式(1-3-3)得

$$F_{Rx}=F_{1x}+F_{2x}+\cdots+F_{nx}=(735+0-2\,000\cos 30°)=-1\,000\ \mathrm{N}$$

$$F_{Ry}=F_{1y}+F_{2y}+\cdots+F_{ny}=(0-732-2\,000\sin 30°)=-1\,732\ \mathrm{N}$$

再由式(1-3-4)得

$$F_R=\sqrt{F_{Rx}^2+F_{Ry}^2}=\sqrt{(-1\,000)^2+(-1\,732)^2}=2\,000\ \mathrm{N}$$

$$\tan\alpha=\left|\frac{F_{Ry}}{F_{Rx}}\right|=\left|\frac{-1\,732}{1\,000}\right|=1.73$$

综上,$\alpha=60°$,由于 F_{Rx} 和 F_{Ry} 都小于零,故合力F_R 指向左下方。

(三) 平面汇交力系的平衡条件

由于平面汇交力系合成的结果是合力,显然平面汇交力系平衡的必要和充要条件是该力系的合力等于零,即

$$F_R=\sum_{i=1}^{n}F_i=0$$

根据上述公式得

$$F_R=\sqrt{\left(\sum_{i=1}^{n}F_x\right)^2+\left(\sum_{i=1}^{n}F_x\right)^2}=0$$

要使上式成立,则必须同时满足

$$\left.\begin{aligned}\sum_{i=1}^{n}F_{ix}=0\\ \sum_{i=1}^{n}F_{iy}=0\end{aligned}\right. \qquad (1-3-5)$$

因此,平面汇交力系平衡的解析条件是:力系中的各力在两个坐标轴上投影的代数和分别等于零。式(1-3-5)又称为平面汇交力系的平衡方程。这是两个独立的方程,可求解两个未知量。

例 1-3-2 图 1-3-3 所示的夹紧装置机构,一圆柱体放置于夹角为 α 的 V 形槽内,并用压板 D 夹紧。已知压板作用于圆柱体上的压力为 F。试求槽面对圆柱体的约束反力。

解 (1) 取圆柱体为研究对象,画出其受力图,如图 1-3-3(b)所示;

(2) 选取坐标系 xOy;

(3) 列平衡方程式求解未知力。

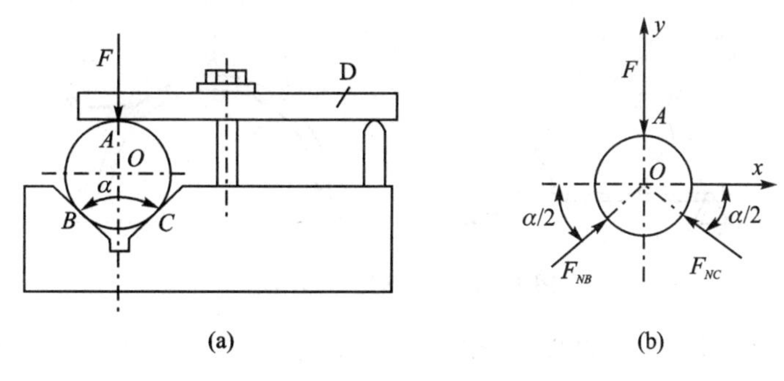

图 1-3-3　夹紧装置

$$\sum F_x = 0, \qquad F_{NB}\cos\frac{\alpha}{2} - F_{NC}\cos\frac{\alpha}{2} = 0 \tag{1}$$

$$\sum F_y = 0, \qquad F_{NB}\sin\frac{\alpha}{2} - F_{NC}\sin\frac{\alpha}{2} - F = 0 \tag{2}$$

由式(1)得 $F_{NB}=F_{NC}$，由式(2)得

$$F_{NB} = F_{NC} = \frac{F}{2\sin\frac{\alpha}{2}}$$

任务四　物系的平衡分析

教学目标

- 掌握物系、静定和静不定的基本概念；
- 掌握物系平衡问题的研究方法。

一、基本概念

工程中更多的是由两个或两个以上的物体(如结构构件、机械零部件等)以一定的约束方式连接成一体的机器或结构，称为物体系统，简称物系。

在物体系统中，由于物体不止一个，其约束方式和受力情况也较复杂，因此在很多情况下只考虑整体、整体中某局部或整体中单一物体，不能求出全部未知力，所以必须要全面合适地对整体、局部或单个物体进行分别研究，最后求得所有未知力。

若物系有 n 个物体组成，在平面问题中，对每个物体可列出不超出 3 个的独立平衡方程，整个物系就会列出不超过 $3n$ 个独立平衡方程。若物系平衡问题中未知量数小于或等于能列出的独立平衡方程数时，问题为静定问题；否则，就属于静不定(或称超静定)问题，如图 1-4-1 所示。静定问题是可解的问题，本书所涉及的问题均为静定问题。

二、研究对象的选择

系统以外的物体作用在系统上的力称为物系的外力，系统内各物体之间相互的作用力称物系的内力。所谓外力与内力，要视所取得研究对象而定。

如图 1-4-2 所示，一辆货车拉一辆拖车，当以单独的货车或拖车为研究对象时，F、F'为外力；而以整个拖车系统为研究对象时，F、F'则为内力。当以整个系统为研究对象时，物系的

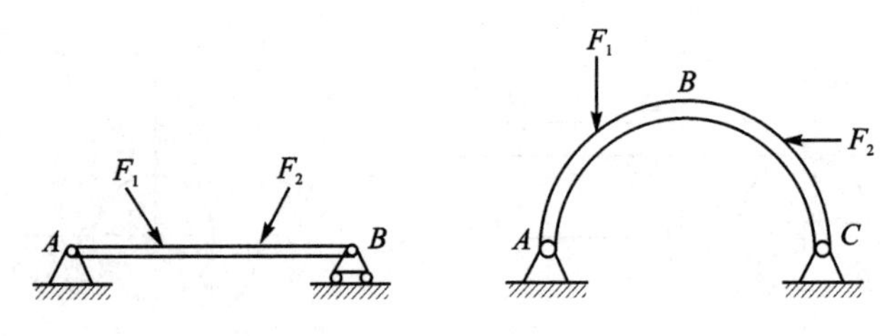

图1-4-1 静定与静不定

内力总是成对出现,作用于系统的两个相连的物体上的力是作用力与反作用力关系,在任意轴上的投影和对任意点的力矩均为零,故不必考虑,但以单一物体为研究对象时,则必须考虑。

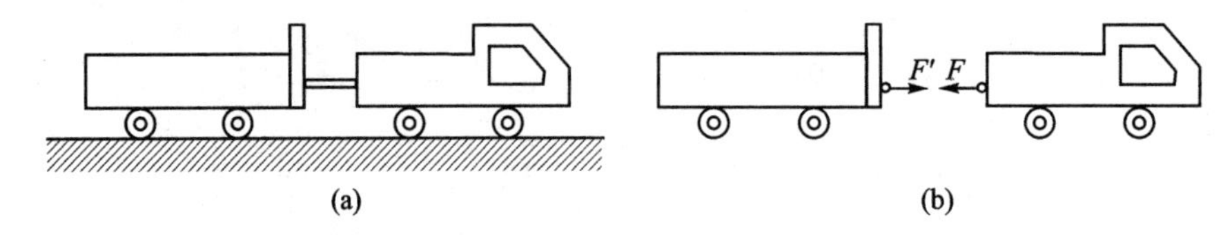

图1-4-2 货车拉拖车

由于物系是由多个物体组成的,因此研究对象的选择对于能否求解以及求解的简繁有着密切关系。可以单独或分别选取整个系统、局部系统或单个物体为研究对象,列出平衡方程求解。选取研究对象的原则是:

(1) 选取与已知量有关的物体;

(2) 研究对象中要反映出未知量;

(3) 所列平衡方程中包含的未知量数目最少。

例1-4-1 已知梁 AB 和 BC 在 B 点连接,C 为固定端,如图1-4-3(a)所示,若 $m=20\ \text{kN}\cdot\text{m}$,$q=15\ \text{kN}\cdot\text{m}$,试求 A、B、C 三点的约束反力。

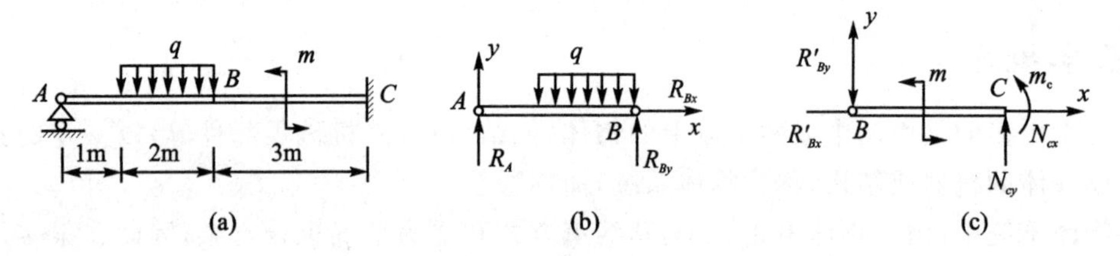

图1-4-3 三点的约束反力

解 本例应以单个物体为研究对象,列出方程。

(1) 以梁 AB 为研究对象画出受力图,如图1-4-3(b)所示,选坐标轴 x、y,列平衡方程并求解未知量。

$$\sum m_A(F)=0$$

$$3R_{By}-2\times q\times 2=0$$

即

$$R_{By}=\frac{4q}{3}=20\ \text{kN}$$

$$\sum m_B(F)=0$$

$$-3R_A-2\times q\times 1=0$$

即

$$R_A=\frac{2q}{3}=10\ \text{kN}$$

$$\sum F_x = 0$$

$$R_{Bx} = 0$$

(2) 以梁 BC 为研究对象画受力图，如图 1－4－3(c)所示，选坐标轴 x、y，列平衡方程并求解未知量。

$$\sum m_c(F) = 0$$

$$2R'_{By} + m + m_c = 0$$

即

$$m_c = -R'_{By} - m = -2 \times 20 - 20 = -60\ \text{kN} \cdot \text{m}$$

$$\sum F_y = 0$$

$$-R'_{By} + N_{Cy} = 0$$

即

$$N_{Cy} = R'_{By} = R_{By} = 20\ \text{kN}$$

$$\sum F_x = 0$$

$$-R'_{By} + N_{Cx} = 0$$

即

$$N_{Cx} = R'_{Bx} = R_{Bx} = 0\ \text{kN}$$

[习题]

习题图 1－4－1 所示为一个夹具中的杠杆增力机构。其推力 P 作用于 A 点，夹紧时杆 AB 与水平的夹角 $a = 10°$。试求夹紧力 Q 是 P 的多少倍？

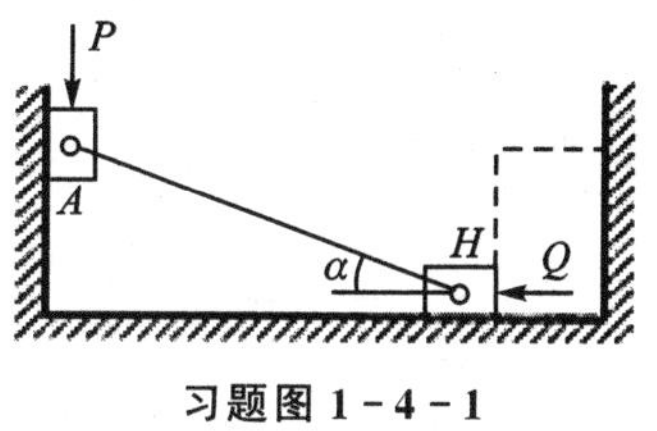

习题图 1－4－1

任务五 汽车构件承载能力分析

教学目标

- 掌握强度、刚度和稳定性等基本概念；
- 掌握杆件变形的基本形式；
- 掌握轴向拉伸和压缩的受力特点和变形特点；
- 掌握内力的概念，学会用截面法求内力，并绘制轴力图；
- 掌握剪切和挤压的受力特点和变形特点；
- 掌握剪切和挤压变形的内力-剪力、挤压力的概念；
- 掌握圆轴扭转变形的受力特点和变形特点；
- 掌握外力偶矩的计算；
- 掌握平面弯曲的概念、弯曲变形的受力特点及变形特点；
- 了解梁横截面上的内力-剪力和弯矩。

一、汽车构件轴向拉伸与压缩的分析

(一) 基本概念

要使零件在外力作用下能够正常工作，必须满足一定的强度、刚度和稳定性。我们把零件抵抗破坏的能力称为零件的强度。把零件抵抗变形的能力称为零件的刚度。对于细长压杆不能保持原有直线平衡状态而突然变弯的现象，称为压杆丧失了稳定性。所以对于细长压杆，必须具有足够的稳定性。

实际的工程结构中,许多承力构件,如桥梁、汽车传动轴、房屋的梁、柱等,其长度方向的尺寸远远大于横截面尺寸,这一类构件在承载能力分析研究中,通常称作杆件。杆的所有横截面形心的连线称为杆的轴线,若轴线为直线,则称为直杆;若轴线为曲线,则称为曲杆。所有横截面的形状和尺寸都相同的杆称为等截面杆,不同者则称为变截面杆。我们主要研究等截面直杆。

在静力分析中,我们把物体视为刚体,但绝对的刚体是不存在的,物体在外力作用下都有一定的变形。在承载能力分析中,我们将研究的零件均视为变形固体。

1. 变形固体的基本假设

材料的物质结构和性质是非常复杂的。为了便于理论分析,只保留了材料的主要特性,忽略其次要特性,因此对变形固体作出如下基本假设:

(1) 连续性假设:为在变形固体整个内部毫无空隙地充满了物质;

(2) 均匀性假设:认为在变形固体内各点处的力学性能完全相同;

(3) 各向同性假设:认为变形固体在各个方向具有相同的力学性能。

2. 杆件变形的四种基本形式

承载能力分析研究的主要对象是等截面的直杆(简称等直杆)。杆件在外力的作用下可能发生各种各样的变形。但归纳起来,有以下四种基本变形,如图1-5-1所示。

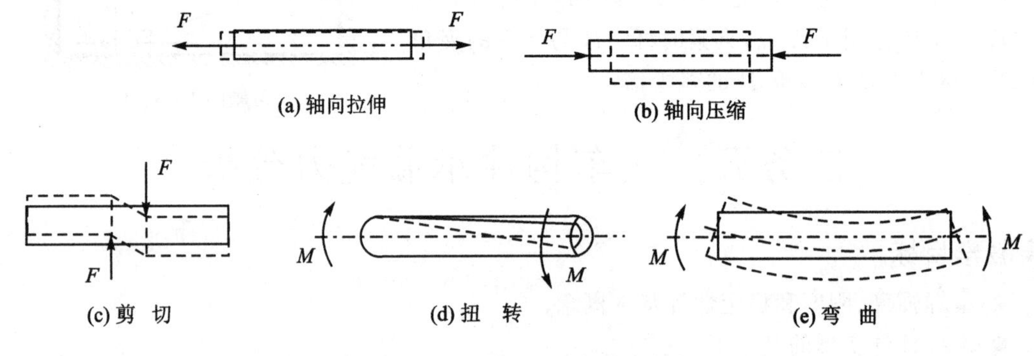

图1-5-1 杆件变形的基本形式

(1) 轴向拉伸或压缩。如图1-5-1(a)、(b)所示,在一对大小相等、方向相反、作用线与杆轴线重合的外力(称为轴向拉力或压力)作用下,杆件将发生长度的改变(伸长或缩短),相应的横截面变细或变粗。

(2) 剪切。如图1-5-1 (c)所示,在一对大小相等、方向相反、作用线相距很近的外力作用下,杆件的横截面将沿外力方向发生相对错动。

(3) 扭转。如图1-5-1 (d)所示,在一对大小相等、转向相反、位于垂直于杆轴线的两平面内的力偶作用下,杆的任意横截面将发生绕轴线的相对转动。

(4) 弯曲。如图1-5-1 (e)所示,在一对大小相等、转向相反、位于纵向对称平面内的力偶作用下,杆件将在纵向对称平面内发生弯曲,其轴线由直线变为曲线。

工程实际中的杆件或构件,可能同时承受两种或两种以上不同形式的外力作用,同时产生两种或两种以上不同形式的基本变形,称之为组合变形。通常组合变形是由以上四种基本变形组合而成的。

(二) 轴向拉伸与压缩的概念

工程中有很多杆件是承受轴向拉伸或压缩的。例如,汽车发动机中的连杆(如图1-5-2(a)

所示)、紧固螺钉(如图 1－5－2(b)所示)等都是受拉伸的杆件,而油缸活塞杆(如图 1－5－2(c)所示)、建筑物中的支柱(如图 1－5－2(d)所示)等则是受压缩的杆件。其受力特点为作用于杆件的外力合力的作用线与杆件的轴线相重合;其变形特点为沿杆轴线方向的伸长或缩短。

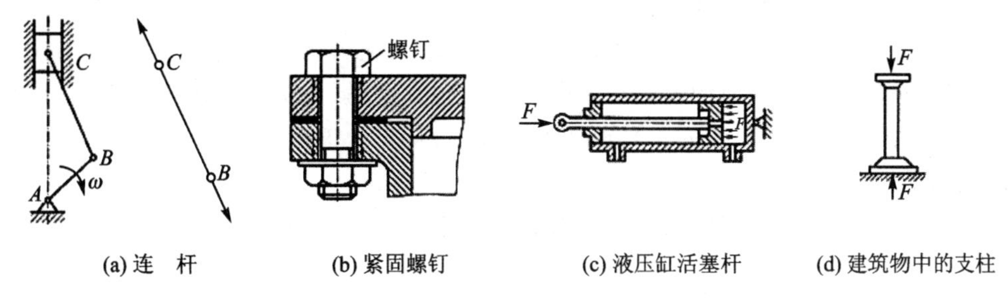

图 1－5－2　轴向拉伸、压缩件

(三) 内力分析与应力分析

1. 轴力与轴力图

(1) 轴力　作用在杆件上的载荷和约束反力统称为外力。为求得拉(压)杆横截面上的内力,我们使用截面法。如图 1－5－3 (a)所示,沿横截面 $m—m$ 假想地把杆件分成两部分,可见杆件左右两段在横截面 $m—m$ 上相互作用的内力是一个分布力系(如图 1－5－3 (b)、(c)所示),由于拉(压)杆所受的外力都是沿杆轴线的,考虑左右部分的平衡可知,此分布内力系的合力也一定沿杆的轴线方向,因此我们把拉(压)杆的内力称为轴力,用 F_N 表示。

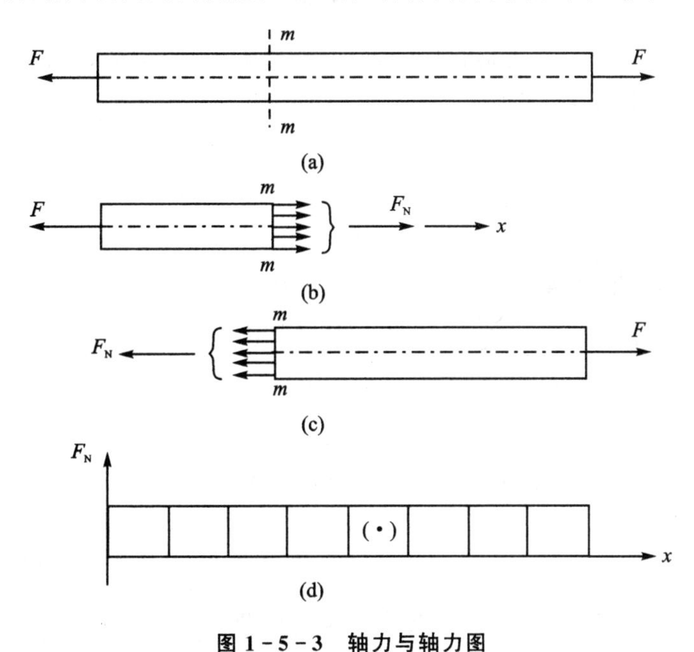

图 1－5－3　轴力与轴力图

由左段的平衡方程 $\sum Fx = 0$,可得

$$F_N - F = 0$$

$$F_N = F$$

如果选取右段为研究对象,可得同样结果,如图 1－5－3 (c)所示。

以上过程可归纳为以下四步,即截面法求内力可分为四步:

1）切开。沿所求截面假想地将杆件切开；

2）取出。取出其中任意一部分作为研究对象；

3）替代。以内力代替弃去部分对选取部分的作用；

4）平衡。列平衡方程求出截面内力。

习惯上，我们把拉伸时的轴力记为正，压缩时的轴力记为负。因此，在使用截面法求轴力时，我们规定将轴力加在截面的外法线方向为正方向。这样，无论取左段还是右段，用平衡方程求得的轴力的符号总是一致的。当轴力大于零时，就表示该截面受拉伸；而轴力小于零，则表示该截面受压缩。

例1-5-1 杆件在A、B、C、D各截面的作用外力如图1-5-4所示，求1—1,2—2,3—3截面处的轴力。

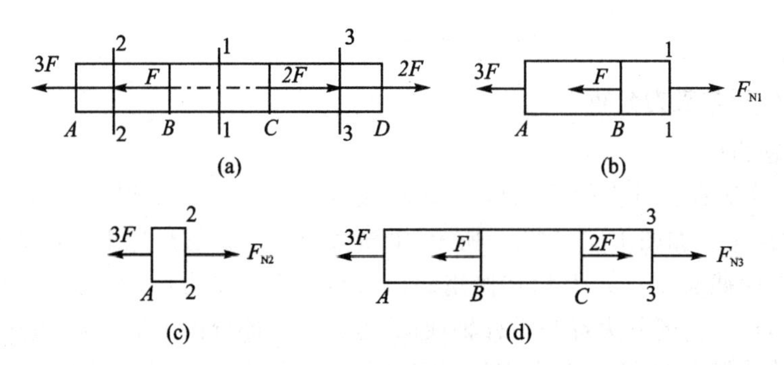

图1-5-4 截面处轴力

解 由截面法知，沿各所求截面将杆件切开，取左段为研究对象，在相应截面分别画上轴力F_{N1}、F_{N2}、F_{N3}。列平衡方程如下：

1—1截面处轴力(如图1-5-4(b)所示)为

$$\sum Fx=0,\quad F_{N1}-3F-F=0$$

$$F_{N1}=3F+F=4F$$

同理，2—2截面处轴力(如图1-5-4(e)所示)为

$$\sum Fx=0,\quad F_{N2}-3F=0$$

$$F_{N2}=3F$$

3—3截面处轴力(如图1-5-4(d)所示)为

$$\sum F_X=0,\quad F_{N3}+2F-3F-F=0$$

$$F_{N3}=3F+F-2F=2F$$

由上述结果推广到左段(右段)轴上有多个轴向外力作用的情形，其结论为：截面m—m上的轴力等于左段(右段)轴上所有轴向外力的代数和，即$F_N=\sum F$。

(2) 轴力图 为了表明横截面上的轴力沿轴线变化的情况，可按选定的比例尺，以平行于杆轴线的坐标x表示横截面所在的位置，以垂直于杆轴线的坐标y表示横截面上轴力的大小，正值轴力绘在z轴的上方，负值轴力绘在x轴的下方。这种表示轴力随横截面位置变化规律的图形称为轴力图。在轴力图上，除标明轴力的大小和单位外，还应标明轴力的正负号，如图1-5-3 (d)所示。

例1-5-2 汽车上某液压缸活塞杆受力如图1-5-5(a)所示。作用于该液压缸活塞杆

上的力分别简化为 $F=2.62\ \text{kN}$，$P_1=1.3\ \text{kN}$，$P_2=1.32\ \text{kN}$。试求活塞杆横截面 1—1 和 2—2 上的轴力，并画出轴力图。

解　(1) 画计算简图，如图 1-5-5(b)所示。

(2) 求截面 1—1 的轴力。使用截面法，假想沿截面 1—1 将杆截成两段，保留左段，如图 1-5-5(c)所示，然后在截面 1—1 上加上正方向的轴力 F_{N1}。平衡方程为

$$\sum F_X=0,\quad F_{N1}+F=0$$

$$F_{N1}=-F=-2.62\ \text{kN}$$

(3) 求截面 2—2 的轴力。再使用截面法，假想沿截面 2—2 将杆截成两段，仍保留左段，如图 1-5-5(d)所示，然后在截面 2—2 上加上正方向的轴力 F_{N2}。平衡方程为

$$\sum F_X=0,\quad F_{N2}+F-P_1=0$$

$$F_{N1}=-F+P_1=-1.32\ \text{kN}$$

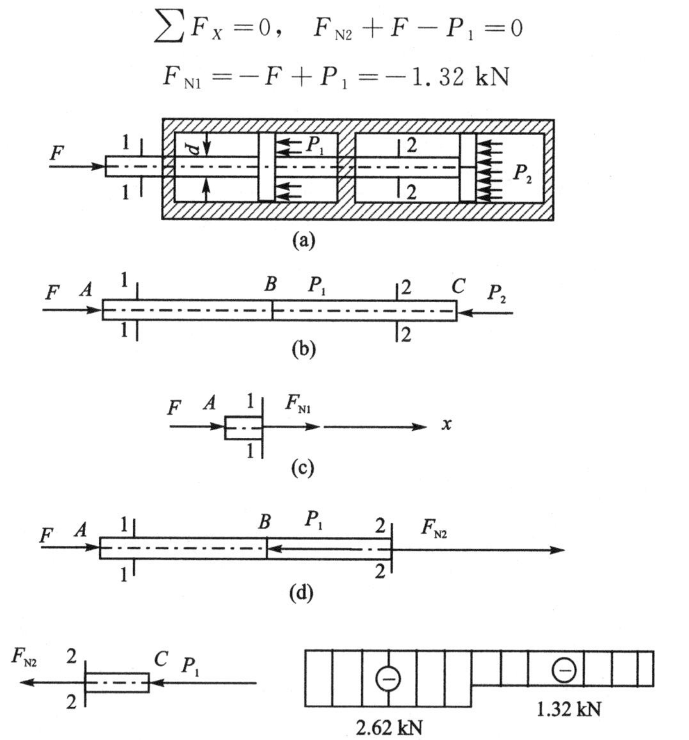

图 1-5-5　活塞杆受力图

由图 1-5-5 可见，若取右段所得结论也相同。

(4) 轴力图。由于活塞杆受集中力作用，所以在其作用间的截面轴力都为常量，据此画出轴力图，如图 1-5-5(f)所示。

求出的符号为负的轴力只是说明整根活塞杆均受压，而 AB 段的轴力最大，为 2.62 kN。

2. 拉压杆横截面上的正应力

在用截面法确定拉(压)杆的内力以后，还不能判断杆件的强度是否足够。例如，两根材料相同的拉杆，一根较粗，一根较细，在相同的拉力作用下，它们的内力是相同的；但当拉力逐渐增大时，较细的杆先被拉断。这说明杆的强度不仅与内力有关，还与截面的面积有关，即与内力在横截面上分布的密集程度有关。所以应以单位面积上的内力，即应力来衡量杆的强度。

对于拉压杆，横截面上分布的内力是垂直于横截面的轴力，则轴力在横截面上的分布集度

称为正应力。实验结果表明,对于材料均匀、连续的等截面直杆,轴力在横截面上的分布是均匀的,即横截面上各点的正应力是相等的。其计算公式为

$$\sigma=\frac{F_N}{A}$$

式中:σ 为正应力,符号由轴力决定,拉应力为正,压应力为负;F_N 为横截面上的内力(轴力);A 为横截面的面积。在国际单位制中,应力的单位是 Pa(帕斯卡),常用的单位是 MPa(兆帕)。

(四) 变形与应变

直杆在轴向拉力(或压力)的作用下所产生的变形表现为轴向尺寸的伸长(或缩短)以及横向尺寸的缩小(或增大)。前者称为轴向变形,后者称为横向变形。

现以图 1-5-6 所示的受拉等截面直杆为例来研究杆的轴向变形与横向变形。设杆的原长为 l,横向尺寸为 b。在轴向拉力 F 的作用下,纵向长度变为 l_1 横向尺寸变为 b_1。

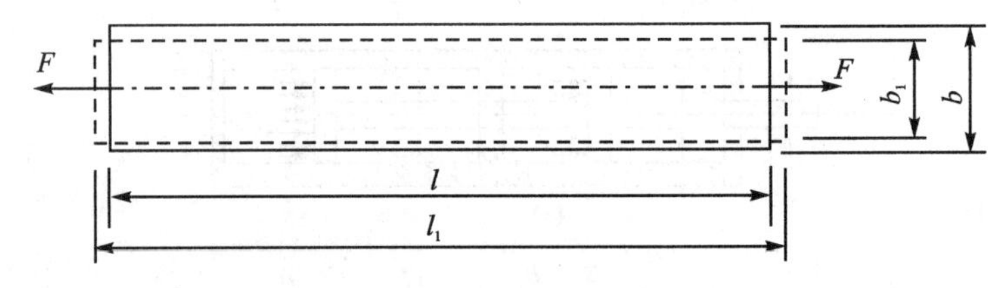

图 1-5-6 拉杆的轴向变形与横向变形

1. 绝对变形

拉杆的纵向绝对变形:$\Delta l=l_1-l$。

拉杆的横向绝对变形:$\Delta b=b_1-b$。

2. 相对变形

绝对变形只是表示构件的变形大小,而不表示变形程度。故常以单位原长的变形量来度量杆的变形程度,单位原长的变形称为线应变,即相对变形。

拉杆的纵向线应变为

$$\varepsilon=\frac{\Delta l}{l}=\frac{l_1-l}{l}$$

拉杆的横向线应变为

$$\varepsilon'=\frac{\Delta b}{b}=\frac{b_1-b}{b}$$

可见,线应变表示杆件的相对变形,是单位为 1 的量。拉伸时:ε 为正,ε'为负;压缩时:ε 为负,ε'为正。

(五) 材料在拉伸或压缩时的力学性能

材料在外力作用下所表现出的力学性能是强度计算和选用材料的重要依据。在不同的温度和加载速度下,材料的力学性能将发生变化。这里主要介绍常用材料在常温(指室温)、静载(加载速度缓慢平稳)情况下,拉伸和压缩时的力学性能。

材料的拉伸和压缩试验是测定材料力学性能的基本试验,试验中的试件按 GB/T 228—2002 设计,如图 1-5-7 所示。

试验前,先在试件中间的等截面直杆部分取长为 L_0 的一段作为工作段,长度 L_0 称为原始标距。根据国家标准,L_0 不应小于 15 mm。试样原始截面积 A_0 与原始标距 L_0 可有如下

比例关系：

$$L_0 = k\sqrt{A_0}$$

比例系数一般取 5.65。

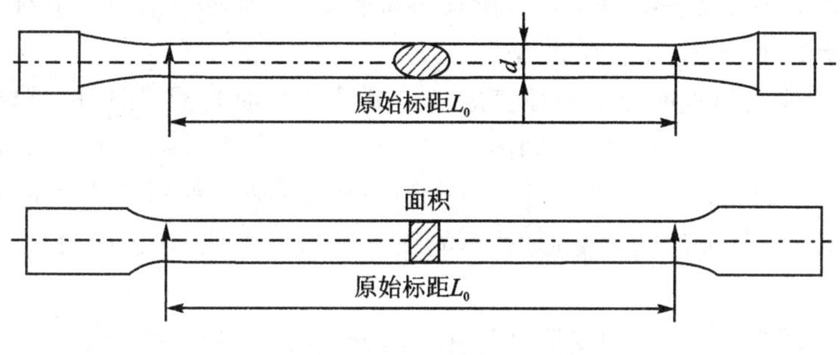

图 1-5-7　拉压试件标准

材料的拉伸试验是在万能材料试验机上进行的。试验时，将试件安装在试验机上，然后开动机器缓慢加载，随着载荷 F 的增加，试件伸长也逐渐增加，直到把试件拉断。

1. 材料在拉伸时的力学性能

(1) 低碳钢在拉伸时的力学性能　低碳钢是工程上应用最广泛的材料，并且低碳钢试件在拉伸试验中所表现出来的力学性能最为典型。因此，先研究这种材料在拉伸时的力学性能。

图 1-5-8 所示为 Q235 钢的拉伸应力-应变曲线。其中，σ 为拉伸应力，ε 为应变。从图中可见，整个拉伸过程大致可分为四个阶段。

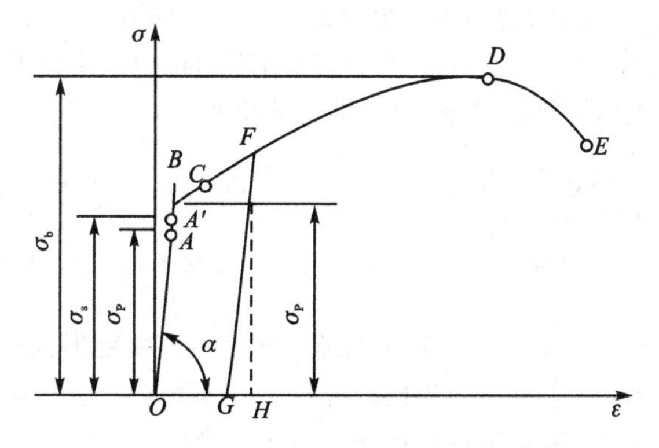

图 1-5-8　低碳钢拉伸应力-应变曲线

第Ⅰ阶段：弹性阶段。在拉伸的初始阶段，σ 与 ε 的关系为一直线段 OA，说明该段内应力和应变成正比，即 $\sigma = E \cdot \varepsilon$。显然，弹性模量 E 就是 OA 直线的斜率，即

$$E = \frac{\delta}{\varepsilon} = \tan\alpha$$

在该阶段内当应力到达任一值后，如果卸去载荷，试件的变形会完全消失，故这一阶段称为弹性阶段。这一阶段中直线最高点 A 所对应的应力值称为比例极限，用 σ_P 表示。工程中最常用的 Q235 钢的比例极限 $\sigma_P = 200$ MPa。

当应力超过比例极限后，图中 AA'段已不是直线，而是一段很短的微弯曲线，它表明应力和应变间呈非线性关系。但当应力值不超过点 A'所对应的应力值时，若卸载后，应力回到零时，应变也随之回到零，这表明试件的变形完全消失。因此这一阶段的变形仍是弹性变形，点 A'对应的应力值是保证仅出现弹性变形的应力最高限值，称为弹性极限，用 σ_e 表示。弹性极

限σ_e和比例极限σ_P,二者意义虽不同,但数值非常接近,工程上对二者不作严格区分。

第Ⅱ阶段:屈服阶段。当应力超过弹性极限后,图中出现带有锯齿形的上下波动的曲线段,这表明应力基本不变,而应变却在显著增加,说明材料暂时失去抵抗变形的能力,这种现象称为屈服,这一阶段称为屈服阶段。屈服阶段中最低点B所对应的应力值称为屈服极限,用σ_s表示。Q235钢的屈服极限$\sigma_s \approx 235$ MPa。

材料在屈服阶段会出现明显的塑性变形。如果试件表面光滑,屈服时就能看到光滑试件表面出现与轴线大约成45°角的条纹,如图1-5-9所示,这些条纹称为滑移线。这表明材料的屈服与45°斜面上的切应力有关。当应力达到屈服极限时,材料将发生明显的塑性变形。工程中,如果构件产生较大的塑性变形,就不能正常工作。因此,屈服极限是衡量材料强度的一个重要指标。

应力超过弹性极限后,材料的变形将包含两部分:弹性变形和塑性变形。

第Ⅲ阶段:强化阶段。经过屈服阶段之后,从C点开始曲线又逐渐上升,材料又恢复了抵抗变形的能力,若要使试件继续变形,必须增加拉力,这种现象称为强化,这一阶段称为强化阶段,如图1-5-8所示的CD段。该阶段中的最高点D所对应的应力值称为强度极限,用σ_b表示,它是衡量材料强度的另一个重要指标。Q235钢的强度极限$\sigma_b \approx 400$ MPa。

在强化阶段,试件的变形主要是塑性变形,且比弹性阶段的变形大得多。因此,在此阶段可以明显看到试件的横截面尺寸存缩小。

第Ⅳ阶段:颈缩阶段。当应力小于强度极限时,试件在实验段的变形是均匀的,但当应力达到强度极限σ_b后,$\sigma-\varepsilon$曲线开始下降,如图1-5-8所示的DE段,此时在试件工作段某一薄弱处,横向尺寸将急剧收缩,出现颈缩现象,如图1-5-10所示。这一阶段称为颈缩阶段。由于颈缩处的横截面积迅速减小,使试件继续变形所需的拉力也明显下降,这时试件已完全丧失承载能力,故拉伸曲线急剧下降,直到E点试件被拉断。

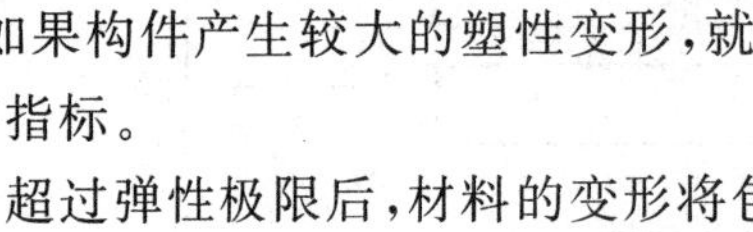

F_N F'_N

图1-5-9 滑移线

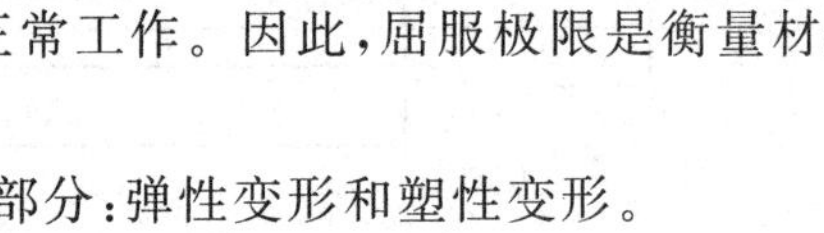

F_N F'_N

图1-5-10 颈缩现象

上述拉伸过程中,材料经历了弹性变形、屈服、强化和颈缩变形四个阶段。对应前三个阶段的三个特征点,其相应的应力值依次为比例极限σ_P、屈服点应力σ_s和强度极限σ_b。对低碳钢来说,屈服点应力和强度极限是衡量材料强度的主要指标。

(2) 材料的力学性能指标　试件拉断后,材料的弹性变形消失,塑性变形则保留下来,试件长度由原长L_0变为L_1,试件拉断后的塑性变形量与原长之比以百分比表示,即

$$\delta=\frac{l_1-l_0}{l_0}\times 100\%$$

式中:δ称为断后伸长率。

断后伸长率是衡量材料塑性变形程度的重要指标之一,断后伸长率越大,材料的塑性性能越好,工程上将$\delta \geqslant 5\%$的材料称为塑性材料,如低碳钢、铝合金、青铜等均为常见的塑性材料;$\delta < 5\%$的材料称为脆性材料,如铸铁、高碳钢、混凝土等均为脆性材料。

衡量材料塑性变形程度的另一个重要指标是断面收缩率ψ。假设试件拉伸前的横截面积为A_0,拉断后断口横截面面积为A_1,以百分比表示的比值。即

$$\psi=\frac{A_0-A_1}{A_0}\times 100\%$$

式中：ψ 称为断面收缩率。断面收缩率越大，材料的塑性越好。

(3) 铸铁在拉伸时的力学性能　对于脆性材料，例如灰口铸铁，从图 1-5-11 所示的 $\sigma-\varepsilon$ 曲线可以看出，从开始受拉到断裂，没有明显的直线部分(图中实线)，一般可将该曲线近似地视为直线(图中虚线)，即认为胡克定律在此范围内仍然适用。

图 1-5-11 中无屈服阶段和局部变形阶段，断裂是突然发生的，断口齐平，断后伸长率约为 0.4%～0.5%，故为典型的脆性材料。其强度极限 σ_b 是衡量铸铁强度的唯一指标。

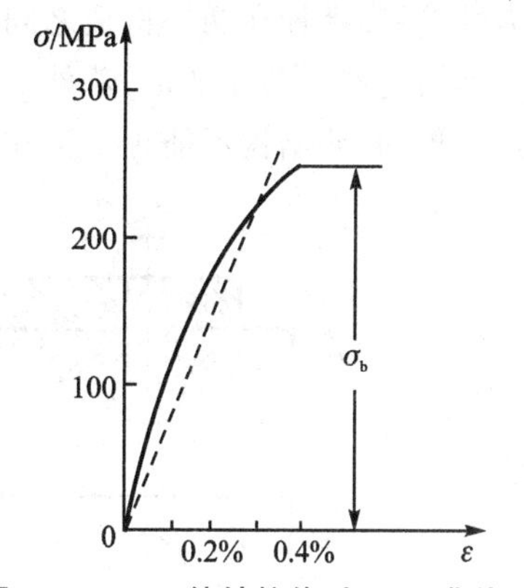

图 1-5-11　铸铁拉伸时 $\sigma-\varepsilon$ 曲线图

2. 材料在压缩时的力学性能

在试验机上做压缩试验时，考虑到试件可能被压弯，金属材料选用短粗圆柱试件，其高度为直径的 1.5～3 倍。图 1-5-12 中实线表示低碳钢压缩时的 $\sigma-\varepsilon$ 曲线。将其与拉伸时的 $\sigma-\varepsilon$ 曲线(图中虚线)比较，可以看出，在弹性阶段和屈服阶段，拉、压的 $\sigma-\varepsilon$ 曲线基本重合。这表明，拉伸和压缩时，低碳钢的比例极限、屈服点应力及弹性模量大致相同。与拉伸试验不同的是，当试件上压力不断增大，试件的横截面积也不断增大，试件愈压愈扁而不破裂，故不能测出它的抗压强度极限。

铸铁压缩时的 $\sigma-\varepsilon$ 曲线为图 1-5-13 所示的实线。与其拉伸时的 $\sigma-\varepsilon$ 曲线(图中虚线)相比，抗压强度极限 σ_{bc} 是抗拉强度极限 σ_b 的 3～4 倍。所以，脆性材料宜作受压构件。铸铁试件压缩时的破裂断口与轴线约成 45°倾角，这是因为受压试件在 45°方向的截面上存在最大切应力，铸铁材料的抗剪能力比抗压能力差，当达到剪切极限应力时首先在 45°截面上被剪断。

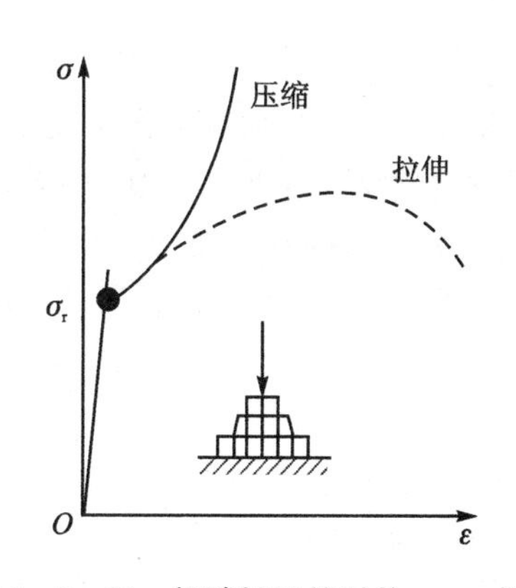

图 1-5-12　低碳钢压缩时的 $\sigma-\varepsilon$ 曲线

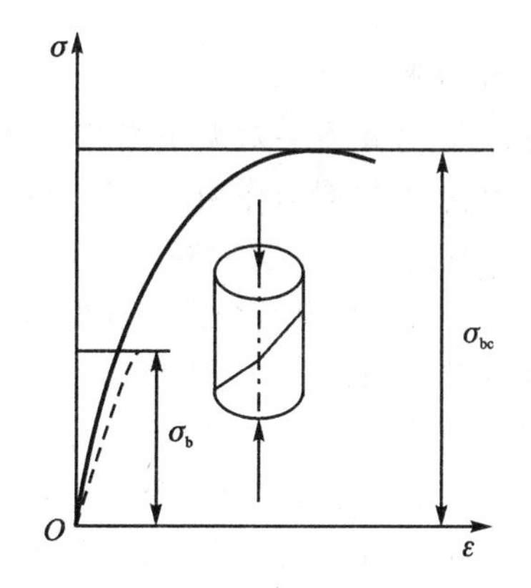

图 1-5-13　铸铁压缩时的 $\sigma-\varepsilon$ 曲线

二、汽车构件剪切与挤压的分析

(一) 剪切变形和挤压变形

工程机械中经常见到一些零件用连接件来传递动力，例如图 1-5-14 所示的铆钉连接简图、图 1-5-15 所示的拖车挂钩中的螺栓连接。它们均受到剪力的作用，作用在连接件上的外力使铆钉、螺栓在两块钢板之间发生错动,连接铆钉、螺栓会发生剪切变形,同时在外力的作用范围内会产生挤压变形,若外力超过一定限度,构件将会被剪断或由于挤压面严重变形而导致连接松动,使结构不能正常工作。

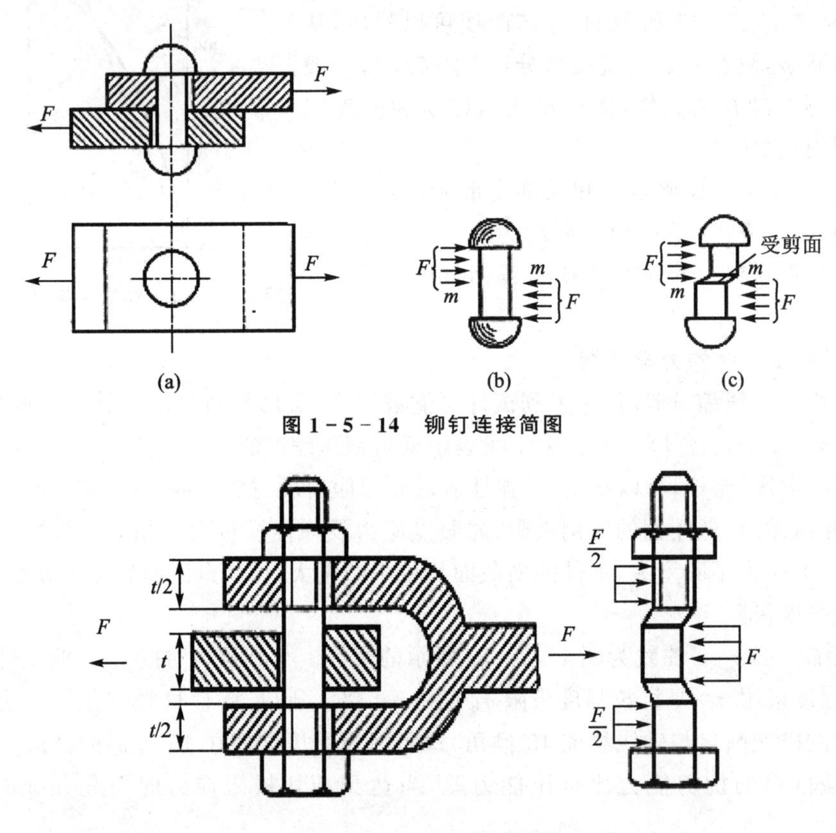

图 1-5-14　铆钉连接简图

图 1-5-15　汽车拖车连接

1. 剪切变形

受力特点:作用有一对大小相等、方向相反的力,这对力垂直于杆轴线且作用线相距很近。

变形特点:在这对力作用下,杆件的横截面将会发生相对错动,若外力超过一定限度,杆件将会沿某一截面 $m—m$ 被剪断。$m—m$ 截面称为剪切面(受剪面),剪切面与杆轴线垂直且与外力作用线平行。只有一个受剪面的剪切称为单剪,如图 1-5-14 所示;有两个受剪面的剪切称为双剪,如图 1-5-15 所示。

2. 挤压变形

机械中的连接件,如螺栓、键、销、铆钉等,在受剪切作用的同时,在连接件和被连接件接触面上互相压紧,产生局部压陷变形,甚至压溃破坏,这种现象称为挤压。零件上产生挤压变形的表面称为挤压面,挤压面上的压力称为挤压力,用 F_{jy} 表示,如图 1-5-16 所示。

(二) 剪切与挤压的应力分析

剪切面上分布的内力的合力称为剪力,用 F_Q 表示,剪力在剪切面上的分布集度称为剪应力,用符号 τ 表示,如图 1-5-17 所示。剪力在剪切面上的分布是不均匀的,工程上常采用实用计算,即假定剪力是均匀分布的,这样的假设既简化了计算,又可以满足工程实际的需要。

$$\tau = \frac{F_Q}{A_j}$$

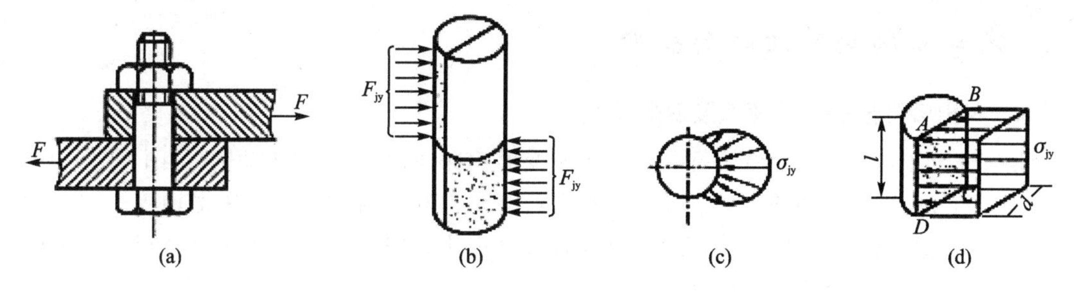

图 1-5-16　受剪切件的挤压面

式中：τ 为剪应力；F_Q 为剪切面上的剪力；A_j 为剪切面积。

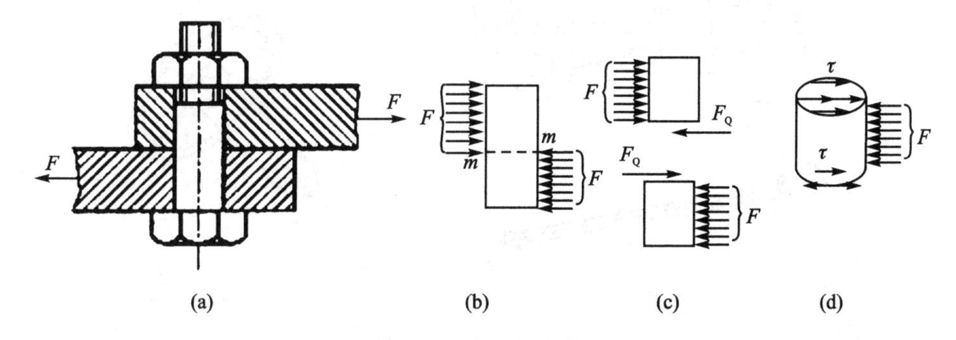

图 1-5-17　剪切内力及应力

挤压面上的压力称为挤压力，用 F_{jy} 表示；挤压面上的压强称为挤压应力，用 σ_{jy} 表示。必须指出，挤压应力不同于压缩应力，挤压应力是分布在构件接触表面上的压强，当挤压应力较大时，挤压面附近区域将发生显著的塑性变形而被压溃，压缩应力是分布在整个构件内部单位面积上的内力。挤压应力在接触处分布也是不均匀的，同剪应力一样，工程上也采用实用计算。故挤压应力为

$$\sigma_{jy}=\frac{F_{jy}}{A_{jy}}$$

式中：F_{jy} 为挤压面上的挤压力；A_{jy} 为挤压面的计算面积。

当接触面为平面时，该计算面积就是实际接触面面积，当接触面为圆柱面时（如销钉、铆钉等与钉孔间的接触面），挤压应力的分布情况如图 1-5-18(a)所示，最大应力在圆柱面的中点，实用计算中，以圆孔或圆柱的直径平面面积 td（如图 1-5-18(b)所示画阴影线的面积）除挤压力 F_{jy}，则所得应力大致上与实际最大应力接近。

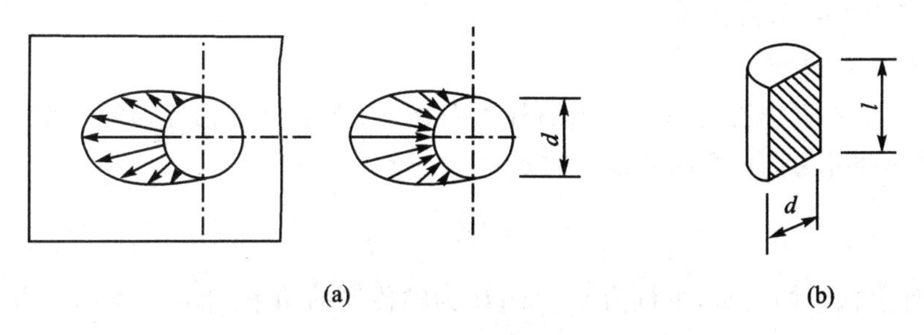

图 1-5-18　挤压应力

三、汽车圆轴构件扭转的分析

(一) 扭转变形的受力特点及变形特点

在工程实际中,经常会看到一些发生扭转变形的杆件,如汽车的传动轴(如图1-5-19(a)所示)、汽车转向盘轴(如图1-5-19(b)所示)、电动机轴、搅拌器轴、车床主轴等。和前面已经研究过的轴向拉压变形、剪切变形一样,需要分别研究内力、应力,从而建立扭转变形的条件,以便对构件进行分析和强度计算。

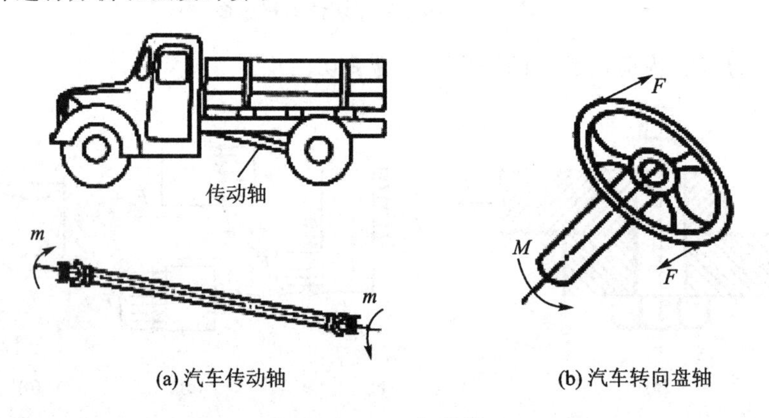

图1-5-19 扭转轴

扭转变形的受力特点为:杆件两端分别受到大小相等,转向相反,且在垂直于轴线平面内的两个外力偶作用。其变形特点为杆的各横截面绕轴线作相对转动,任意两横截面之间产生相对角位移φ,φ称为扭转角(如φ_{AB}为截面B相对于截面A的扭转角),如图1-5-20所示。

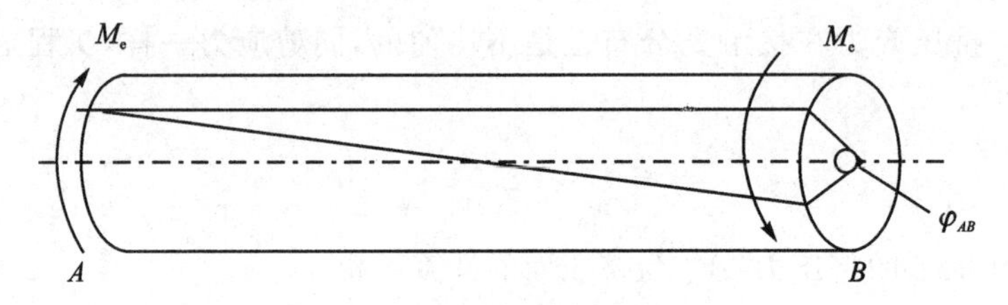

图1-5-20 轴的扭转变形

工程中把以承受扭转变形为主的杆件称为轴,轴的横截面通常为圆形截面,也称圆轴。工程中大多数轴在传动中除了受到扭转变形之外,还伴随有其他形式的变形,如弯曲变形。

(二) 内力分析与应力分析

1. 外力偶矩的计算

工程中,一般不直接给出作用于轴的外力偶矩,通常是根据轴传递的功率和轴的转速算出。功率、转速和外力偶矩之间的换算关系为

$$M_e = 9\ 549 \times \frac{P}{n}$$

式中:M_e为外力偶矩的大小,单位为N·m;P为轴传递的功率,单位为kw;n为轴的转速,单位为r/min。

2. 扭矩与扭矩图

(1) 圆轴扭转内力——扭矩

当已知作用在轴上的所有外力偶矩后，即可用截面法计算圆轴扭转时各横截面上的内力。如图 1－5－21(a)所示的 AB 轴，在其两端垂直于杆轴线的平面内，作用有一对等值、反向的外力偶，杆件处于平衡状态。

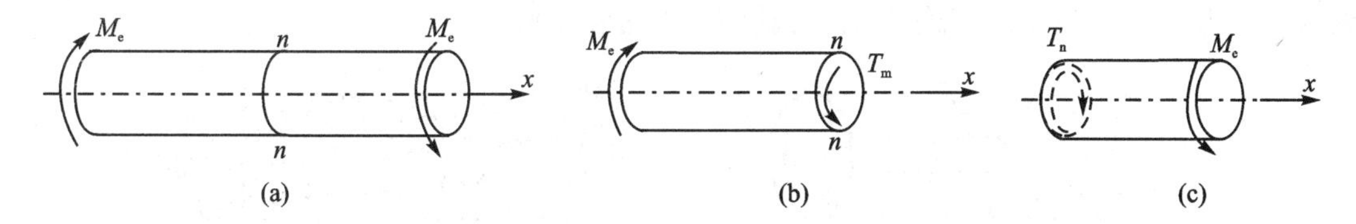

图 1－5－21　轴的扭矩

若求任意横截面 $n—n$ 上的内力，假想沿截面将轴切开，分为左右两段，任取左或右段为研究对象，现取左段为研究对象，由于左端有外力偶作用，在 $n—n$ 截面上必有一个内力偶 T_n 与之相平衡。由平衡方程

$$\sum M_x = 0,\quad T_n - M_e = 0$$

$$T_n = M_e$$

T_n 是轴上在扭转时横截面上的内力偶矩，称为扭矩。若取右段为研究对象，结果相同，但方向相反。

为了使截面两侧求出扭矩的符号一致，故规定扭矩的正负号，采用右手螺旋定则确定：右手四指顺着扭矩的方向握住圆轴轴线，大拇指的指向与横截面的外法线方向一致时扭矩为正值，反之为负值，如图 1－5－22 所示。这样无论取左段还是取右段，其横截面上的转矩正负号均相同。

与求轴力的方法相类似。用截面法计算扭矩时，可将扭矩设为正值，如果计算结果为负，说明该扭矩转向与所设的转向相反。

(2) 扭矩图

当轴上作用有两个以上的外力偶时，轴上各段扭矩 M_0 的大小和方向有所不同。为了形象地表达轴上各截面扭矩大小和符号沿轴线的变化情况，可用转矩图来表示，其绘制方法与轴力图的绘制方法相似。

为清晰地表示扭矩，以平行于圆轴轴线的坐标 x 表示横截面所在位置，垂直于圆轴轴线的坐标 T_n 表示对应横截面上扭矩的大小。正值扭矩绘在算 x 轴的上方，负值扭矩绘在 x 轴的下方。这种表示扭矩随横截面位置变化规律的图形称为扭矩图。在扭矩图上，除标明扭矩的大小和单位外，还应标明扭矩的正负号，如图 1－5－23 所示。

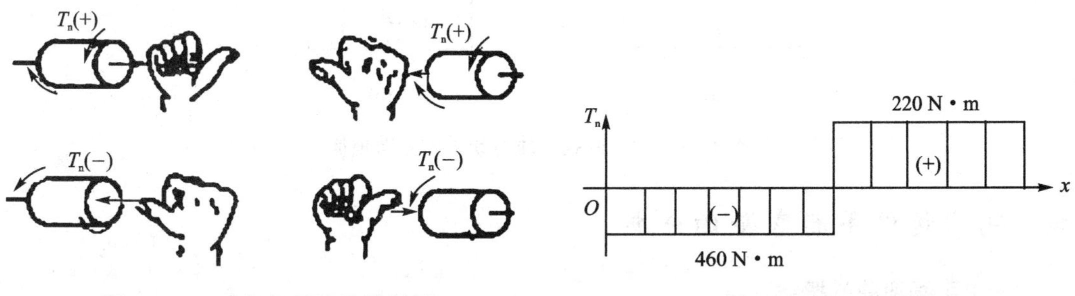

图 1－5－22　扭矩正负号的判断　　图 1－5－23　扭矩图

可见轴内的最大扭矩值比原来减小了。因此，传动轴上主动轮和从动轮安装位置不同，轴

所受的最大扭矩也就不同,显然,两者相比后者较合理。

3. 扭转时的应力分析

如图1-5-24所示的圆轴,试验前在其表面上划两条圆周线和两条与轴线平行的纵线,两端在外力偶矩为M的力偶作用后,圆轴即发生扭转变形。

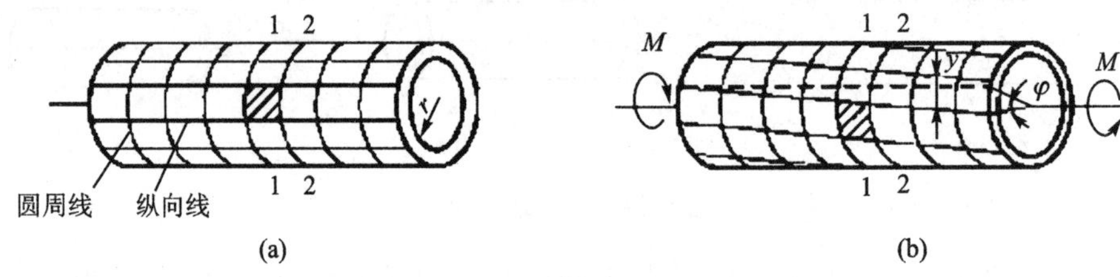

图1-5-24 轴的扭曲变形

在变形微小的情况下,可观察到如下现象。

(1) 纵线倾斜了相同的角度,原来轴表面上的小方格变成了歪斜的平行四边形如图1-5-24(b)所示;

(2) 圆周线围绕轴线旋转一个微小的角度,圆周线的长度、形状和两圆周线间的距离均保持不变;

(3) 轴的直径和长度都没有改变,由此可推断:原为平面的横截面变形后仍保持为平面,只是各横截面相对地转过了一个角度。这就是圆轴扭转的平面假设。

根据平面假设,可得出以下结论:

(1) 由于相邻截面相对地转过了一个角度,即横截面间发生旋转式的相对错动,出现了剪切变形,故截面上有切应力存在。

(2) 由于相邻截面间距不变,所以横截面没有正应力;又因半径长度不变,切应力方向必与半径垂直。

因此,试验结果和理论分析表明,圆轴扭转时,其横截面上只有切应力。切应力的分布规律是各点的切应力与横截面半径方向垂直,其大小与该点到圆心的距离成正比。图1-5-25(a)所示为实心轴截面应力的分布规律,图1-5-25(b)所示为空心轴截面切应力的分布规律。

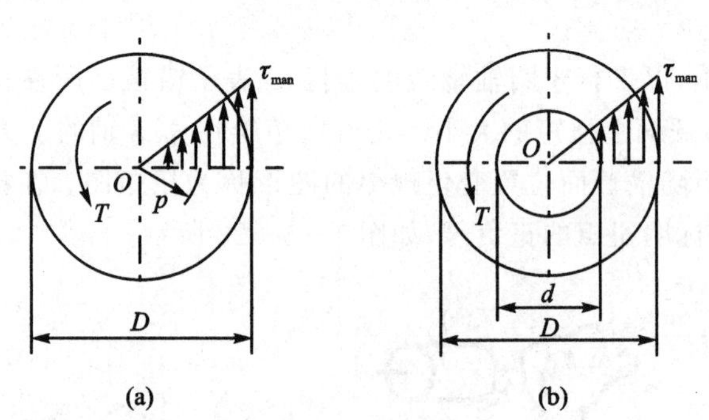

图1-5-25 圆轴扭转时切应力分布规律

四、汽车构件平面弯曲的分析

(一) 平面弯曲的概念

1. 基本概念

在工程实际中,经常遇到很多承受载荷后发生弯曲变形的构件,比如汽车梁式车架中各横梁、桥式吊车的横梁、火车轮轴等，如图 1－5－26 所示。这类构件受力的共同特点是各外力垂直于杆件轴线，变形时杆件的轴线变成了曲线，这种变形称为弯曲变形。工程上将以弯曲变形为主的杆件统称为梁。

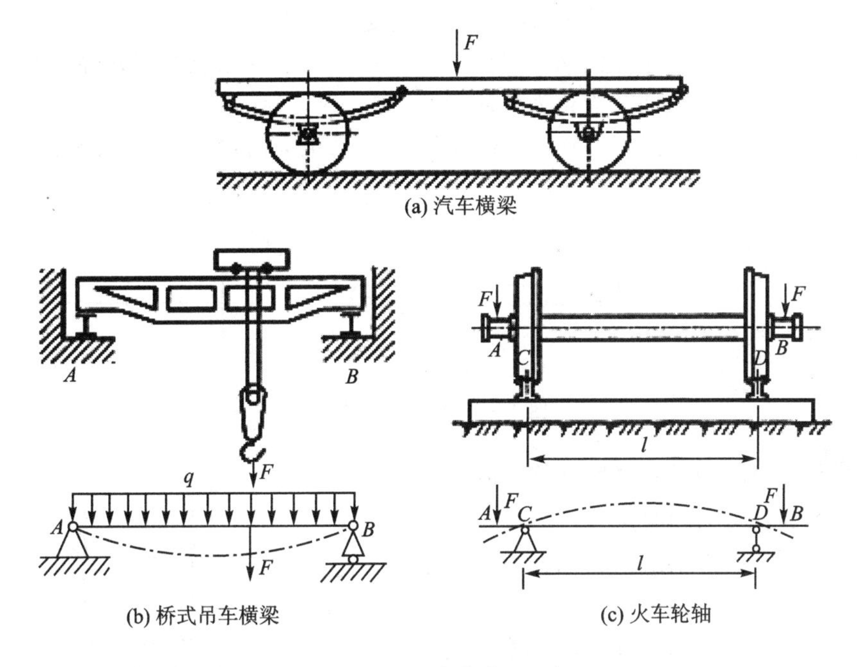

图 1－5－26　弯曲变形实例

工程中的梁，其横截面通常都有一个纵向对称轴。该对称轴与梁的轴线组成梁的纵向对称面，如图 1－5－27 所示。所有外力、外力偶作用在梁的纵向对称平面内，则梁变形后的轴线在此平面内弯曲成一条平面曲线，这种弯曲称为平面弯曲。平面弯曲是弯曲变形中最基本的一种。我们只讨论平面弯曲问题。

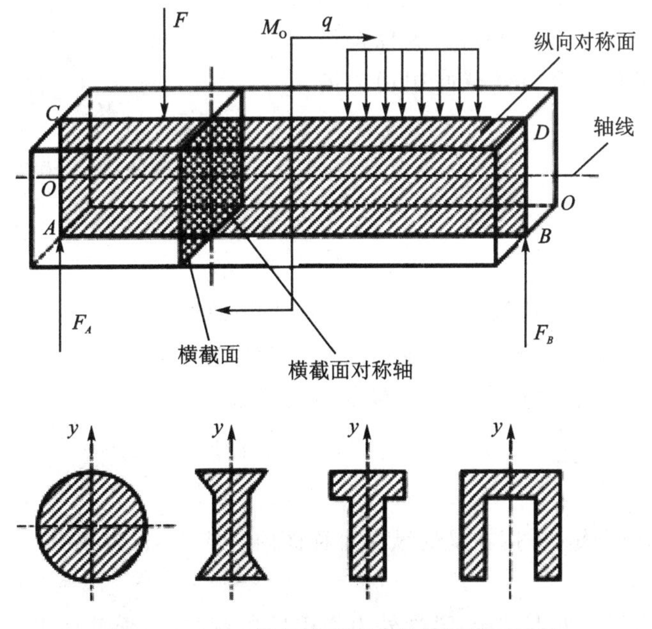

图 1－5－27　梁的平面弯曲与梁的截面形状

2. 梁的分类

根据梁的支承情况，一般可简化为下列三种形式：

(1) 简支梁。梁的一端可简化为固定铰链约束，另一端可简化为活动铰链约束，如图 1 - 5 - 28(a)所示。图 1 - 5 - 26 所示的桥式吊车横梁即可简化为简支梁。

(2) 外伸梁。梁的约束简化情况与简支梁相同，但梁的一端或两端外伸，如图 1 - 5 - 26 所示的汽车横梁、火车轮轴即可简化为外伸梁。

(3) 悬臂梁。梁的一端自由，另一端有约束，且该约束为固定端约束，如图 1 - 5 - 28 (c)所示。

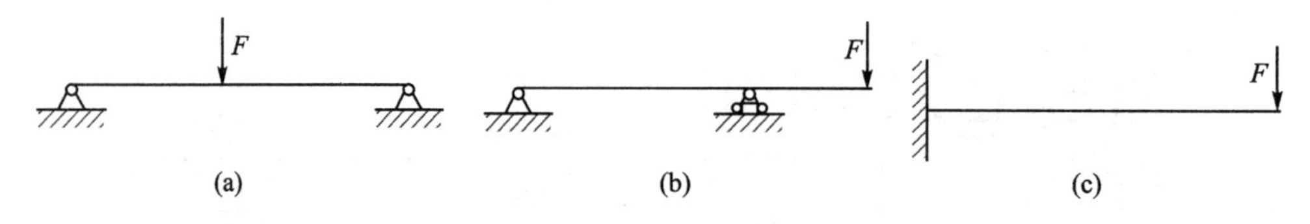

图 1 - 5 - 28　梁的类型

(二) 梁弯曲时的内力分析与应力分析

1. 梁弯曲时的剪力和弯矩

为了研究梁的强度和刚度条件，需分析梁上各截面的内力。如图 1 - 5 - 29 所示的简支梁 AB，受集中力 F、E 作用而平衡，使用截面法求出梁上各截面的内力。

首先，运用静力平衡方程求出支座约束反力 F_A、F_B 然后在梁上取一截面 $m—m$ 分析其内力。由截面法将梁切开，任取其中一段，例如左段，作为研究对象。其上受到主动力 F_1 和约束反力 F_A 作用，一般 $F_1 \neq F_A$(设 $F_1 < F_A$)，则 F_A、F_1 有使左段梁向上运动的趋势。为保持平衡，截面 $m—m$ 上应有一个与横截面相切的内力 F_Q。

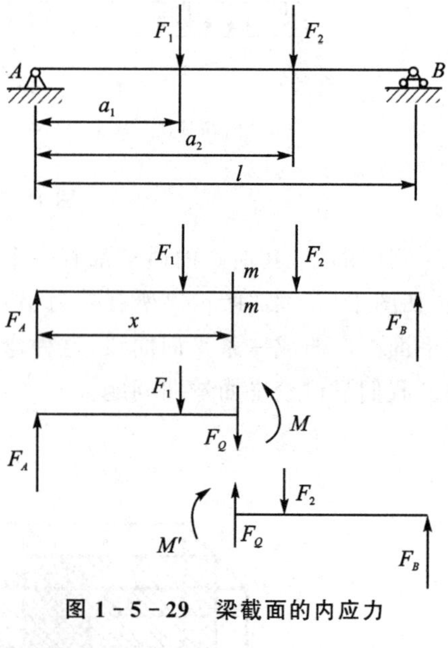

图 1 - 5 - 29　梁截面的内应力

由平衡方程

$$\sum F_y = 0, \quad F_A - F_1 - F_Q = 0$$

得

$$F_Q = F_A - F_1$$

内力 F_Q 称为剪力，其作用线平行于截面并通过截面的形心。

另外，F_A 和 F_1 有使梁作顺时针转动的趋势。为保持平衡，截面 $m—m$ 上还应有一个逆时针方向的内力偶 M，求各力对截面形心 C 的矩的代数和：

$$\sum M_c(F) = 0 \; M + F_1(x - a_1) - F_A x = 0$$

$$M = F_A x - F_1(x - a_1)$$

内力偶矩 M 称内弯矩，作用在梁的纵向对称面内。式中：x 为截面 $m—m$ 到支座 A 之间的距离。

由以上分析计算可得如下结论：梁受外力作用发生弯曲时，横截面上的内力包括剪力 F_Q

和弯矩 M，它们的大小可通过静力平衡方程求出。剪力 F_Q 的大小等于截面一侧梁段上所有外力的代数和，即

$$F_Q=\sum F_L \quad 或 \quad F_Q=\sum F_R$$

式中：F_L 为截面左侧梁段上的力；F_R 为截面右侧梁段上的力。

弯矩 M 的大小等于截面一侧所有外力及外力偶矩对该截面形心 C 的力矩的代数和，即

$$M=\sum(F_L\times x_i+M_{ei}) \quad 或 \quad M=\sum(F_R\times x_i+M_{ei})$$

式中：x_i 为外力距截面形心的距离。对于同一截面，取截面左侧和右侧轴段为研究对象，所求得的剪力和弯矩应该大小等，方向（或转向）相反。

为使以上两种情况所得同一横截面上的内力具有相同的正负号，对剪力与弯矩的正负作如下规定：研究对象的横截面左上右下的剪力为正，反之为负，如图 1－5－30(a)、(b)所示；使弯曲变形为凹向上的弯矩为正（也即研究对象的横截面左顺右逆的弯矩为正），反之为负，如图 1－5－30(c)、(d)所示。

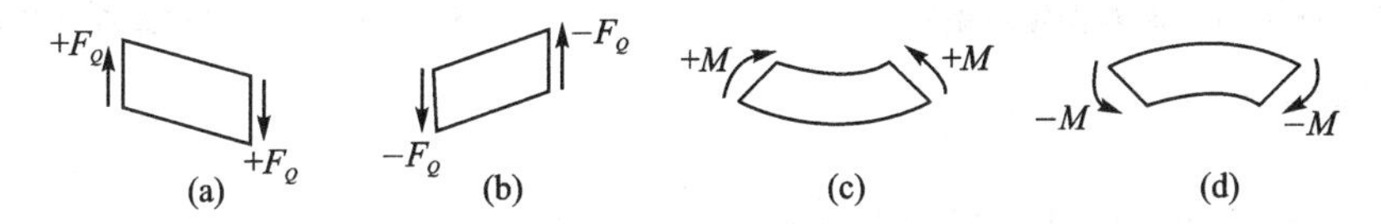

图 1－5－30　剪力与弯矩的符号

综上所述，可得如下结论：

弯曲时梁横截面上的剪力在数值上等于该截面一侧所有外力的代数和；横截面上的弯矩在数值上等于该截面一侧所有外力和外力偶对该截面形心的力矩的代数和。

应用上述结论时，横截面上的外力的正负号规定如下：计算剪力时，截面左上右下的外力取正，反之为负，如图 1－5－31 所示；计算弯矩时，在梁截面左侧外力（包括外力偶）对截面形心之矩产生顺时针转动和截面右侧外力（包括外力偶）对截面形心之矩产生逆时针转动时，弯矩为正，反之为负，如图 1－5－32 所示。

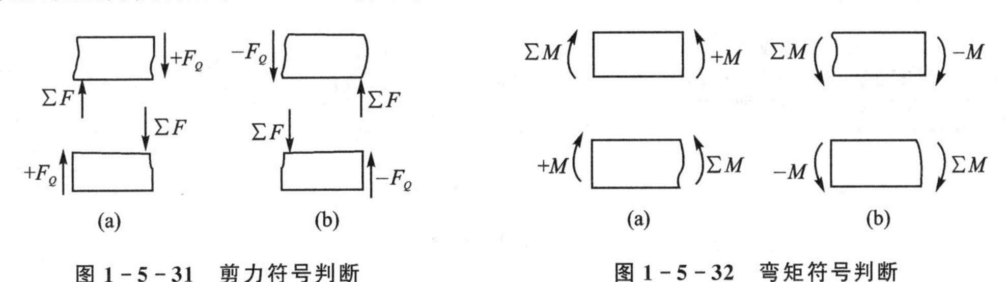

图 1－5－31　剪力符号判断　　　　**图 1－5－32　弯矩符号判断**

利用上述规则，可直接根据截面左侧或右侧梁上的外力求横截面上的剪力和弯矩。

计算时，对于未知方向的内力可将其全部假设为正，计算结果为正，说明假设正确，内力为正；反之则说明假设与实际相反，内力为负。

2. 弯矩图

为了确定弯矩随截面位置的变化情况，并确定弯矩的最大值及其产生的位置，通常用梁轴线方向的坐标 x 表示横截面的位置，用垂直于梁轴线的坐标 m 表示对应截面上弯矩的大小。正弯矩绘在 x 轴的上方，负弯矩绘在 x 轴的下方。这种表示弯矩随截面位置变化规律的图形称为弯矩图。在弯矩图上，除标明弯矩的大小和单位外，还应标明弯矩的正负号。图 1－5－33

所示为桥式起重机(集中载荷)弯矩图,图 1-5-34 所示为均布载荷弯矩图。

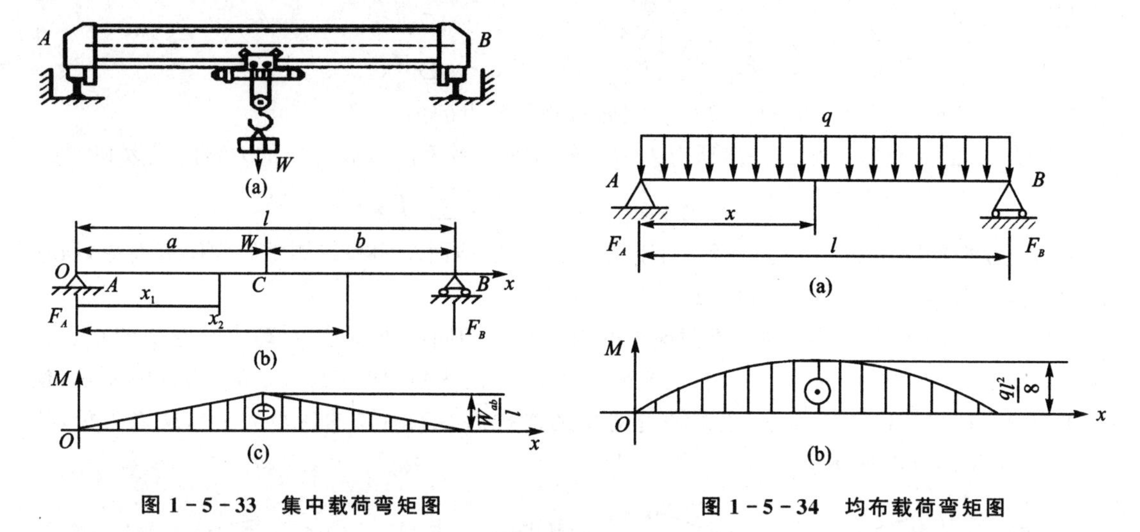

图 1-5-33　集中载荷弯矩图　　　图 1-5-34　均布载荷弯矩图

[习题]

1-5-1　杆件变形的基本形式有哪些?试举例说明。

1-5-2　什么叫截面法?实施截面法有哪些步骤?

1-5-3　在求某截面上的内力时,跟截面的具体形状有关系吗?

1-5-4　拉压杆横截面上的应力公式是如何建立的?该公式的应用条件是什么?

1-5-5　何谓应力?何谓正应力和切应力?应力的单位是什么?应力与内力有何区别?

1-5-6　低碳钢试件在整个拉伸过程中可分为几个阶段?各有何特点?

1-5-7　何谓塑性材料与脆性材料?衡量材料的塑性性能的主要指标是什么?试比较塑性材料和脆性材料的力学性能的特点。

1-5-8　试求习题图 1-5-1 所示各杆 1—1、2—2、3—3 截面上的轴力,并作轴力图。

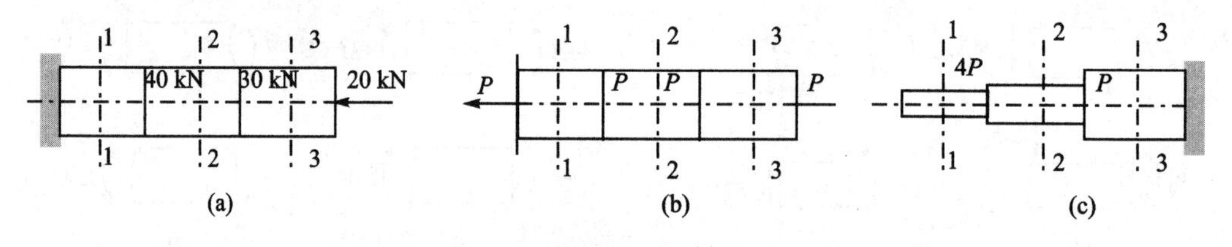

习题图 1-5-1

项目二　汽车常用机构

☞ 案例导入

汽车主要由机构组成，其通过各种机构的相互之间的确定运动，来实现运动和力的传递、转换。图2-0-1所示为汽车转向系的传动示意图。驾驶员转动方向盘，通过转向轴和万向节的传递，带动机械转向器使转向摇臂摆动，通过转向直拉杆和转向节臂使左转向节绕主销转动，从而实现左轮的转向，通过由转向梯形臂和转向横拉杆组成的梯形机构实现右转向节的转动，使右轮和左轮同时转向。

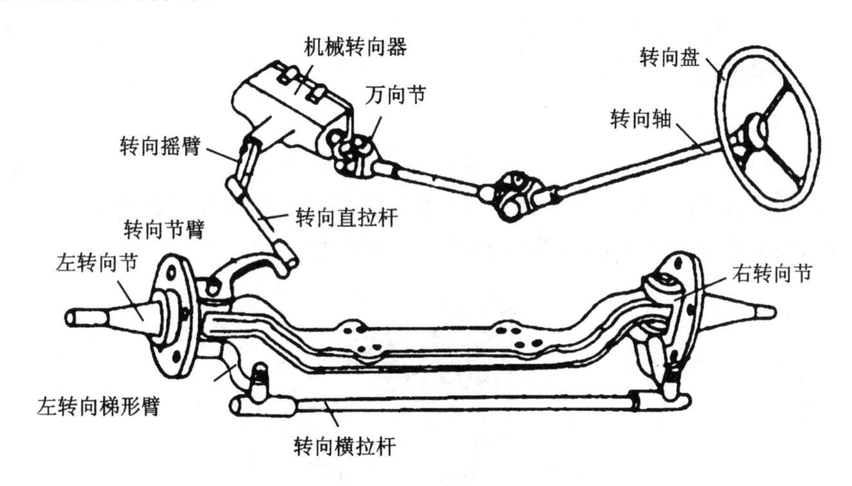

图2-0-1　汽车转向系的传动示意图

然而，机构中的构件任意拼凑起来是不一定具有确定运动的。图2-0-2(a)所示为一个三构件组合体，但各构件之间无相对运动。图2-0-2(b)所示为五构件组合体，当只给构件1的运动规律时，其余构件的运动并不确定。构件究竟应如何组合，才能运动呢？具有什么条件的机构才具有确定的相对运动呢？本项目将介绍与之有关的基础知识。

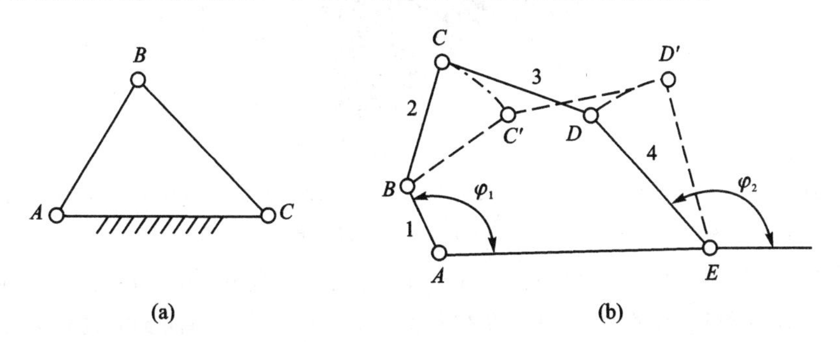

图2-0-2　三构件组合体和五构件组合体

任务一 汽车常见机构的组成

教学目标

- 熟悉机械、机器和机构的概念;
- 掌握平面运动副和构件的分类及表示方法;
- 掌握平面机构运动简图的绘制;
- 掌握平面机构的自由度计算及机构具有确定运动的条件。

一、机器的组成及特征

各种机器广泛应用于人们的生产和生活。机器可以减轻或代替人的体力劳动,并大大提高劳动生产率和产品质量。随着科学技术的发展,生产的机械化和自动化已经成为衡量一个国家社会生产力发展水平的重要标志之一。

(一) 几个常用术语

1. 机器、机构、机械

以单缸内燃机(如图 2-1-1 所示)为例,它是由气缸体 1、活塞 2、进气阀 3、排气阀 4、连杆 5、曲轴 6、凸轮 7、顶杆 8、齿轮 9 和齿轮 10 等组成。通过燃气在气缸内的进气—压缩—点燃—排气过程,使其燃烧的热能转变为曲轴转动的机械能。

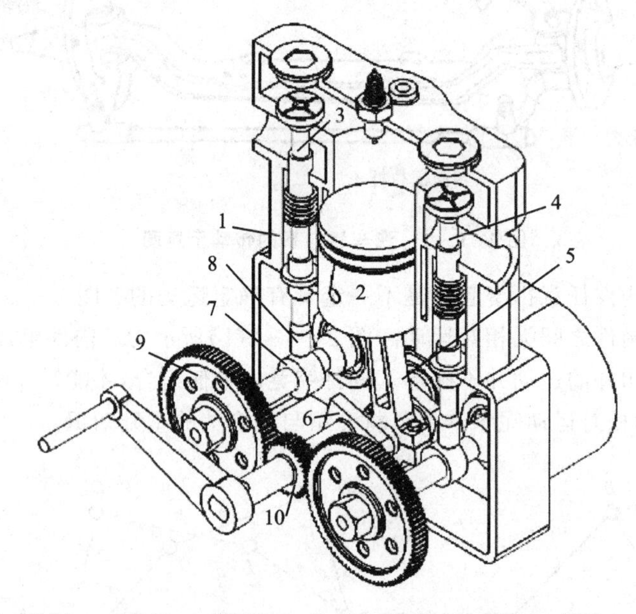

1—气缸体;2—活塞;3—进气阀;4—排气阀;5—连杆;6—曲轴;7—凸轮;8—顶杆;9—齿轮;10—齿轮

图 2-1-1 单缸内燃机图

单缸内燃机作为一台机器,由连杆机构、凸轮机构和齿轮机构组成。由气缸体、活塞、连杆、曲轴组成的连杆机构,用燃气推动活塞往复运动,经连杆转变为曲轴的连续转动;而由气缸体、齿轮 9 和 10 组成的齿轮机构将曲轴的转动传递给凸轮轴;而由凸轮、顶杆、气缸体组成的凸轮机构又将凸轮轴的转动变换为顶杆的直线往复运动,进而保证进、排气阀有规律地启闭。

可见,机器是执行机械运动的装置,用来变换或传递能量、物料与信息,以代替或减轻人的体力和脑力劳动。机构是只能传递运动和力的具有一定约束的物体系统。

尽管机器的用途和性能千差万别，但其组成却有共同之处，总的来说机器有以下三项共同的特征：

① 一种人为的实物组合；

② 各部分形成运动单元，各运动单元之间具有确定的相对运动；

③ 能实现能量转换或完成有用的机械功。

同时具备这三个特征的称为机器，仅具备前两个特征的称为机构。机器由机构组成，简单的机器也可只有一个机构。若抛开其在做功和转换能量方面所起的作用，仅从结构和运动观点来看，两者并无差别，因此工程上把机器和机构统称为机械。

2. 构件、零件、部件

机构中的运动单元称为构件。构件具有独立运动的特性，是运动的单元。组成机器的不可拆卸的基本单元称为机械零件，零件是制造的单元。构件可以是一个零件，如图 2-1-2(a)所示的曲轴；也可以由若干个相互无相对运动的零件所组成，如图 2-1-2(b)所示的汽车连杆，它由连杆体 1、连杆盖 4、螺栓 2 及螺母 3 等零件组成。

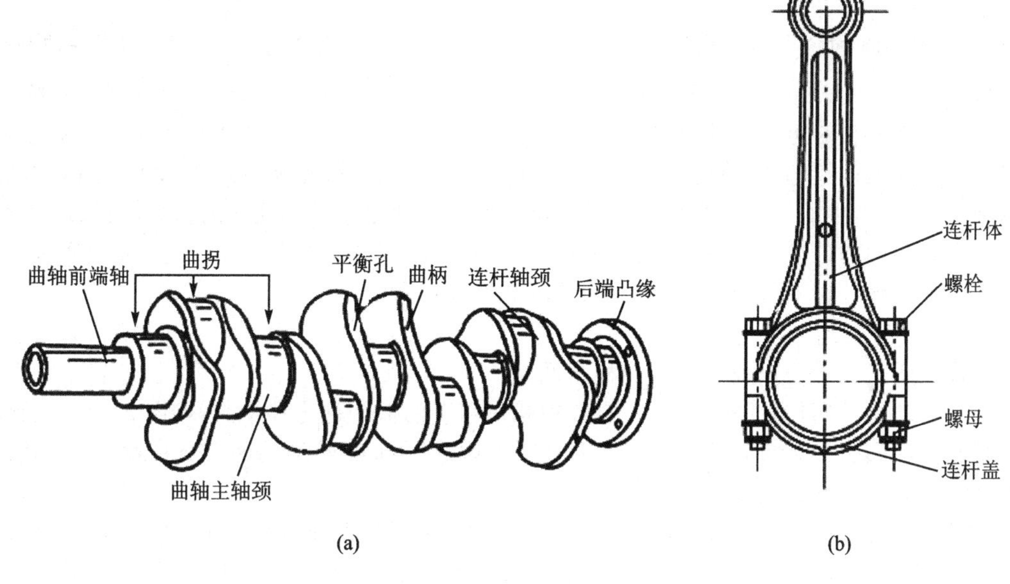

图 2-1-2　曲轴和连杆

机器中的零件，按照其功能和结构特点又分为通用零件和专用零件。各种机械中普遍使用的零件称为通用零件，如螺栓、齿轮、轴、弹簧、垫片等；仅在某些专门行业中才用到的零件称为专用零件，如内燃机的活塞与曲轴、汽轮机的叶片、机床的床身等。

在机械中把为完成同一使命、彼此协同工作的一系列零件或构件所组成的组合体称为部件，如滚动轴承、联轴器、减速器等。

(二) 机器的基本组成部分

就基本组成来讲，一部完整的机器一般都有原动机、工作机和传动装置三个主要部分。

1. 原动机

原动机是驱动整个机器完成预定功能的动力源。常用的有电动机(交流和直流)、内燃机等。

2. 工作机

工作机是机器中具体完成工作任务的部分。其运动形式及运动的动力参数依据机器的用途不同而不同,执行构件有的做直线运动,有的做回转运动或间歇运动等。

3. 传动装置

传动装置是机器中介于原动机和工作机之间的部分,用来实现减速、增速、调速、改变运动形式或方位,从而使原动机传递过来的运动和动力满足工作机的各种要求。

二、平面机构的组成

(一) 构件自由度与约束

所有构件都在同一平面或相互平行的平面内运动的机构称为平面机构。

构件是机构中的运动单元体,是组成机构的主要要素。构件的自由度是构件可能出现的独立运动。任何一个构件在平面内自由运动时皆有三个自由度,即在直角坐标系内沿着坐标轴 x、y 轴的移动以及绕坐标原点 O 的转动,如图 2-1-3 所示。

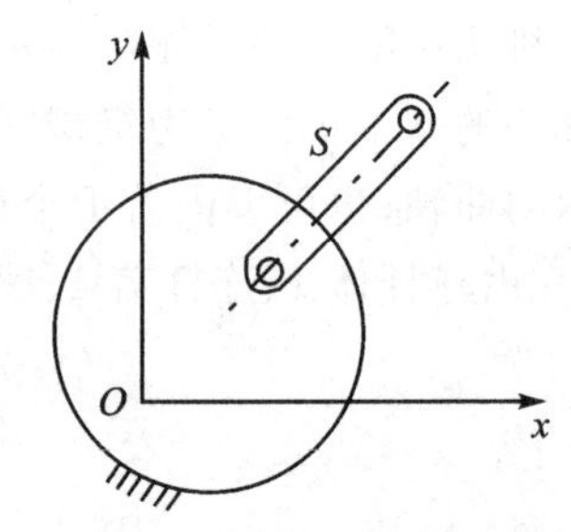

图 2-1-3 平面自由构件的自由度

对物体运动的限制称为约束。机构中的构件由于相互连接,其独立运动受到约束,构件失去的自由度与它受到的约束条件数相等。

(二) 运动副的分类及其表示方法

当构件组成机构时,每个构件都以一定的形式与其他构件相互连接,且相互连接的两构件间保留着一定的相对运动。这种使两个构件直接接触又彼此有一定的相对运动的连接称为运动副。只允许被连接的两构件在同一平面或相互平行的平面内做相对运动的运动副称为平面运动副,平面机构中的运动副都属平面运动副。两构件通过运动副连接后,构件的某些运动必将受到约束。两构件可以通过点、线或面接触组成运动副,参与接触的点、线或面称为运动副元素。按照接触特性,平面运动副可分为低副和高副两种。

1. 低　副

两构件通过面接触形成的运动副称为低副。

组成运动副的两构件只能沿某一直线做相对移动的低副称为移动副,如图 2-1-4 所示。移动副使构件失去沿某一轴线方向移动和在平面内绕原点 O 转动的两个自由度,只保留了沿另一轴线方向移动的自由度。

组成运动副的两构件之间只能绕某一轴线作相对转动时的低副称为转动副,如图 2-1-5 所示。转动副使构件失去沿 x 轴或 y 轴方向两个移动的自由度,只保留一个绕原点 O 转动的自由度。移动副和转动副分别可以用如图 2-1-6 和图 2-1-7 所示的符号表示。

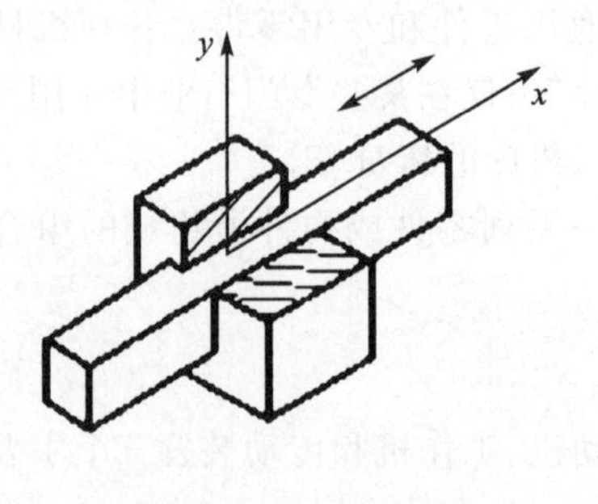

图 2-1-4 移动副

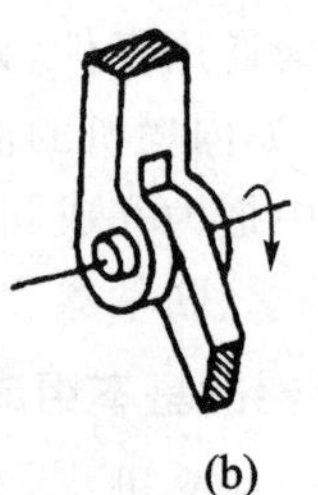

图 2-1-5 转动副

由圆柱销和销孔及其两端面构成的转动副称为铰链，如图 2－1－5(a)所示。

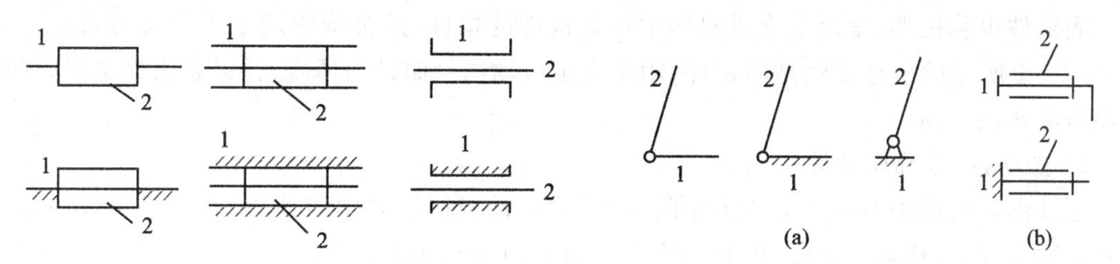

图 2－1－6　表示移动副的符号　　　　图 2－1－7　表示转动副的符号

2. 高　副

两构件通过点接触或线接触形成的运动副称为高副，如图 2－1－8 所示。图 2－1－8(a)中凸轮 1 与从动件 2、图 2－1－8(b)中齿轮 1 与齿轮 2 在接触点 A 处组成的运动副都是高副。高副使构件失去了沿接触点 A 公法线 $n—n$ 方向移动的自由度，保留了绕接触点 A 转动和沿接触点 A 公切线 $t—t$ 方向移动的两个自由度。用符号表示高副时，一般须把两构件在接触点处的曲线轮廓画出，如图 2－1－8(a)所示，但对于齿轮机构，习惯上只画出两齿轮的节圆。

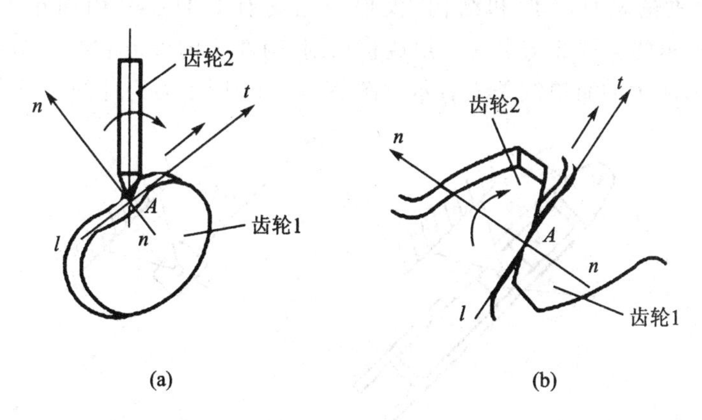

图 2－1－8　高　副

此外，常见的运动副还有螺旋副和球面副，如图 2－1－9 所示。它们皆属于空间运动副，即两构件间的相对运动为空间运动。

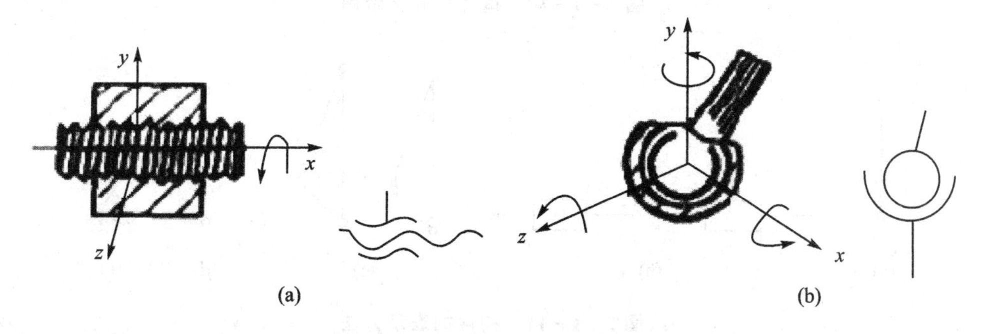

图 2－1－9　螺旋副和球面副

(三) 构件的分类及表示方法

组成机构的构件按其运动性质可分为固定件、主动件和从动件。

1. 固定件(机架)

固定件也称机架,是用来支承机构中可动构件的构件,是机构中固结于定参考系的构件。图 2-1-1 所示的气缸体就是固定件,用来支承可动构件曲轴与活塞,并以它为参考系来研究曲轴与活塞的运动。

2. 主动件(或称原动件)

主动件是机构中有驱动力或力矩的构件,或运动规律已知的活动构件。它的运动和动力由外界输入,故又称输入构件,因此该构件常与动力源相关联,图 2-1-1 所示的活塞就是主动件。

3. 从动件

从动件是由主动件的运动规律及机构中运动副的类型以及运动副之间的相对位置限定其运动的构件。在机构中除了机架与主动件之外,其他构件都是从动件。而在从动件中按预期的规律向外界输出运动或动力的构件称为输出构件,图 2-1-1 所示的连杆和曲轴都是从动件。

实际构件的外形和结构是复杂而多样的。在绘制机构运动简图时,构件的表达原则是撇开那些与运动无关的构件外形和结构,仅把与运动有关的尺寸用简单的线条表示出来。图 2-1-10(a)所示的构件 2 与滑块 1 组成移动副,构件 3 的外形和结构与运动无关,因此可用图 2-1-10(b)所示的简单线条来表示。图 2-1-11 所示为构件的一般表示方法。

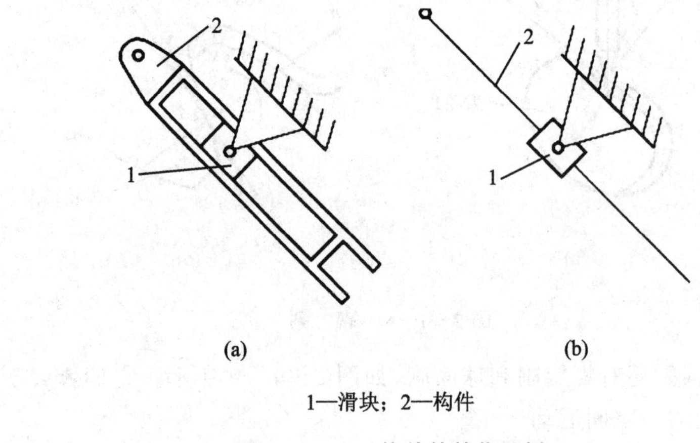

1—滑块；2—构件

图 2-1-10 构件的简化示例

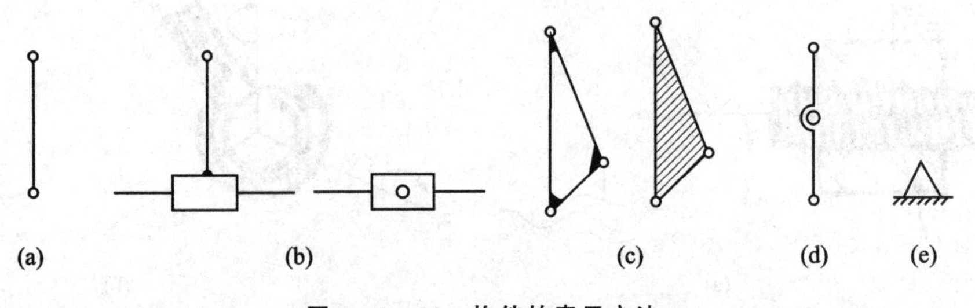

图 2-1-11 构件的表示方法

图 2-1-11(a)所示的构件上有两个转动副;图 2-1-11(b)所示的构件上具有一个移动副和一个转动副,其中左图表示移动副的导路不经过转动副的回转中心,右图表示移动副的导路经过转动副的回转中心;图 2-1-11(c)所示的构件上有三个转动副并且转动副的回转中心

不在同一直线上；图 2-1-11(d)所示的构件具有三个转动副并且三个转动副分布在同一直线上；图 2-1-11(e)所示的构件为固定构件。

三、平面机构的运动简图

实际机械的外形和结构大都比较复杂，为了便于分析和研究，工程中常用简单的线条和符号表示构件及运动副来绘制机构的运动简图。用构件和运动副的特定符号来表示机构中各构件间相对运动关系的简单图形，称为机构示意图。按一定的长度比例尺绘制的机构示意图称为机构运动简图。机构运动简图不仅可以简明地反映原机构的运动特性，而且可以对机构进行运动和动力分析。

绘制机构运动简图的一般步骤如下：

(1) 分析机构的运动，找出固定件(机架)、主动件与从动件，即判别构件的类型。

(2) 从主动件开始，按照运动的传递顺序分析各构件之间相对运动的性质，确定运动副的类型。

(3) 合理选择视图平面。为了能清楚地表明各构件间的相对运动关系，通常选择平行于构件运动的平面作为视图平面。

(4) 选择能充分反映机构运动特性的瞬时位置。若瞬时位置选择不当，则会出现构件间相互重叠或交叉，使得机构运动简图既不易绘制也不易辨认。

(5) 选择比例尺定出各运动副之间的相对位置，用特定符号绘制机构运动简图。比例尺应根据实际机构和图幅大小来适当选取。比例尺由 $\mu_l=\frac{\text{实际尺寸(m)}}{\text{图上尺寸(mm)}}$ 来确定。实际尺寸的单位可用 m/mm。例如：用图上的 1 mm 代表实际尺寸的 5 m，则 $\mu_l=5$ m/mm。

例 2-1-1 请绘制如图 2-1-12(a)所示的内燃机的机构运动简图。

解 (1) 确定构件的类型和数目。

曲柄连杆机构：活塞 2 为原动件，连杆 5、曲轴 6 为从动件，气缸体 1 为机架。

齿轮机构：与曲轴相固连的齿轮 10 为输入构件，齿轮 8 和齿轮 9 为从动件，气缸体 1 为机架。

凸轮机构：与齿轮 9 相固连的凸轮 7 和与齿轮 8 相固连的凸轮 11 为输入件，进气阀 3 和排气阀 4 为从动件，气缸体 1 为机架。

(2) 确定运动副的数目和类型。

由运动副构件的关系可知，活塞 2 与气缸体 1 组成移动副；活塞 2 与连杆 5 组成一个转动副；连杆 5 与曲轴 6 组成一个转动副；曲轴 6 与齿轮 10 固连成一个构件，与气缸体 1 组成一个转动副；凸轮 7 和齿轮 9 固连成一个构件，与气缸体 1 组成一个转动副；凸轮 11 和齿轮 8 固连成一个构件，与气缸体 1 组成一个转动副；齿轮 10 与齿轮 9 组成一个齿轮副；齿轮 10 同时又与齿轮 8 组成一个齿轮副；凸轮 7 与进气阀 3 组成一个凸轮副；凸轮 11 与排气阀 4 组成一个凸轮副(齿轮副和凸轮副都是高副)；进气阀 3 和气缸体 1 组成移动副；排气阀 4 与气缸体 1 组成移动副。所以图 2-1-12(a)所示的内燃机共有 12 个运动副，其中移动副 3 个，转动副 5 个，高副 4 个。

(3) 合理选择视图平面。

因整个主体机构为平面机构，故取连杆运动平面为视图平面。

(4) 选择瞬时位置。

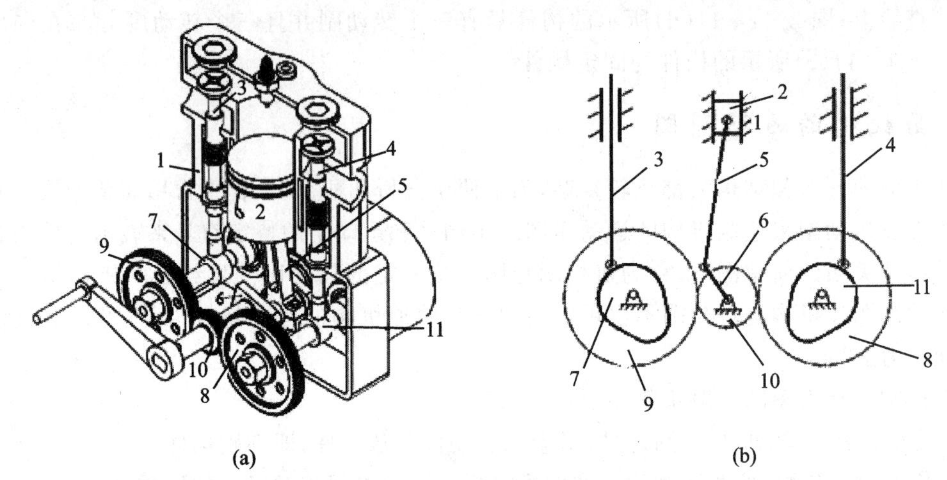

1—气缸体；2—活塞；3—进气阀；4—排气阀；5—连杆；6—曲轴；7，11—凸轮；8,9,10—齿轮

图 2-1-12 内燃机及其机构运动简图

选择各构件间不相互重叠或交叉的瞬时位置。

(5) 选择比例尺,绘制机构运动简图。

选择合适的比例尺,定出各运动副之间的相对位置,用特定符号绘制机构运动简图,如图 2-1-12(b)所示。

绘制机构运动简图是一个反映机构结构特征和运动本质、由具体到抽象的过程。只有结合实际机构多加练习,才能熟练掌握机构运动简图的绘制技巧。

四、平面机构具有确定运动的条件

(一) 平面机构的自由度

一个有 n 个活动构件的平面机构(机架为参考坐标系,相对固定的构件,不计其中),引入运动副前,由于每个平面自由构件都有 3 个自由度,则 n 个活动构件应有 $3n$ 个自由度;引入运动副后,每个低副约束了 2 个自由度,每个高副约束了 1 个自由度,如果该机构中有 P_L 个低副和 P_H 个高副,这时共约束了($2P_L+P_H$)个自由度,于是整个机构的自由度应为

$$F=3n-2P_L-P_H \qquad (2-1-1)$$

例 2-1-2 计算图 2-1-13 所示的四杆机构的自由度。

解 活动构件数 $n=3$,低副数 $L_P=4$,高副数 $P_H=0$,则机构的自由度为

$$F=3n-2P_L-P_H=3\times3-2\times4-0=1$$

(二) 机构具有确定运动的条件

为了使机构具有确定的运动,还必须使给定的独立运动规律的数目等于机构的自由度数。而给定的独立运动规律是通过主动件提供的,通常每个主动件只具有一个自由度。所以机构具有确定运动的条件是:(1)$F>0$;(2)主动件数等于机构的自由度数。

图 2-1-13 所示的四杆机构中,构件 1 为主动件,其独立转动的参变数为位置角 φ_1。当给定一个 φ_1 值时,从动件 2 和 3 便有一个确定的位置。机构的自由度数 $F=1$。所以,该机构运动确定。

如果给定两个主动件,则会导致构件系统的破坏,或者所给定的主动运动实际上并不能

实现。

图 2-1-14 所示的铰链五杆机构中，活动构件数目 $n=4$，低副数目 $P_L=5$，高副数目 $P_H=0$，则该图的自由度为

$$F=3n-2P_H-P_L=3\times4-2\times5-0=2$$

为了使该机构有确定的运动，需要两个主动件。

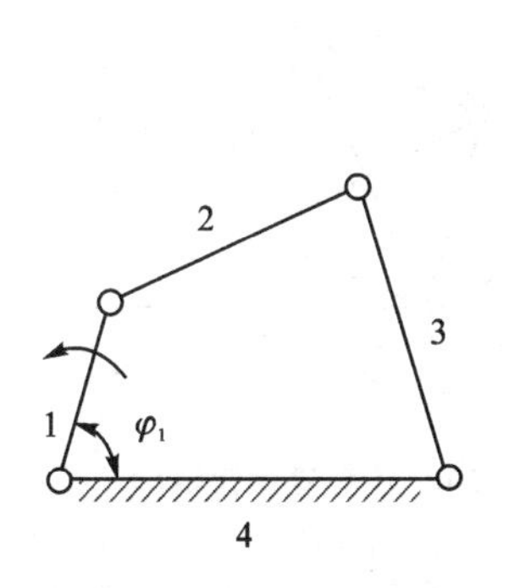

图 2-1-13　平面四杆机构

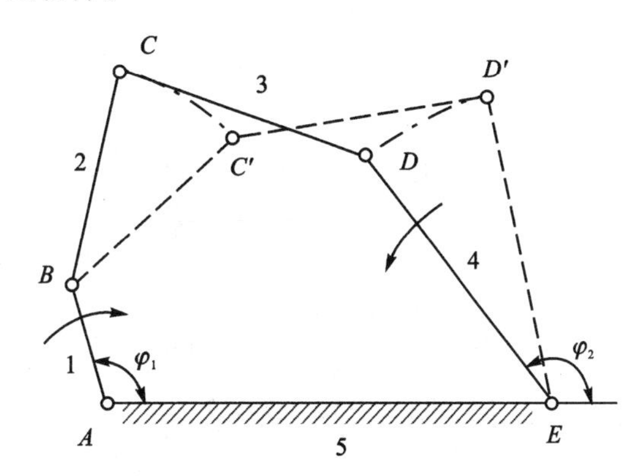

图 2-1-14　铰链五杆机构

如果只给定一个主动件(如构件 1)，则当 φ_1 给定后，由于 φ_2 没有给定，从动件 2、3 和 4 既可处于实线所示的位置，又可处于虚线所示的位置，即从动件的位置不能确定。因此，构件系统不能成为机构。

根据机构具有确定运动的条件可以分析和认识已有机构，也可以计算和检验新构思的机构能否达到预期的运动要求。

五、计算平面机构自由度时应注意的事项

(一) 复合铰链

两个以上的构件在同一轴线上用转动副连接起来便形成了复合铰链。图 2-1-15 所示为三个构件组成的复合铰链，由图 2-1-15(b)可见，它们共组成两个转动副。当 k 个构件组成复合铰链时，其转动副数为$(k-1)$个。

例 2-1-3　计算图 2-1-16 所示平面机构的自由度，并判断该机构是否具有确定的运动。

解　机构中有 7 个活动构件，B、C、D、E 处都是由 3 个构件组成的复合铰链，所以机构中有 10 个转动副，没有高副。即活动构件数目 $n=7$，低副数目 $P_L=10$，高副数目 $P_H=0$，则该机构的自由度为

$$F=3n-2P_H-P_L=3\times7-2\times10-0=1$$

构件 2 是主动件，主动件数目等于机构的自由度数，所以该机构具有确定的运动。

(二) 局部自由度

与输出构件运动无关的自由度称为局部自由度。计算机构自由度时应除去不计。

例 2-1-4　计算如图 2-1-17(a)所示机构的自由度，并判断该机构是否具有确定的运动。

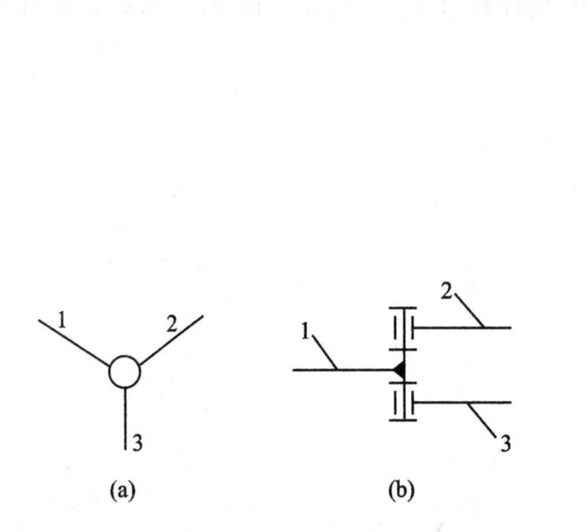

图2-1-15 复合铰链

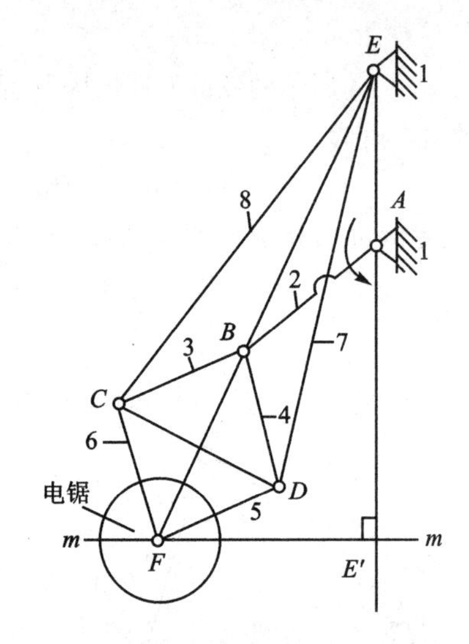

图2-1-16 具有复合铰链的平面机构

解 该机构活动构件数目 $n=3$,低副数目 $P_L=3$,高副数目 $P_H=1$,则该机构的自由度为

$$F=3n-2P_L-P_H=3\times3-2\times3-1=2$$

而构件1为主动件,主动件数目为1,表明机构没有确定运动,这显然与事实不符。

实际上机构在运动的过程中滚子3绕其轴线 C 的转动不影响凸轮1与从动件2的运动关系,所以是局部自由度。可以设想将滚子3与从动件2固联成一体,C 处的转动副则随之消失,如图2-1-17(b)所示。这样,在该机构中活动构件数目 $n=2$,低副数目 $P_L=2$,高副数目 $P_H=1$,则该机构的自由度为

$$F=3n-2P_L-P_H=3\times2-2\times2-1=1$$

主动件数目等于机构的自由度数,所以该机构具有确定的运动。

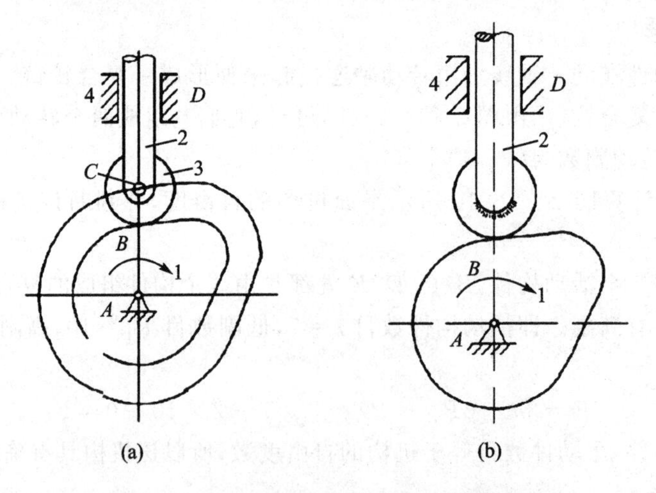

图2-1-17 具有局部自由度的平面机构

局部自由度虽然不影响整个机构的运动,但可使高副接触处的滑动摩擦转变为滚动摩擦,减小摩擦和磨损。所以,在机械中常有局部自由度存在。

(三) 虚约束

有些运动副引起的约束对机构运动的限制是重复的,这些重复的约束称为虚约束,在计算机构自由度时也应除去不计。

图 2-1-18(a)所示的铰链五杆机构中,由于构件的长度 $L_{AB}=L_{CD}=L_{EF}$,$L_{BC}=L_{AD}$,$L_{BE}=L_{AF}$,在此机构中机构活动构件数目 $n=3$,低副数目 $P_L=4$,高副数目 $P_H=0$,则该机构的自由度为

$$F=3n-2P_L-P_H=3\times4-2\times4-0=1$$

这表明该机构不能运动。这显然与实际情况是不相符的。进一步分析可知,机构中的运动轨迹有重叠现象。当主动件 2 运动时,连杆 3 作平移运动。杆 3 上 E 点的轨迹是以 F 点为圆心,L_{EF} 为半径的圆,C 点的轨迹是以 D 点为圆心,L_{CD} 为半径的圆。由于连杆 3 上 E 点的轨迹与杆 5 上 E 点的轨迹重合,所以机构中增加构件 5 及转动副 E、F 后,虽然机构增加了一个约束(引入构件 5,增加 3 个自由度,引入 2 个转动副,带入 4 个约束,共增加 1 个约束),但此约束并不能起限制机构运动的作用,因而是一个虚约束。

计算此机构自由度时,应将虚约束除去不计(即将构件 5 及转动副 E、F 不计)。如图 2-1-18(b)所示,机构活动构件数目 $n=3$,低副数目 $P_L=4$,高副数目 $P_H=0$,则该机构的自由度为

$$F=3n-2P_L-P_H=3\times3-2\times4-0=1$$

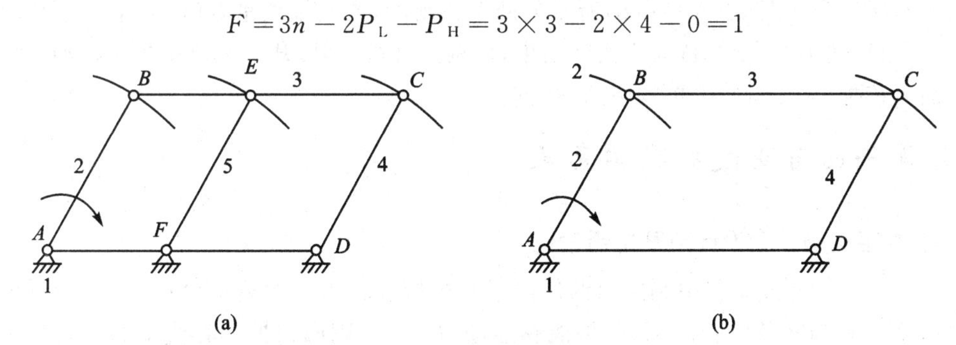

图 2-1-18　具有虚约束的平面机构

平面机构的虚约束常出现于下列情况:

(1) 如果两构件同时在多处接触构成多个转动副,且其轴线又是重合的,则只有一个转动副起约束作用,其余转动副所带入的约束均为虚约束,如图 2-1-19(a)所示。

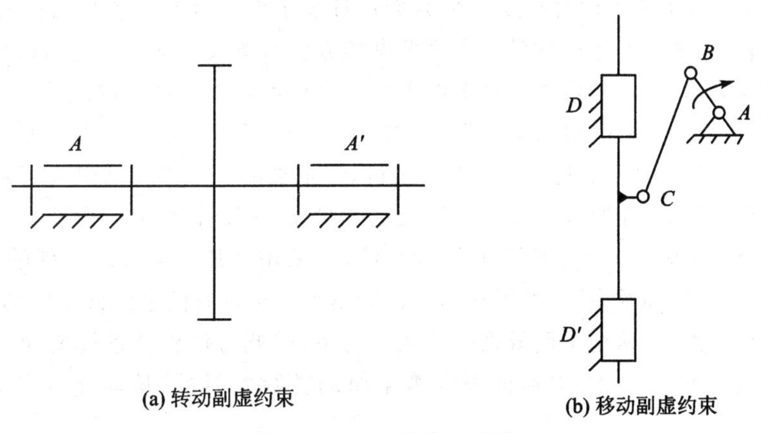

图 2-1-19　虚约束示例

(2) 如果两构件在多处接触构成移动副,且各导路又是互相平行或重合的,则只要一个移动副起约束作用,其他移动副均为虚约束,如图2-1-19(b)所示。

(3) 机构中某两构件用转动副相连的连接点,在未组成转动副以前,其各自的轨迹已重合,则组成转动副以后必将存在虚约束。这类虚约束有时候需要经过几何论证才能判定,如图2-1-18所示。

(4) 在机构中,某些不影响机构运动的对称部分所带入的约束均为虚约束。

图2-1-20所示的齿轮传动,齿轮1经过齿轮2、2′和2″,驱动内齿轮3。从运动传递角度来看齿轮2、2′和2″只有其中一个齿轮就可以了,而其余两个齿轮主要是从机构受力和结构工艺性上考虑的。计算机构自由度时,只考虑对称或重复部分中的一处即可。

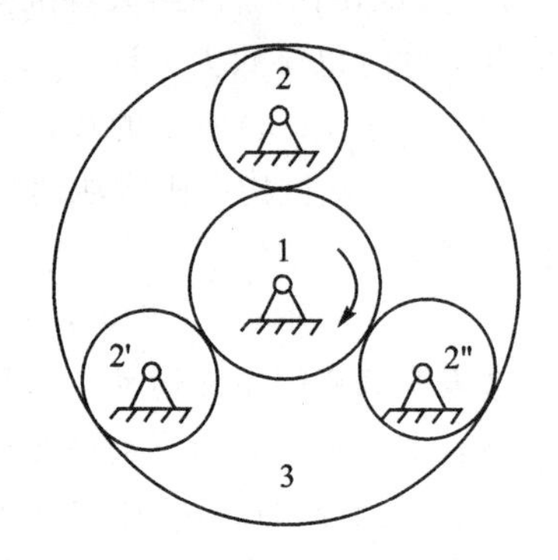

图2-1-20 对称结构的虚约束

如上所述,虚约束都是在一定几何条件下形成的。虚约束虽对运动不起独立的约束作用,但可增加构件刚性(如图2-1-19(b)所示)和改善机构受力状况(如图2-1-20所示)。如果形成虚约束的几何条件不满足,则虚约束就成为实际约束,这不仅影响机构的正常运转,甚至会使机构不能运动。图2-1-19(b)所示的两个转动副,当其轴线重合时,其中一个转动副为虚约束;而当轴线不重合时,就成为实际约束,两构件会被卡紧,甚至不能做相对运动。所以为了便于加工装配,应尽量减少机构中的虚约束。

六、计算平面自由度的现实意义

(一) 判定机构运动设计方案是否合理

对于我们在设计或革新中制定出的任何平面机构或其组合的运动设计方案,皆可用平面机构自由度公式判断其能否运动,如果能够运动($F>0$),则应根据计算所得的自由度来检验原动件的选择是否合理,原动件的运动是否正确,从而判断是否具有运动的确定性,进而得出其运动设计方案是否合理的结论。

(二) 改进不合理的运动设计方案,使之具有确定的相对运动

(1) 如果设计方案的机构自由度$F=0$,而设计要求机构具有一个自由度时,一般可在该机构中适当位置,用增加一个构件带一平面低副的方法来解决。图2-1-21(a)所示为一简易冲床设计方案简图,计算可知机构的自由度$F=0$,设计不合理。这时,可在冲头4与构件3连接处C增加一个滑块及一移动副即可解决,如图2-1-21(b)所示。改进后机构的自由度$F=1$,其原因在于增加的一个构件有三个自由度,但增加的一个移动副引入了两个约束,实际上增加了一个自由度,从而改变了原来不能运动的状况,使设计方案合理化。

(2) 对于设计方案中运动不确定的构件系统,可采用增加约束或原动件的方法使其运动确定,成为机构。为增加约束,一般可在适当位置增加一个带有两平面低副的构件。这是因为一个构件有三个自由度,两个平面低副引入四个约束,因此可使构件系统增加一个约束,减少一个自由度。用此办法,可以达到自由度等于原动件数的目的,从而使其具有确定的相对运动。

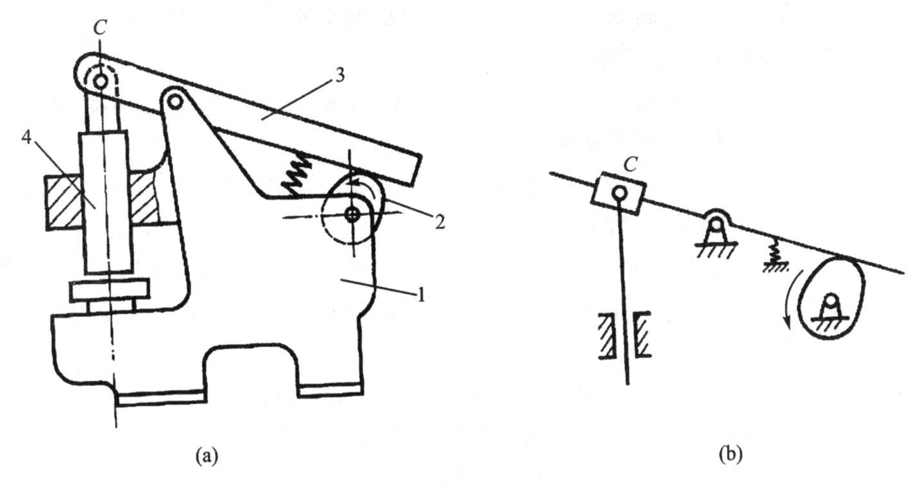

图 2-1-21　简易冲床

(三) 判断测绘的机构运动简图是否正确

可通过计算测绘机构的自由度与实际机构原动件数是否相等来判断其运动的确定性与测绘的机构运动简图的正确性。

[习题]

2-1-1　填空题

(1) 机械是机器和________的总称。

(2) 零件可分通用零件和________。

(3) 平面运动副中,高副引入一个约束,低副引入________个约束。

(4) 对于一个做平面运动的独立构件而言,具有________个自由度。

(5) 使两个构件直接接触并能产生一定的相对运动的连接的构件,称为________。

(6) 运动副是指两构件直接接触并能产生一定的________的连接。

(7) 根据接触形式的不同,平面运动副可分为________和________,低副又可分为________和________。

(8) 判断四杆机构有无死点位置时,关键看连杆与________是否可能共线。

(9) 铰链四杆机构的基本类型有双曲柄机构、________机构和________机构三种。

(10) 平面运动副的最大约束数为________。

2-1-2　选择题

(1) 机构运动简图与(　　)无关?

A. 构件数目　　B. 运动副的数目及类型

C. 运动副的相对位置　　D. 构件和运动副的结构

(2) 机器与机构的主要区别是(　　)。

A. 机器是为了利用机械能作有用功或进行能量交换,机构是用于传递或转变运动形式

B. 机器是用于传递或转变运动形式,机构是为了利用机械能作有用功或进行能量转换

C. 机器运动复杂,机构运动简单

(3) 两个构件间用一个平面高副连接,该两构件间的相对运动只能是(　　)。

A. 相对滑动　　B. 相对转动

C. 相对滑动和相对转动　　　　D. 相对滑动或相对转动

(4) 平面运动副所提供的约束为(　　)。

A. 1　　B. 2　　C. 1或2　　D. 3

(5) 若两构件组成低副,则其接触形式为(　　)。

A. 面接触　　B. 点或线接触　　C. 点或面接触　　D. 线或面接触

(6) 机构具有确定相对运动的条件是(　　)。

A. 机构的自由度数目等于主动件数目　B. 机构的自由度数目大于主动件数目

C. 机构的自由度数目小于主动件数目　D. 机构的自由度数目大于等于主动件数目

2-1-3　判断题

(1) 机器与机构的不同特征是:机器能实现能量的传递或变换、输送物料、传递信息。(　　)

(2) 四杆机构中是否存在死点,取决于曲柄是否与机架共线。(　　)

(3) 零件是运动的单元体,而构件是制造单元体。(　　)

(4) 机车车轮联动机构是平行四边形机构的具体应用。(　　)

(5) 压力角是判断一个连杆机构传力性能优劣的唯一标志。(　　)

(6) 从运动学观点来看,机器和机构两者并无差别,工程上统称为机械。(　　)

(7) 平面高副限制构件的两个自由度,低副限制一个自由度。(　　)

(8) 所有构件一定都是由两个以上零件组成的。(　　)

2-1-4　如习题图2-1-1所示,绘制汽车发动机罩盖运动简图,并计算其自由度。

习题图 2-1-1

2-1-5　如习题图2-1-2所示,计算习题图2-1-2所示机构的自由度,并判断它们是否具有确定的相对运动。

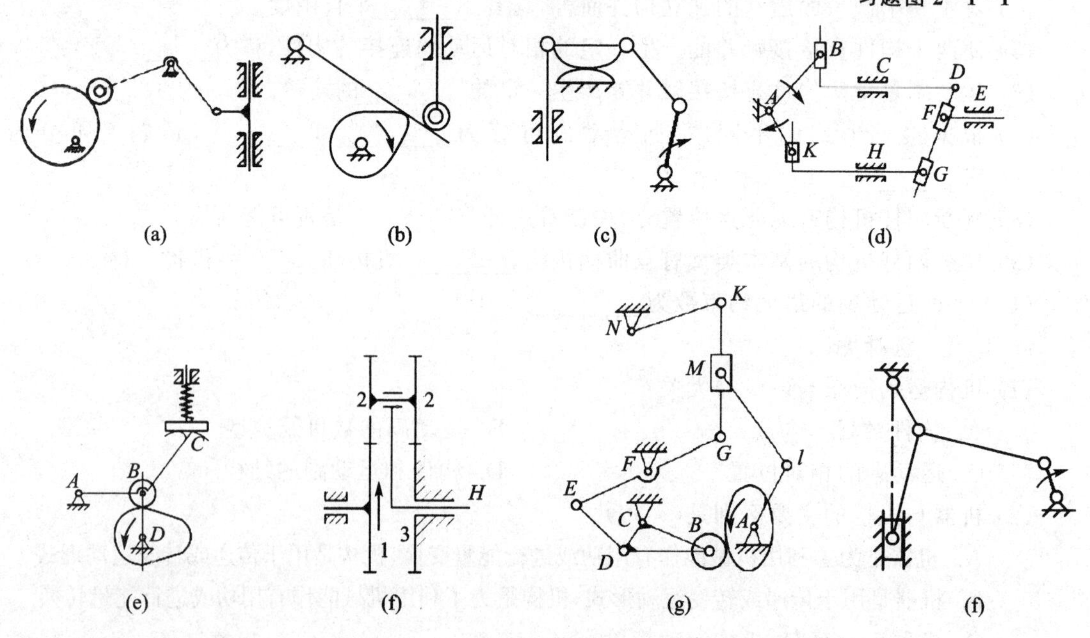

习题图 2-1-2

任务二 汽车常见四杆机构

教学目标

- 掌握铰链四杆机构的基本类型及其演化；
- 熟悉铰链四杆机构有曲柄的条件、压力角、传动角和死点等概念。

一、四杆机构的特点

（一）基本概念

（1）构件间只有低副连接的机构称为连杆机构(亦称低副机构)。

（2）所有构件均作平行于某一平面的平面运动的连杆机构称为平面连杆机构。

（3）具有四个构件(包括机架)的低副机构称为四杆机构。

（4）构件间用四个转动副连接的平面四杆机构称为铰链四杆机构。

（5）连杆机构中的构件常称为杆。

（二）连杆机构的特点

平面连杆机构具有以下优点：连杆机构能够使回转运动和往复摆动或往复移动得到转换，以实现预期的运动规律或轨迹；连杆机构构件相连接处都是面接触，压强较小，磨损也小；其接触表面是平面或圆柱面，加工简单，易于制造。缺点是：运动副中存在间隙，当构件数目较多时，从动件的运动积累误差较大；不容易精确地实现复杂的运动规律，机构设计比较复杂；连杆机构运动时产生的惯性力难以平衡，所以不适用于高速的场合。

简单的平面连杆机构是平面四杆机构。它不仅应用最广，而且是组成多杆机构的基础。在平面四杆机构中，又以铰链四杆机构为基本形式，其他形式均可以由铰链四杆机构演化而得到。

二、铰链四杆机构的基本类型及演化

（一）铰链四杆机构的基本类型

图 2－2－1 所示的铰链四杆机构中，杆 4 固定不动称为机架，不直接与机架相连的杆 2 称为连杆，与机架以运动副连接的杆 1、杆 3 称为连架杆，能做整周转动的连架杆称为曲柄，仅能在某一角度摆动的连架杆称为摇杆。根据连架杆的不同运动形式，铰链四杆机构可分为曲柄摇杆机构、双曲柄机构和双摇杆机构三种基本类型。

1. 曲柄摇杆机构

两个连架杆中一个为曲柄另一个为摇杆的四杆机构，称为曲柄摇杆机构，如图 2－2－1 所示。其中构件 1 是曲柄，构件 3 是摇杆。

如图 2－2－2 所示汽车雨刮器机构，曲柄 AB 作匀速整周运动，摇杆 CD 摆动。

2. 双曲柄机构

两连架杆均为曲柄的铰链四杆机构称为双曲柄机构。

通常情况下，主动曲轴做匀速运动，从动曲轴作变速运动。图 2－2－3 所示的惯性筛机构中，由构件 1、2、3、6 构成的铰链四杆机构为双曲柄机构。主动件曲柄 1 匀速转动，从动曲柄 3 则作周期性变速回转运动，通过连杆 4 使筛子在往复运动中具有所需的加速度，从而达到筛分物料的目的。

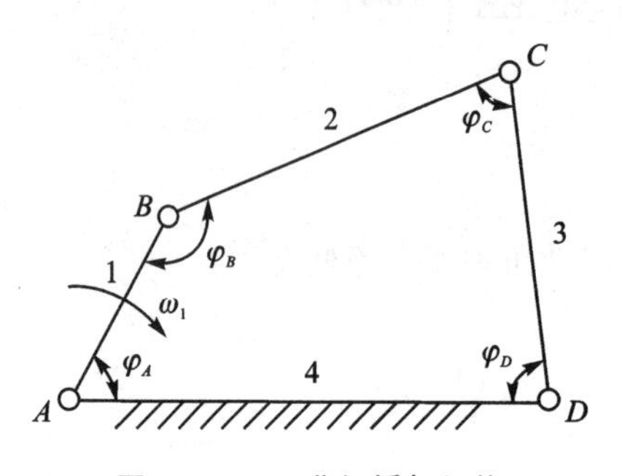

图2-2-1 曲柄摇杆机构

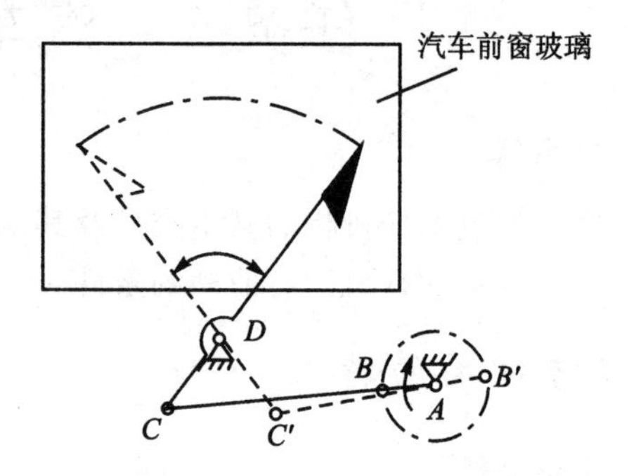

图2-2-2 汽车雨刮器机构

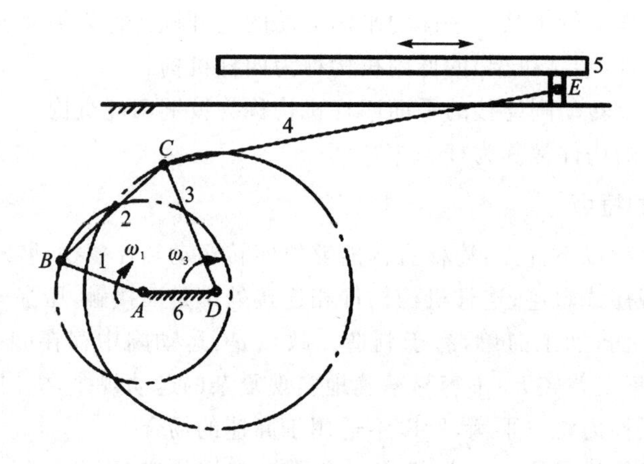

图2-2-3 惯性筛机构

在双曲柄机构中，若连杆与机架长度相等，且两曲柄的转向相同、长度也相等，则该机构称为平行四边形机构。如图2-2-4所示，由于$\omega_1=\omega_3$，故连杆2始终保持平动。如图2-2-5所示的天平机构，能保证左右托盘始终保持水平状态升降。

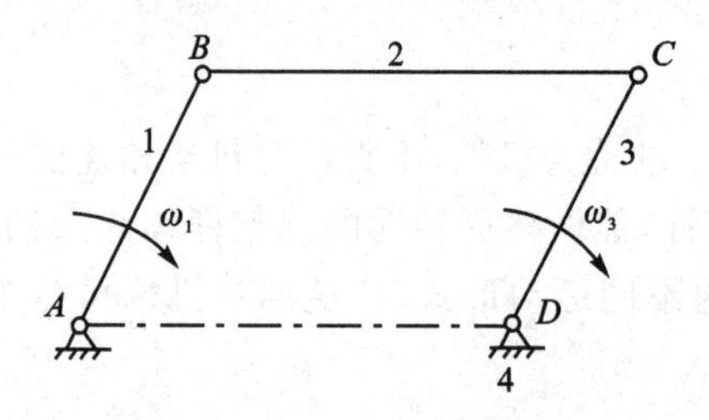

图2-2-4 平行四边形机构

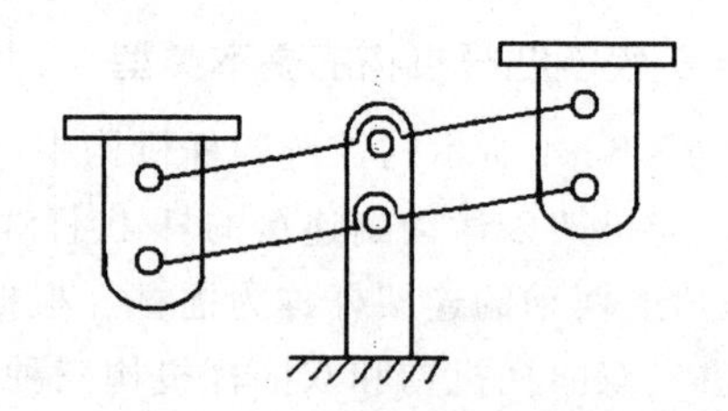

图2-2-5 天平机构

如图2-2-6所示的摄影车升降机构，其升降高度的变化采用两组平行四边形机构来实现，其利用连杆HG始终平动的特点，可使与连杆固连的坐兜中的摄像机始终保持水平状态升降。

在平行四边形机构中，当主动曲柄转动一周，将出现两次与从动曲轴、连杆及机架共线的情况。在这两个位置上，可能会出现从曲柄转向与主动曲柄转向相同或相反的运动不确定现象。

如图2-2-7(a)所示，在平行四边形机构$ABCD$中，当主动曲柄AB与从动曲柄CD处于共线位置AB_1DC_1时，下一个瞬间则可能会出现机构位于同向位置AB_2C_2D或反向位置

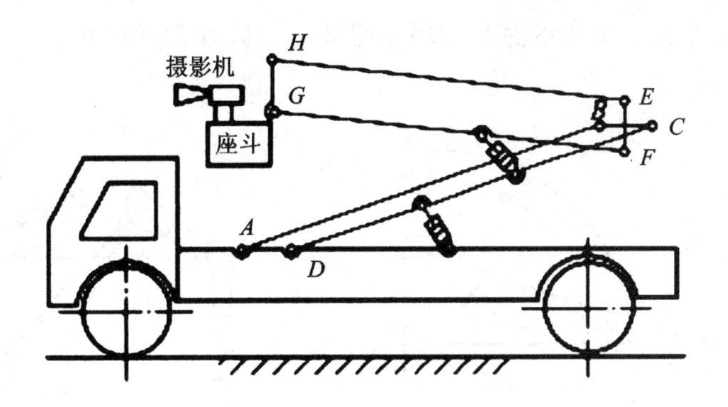

图 2-2-6　摄影车升降机构

AB_2C_3D 的情况。为了克服其运动不确定现象，除利用从动件本身或其上的飞轮惯性导向外，还可以采用辅助曲柄（如图 2-2-8(a)所示）或错列机构（如图 2-2-8(b)所示）等措施解决。

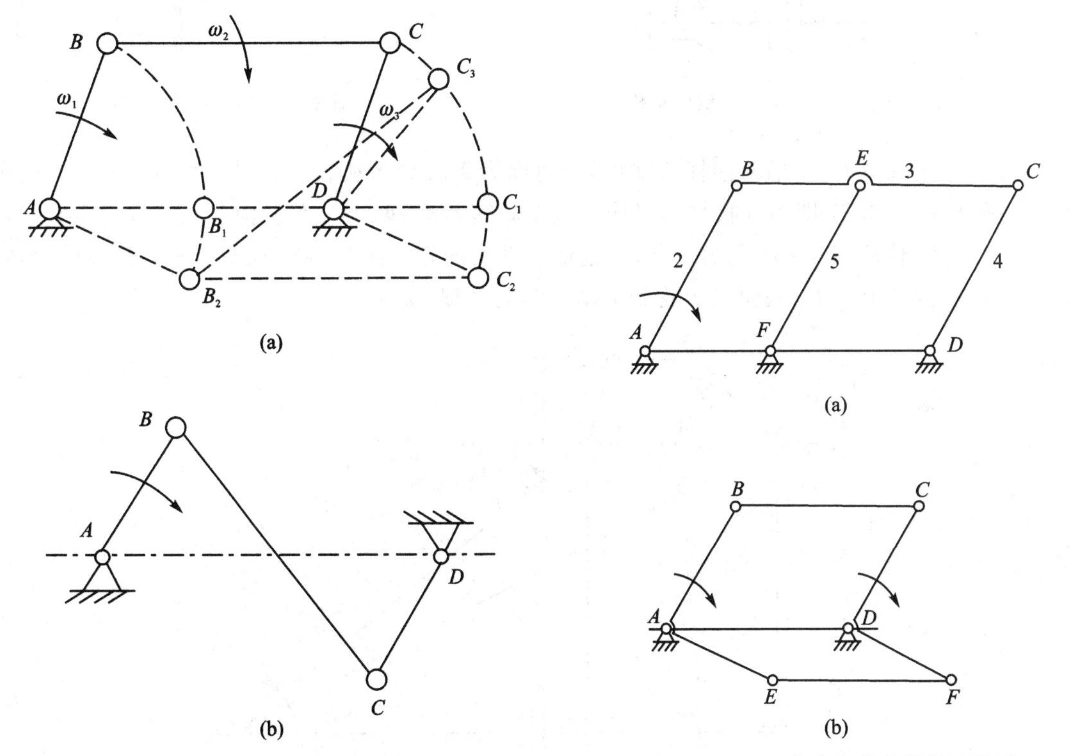

图 2-2-7　平行四边形机构运动不确定及反平行四边形机构

图 2-2-8　防止出现逆平行四边形机构的措施

连杆与机架的长度相等，两个曲柄长度相等组成转向相反的双曲柄机构，称为逆平行四边形机构，如图 2-2-7(b)所示。汽车车门启闭机构为其应用实例。如图 2-2-9 所示，主动曲柄 1 转动时，从动曲柄 3 作反向转动，从而使汽车两扇门同时开启或同时关闭。

3. 双摇杆机构

两个连架杆均为摇杆的铰链四杆机构称为双摇杆机构。图 2-2-10 所示的鹤式起重机中的四杆机构 $ABCD$ 即为双摇杆机构。当主动件 AB 摆动时，从动摇杆 CD 也随之摆动，而且可以通过设计找到连杆 BC 上某点 E 的运动轨迹近似为水平直线。将点 E 作为起吊滑轮转动中心,可以避免在移动重物的过程中因不必要的升降而消耗能量。

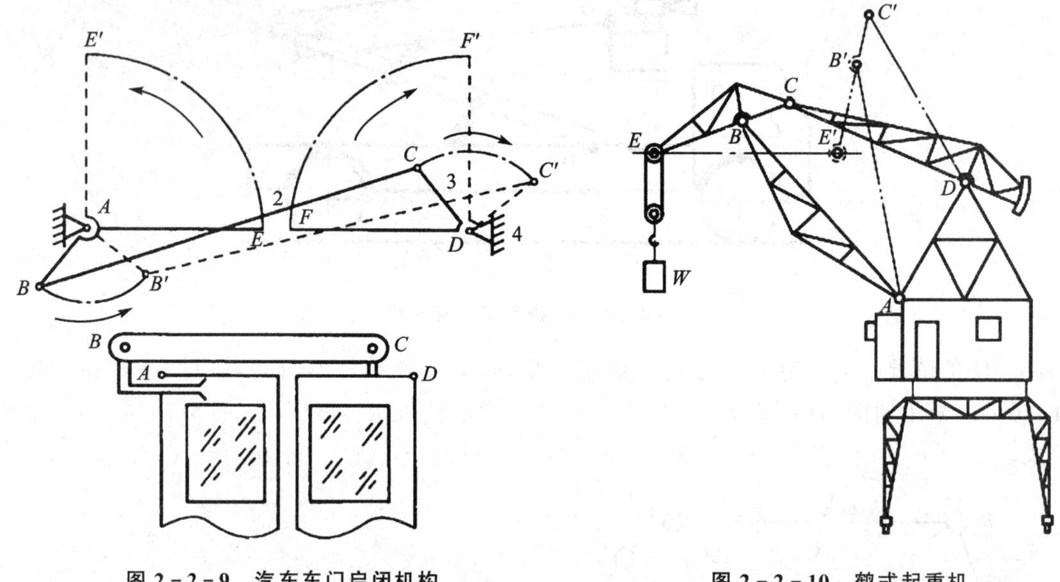

图 2-2-9　汽车车门启闭机构

图 2-2-10　鹤式起重机

在双摇杆机构中,如果两摇杆长度相等,则称为等腰梯形机构。图 2-2-11 所示的汽车前轮转向机构 $ABCD$ 即为等腰梯形机构。当车轮转弯时,两个与车轮固联在一起的摇杆 AB 和 CD 的摆角不等。通过适当的设计,可近似实现两前轮轴线与后轮轴线交于一点,即汽车转弯时的瞬时转动中心 P,从而避免轮胎滑动引起的磨损。

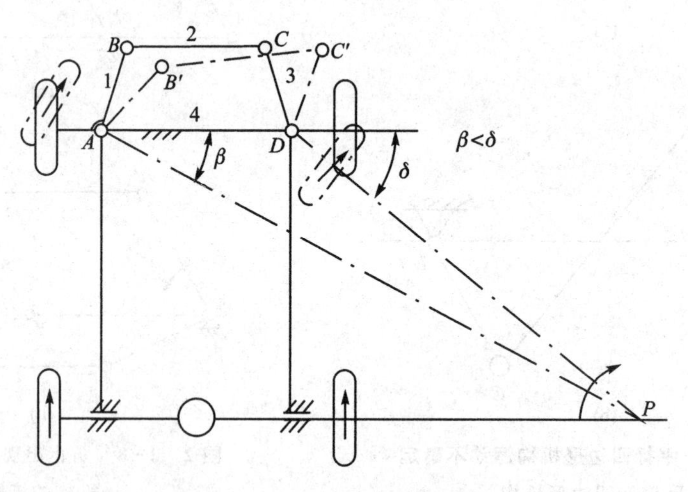

图 2-2-11　汽车前轮转向机构

(二) 铰链四杆机构类型的判别

铰链四杆机构三种基本类型的主要区别在于连架杆是否存在曲柄和存在几个曲柄,实质取决于各杆的相对长度以及选取哪一杆作为机架。

1. 曲柄存在的条件

如图 2-2-12 所示的铰链四杆机构 $ABCD$ 中,各杆长度分别为 L_1、L_2、L_3、L_4,杆 1、杆 3 为连架杆、杆 2 为连杆、杆 4 为机架,如果连架杆 1 能做整周回转,即为曲柄,那么杆 1 必须能顺利通过与机架 4 共线的两个位置 AB_1 和 AB_2。

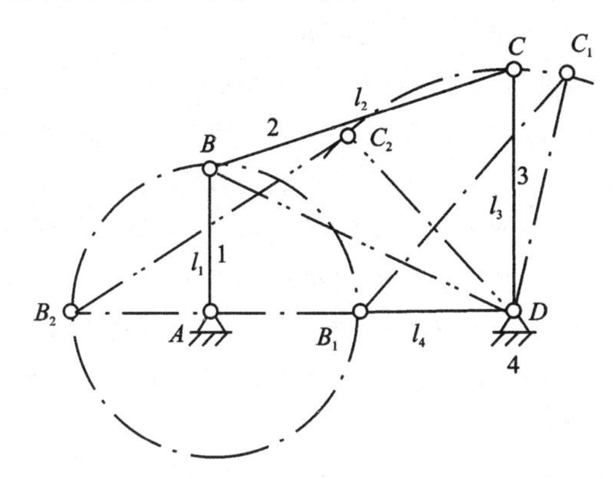

图 2－2－12　铰链四杆机构曲柄存在条件的分析

当曲柄处于 AB_1 位置时，形成$\triangle B_1C_1D$，可得

$$l_2 \leqslant (l_4 - l_1) + l_3 \tag{2-2-1}$$

$$l_3 \leqslant (l_4 - l_1) + l_2 \tag{2-2-2}$$

即

$$l_1 + l_2 \leqslant l_3 + l_4 \tag{2-2-3}$$

$$L_1 + l_3 \leqslant l_2 + l_4 \tag{2-2-4}$$

处于 AB_2 位置时，形成$\triangle B_2C_2D$，可得

$$L_1 + l_4 \leqslant l_2 + l_3 \tag{2-2-5}$$

将上式中两两相加，可得

$$L_1 \leqslant l_2,\quad l_1 \leqslant l_3,\quad l_1 \leqslant l_4 \tag{2-2-6}$$

以上分析表明，在铰链四杆机构中，连架杆 1 成为曲柄的条件如下：

（1）连架杆 1 是最短杆；

（2）最短杆与最长杆长度之和小于或等于其余两杆长度之和（此条件称为格拉肖夫（Grashof）判别式）。

2. 铰链四杆机构类型的判断

铰链四杆机构的类型与组成机构的各杆长度有关，也与机架的选取有关。根据曲柄存在的条件，可按照下述方法判断铰链四杆机构的类型。

若最短杆与最长杆长度之和小于或等于另外两杆长度之和，则有如下 3 种情形：

（1）当最短杆为连架杆时，该机构是曲柄摇杆机构；

（2）当最短杆为机架时，该机构是双曲柄机构；

（3）当最短杆为连杆时，该机构是双摇杆机构。

若最短杆与最长杆长度之和大于其余两杆长度之和（不满足格拉肖夫判别式），因机构中不可能有曲柄存在，故不论取任何构件为机架，都是双摇杆机构。

若构件的长度具有特殊的关系，如不相邻的杆长两两分别相等，该机构不论以哪个杆件为机架，都是双曲柄机构（平行四杆机构或反向双曲柄机构）。

（三）铰链四杆机构的演变

在实际机械中，平面连杆机构的形式是多种多样的，但绝大多数是在铰链四杆机构的基础上发展和演化而成的。

1. 转动副转化成移动副

(1) 铰链四杆机构中一个转动副转化为移动副

图 2－2－13(a)所示的曲柄摇杆机构中，摇杆 3 上 C 点的轨迹是以 D 为圆心，杆 3 的长度 L_3 为半径的圆弧 $\widehat{mm}$。如将转动副 D 的半径扩大，使其半径等于 L_3，并在机架上按 C 点的近似轨迹作成一弧形槽，摇杆 3 作成与弧形槽相配的弧形块，如图 2－2－13(b)所示，此时转动副 D 的中心移至无穷远处，弧形槽变为直槽，转动副 D 则转化为移动副，构件 3 由摇杆变成了滑块，于是曲柄摇杆机构就演化为曲柄滑块机构，如图 2－2－13(c)所示。此时移动方位线 mm 不通过曲柄回转中心，故称为偏置曲柄滑块机构。曲柄转动中心至其移动方位线 mm 的垂直距离称为偏距 e，当移动方位线 mm 通过曲柄转动中心 A 时(即 $e=0$)，则称为对心曲柄滑块机构，如图 2－2－13(d)所示。

汽车内燃机就是运用曲柄滑块机构的实例。

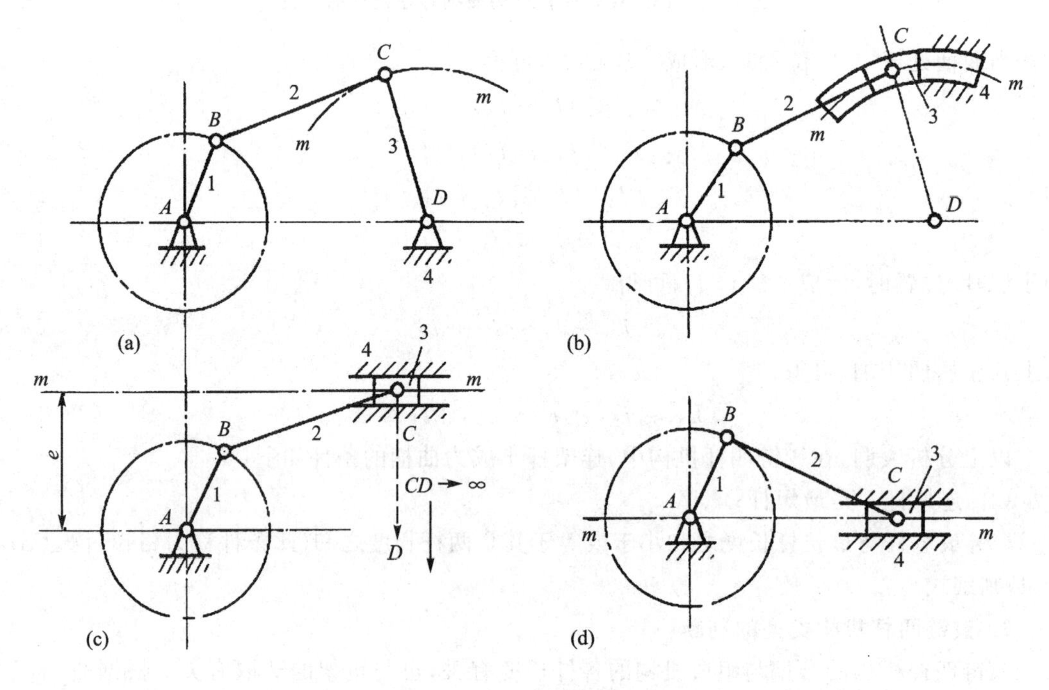

图 2－2－13　曲柄滑块机构

(2) 铰链四杆机构中二个转动副转化为移动副

图 2－2－14 所示的曲柄滑块机构中，将转动副 B 扩大，则图 2－2－14(a)所示的曲柄滑块

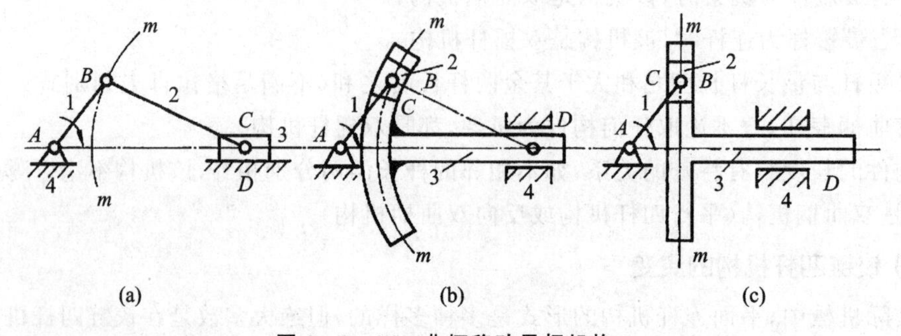

图 2－2－14　曲柄移动导杆机构

机构可等效于图 2－2－14(b)所示的机构。若将圆弧槽 mm 的半径逐渐增加至无穷大时，图 2－2－14(b)所示机构就演化为图 2－2－14(c)所示的机构。此时连杆 2 转化为沿直线 mm 移动的滑块 2，转动副 C 则变成为移动副，滑块 3 转化为移动导杆。曲柄滑块机构便演化为具有两个移动副的四杆机构，此机构称为曲柄移动导杆机构，是含有两个移动副四杆机构的基本形式之一。

当主动曲柄 1 等速运动时，此机构从动导杆 3 的位移为简谐运动，故又称为正弦机构。如缝纫机引线机构为其应用实例，如图 2－2－15 所示。

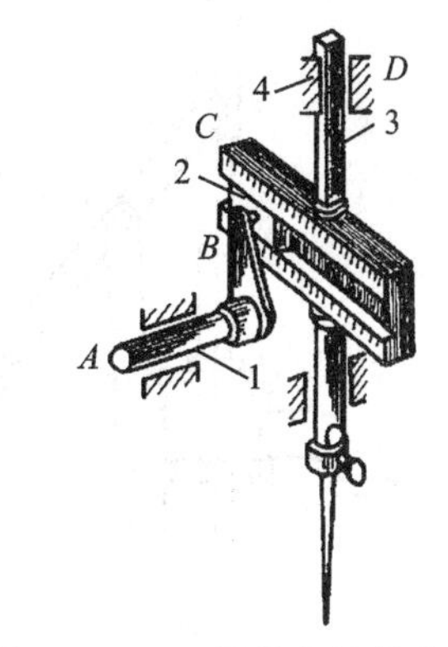

图 2－2－15　正弦机构的应用

2. 取不同构件为机架

当以铰链四杆机构中的曲柄摇杆机构，含有一个移动副中的曲柄滑块机构以及含有两个移动副四杆机构中的正弦机构为基础时，通过分别选取此三种机构中的不同构件为机架，则可以获得相应的各种派生的四杆机构，如表 2－2－1 所列。

表 2－2－1　四杆机构取不同构件为机架的派生形式

铰链四杆机构	含有一个移动副的四杆机构	含有两个移动副的四杆机构
(a) 曲柄摇杆机构	(e) 曲柄（摇杆）滑动机构	(i) 曲柄移动导杆机构
(b) 双曲柄机构	(f) 曲柄转动导杆机构	(j) 双转块机构
(c) 曲柄摇杆机构	(f′) 曲柄摆动导杆机构 (g) 曲柄摇块机构	(k) 双滑块机构
(d) 双摇杆机构	(h) 定块机构	(l) 摆动导杆滑块机构

参见表 2－2－1 中(h)图，以构件 3 为机架，便得到移动导杆机构。图 2－2－16 所示的抽水唧筒、千斤顶和汽车手动油泵就是移动导杆机构的应用实例。

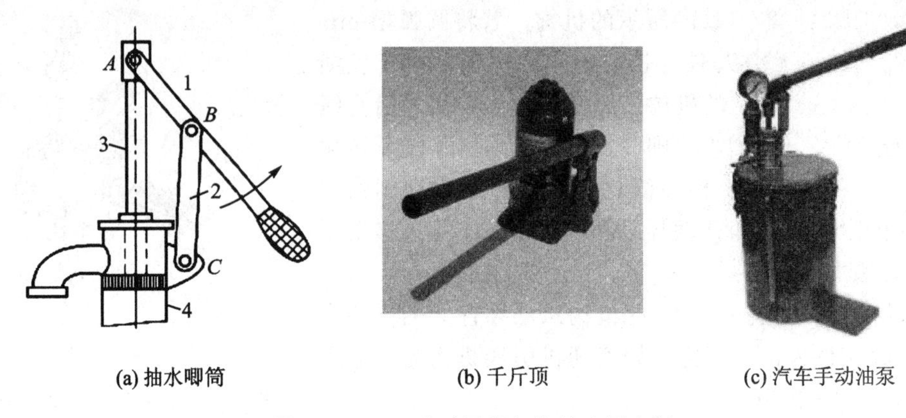

(a) 抽水唧筒　(b) 千斤顶　(c) 汽车手动油泵

图 2-2-16　移动导杆机构的应用实例

参见表 2-2-1 中(g)图,以杆 2 为机架,便得到摆动导杆滑块机构。图 2-2-17 所示的汽车自动卸料机构用的就是摆动导杆滑块机构。

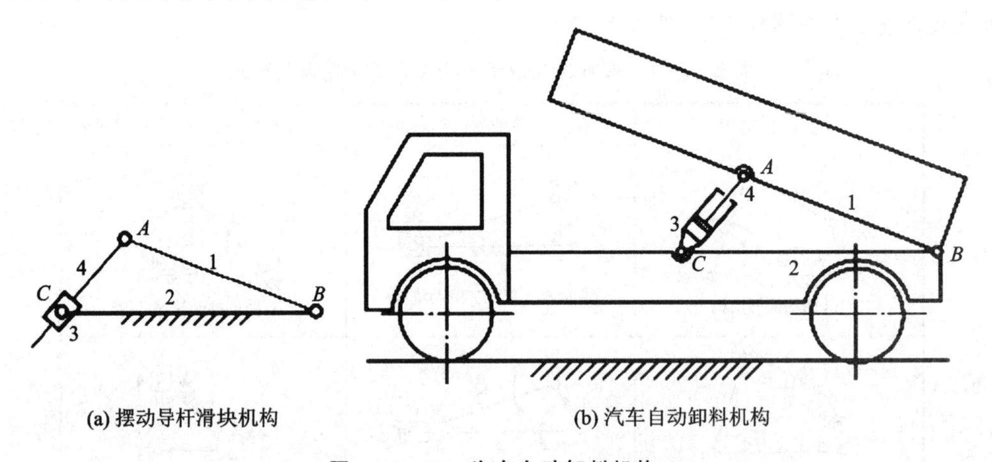

(a) 摆动导杆滑块机构　(b) 汽车自动卸料机构

图 2-2-17　汽车自动卸料机构

在含有两个移动副的曲柄移动导杆机构中,若选用杆 1 为机架,则可形成双转块机构(见表 2-2-1 中(j)图)。此种机构的两滑块均能相对于机架做整周转动,当其主动滑块 2 转动时,通过连杆 3 可使从动滑块 4 获得与滑块 2 完全同步的转动。因此它可用作十字滑块联轴器,如图 2-2-18 所示。当主动轴 2 和从动轴 4 的轴线不重合时,仍可保证两轴转速同步。

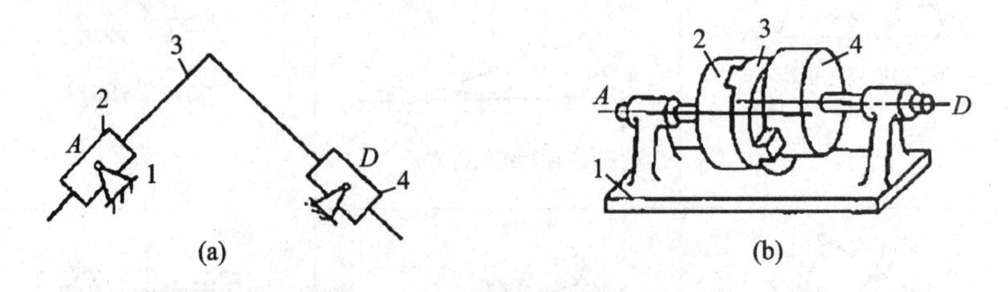

(a)　(b)

图 2-2-18　十字滑块联轴器

若选构件 3 为机架,则可形成双滑块机构(见表 2-2-1 中(k)图)。一般两滑块移动方向互相垂直,其连杆(或其延迟线)上的任一点 M 的轨迹必为椭圆,故常用作椭圆仪,如图 2-2-19 所示。

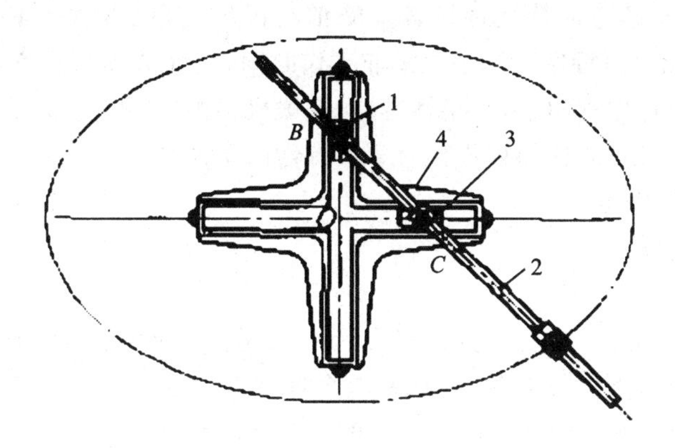

图 2-2-19　椭圆仪

三、平面四杆机构的运动特性

(一) 急回特性

图 2-2-20 所示的曲柄摇杆机构中,当曲柄 AB 为主动件并作整周转动时,摇杆 CD 做往复摆动。当曲柄 AB 转到 AB_2 的位置时,摇杆 CD 达到右极限位置 CD_2,曲柄与连杆拉直共线;当曲柄转到 AB_1 位置时,摇杆 CD 达到左极限位置 CD_1,曲柄与连杆重叠共线。从动件摇杆处于两极限位置时,曲柄对应两个位置所夹的锐角 θ 称为极位夹角。

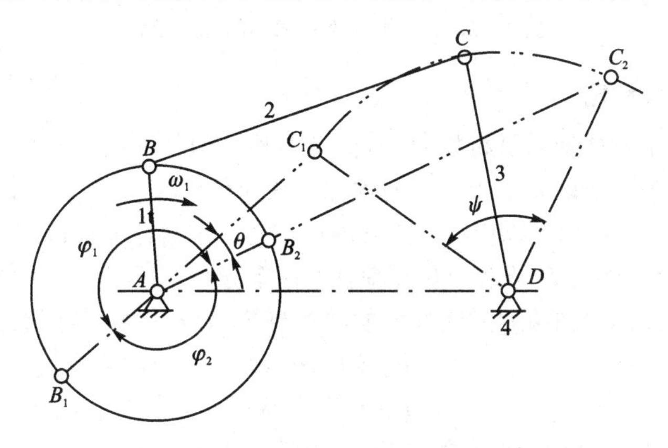

图 2-2-20　曲柄摇杆机构的急回特性

当曲柄沿顺时针方向以等角速度 ω_1 由位置 AB_1 转到 AB_2 时,其转角 $\varphi_1=180°+\theta$,所用时间为 t_1;与此同时,摇杆由位置 CD_1 摆到 CD_2,其摆角为 ψ,C 点的平均速度 $v_1=C_1C_2/t_1$;当曲柄继续由位置 AB_2 转到 AB_1 时,其转角为 $\varphi_2=180°-\theta$,所用时间为 t_2,这时摇杆由位置 CD_2 摆到 CD_1,摆角仍为 ψ,C 点的平均速度 $v_2=C_1C_2/t_2$;显然 $v_2>v_1$。

摇杆由位置 CD_1 摆到 CD_2 这一过程称为工作行程,摇杆由位置 CD_2 摆到 CD_1 这一过程称为返回空行程。通常把摇杆返回空行程速度大于工作行程速度这一运动特性,称为急回特性。为了表示急回特性的相对程度,引入行程速度变化系数 K,即

$$K=\frac{v_2}{v_1}=\frac{c_1c_2/t_2}{c_1c_2/t_1}=\frac{t_1}{t_2}=\frac{\varphi_1/\omega_1}{\varphi_2/\omega_1}=\frac{\varphi_1}{\varphi_2}=\frac{180°+\theta}{180°-\theta} \tag{2-2-7}$$

或

$$\theta=180°\frac{K-1}{K+1} \tag{2-2-8}$$

显然,K 值越大,机构急回特性越显著。K 值与极位夹角 θ 有关。θ 越大,K 值越大;当 $\theta=0$ 时,$K=1$,机构无急回特性。为了缩短非工作时间,提高劳动生产率,许多机械要求有急回特性,但机构的急回特性越明显,平稳性越差,一般机构中 $1\leqslant K\leqslant 2$。

由以上分析可以看出,曲柄摇杆机构有急回特性的条件是:

(1) 输入件等速整周运动;

(2) 输出件往复运动;

(3) 极位夹角 θ 不等于 0°。

对于如图 2-2-21(a)所示对心曲柄滑块机构,因 $\theta=0$,故无急回特性。而对于如图 2-2-21(b)所示偏置曲柄滑块机构,因极位夹角 $\theta\neq 0$,故有急回特性。图 2-2-22 所示的曲柄摆动导杆机构,因 $\theta=\psi$,不可能出现 $\theta=0$ 的情况,所以恒有急回特性,故这种机构常用作牛头刨床等机器中的驱动机构。

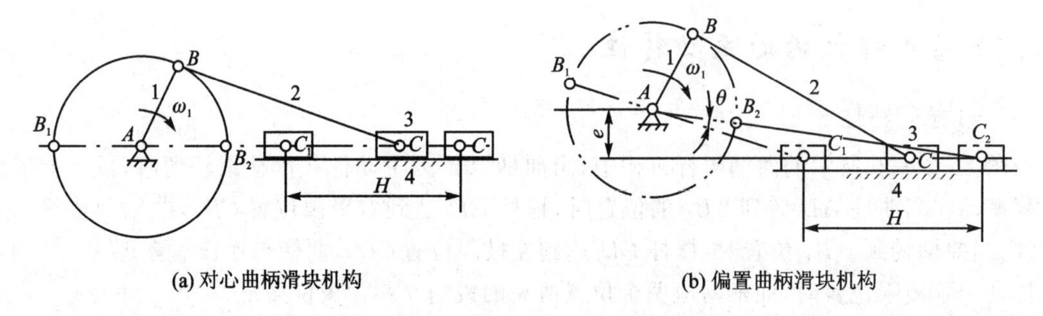

图 2-2-21 曲柄滑块机构的急回特性

(二) 压力角和传动角

图 2-2-23 所示的曲柄摇杆机构中,曲柄 AB 是主动件。忽略各杆的质量、惯性力和运动副中的摩擦力,则连杆 BC 是二力共线的构件。从动件 CD 上 C 点的受力方向和该点的速度方向之间所夹的锐角 α,称为机构在该点处的压力角。设摇杆在铰链 C 点处的受力为 F,其方向与连杆 BC 重合。将力 F 分解为相互垂直的两个分力 F_t 和 F_n,F_t 的方向与铰链 C 点的速度 v_c 方向一致,F_n 的方向沿着 CD 杆的方向并与 F_t 的方向垂直,则有

$$F_t=F\cos\alpha$$

$$F_n=F\sin\alpha$$

式中:F_t 为推动从动件 CD 运动的有效力,对从动件产生有效转矩;F_n 为铰链附加压力,加速铰链的摩擦磨损,是有害力。

显然,压力角越小,有效力越大,机构的传力性能越好。因此,压力角是衡量机构传力性能的重要参数。

为了便于度量和分析,工程上常用压力角的余角 $\gamma=90°-\alpha$ 来分析机构的传力性能,γ 称为传动角。显然,γ 越大,机构的传力性能越好。在机构的运动过程中,传动角 γ 的大小是变化的。为了保证机构具有良好的传力性能,需要限制最小传动角 $\gamma_{\min}$,以免传动效率过低或机构出现自锁。对于一般机械,通常应使 $\gamma_{\min}\geqslant 40°$;对于高速和大功率传动机械,应使 $\gamma_{\min}\geqslant 50°$。

对于曲柄摇杆机构,可以证明,在曲柄与机架拉直共线或重叠共线的两个位置之一是机构的最小传动角 $\gamma_{\min}$。

曲柄滑块机构中,若滑块为从动件,曲柄为原动件,则当曲柄与滑块的导路垂直时,传动角最小。但对于偏置式曲柄滑块机构,$\gamma_{\min}$ 出现在曲柄位于偏距方向相反一侧的位置,如图 2-2-24(a)所示。

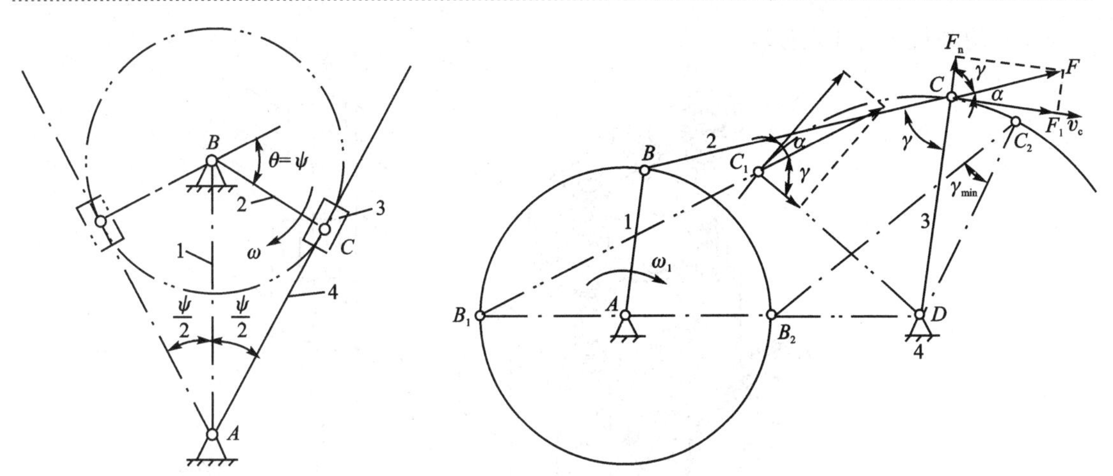

图 2－2－22　曲柄摆动导杆机构的急回特性　　　图 2－2－23　曲柄摇杆机构的压力角和传动角

摆动导杆机构中，若以曲柄为原动件，则其压力角恒等于 0°，即传动角恒等于 90°，说明以曲柄为原动件时，机构具有最好的传力性能，如图 2－2－24(b)所示。

对于一些具有短暂高峰载荷的机械，设计时应考虑使高峰载荷处在传动角比较大的位置，以节省动力。图 2－2－25 所示的冲床机构中，使冲头(滑块)在接近下极限位置(角较大)时开始冲压，则较为有利。

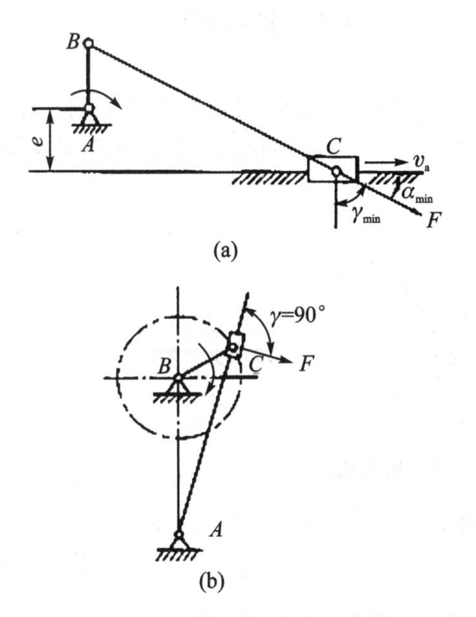

图 2－2－24　曲柄滑块机构、导杆机构的 γ_{min} 位置

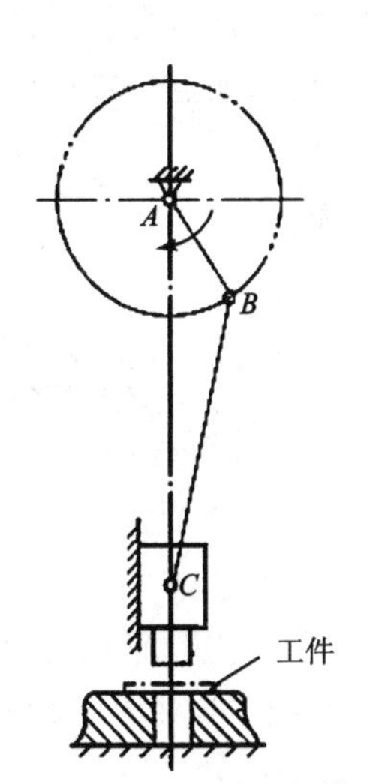

图 2－2－25　冲压机构

(三) 死点位置

在不计构件的重力、惯性力和运动副中的摩擦阻力的条件下，当机构处于压力角＝90°(即 $\gamma=0°$)的位置时，驱动力的有效分力 $F_t=0$。在此位置，无论怎样加大驱动力，均不能仅靠驱动力的作用使从动件运动，机构的这种位置称为机构的死点。

如图 2－2－26 所示，单缸内燃机中活塞是主动件，曲柄 BC 为从动件，当连杆 AB 和连杆曲柄 BC 共线时(A_1B_1C 和 A_2B_2C 两个位置)，连杆传递的作用力 F_1、F_2 分别与曲柄的速度 V_1、V_2 相互垂直，即机构此时的传动角 $\gamma=0°$(压力角 $\alpha=90°$)，驱动力无法使机构运动，故这两个位置均为机构的死点位置。

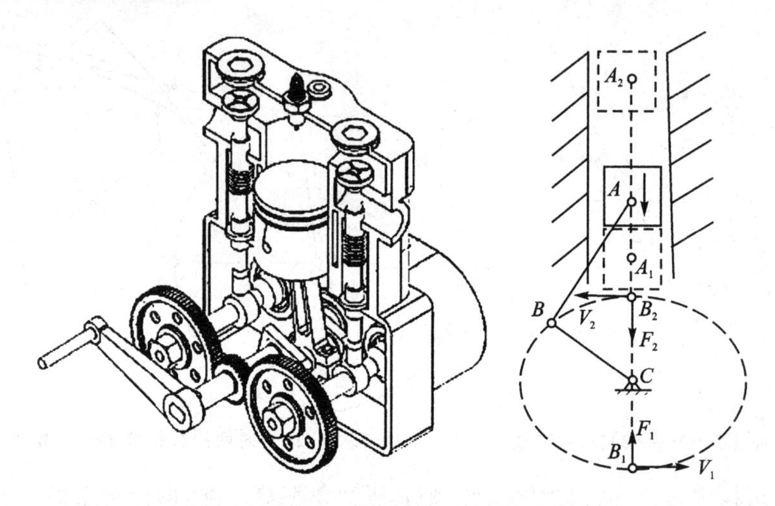

图 2-2-26　单缸内燃机的死点位置

由此可见,四杆机构中是否存在死点位置,决定于从动件是否与连杆共线。对于同一机构,若主动件选择不同,则有无死点位置的情况也不一样。

对于汽车发动机而言,死点的存在是不利的。当机构处于死点位置时,从动件将出现卡死或运动不确定现象。为使机构顺利通过死点位置,常采取的措施如下:

(1) 对从动曲柄施加外力。

(2) 利用传动件自身的惯性作用或在曲柄上安装飞轮等(如汽车发动机的飞轮)。

(3) 采用机构死点位置错位排列(如图 2-2-27 所示)的办法,如汽车用的多缸活塞式发动机。

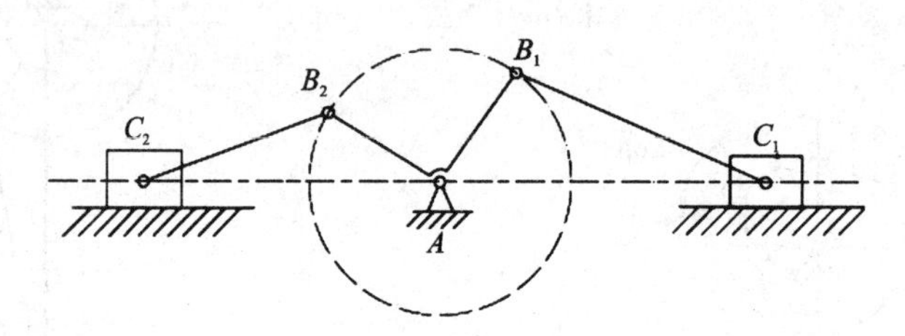

图 2-2-27　错列机构

利用机构的死点位置也可以实现一定的工作要求。图 2-2-28 所示为汽车零件制造夹紧机构。抬起手柄 3,夹头 1 抬起,将零件 2 放入工作台,如图 2-2-28(a)所示;然后,用力按

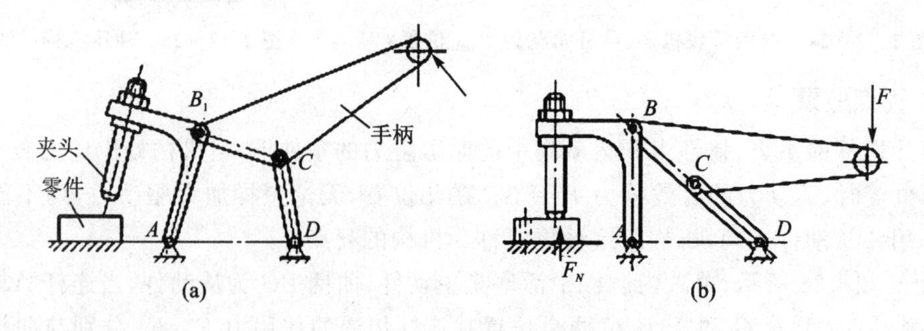

图 2-2-28　汽车零件制造夹紧机构

下手柄，夹头向下夹紧零件，如图 2-2-28(b)所示，这时 BC 和 CD 共线，机构处于死点位置；当撤去施加在手柄上的作用力 F 之后，无论零件对夹头的作用力有多大，也不能使 CD 绕 D 转动，因此零件仍处于被夹紧的状态中。

又例如图 2-2-29 所示的飞机起落架机构，在飞机轮放下时，杆 BC 与杆 AB 成一条直线，此时虽然飞机轮上可能受到很大的力，但由于机构处于死点，经杆 BC 传给杆 AB 的力通过其回转中心，所以起落架不会反转(折回)，这样可使降落更加可靠。

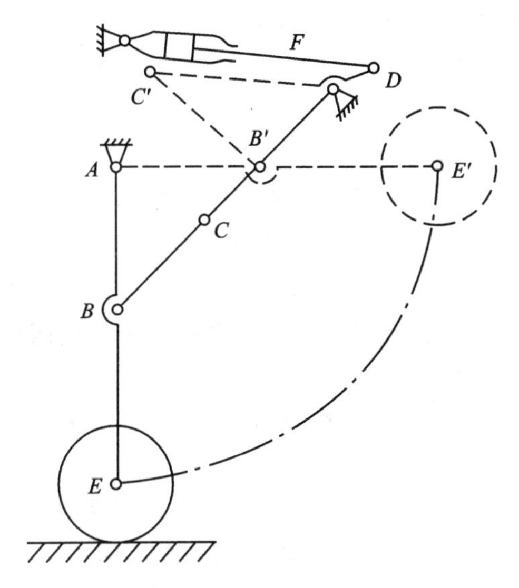

图 2-2-29　飞机起落架机构

［习题］

2-2-1　填空题

(1) 在四杆机构中，若 θ 不等于 0°，则 $K>1$，表明机构有________特性。

(2) 判断四杆机构有无死点位置时，关键看连杆与________是否可能共线。

(3) 铰链四杆机构的基本类型有双曲柄机构、________机构和________机构三种。

(4) 在铰链四杆机构中，与机架相连的杆称为________，其中做整周转动的杆称为________，做往复摆动的杆称为________，而不与机架相连的杆称为________。

(5) 平面连杆机构的行程速比系数 $K=1.25$ 是指________与________时间之比为________，平均速比为________。

(6) 机械中凡不影响主动件和输出件运动传递关系的个别构件的独立运动自由度，则称为________。

(7) 若曲柄摇杆机械的极位夹角 $\theta=30°$，则该机构的行程速比系数 K 值为________。________在双摇杆机械中，若两摇杆长度相等，则形成________机构。

(8) 在四杆机械中，取与________相对的杆为机架，则可得到双摇杆机构。

(9) 平面连杆机构具有急回特征在于________不为 0。

(10) 由公式 $\theta=180°[(K-1)/(K+1)]$ 计算出的角是平面四杆机构的极位夹角。

(11) 机构传力性能的好坏可用________来衡量。

(12) 在死点位置机构会出现________现象。

2-2-2 选择题

(1) 某铰链四杆机构,各构件长度为 $L_1=50$ mm,$L_2=70$ mm,$L_3=90$ mm,$L_4=120$ mm,且 L_1 为机架,则该机构是(　　)。

A. 曲柄摇杆机构　　B. 双摇杆机构　　C. 双曲柄机构　　D. 无法确定

(2) 某铰链四杆机构的极位夹角为 30°,则其行程速比系数 K 是(　　)。

A. 1.4　　B. 1.2　　C. 2　　D. 1.3

(3) 曲柄摇杆机构的最小传动角出现的位置是(　　)。

A. 主动曲柄垂直于机架的位置　　B. 主动曲柄与机架共线的两位置之一

C. 主动曲柄处在任意位置　　D. 摇杆处于极限位置

(4) 由曲柄、连杆、摇杆、机架组成的四杆机构称为(　　)机构。

A. 曲柄摇杆机构　　B. 双曲柄机构　　C. 双摇杆机构　　D. 曲柄连杆机构

(5) 四杆机构中是否存在死点位置,决定于其从动件是否(　　)。

A. 与机架共线　　B. 与机架垂直　　C. 与连杆共线　　D. 与连杆垂直

(6)铰链四杆机构中,若最短杆与最长杆长度之和小于其余两杆长度之和,则为了获得曲柄摇杆机构,其机架应取(　　)。

A. 最短杆　　B. 最短杆的相邻杆　C. 最短杆的相对杆　D. 任何一杆

2-2-3 判断题

(1) 四杆机构中是否存在死点,取决于曲柄是否与机架共线。(　　)

(2) 压力角是判断一个连杆机构传力性能优劣的唯一标志。(　　)

(3) 若铰链四杆机构中,当最长杆与最短杆的长度之和大于其余两杆长度之和时,只能得到双摇杆机构。(　　)

(4) 铰链四杆机构中,传动角 γ 越大,机构传力性能越高。(　　)

(5) 极位夹角是曲柄摇杆机构中,摇杆两极限位置的夹角。(　　)

(6) 机构处于死点位置时,其传动角等于 90°。(　　)

2-2-4 试述铰链四杆机构曲柄存在的条件。

2-2-5 如习题图 2-2-1 所示,根据图中的尺寸(mm),判断下列各机构分别属于铰链四杆机构的哪种基本类型。

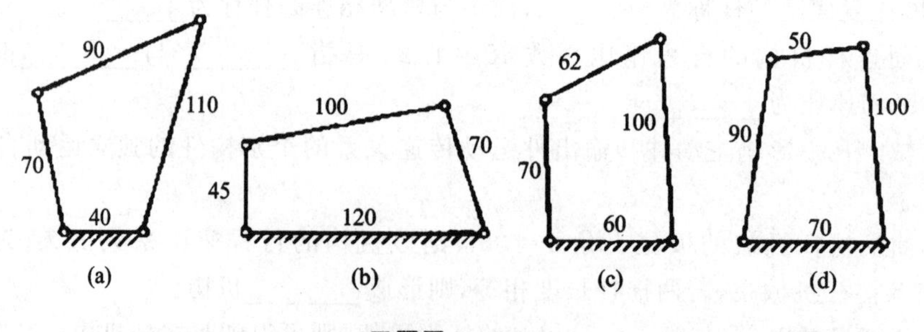

习题图 2-2-1

2-2-6 如习题图 2-2-2 所示,各四杆机构中,标箭头构件为主动件,试标出各机构的图示位置时的压力角和传动角,并判断有无死点位置。

2-2-7 什么叫急回特性?写出行程速比系数 K 的表达式。

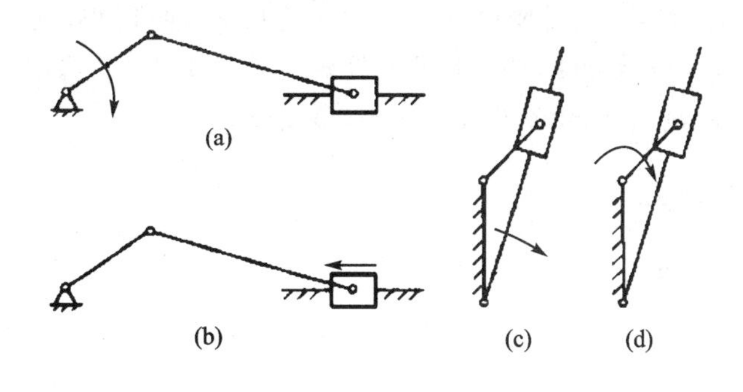

习题图 2-2-2

任务三　汽车内燃机配气机构

教学目标

- 掌握凸轮机构的组成及作用；
- 熟悉凸轮机构的分类。

汽车内燃机中的配气机构是发动机中的重要机构，其作用是根据发动机每一气缸工作循环的要求，定时打开和关闭各气缸的进、排气门，使新鲜可燃混合气（汽油机）或空气（柴油机）得以及时进入气缸，气缸内燃烧所产生的废气得以及时排出，使换气过程最佳，以保证发动机在各种工况下工作时发挥最好的性能。要实现在一个工作循环中气门迅速打开，随即迅速关闭，然后保持关闭不动这种要求，采用平面四杆机构是不能实现的，只能采用凸轮机构来完成。

一、凸轮机构的应用及特点

图 2-3-1 所示为汽车内燃机配气凸轮机构。当凸轮轴 4（主动件）匀速转动时，凸轮 1 也和凸轮轴 4 一起匀速转动，凸轮 1 的轮廓驱动气门 2（从动件）作往复移动，使其按预期的运动规律开启或关闭气门，以控制燃气准时进入气缸或废气准时排出气缸。

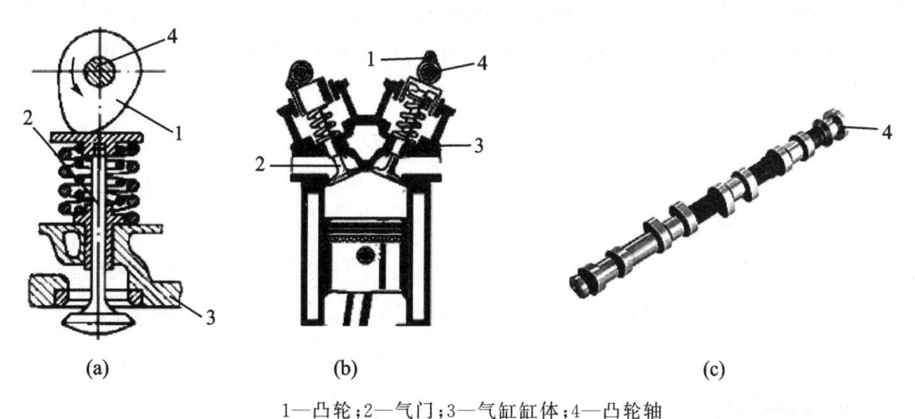

1—凸轮；2—气门；3—气缸缸体；4—凸轮轴

图 2-3-1　汽车内燃机配气机构

含有凸轮的机构称为凸轮机构。它通常由凸轮 1、从动件 2 和机架 3 组成，如图 2-3-1(a)所示。当凸轮匀速转动时，通过凸轮轮廓与从动件始终保持接触（高副），驱动从动件做往复移动或摆动。它的优点是:只需要设计适当的凸轮轮廓,便可使从动件得到所需的运动规律,并且结构简单、紧凑,设计方便,缺点是凸轮轮廓与从动件之间为高副接触,易于磨损,故通常用于传力不大的控制机构,凸轮轮廓加工困难,费用较高。

二、凸轮机构的分类

(一) 按照凸轮的形状

(1) 盘形凸轮:凸轮呈盘状,并且具有变化的向径,如图 2-3-1(a)所示。它是凸轮最基本的形式,应用最广。

(2) 移动(楔形)凸轮:凸轮呈板状,相对于机架作直线移动,如图 2-3-2(a)所示。可以看作盘形凸轮转轴位于无穷远处。

(3) 圆柱凸轮:凸轮的轮廓曲线画在圆柱体上,如图 2-3-2(b)所示,也属于空间凸轮机构。

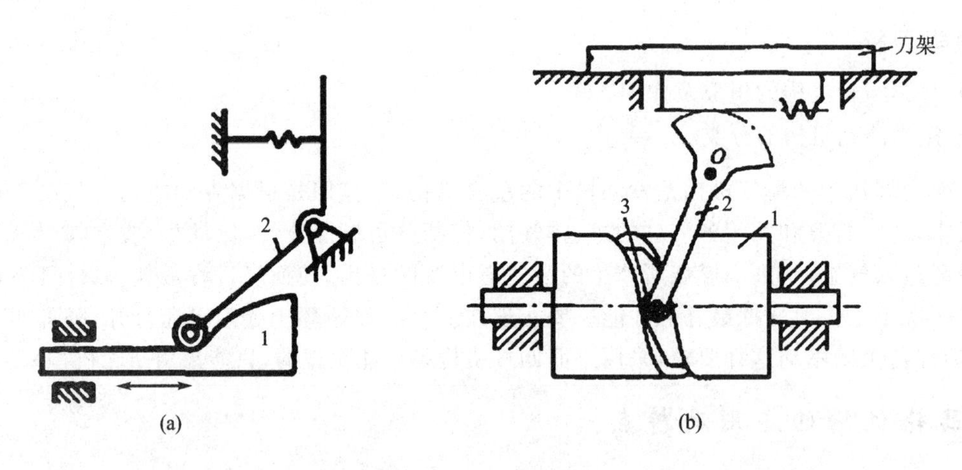

图 2-3-2 凸轮机构

(二) 按照从动件的形状

(1) 尖端从动件:以尖顶与凸轮轮廓接触的从动件,如图 2-3-3(a)所示。从动件尖端能与任意形状凸轮接触,使从动件实现任意运动规律。其结构简单,但尖端易磨损,适于低速、传力不大场合。

(2) 滚子从动件:以铰接的滚子与凸轮轮廓接触的从动件,如图 2-3-3(b)所示。因为滚子和凸轮轮廓之间为滚动摩擦,所以磨损小,可承受较大的载货,故应用最普遍。

(3) 平底从动件:以平底与凸轮轮廓接触的从动件,如图 2-3-3(c)所示。平底与凸轮之间易形成油膜,润滑状态稳定。不计摩擦时,凸轮给从动件的力始终垂直于从动件的平底,受力平稳,传动效率高,故常用于高速场合。缺点是只能用于凸轮轮廓必须全部是外凸的凸轮机构。

(三) 按照从动件的运动形式

移动从动件凸轮和摆动从动件凸轮,如图 2-3-2 所示。

(四) 按照凸轮与从动件维持高副接触的方法

(1) 力封闭型凸轮机构:利用重力、弹簧力或其他外力使从动件与凸轮轮廓始终保持接

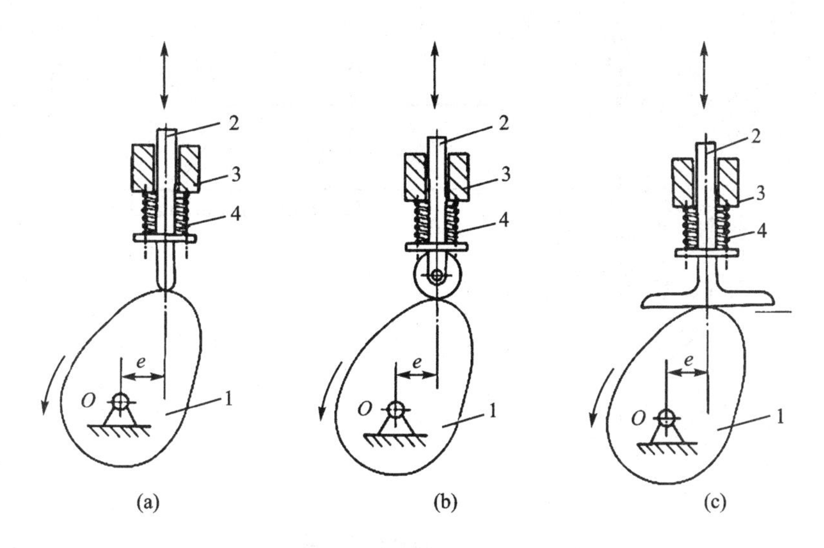

图 2-3-3 凸轮机构从动件形状

触。其封闭方式简单，对从动件运动规律没有限制。

(2) 形封闭型凸轮机构：利用特殊几何形状（虚约束）使组成凸轮高副的两构件始终保持接触，如图 2-3-4(a)所示的等宽凸轮机构和图 2-3-4(b)所示的定径凸轮机构。

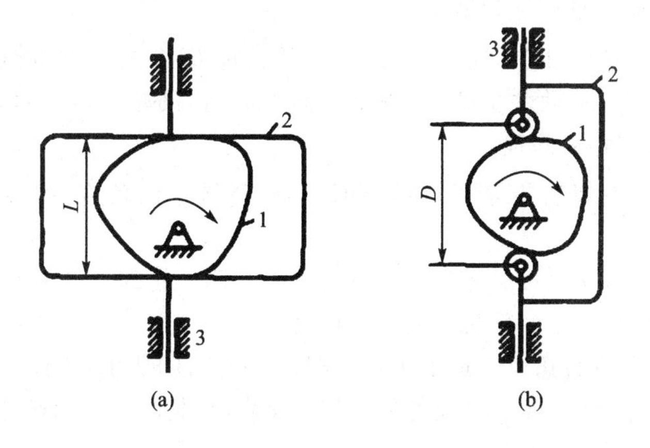

图 2-3-4 形封闭型凸轮机构

三、凸轮机构的工作过程分析

图 2-3-5 所示为对心直动尖顶从动件盘形凸轮机构，其轮廓由曲线 AB、CD 和圆弧 $\overset{\frown}{BC}$、$\overset{\frown}{DA}$ 组成。凸轮以 ω 角速度逆时针转动，在转过一圈时，从动件在曲线 AB 段上升、圆弧 $\overset{\frown}{BC}$ 段停留在最高处、曲线 CD 段下降、圆弧 $\overset{\frown}{DA}$ 段停留在最低处 。

凸轮基本运动参数如下：

(1) 基圆：以凸轮轮廓曲线的最小向径 r_b 为半径的圆。r_b 称为基圆半径。

(2) 起始位置：基圆与廓线的衔接点，也即从动件开始上升的起点，这时从动件处于最低位置，图 2-3-5(a)中的 A 点。

(3) 推程：当凸轮从图示位置 A 逆时针转过 Φ 角时，从动件在向径渐增的凸轮轮廓作用下，以一定的运动规律被推至距凸轮回转中心最远的位置 B 点，这一过程称为推程。

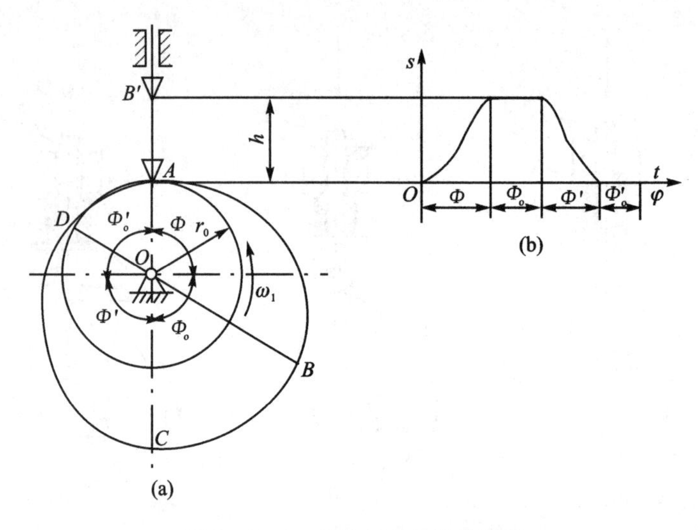

图 2-3-5　凸轮机构的工作过程

(4) 升程 h:从动件由最低位置 A 推到最高位置 B 时,从动件所移动的距离 h 称为升程或行程。

(5) 推程运动角 Φ:从动件由最低位置 A 推到最高位置 B 时,凸轮对应的转角,即曲线 AB 所对的圆心角。这一过程称为推程。

(6) 远休止角 Φ_s:从动件在最远处停留时,凸轮的转角,即圆弧$\overset{\frown}{BC}$ 所对的圆心角。

(7) 回程运动角 Φ':从动件从最远位置回到起始位置,凸轮所转过的转角,即曲线 CD 所对的圆心角。这一过程称为回程。

(8) 近休止角 Φ_s':从动件在最近处停留时,凸轮所转过的角度,即圆弧 $\overset{\frown}{DA}$ 弧所对的圆心角。

若凸轮连续转动时,从动件必重复上述的升—停—降—停的运动过程。通常推程是凸轮机构的工作行程,而回程则是凸轮机构的空回行程。

从动件位移 s 与凸轮转角 Φ 之间的关系如图 2-3-5(b)所示,它称为位移曲线(也称 s—Φ 曲线)。位移曲线直观地表示了从动件的位移变化规律,是凸轮轮廓设计的依据。

[习题]

2-3-1　填空题

(1) 凸轮机构能使从动杆按照________,实现各种复杂的运动。

(2) 凸轮机构按照从动件的形状分为________、________和________。

2-3-2　单项选择题

(1) 凸轮机构中,基圆半径是指凸轮转动中心到________半径。

A. 理论轮廓线上的最大　　B. 理论轮廓线上的最小

C. 实际轮廓线上的最小　　D. 实际轮廓线上的最大

(2) 凸轮机构从动杆的运动规律,是由凸轮________所决定的。

A. 转速　　B. 轮廓曲线　　C. 形状　　D. 材料

(3) 凸轮机构在低速轻载场合,从动件宜选用(　　)。

A. 尖顶从动件　　B. 滚子从动件

C. 平底从动件　　D. 滚子从动件和平底从动件

2－3－3　判断题

凸轮转速的高低，影响从动杆的运动规律。(　　)

任务四　汽车驻车制动锁止机构

教学目标

- 掌握棘轮机构的工作原理和特点；
- 熟悉棘轮机构的类型和应用。

能够将原动件的连续运动转变为从动件的周期性间歇运动的机构称为间歇运动机构。

在机械中，特别是在各种自动和半自动机械中，间歇运动机构有广泛的应用，如机床的进给机构、分度机构、自动进料机构，电影放映机的送片机构及计数器的进位机构等。本节只介绍棘轮机构和槽轮机构。

一、棘轮机构工作原理及应用

棘轮机构主要由棘轮、棘爪和机架组成。如图 2－4－1 所示，棘轮 3 固联在输出轴上，原动件摇杆 1 空套在棘轮轴上，可绕棘轮轴自由摆动。当摇杆 1 逆时针方向摆动时，止退棘爪 4 阻止棘轮转动，铰接在摇杆上的棘爪 2 在棘轮 3 齿面上滑过；当摇杆顺时针方向摆动时，止退棘爪 4 在棘轮齿面上滑过，棘爪 2 插入棘轮齿槽推动棘轮 3 转过一定角度。摇杆往复摆动一次，棘轮作一次单向间歇转动。棘爪 2 和止退棘爪 4 上装有扭簧 5，可使棘爪贴紧在棘轮轮齿上。当摇杆每次摆动的角度一定时，棘轮每次转过的角度也是定值。

改变棘爪和棘轮轮齿形状，如采用矩形或梯形轮齿，如图 2－4－1 所示，棘轮可实现双向间歇运动。当棘爪 2 在实线位置时，棘轮做逆时针方向间歇运动；当棘爪 2 翻转到虚线位置时，摇杆将推动棘轮作顺时针方向间歇运动。

图 2－4－2 所示为双动式棘轮机构。当原动件往复摆动一次时，棘轮可实现两次单向间歇运动。

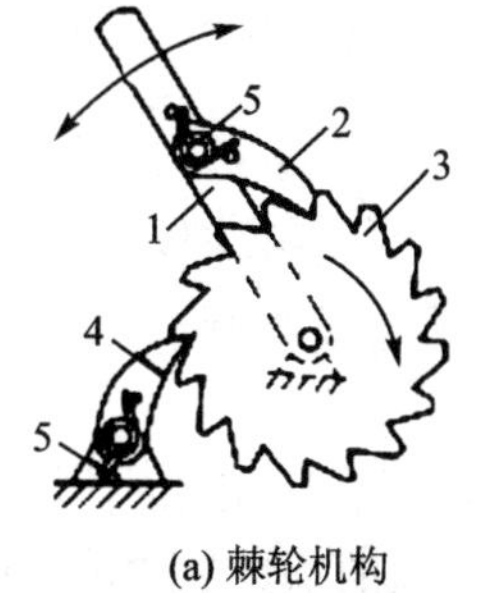

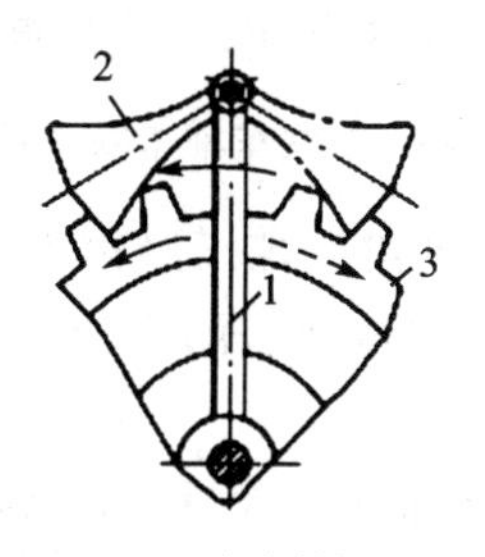

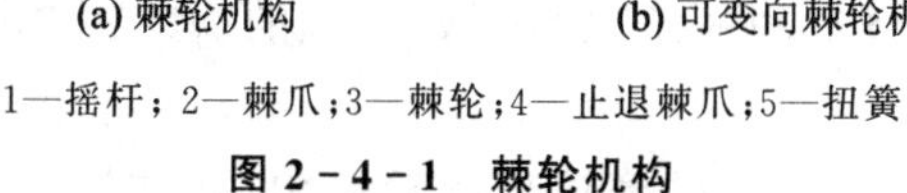
(a) 棘轮机构　　(b) 可变向棘轮机构

1—摇杆；2—棘爪；3—棘轮；4—止退棘爪；5—扭簧

图 2－4－1　棘轮机构

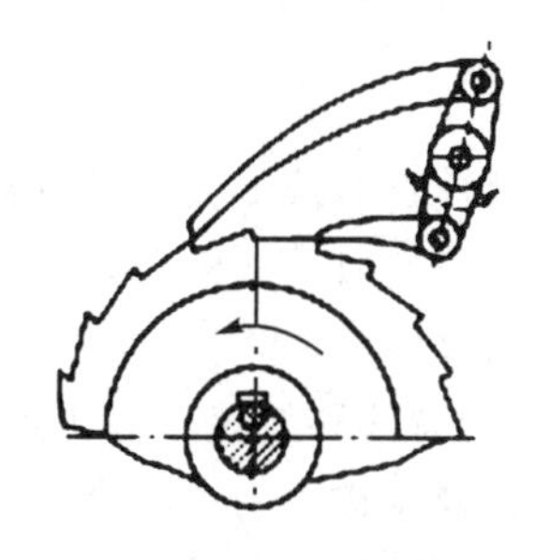

图 2－4－2　双动式棘轮机构

调节摇杆的摆角(如图 2－4－3(a)所示)，或是在棘轮上加遮挡板(如图 2－4－3(b)所示)，并改变遮挡板的位置，可调节棘轮转角的大小。

棘轮机构的单向间歇运动特性可用于进给、制动、超越和转位分度等机构中。图 2－4－4 所示为提升机中使用的棘轮制动器，这种制动器安全可靠，使用方便，广泛用于卷扬机、提升机及运输机等设备中。

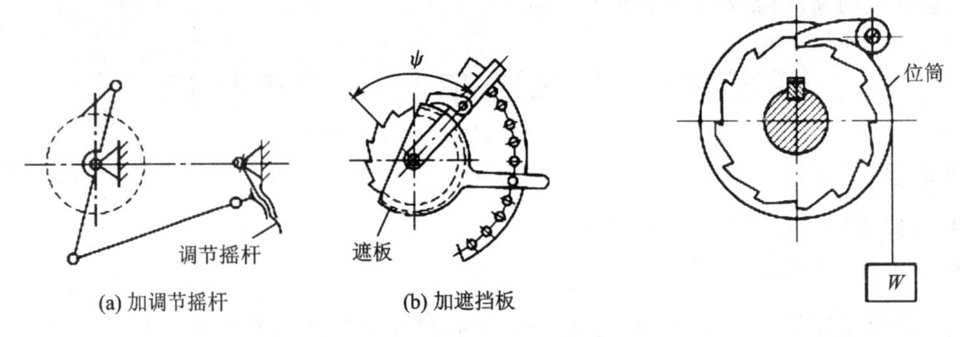

图2-4-3　调节棘轮转角的方法

图2-4-4　棘轮制动器

汽车驻车装置就是采用了棘轮制动器。图2-4-5所示为汽车驻车制动器,驻车制动杆上连有棘爪。驻车制动器工作时,将驻车制动杆上端向后拉动,则制动杆的下端向前摆动,传动杆带动摇臂顺时针转动,拉杆则带动摆臂顺时针转动,凸轮轴亦顺时针转动,凸轮则使两制动蹄以支承销为支点向外张开,压靠到制动鼓上,产生制动作用。当制动杆拉到制动位置时,棘爪嵌入齿扇上的棘齿内,起锁止作用。

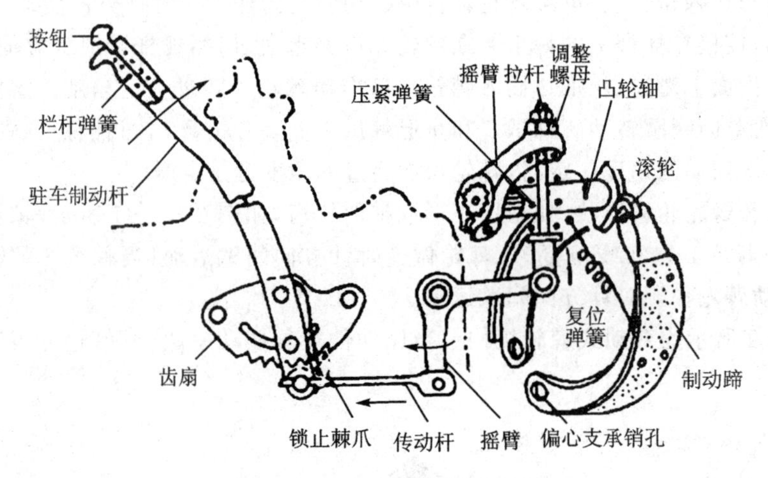

图2-4-5　汽车驻车制动器

解除制动时,按下驻车制动杆上的按钮使棘爪脱离棘齿,向前推动制动杆,则传动杆、拉杆、凸轮轴按逆时针方向转动,制动蹄在回位弹簧的作用下回位,制动蹄与制动鼓间恢复制动间隙,制动解除。

上述轮齿式棘轮机构的优点是:结构简单,运动可靠,转角大小可在一定范围内调节;缺点是:棘爪在棘轮齿面滑过时会产生噪声,当棘爪和棘轮轮齿开始接触的瞬间还产生冲击,故不适用于高速机械。

为了克服上述缺点,可采用如图2-4-6所示的摩擦式棘轮机构。摩擦式棘轮机构的工作原理与轮齿式棘轮机构相同,所不同的是棘爪为扇形偏心轮,棘轮为摩擦轮,其缺点是接触面间易产生滑动,运动可靠性低。

二、槽轮机构工作原理及应用

如图 2-4-7 所示，槽轮机构由带有圆销的拨盘 1、具有径向槽的槽轮 2 和机架组成。当原动件拨盘以等角速度连续转动时，槽轮作反向间歇转动。在拨盘上的圆销 A 未进入槽轮的径向槽时，槽轮由于内凹锁止弧$\widehat{efg}$被拨盘的外凸圆弧$\widehat{abc}$卡住，所以槽轮静止不动。图 2-4-7 所示为圆销刚开始进入槽轮径向槽时的位置，这时锁止弧被松开，槽轮开始由圆销 A 驱动而转动。当圆销 A 脱出径向槽时，槽轮的另一内凹锁止弧又被拨盘的外凸圆弧卡住，槽轮又静止不动。直到圆销 A 再进入槽轮的另一径向槽时，又将重复上述运动。槽轮机构结构简单，转位迅速，效率较高，与棘轮机构相比运转平稳，但制造与装配精度要求较高，且槽轮转角大小不能调节。它在电影放映机送片机构、自动机床转位机构等自动机械中得到广泛的应用。

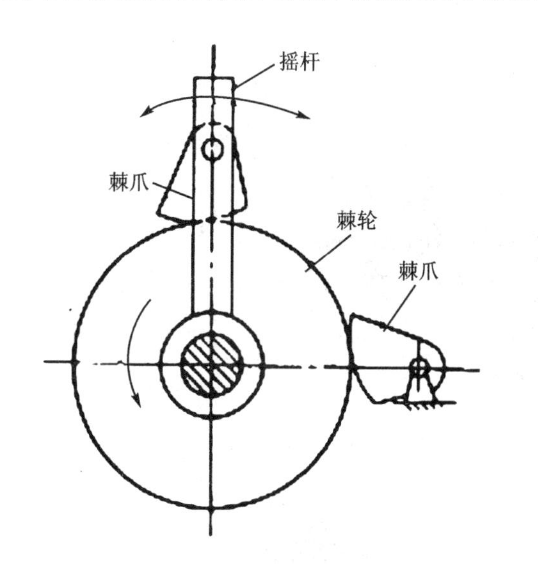

图 2-4-6　摩擦式棘轮机构

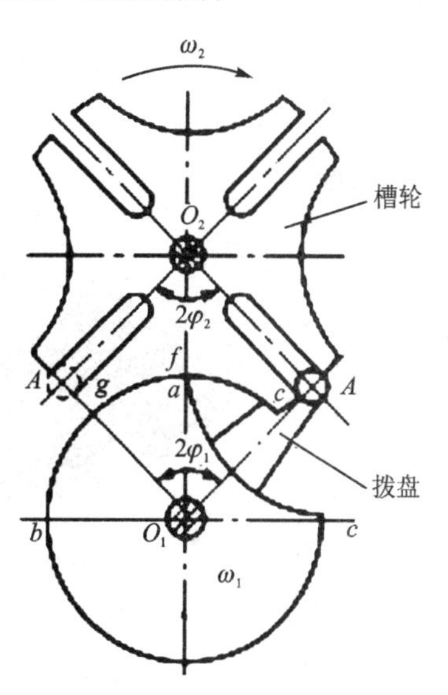

图 2-4-7　槽轮机构

图 2-4-8 所示为电影放映机中的送片机构。为了适应人眼的视觉暂留现象，要求影片作间歇移动。槽轮 2 上有 4 个径向槽，拨盘 1 每转 1 周，圆销 A 将拨动槽轮转过 1/4 周，胶片移过一幅画面，并停留一定时间。

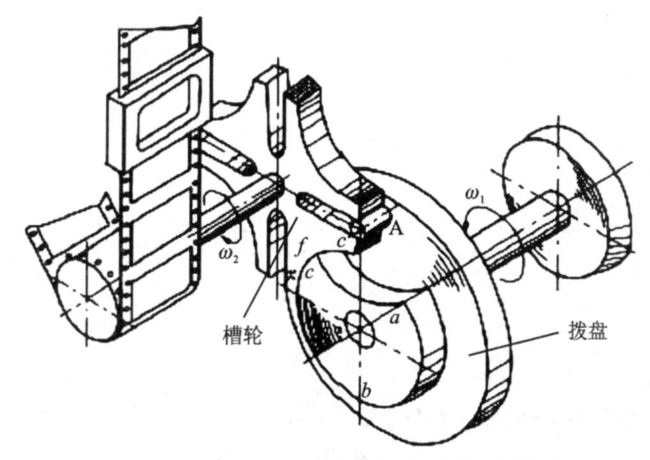

图 2-4-8　电影放映机的卷片槽轮机构

项目三　汽车常用机械传动

☞ 案例导入

汽车的行驶依靠发动机提供动力，并且通过各种机构对力和运动的传递和变换，实现车轮的旋转并与地面摩擦产生驱动力。如图 3-0-1 所示，发动机的动力通过离合器、变速箱、传动轴、主减速器、差速器、半轴等机构传动到驱动后轮。

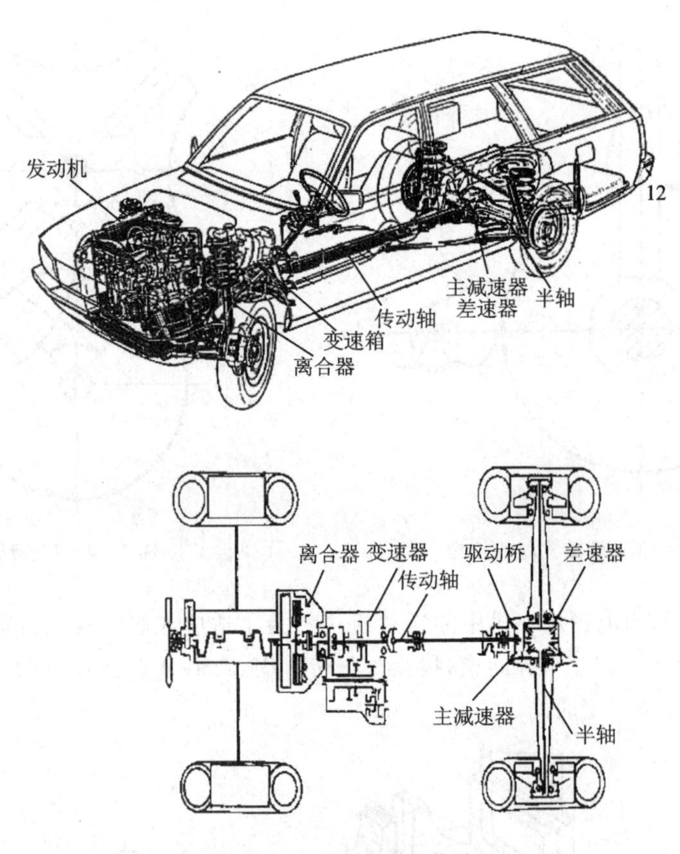

图 3-0-1　汽车底盘传动系

任务一　汽车带传动

教学目标

- 掌握带传动的类型和特点；
- 了解带传动的受力分析和应力分析；
- 了解带传动的弹性滑动和传动比的特点；

● 熟悉带传动的张紧与维护

一、带传动的类型和应用

带传动通常是由主动带轮 1(固联于主动轴上)、从动带 2(固联于从动轴上)和紧套在两轮上的传动带 3 组成,如图 3-1-1 所示。带与轮的接触表面间存在着正压力,当原动机驱动主动轮 1 回转时,在带与轮缘接触表面间便产生摩擦力,借助于这种摩擦力,主动轮才能拖动带,继而带又拖动从动轮,从而将主动轴上的转矩和运动传给从动轴。

如图 3-1-1 所示,a_1a_2 分别为小轮和大轮的包角,d_1、d_2 分别为小轮和大轮的直径,a 为两轮的中心距。

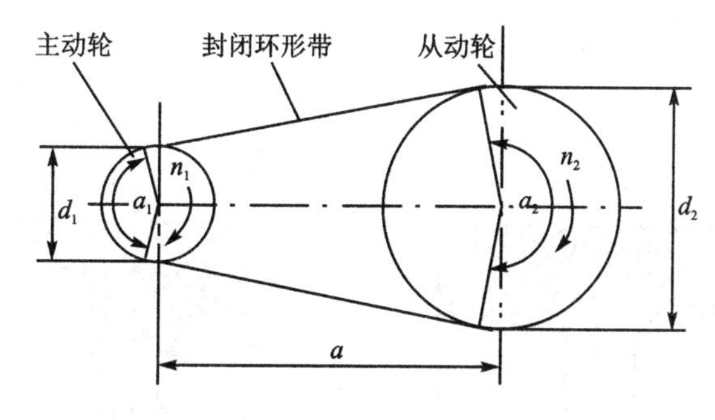

图 3-1-1　带传动示意图

按照横截面形状不同,带传动可分为平带、V 带、圆带、多楔带、同步带等多种传动类型,如图 3-1-2 所示。

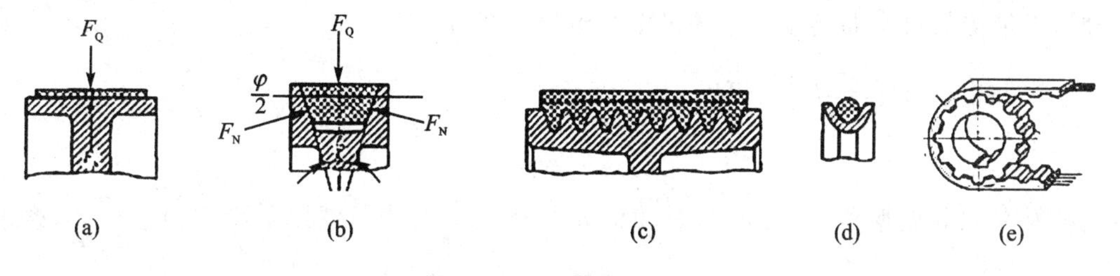

图 3-1-2　带传动类型

(一) 平带传动

平带由多层胶帆布构成,其横截面为扁平矩形,工作面是与带轮表面相接触的内表面,如图 3-1-2(a)所示。平带传动结构简单,带轮制造容易,带长可根据需要剪截后用接头接成封闭环形。平带传动可用于两轴线之间距离较大的传动,由于平带厚度较小,扭转柔性较好,因此传动方式有以下三种:

(1) 开口式传动,转向相同,如图 3-1-3(a)所示。

(2) 交叉式传动,转向相反,如图 3-1-3(b)所示。

(3) 半交叉式传动,轴线交叉,如图 3-1-3(c)所示。

(二) V 带传动

V 带的横截面为等腰梯形,带轮上也制出相应的轮槽。传动时,V 带的两个侧面和轮槽相接触,而 V 带与轮槽槽底不接触。与平带传动相比,在相同的张紧力下,V 带传动具有更大的传动能力。如图 3-1-4 所示,若带对带轮的压紧力均为 F_Q,平带工作面和 V 带工作面的

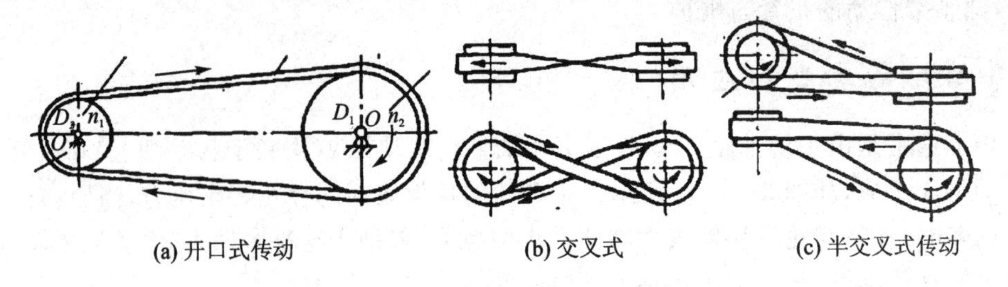

图3-1-3　平带传动的形式

正压力分别为

$$F_N = F_Q \quad 和 \quad F'_N = \frac{F_Q}{2\sin\frac{\varphi}{2}}$$

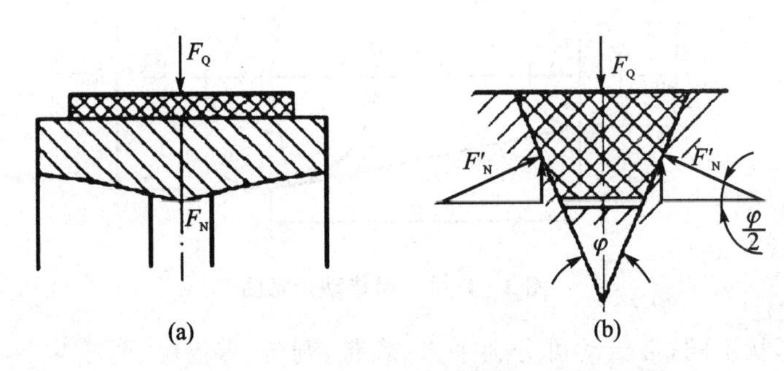

图3-1-4　平带与V带传动的受力比较

工作时,平带传动和V带传动产生的极限摩擦力分别为

$$F_\mu = \mu F_N = \mu F_Q \quad 和 \quad F'_\mu = 2\mu F'_N = 2\mu \frac{F_Q}{2\sin\frac{\varphi}{2}} = \frac{\mu}{\sin\frac{\varphi}{2}} F_Q = \mu_V F_Q$$

式中:φ 为V带轮轮槽角,一般 $\varphi=32°$、$34°$、$36°$、$38°$;μ_V 为当量摩擦系数,$\mu_V=\frac{\mu}{\sin\frac{\varphi}{2}}$,将 $\varphi=32°\sim38°$ 代入得 $\mu_V=(3.63\sim3.07)\mu$。显然,$F'_\mu > F_\mu$,V带传递功率的能力比平带传动大得多。在传递相同的功率时,若采用V带传动将得到比较紧凑的结构。在一般机械中,多采用V带传动,但V带传动只能用于开口传动。

(三) 多楔带传动

多楔带相当于多条V带组合而成,工作面是楔形的侧面,如图3-1-2(c)所示,兼有平带挠曲性好和V带摩擦力大的优点,并且克服了V带传动各根带受力不均的缺点,故适用于传递功率较大且要求结构紧凑的场合。

(四) 圆带传动

圆带横截面为圆形,如图3-1-2(d)所示。圆带传动仅用于载荷很小的传动,如用于缝纫机和牙科医疗器械上。

(五) 同步带传动

同步带是带齿的环形带,如图3-1-2(e)所示,与之相配合的带轮工作表面也有相应的轮齿，工作时带齿与轮齿互相啮合。它除了摩擦带传动能吸振、缓冲的优点外，还具有传递功率大，传动比准确等优点，故多用于要求传动平稳，传动精度较高的场合。图 3-1-5 所示为采用同步带传动的汽车发动机配气机构。

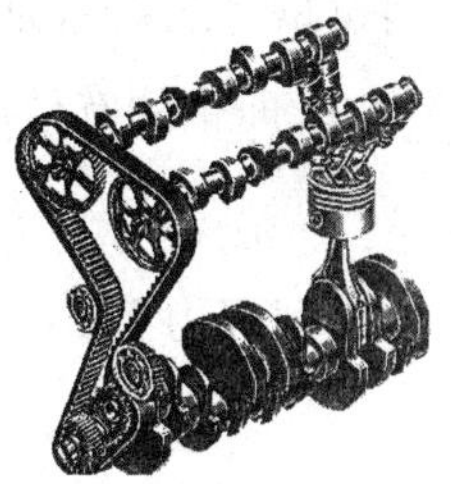

图 3-1-5　同步带传动的汽车发动机配气机构

二、带传动的特点及应用

带传动的主要优点如下：

(1) 带具有弹性，能缓冲、吸振，传动平稳，噪声小。

(2) 过载时，传动带会在带轮上打滑，可以防止其他零件损坏，起过载保护作用。

(3) 结构简单，维护方便，且制造与安装精度要求不高，成本低。

(4) 单级可实现较大中心距的传动。

其主要缺点是：

(1) 带在带轮上有相对滑动，不能保证准确的传动比。

(2) 传动效率较低，带的寿命较短。

(3) 带作用在轴上的力及外廓尺寸均较大。

(4) 不宜用在高温、易燃、易爆及有油、水等场合。

根据上述特点可知，带传动多用于两轴中心距较大，传动比要求不很严格的机械中。一般带传动传递功率 $p \leqslant 50$ kW，带速 $v = 5 \sim 25$ m/s，传动效率 $\eta = 0.90 \sim 0.96$，允许的传动比 $i_{max} = 7$（一般为 2～4）。在多级传动系统中，带传动常被放在高速级。

三、带传动的工作原理

（一）带的受力分析

1. 有效圆周力

在带传动中，带紧套在两个带轮上，静止时，带轮两边的拉力相等，均为初拉力 F_0，如图 3-1-6(a)所示。由于带与带轮接触面间摩擦力的作用，带进入主动轮的一边被进一步拉紧，拉力由 F_0 增大到 F_1，称为紧边；另一边则被放松，拉力由 F_0 减小为 F_2 称为松边，如图 3-1-6(b)所示。假定带工作时的总长度不改变，则紧边拉力的增加量 $F_1 - F_0$ 等于松边拉力的减少量 $F_0 - F_2$，即

$$F_1 - F_0 = F_0 - F_2 \tag{3-1-1}$$

$$F_1 + F_2 = 2F_0 \tag{3-1-2}$$

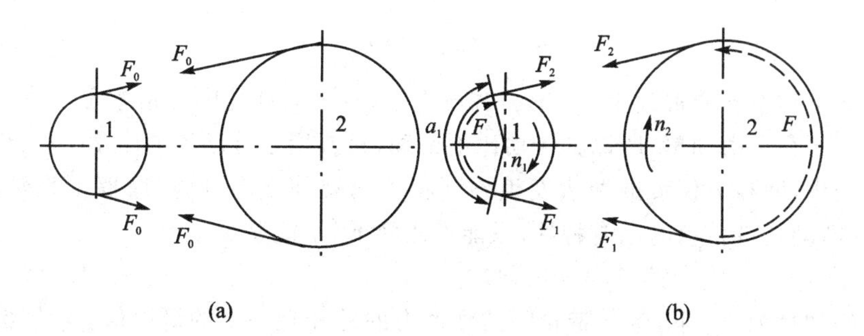

图 3-1-6　带传动的受力分析

两边拉力之差称为带传动的有效圆周力 F，其值等于带和带轮接触面上各点摩擦力的总和 $\sum F_\mu$，即带的有效圆周力 F 为

$$F = F_1 - F_2 = \sum F_\mu \tag{3-1-3}$$

有效圆周力 F(N)、速度 v(m/s)和带传递动率 P(kW)之间的关系为

$$P = \frac{Fv}{1\,000} \tag{3-1-4}$$

由式(3-1-4)可知，当带传递功率 P 一定时，带速 v 越大，有效圆周力 F 就越小，为了减小整体尺寸、振动和冲击，故常将带传动放在高速级。一般 $v \geqslant 5$ m/s。

2. 弹性滑动

传动带在拉力作用下要产生弹性伸长，工作时，由于紧边和松边的拉力不同，因而弹性伸长量也不同。如图3-1-7所示，在带从紧边 a 点转到松边 c 点的过程中，拉力由 F_1 逐渐减小到 F_2，使得弹性伸长量随之逐渐减少，因而带沿主动轮的运动是一面绕进，一面向后收缩。而带轮可认为是刚体，不产生变形，所以主动轮的圆周速度 v_1 大于带的圆周速度 v，这就说明带在绕经主动轮的过程中，在带与主动轮之间发生了相对滑动。相对滑动现象也发生在从动轮上，根据同样的分析，带的速度 v 大于从动轮的速度 v_2。这种由于带的弹性变形而引起的带与带轮间的微小相对滑动，称为弹性滑动。弹性滑动除了使从动轮的圆周速度 v_2 低于主动轮的圆周速度 v_1 外，还将使传动效率降低，带的温度升高，磨损加快。

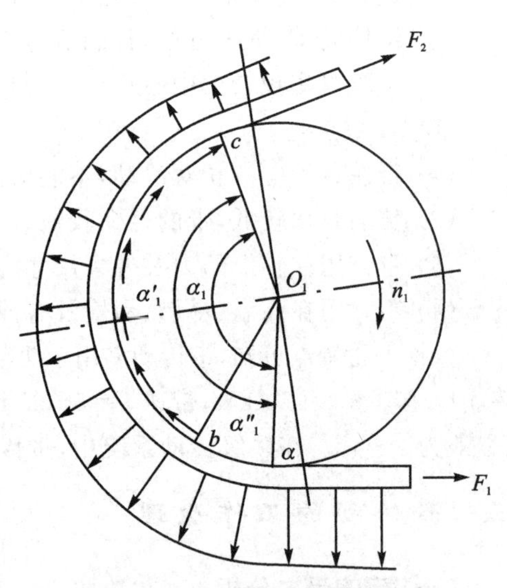

图3-1-7 带传动的弹性滑动

通常将从动轮与主动轮圆周速度的相对降低率称为滑动率，用 ε 来表示，即

$$\varepsilon = \frac{v_1 - v_2}{v_1} = 1 - \frac{n_2 d_{d2}}{n_1 d_{d1}} \tag{3-1-5}$$

由此得带传动的传动比为

$$i = 1 - \frac{n_1}{n_2} = \frac{d_{d2}}{d_{d1(1-\varepsilon)}} \tag{3-1-6}$$

于是从动轮转速为

$$n_2 = n_1(1-\varepsilon)\frac{d_{d1}}{d_{d2}} \tag{3-1-7}$$

带传动的滑动率 ε 通常为1%～2%，数值很小，在一般计算中可不考虑。

带传动由于存在滑动率，所以其传动比不精确，只能用于传动比要求不十分准确的场合。

在带传动中，摩擦力使带的两边发生不同程度的拉伸变形，既然摩擦力是带传动所必需的，所以弹性滑动是带传动的固有特性，只能设法降低，不能避免。

3. 打 滑

在一定的初拉力 F_0 下，带与带轮间的摩擦力的总和有一定的极限值，当传递的圆周力超过极限摩擦力总和(外载荷超过最大有效圆周力)时，带将沿带轮表面全面滑动，这种现象称为打滑。出现打滑现象时，从动轮转速急剧降低，甚至使传动失效，而且使带严重磨损。因此，打

滑是带传动的主要失效形式。带在小轮上的包角小于大轮上的包角，带与小带轮的接触弧长较大带轮短，所能产生的最大摩擦力小，所以打滑总是在小带轮上先开始。

弹性滑动和打滑是两个完全不同的概念。弹性滑动是由于带的弹性和拉力差引起的，是带传动不可避免的现象；打滑是由于过载而产生的，是可以而且必须避免的。

带传动的最大有效圆周力随着初拉力 F_0、带轮包角 α 及摩擦系数 μ 三者的增大而增大。当初拉力 F_0 和摩擦系数 μ 一定时，包角小，有效圆周力也小。因为 $\alpha_1 < \alpha_2$，所以打滑首先出现在小轮上。

（二）带的应力分析

1. 应力分析

带传动工作时，带中的应力有以下三部分：

（1）拉应力

紧边应力
$$\sigma_1 = \frac{F_1}{A} \tag{3-1-8}$$

松边应力
$$\sigma_2 = \frac{F_2}{A} \tag{3-1-9}$$

式中：A 为带的横截面面积（mm^2）。

（2）由离心力产生的拉应力

$$\sigma_c = \frac{F_c}{A} = \frac{qv^2}{A} \tag{3-1-10}$$

式中：q 为传动带单位长度的质量（kg/m）；v 为带的线速度（m/s）。

（3）弯曲应力

带绕过带轮时将产生弯曲应力，弯曲应力只产生在带绕过带轮的部分。由材料力学可知，弯曲应力为

$$\sigma_b = \frac{2EY}{d_d} \tag{3-1-11}$$

式中：E 为带的弹性模量（MPa）；d_d 为带轮基准直径（mm）（带中性层对应带轮的直径）；Y 为带的最外层到节面（中性层）的距离（mm），一般常用 $h/2$ 近似代替 Y。

由式（3-1-11）可知，带轮直径 d_d 越小，带越厚，带的弯曲应力越大。所以同一条带绕过小带轮时的弯曲应力 δ_{b1} 大于绕过大带轮时的弯曲应力 δ_{b2}。

图 3-1-8 所示为带传动工作时带的应力分布情况。其中小带轮为主动轮，各截面应力的大小用自该点所作的径向线长短来表示。由图可以看出：最大应力发生在紧边开始绕上小带轮处的横截面上，其值为

$$\sigma_{max} = \sigma_1 + \sigma_{b1} + \sigma_c$$

2. 带的疲劳破坏

如图 3-1-8 所示，带传动中，带的任一横截面上的应力，将随着带的运转而循环变化，即带是在变应力状态下工作的，当应力循环达到一定次数，即带使用一段时间后，传动带的局部将出现帘布（或线绳）与橡胶脱离，造成该处松散以至断裂，从而发生疲劳破坏，丧失传动能力。所以，带的疲劳破坏是带传动的又一主要失效形式。

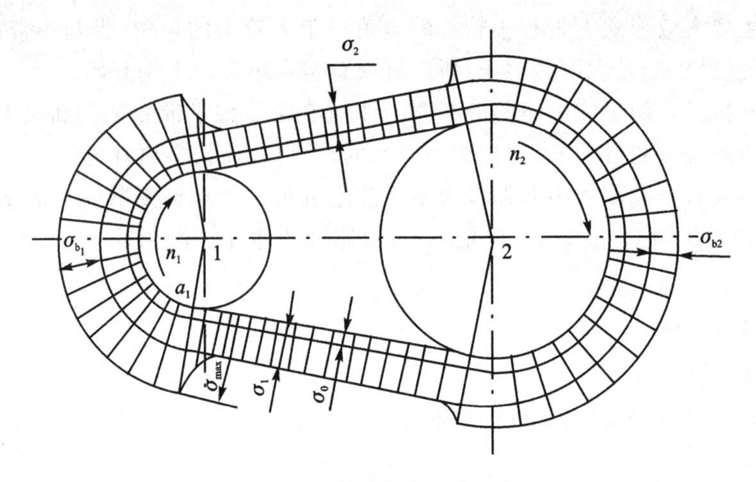

图3-1-8　带的应力分布

三、带传动的张紧与安装维护

(一)带传动的张紧装置

普通V带不是完全弹性体,在张紧状态下工作一定时间后,会因塑性变形而松弛,使带传动的初拉力减小,传动能力下降,严重时会产生打滑。为保证带传动正常工作,必须设置张紧装置。常见的张紧装置按中心距是否可调分为两类。

1. 中心距可调张紧装量

在水平或倾斜不大的传动中,可用如图3-1-9(a)所示的方法,将装有带轮的电动机装在滑槽上,当带需要张紧时,通过调整螺栓改变电动机的位置,加大传动中心距,使带获得所需的张紧力。在垂直的或接近垂直的传动中,可用如图3-1-9(b)所示的方法,将装有带轮的电动机安装在可调的摆架上,利用调整螺栓来调整中心距使带张紧。也可用如图3-1-9(c)所示方法,将装有带轮的电动机安装在浮动的摆架上。利用电动机和摆架的自身重量来自动张紧,但这种方法多用在小功率的传动中。

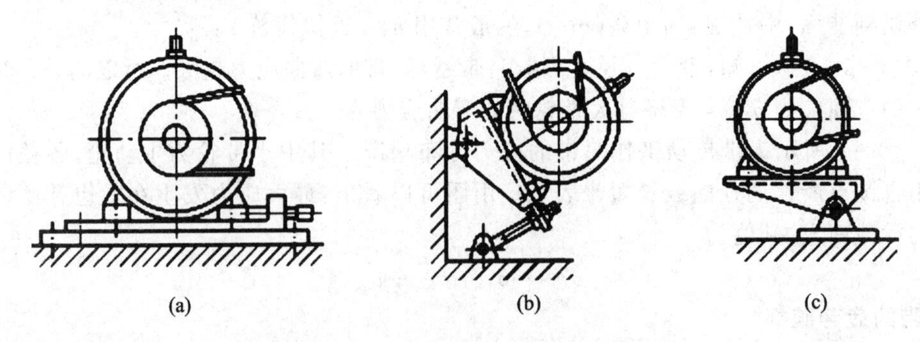

图3-1-9　中心距可调张紧装量

2. 中心距不可调张紧装置

中心距不可调时,可用张紧轮来实现张紧。

图3-1-10(a)所示为定期张紧装置,将张紧轮装在松边内侧靠近大带轮处,既避免了带的双向弯曲,又不使小带轮包角减小过多。

图3-1-10(b)所示为自动张紧装置,将张紧轮装在松边、外侧,靠近小带轮处,可以增大

小带轮包角提高传动能力，但会使带受到反向弯曲，降低带的寿命。

（二）带传动的安装与维护

正确地安装与维护，是保证V带正常工作和延长寿命的有效措施，因此必须注意以下几点：

（1）安装时，主、从动轮的中心线应与轴中心线重合，两轮中心线必须保持平行，两轮的轮槽必须调整在同一平面内，否则会引起V带的扭曲和两侧面过早磨损。

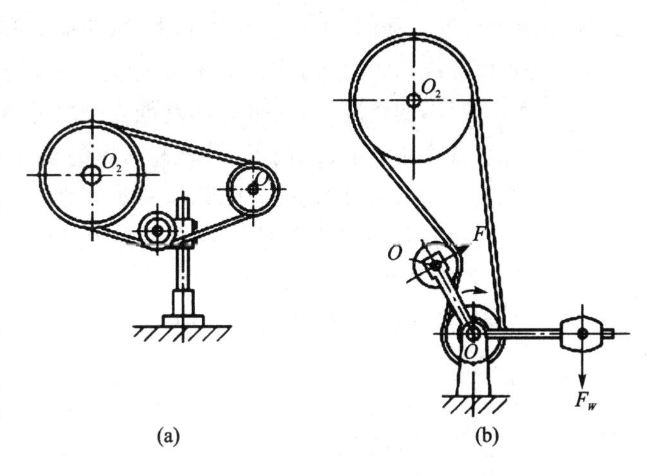

图3-1-10　中心距不可调张紧装置

（2）必须保证V带在轮槽中的正确位置，如图3-1-11所示。V带的外边缘应和带轮的外缘相平（新安装时可略高于轮缘），这样V带的工作面与轮槽的工作面才能充分地接触。如果V带嵌入太深，将使带底面与轮槽底面接触，失去V带楔面接触传动能力大的优点；如位置过高，则接触面减少，传动能力降低。

图3-1-11　V带在轮槽中的位置

（3）安装V带时，应按规定的F_0张紧。在中等中心距的情况下，张紧程度以大拇指能按下1.5 mm左右为宜。

（4）带传动装置外面应加防护罩，以保证安全。

（5）带不宜与酸、碱、油一类介质接触，其工作温度一般不超过60°，以防带的迅速老化。

（6）应定期检查胶带，多根带并用时，若发现其中一根过度松弛或疲劳损坏时，必须全部更换新带，不能新旧并用，以免长短、弹性不一而受力不均，加速新带磨损。

[习题]

3-1-1　填空题

（1）带传动的紧边和松边的拉力差称为________力。

（2）带传动是由________传动带、从动带轮和机架组成的。

（3）带传动是依靠带与带轮之间的________作用，来实现运动和动力的传递。

3-1-2　判断题

（1）带传动只要不过载，弹性滑动和打滑都可以避免。（　　）

（2）带传动的张紧轮一般放置在松边内侧且靠近大带轮处。（　　）

（3）带传动不打滑的条件是：最大有效圆周力大于或等于极限摩擦力。（　　）

（4）摩擦带传动的包角是指传动带与带轮接触弧所对应的中心角。（　　）

（5）V带轮的计算直径是指带轮的外径。（　　）

（6）弹性滑动是摩擦带传动的主要失效形式之一。（　　）

（7）打滑是摩擦带传动的主要失效形式之一。（　　）

（8）摩擦带传动中带的弹性滑动是由于带的弹性变形而引起的，可以避免。（　　）

(9) 摩擦带传动工作时,带中存在拉应力、弯曲应力和离心应力。( )

(10) 在摩擦带传动中,普通V带的传动能力比平带的传动能力强。( )

(11) 在中心距不变情况下,两带轮的基准直径之差越大,则小带轮包角也越大。( )

(12) 带传动可适用于油污、高温、易燃和易爆的场合。( )

(13) 摩擦带传动具有过载保护作用,可避免其他零件的损坏。( )

(14) 由于摩擦带传动具有弹性且依靠摩擦力来传动,所以工作时存在弹性滑动,不能适用于要求传动比恒定的场合。( )

(15) 齿型带传动属于齿轮传动的一种。( )

3-1-3 选择题

(1) 带传动时,带所受的最大应力发生在( )。

A. 紧边进入小带轮处　B. 松边退出小带轮处

C. 松边进入大带轮处　D. 紧边退出大带轮处

(2) 带传动中,三角带比平型带传动能力大的主要原因是( )。

A. 带的强度高　B. 带无接头　C. 尺寸小　D. 接触面上正压力大

(3) 带传动正常工作时不能保证准确的传动比是因为( )。

A. 带的材料不符合虎克定律　B. 带的变形

C. 带在带轮上打滑　D. 带的磨损

(4) 带传动工作中产生弹性滑动的原因是( )。

A. 带的预紧力不够　B. 带的松边和紧边拉力不等

C. 带绕过带轮时有离心力　D. 带和带轮间摩擦力不够

(5) 带传动中,带每转动一周,拉应力是( )。

A. 有规律变化的　B. 不变的　C. 无规律变化的　D. 为零

(6) 带传动不能保证准确的传动比是由于( )。

A. 带的弹性滑动　B. 带的打滑　C. 带的磨损　D. 带的老化

(7) 带传动采用张紧轮的目的是( )。

A. 减轻带的弹性滑动　B. 提高带的寿命

C. 调整带的张紧力　D. 提高带的承载能力

(8) 平带、V带传动主要依靠( )传递运动和动力。

A. 带的紧边拉力　B. 带的松边拉力

C. 带和带轮接触面间的摩擦力　D. 带的预紧力

(9) ( )传动的成本较高,不适于轴间距离较大的传动。

A. 带传动　B. 摩擦轮传动　C. 链传动　D. 齿轮传动

(10) 能缓冲吸振,并能起到过载安全保护作用的传动是( )。

A. 带传动　B. 链传动　C. 齿轮传动

3-1-4 简答题

(1) 带传动有哪些主要类型?各有什么特点?

(2) 我国生产的普通V带和窄V带有哪些型号?其尺寸和传动能力的变化规律如何?

(3) 什么叫带传动的弹性滑动?什么叫打滑?它们能否避免?为什么?

(4) 带在工作时受到哪些应力?如何分布?

(5) 带传动中弹性滑动与打滑有何区别?它们对于带传动各有什么影响

任务二　汽车链传动

教学目标

- 掌握链传动的类型、特点及应用；
- 熟悉链传动的张紧与维护

一、链传动的组成、类型、特点和应用

(一) 链传动的组成

链传动主要由两个或两个以上链轮和链条组成，如图 3－2－1 所示。工作时靠链轮轮齿与链条啮合把主动链轮的运动和转矩传给从动链轮，因此链传动属于带有中间挠性件的啮合传动。

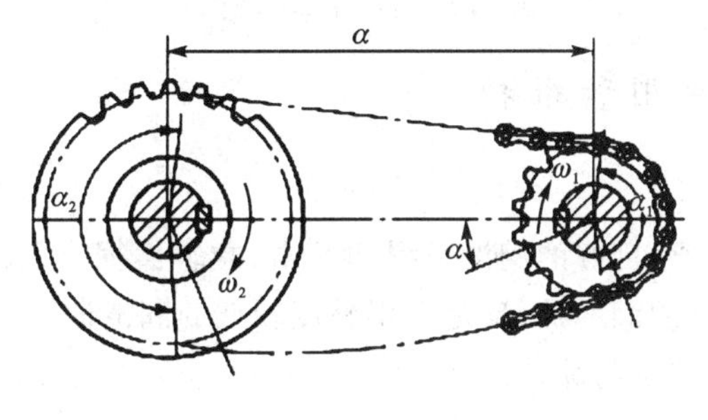

图 3－2－1　链传动

(二) 链传动的类型

按照用途的不同，链可分为传动链、起重链和曳引链。起重链和曳引链主要用在起重机械和运输机械中，而在一般机械传动中，常用的是传动链。按照铰链的结构和铰链与链轮齿廓接触部位的不同，传动链可分为套筒滚子链、套筒链、齿形链和成型链等，如图 3－2－2 所示。

套筒滚子链在链传动中应用最广，并且已标准化。

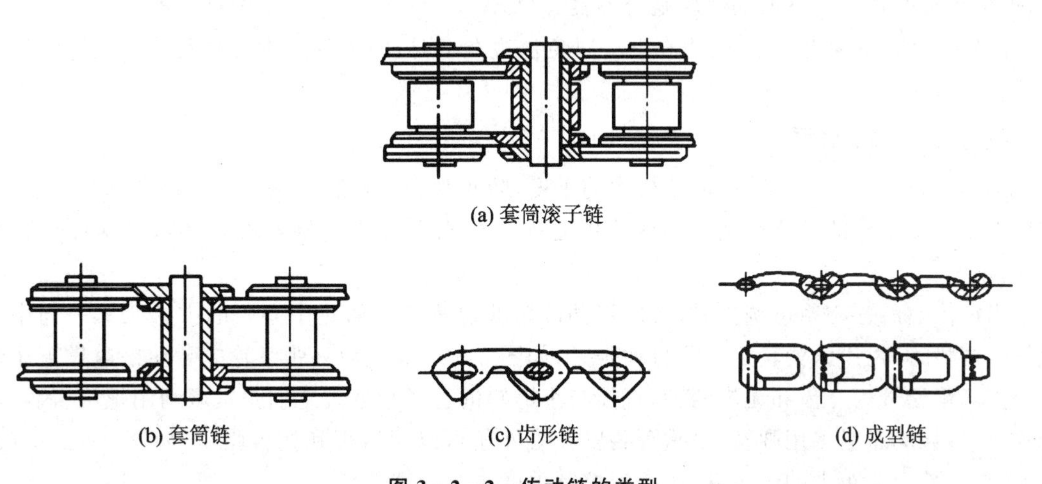

(a) 套筒滚子链

(b) 套筒链　　(c) 齿形链　　(d) 成型链

图 3－2－2　传动链的类型

(三)链传动的特点和应用

链传动的主要优点是:与带传动相比,链传动无弹性滑动和打滑现象,因而能保持准确的传动比(平均传动比),功率损失较小,传动效率较高;又因链传动是啮合传动链条不像带传动那样张得很紧,所以作用在轴上的压力较小;在同样使用条件下,链轮宽度和直径也比带轮小,因而结构紧凑;同时链传动能在速度较低、工作温度较高的情况下工作。

此外,链传动易于实现多轴传动,对恶劣的工作环境(如淋水、油污、多粉尘、泥浆等)的适应性强,工作可靠。与齿轮传动相比,链传动的制造、安装精度要求较低,成本低廉;

在远距离传动(中心距最大可达10多米)时,其结构要比齿轮传动轻便得多。链传动的主要缺点是:运转时不能保持恒定的瞬时传动比,平稳性较差,工作时有噪声;只能用于两根平行轴间传动;无过载保护作用;安装精度比带传动要求高;不宜在载荷变化大、高速和急速反转中应用。

链传动广泛应用于农业、矿山、冶金、建筑、交通运输和石油等各种机械中,通常链传动传递的功率 $P \leqslant 100$ kW,链速 $v \leqslant 15$ m/s,传动比 $i \leqslant 6$,常以 $i=2 \sim 3.5$ 为宜。

二、链传动的正确使用和维护

(一)链传动的润滑

链传动的润滑十分重要,良好的润滑可缓和冲击,减轻磨损,延长使用寿命。环境温度高或载荷大时,宜选用黏度高的润滑油,反之选用黏度较低的润滑油。对于不便使用润滑油的场合,可用脂润滑,但应定期清洗与涂抹。

(二)链传动的布置

链传动的布置是否合理,对传动的工作质量和使用寿命都有较大的影响。链传动合理布置的原则如下:

(1) 两链轮的回转平面必须在同一铅垂平面内(一般不允许在水平平面或倾斜平面内),以免脱链和不正常磨损。

(2) 两轮中心连线最好水平布置或中心连线与水平线夹角在45°以下。尽量避免铅垂布置,以免链条磨损后与下面的链轮啮合不良。

(3) 一般应使紧边在上,松边在下。以免松边在上时,因下垂量过大而发生链条与链轮的干涉。

(三)链传动的张紧

链传动张紧的目的是减小链条松边的垂度,防止啮合不良和链条的上下抖动,同时也为了增加链条与小链轮的啮合包角。当两轮中心连线与水平线的倾角大于60°时,必须设置张紧装置。

当链传动的中心距可调整时,常用移动链轮的位置增大两轮中心距的方法张紧。当中心距不可调整时,可用张紧轮定期或自动张紧,如图3-2-3所示。张紧轮应装在松边靠近小链轮处。张紧轮分为有齿和无齿两种,直径与小链轮的直径相近。定期张紧可利用螺旋、偏心等装置调整;自动张紧多用弹簧、吊重等装置。另外还可以用压板和托板张紧,如图3-2-3(e)所示,特别是中心距大的链传动,用托板控制垂度更为合理。

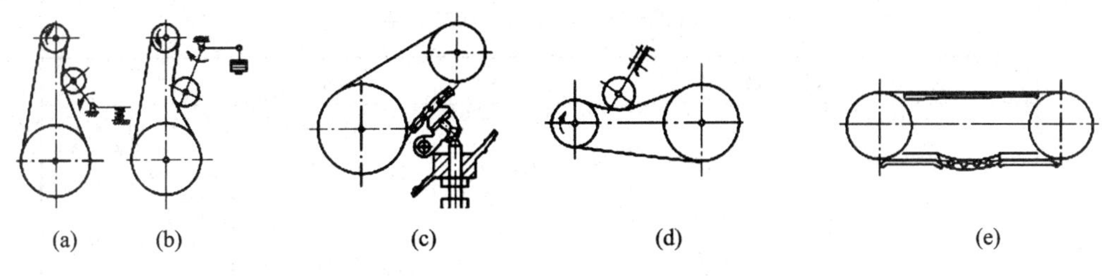

图 3-2-3　链传动的张紧装置

［习题］

3-2-1　链传动与带传动比较有何特点?

3-2-2　滚子链是如何组成的?

任务三　汽车齿轮传动

教学目标

- 掌握齿轮传动的类型和特点;
- 了解齿轮传动的运动特性;
- 掌握齿轮的参数及计算;
- 掌握定轴轮系传动比的计算;
- 熟悉周转轮系传动比的计算。

一、齿轮传动的特点、类型及应用

(一) 齿轮传动的特点

齿轮传动是应用最广的一种传动形式。它的主要优点如下:

(1) 能保证传动比恒定不变;

(2) 适用的功率和速度范围广,传递的功率可达到 105 kW,圆周速度可达 300 m/s;

(3) 结构紧凑;

(4) 效率高,$\eta=0.94\sim0.99$;

(5) 工作可靠且寿命长。

其主要缺点如下:

① 制造齿轮需要专用的设备和刀具,成本较高;

② 对制造及安装精度要求较高,精度低时,传动的噪声和振动较大;

③ 不宜用于轴间距离较大的传动。

(二) 齿轮传动的类型

齿轮传动的类型很多,如图 3-3-1 所示。按照两齿轮轴线的相对位置和轮齿的方向,齿轮传动的分类如表 3-3-1 所列。

表 3-3-1　齿轮传动的分类

<table>
<tr><th>大　类</th><th colspan="2">具体细分</th></tr>
<tr><td rowspan="5">平行轴齿轮传动(圆柱齿轮传动)</td><td rowspan="3">直齿圆柱齿轮传动</td><td>外啮合见图 3-3-1(a)</td></tr>
<tr><td>内啮合见图 3-3-1(b)</td></tr>
<tr><td>齿轮齿条啮合见图 3-3-1(c)</td></tr>
<tr><td colspan="2">斜齿圆柱齿轮传动见图 3-3-1(d)</td></tr>
<tr><td colspan="2">人字齿轮传动见图 3-3-1(e)</td></tr>
<tr><td rowspan="3">相交轴齿轮传动(圆锥齿轮传动)</td><td colspan="2">直齿圆锥齿轮传动见图 3-3-1(f)</td></tr>
<tr><td colspan="2">斜齿圆锥齿轮传动</td></tr>
<tr><td colspan="2">曲齿圆锥齿轮传动</td></tr>
<tr><td colspan="3">交错轴齿轮传动(圆柱螺旋齿轮传动)见图 3-3-1(g)</td></tr>
</table>

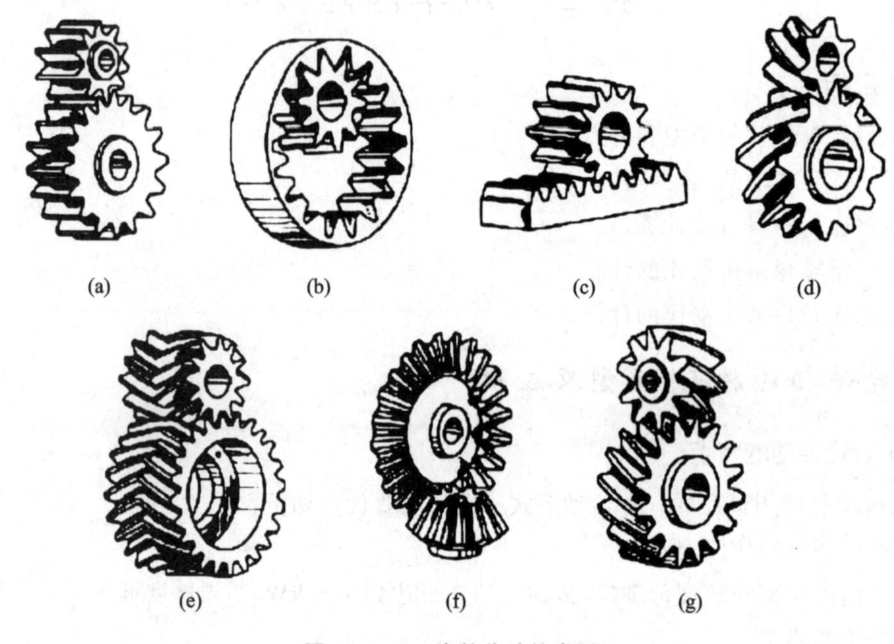

图 3-3-1　齿轮传动的类型

按照工作条件不同,齿轮传动又可分为闭式传动和开式传动。在闭式传动中,齿轮安装在刚性很大,并有良好润滑条件的密封箱体内。闭式传动多用于重要传动。在开式传动中,齿轮是外露的,粉尘容易落入啮合区,且不能保证良好的润滑,因此轮齿易于磨损。开式传动多用于低速传动和不重要的场合。

齿轮传动在汽车变速箱、主减速器和差速器等部件中得到广泛的应用,如图 3-3-2 所示。

二、渐开线及渐开线直齿圆柱齿轮

齿轮传动是通过齿轮和轮齿传递运动和动力的。齿廓曲线必须满足的基本要求之一是保证传动的瞬时传动比不变。能够满足这一要求的齿廓曲线很多,如渐开线、摆线和圆弧等。但考虑到制造、安装、强度等多方面的因素,目前汽车中仍以渐开线齿廓应用最广,因此本节只讨论渐开线齿轮传动。

(一) 渐开线的形成和性质

1. 渐开线的形成

如图 3-3-3 所示,当直线 L 沿半径为 r_b 的圆周作纯滚动时,直线上任一点 K 的轨迹称为该圆的渐开线,这个圆称为渐开线的基圆,直线 L 称为渐开线的发生线。

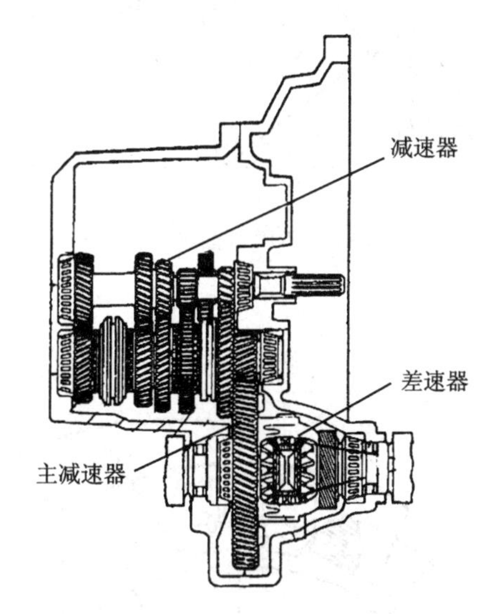

图 3-3-2 汽车发动机横向布置的变速机构

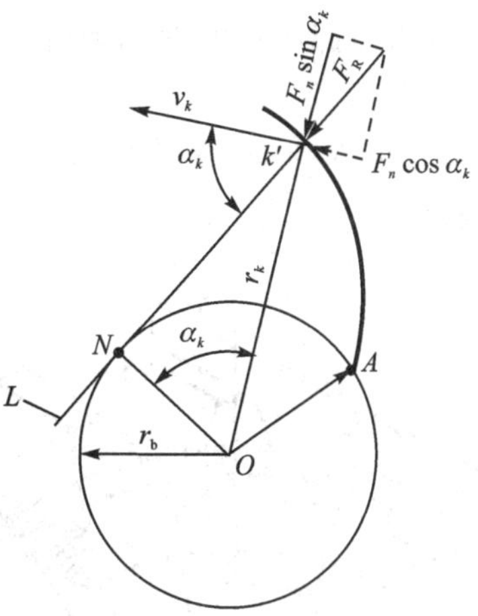

图 3-3-3 渐开线的形成

2. 渐开线的性质

由渐开线的形成可知,渐开线具有下列性质:

(1) 因为发生线在基圆上做纯滚动,所以发生线在基圆上滚过的长度 KN 等于基圆上相应的弧长 $\overset{\frown}{AN}$。

(2) 切点 N 是渐开线上 K 点处的曲率中心,线段 KN 是渐开线上 K 点的曲率半径,显然,渐开线上不同点处,曲率半径不同,越接近基圆部分,曲率半径越小。

(3) 发生线 KN 是渐开线上 K 点处的法线,而发生线始终与基圆相切,所以渐开线上任一点处的法线必与基圆相切。

(4) 渐开线上任一点 K 的受力方向(即该点处的法线方向)与该点速度 v_K 方向之间所夹的锐角 α_K,称为该点的压力角。由图 3-3-3 知压力角 α_K 等于$\angle KON$,于是

$$\cos \alpha_K = \frac{ON}{OK} = \frac{r_b}{r_K} \tag{3-3-1}$$

式(3-3-1)表明,随着向径 r_K 的改变,渐开线上不同点的压力角不等,越接近基圆部分,压力角愈小,渐开线在基圆上的压力角等于零。

如图 3-3-3 所示,K 点的压力角 α_K 愈小,法向力 F_n 沿 K 点速度 v_K 方向的分力 $F_n\cos\alpha_K$ 就越大,传力性能也就越好。

(5) 渐开线的形状与基圆半径有关(如图 3-3-4 所示)。基圆半径愈大,渐开线愈趋于平直,当基圆半径为无穷大时,渐开线则成为直线。齿条相当于基圆半径无穷大的渐开线齿轮,因此具有直线齿廓,如图 3-3-1(c)所示。

(6) 基圆内无渐开线。

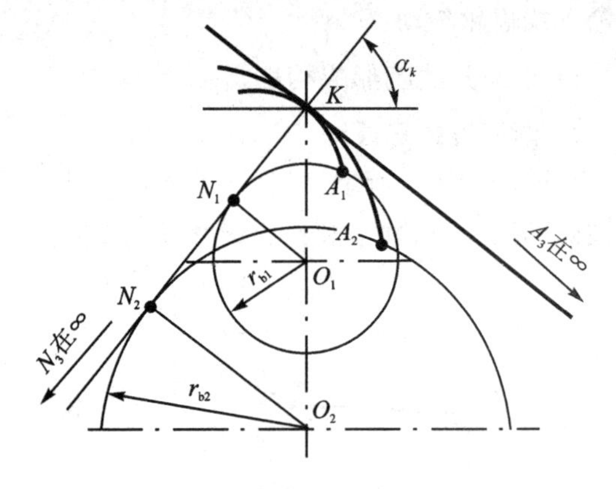

图3-3-4 不同基圆半径的渐开线形成

(二) 渐开线直齿圆柱齿轮

1. 齿槽、齿宽、齿顶圆、齿根圆

图3-3-5所示为渐开线直齿圆柱齿轮的一部分,其轮齿的两侧齿廓由形状相同、方向相反的渐开线曲面组成。相邻两齿之间的空间称为齿槽;沿轴向量得的尺寸 b 称为齿宽;轮齿顶部所在的圆称为齿顶圆,其直径称为顶圆直径,用 d_a 表示;齿槽底部所在的圆称为齿根圆,其直径称为根圆直径,用 d_f 表示。

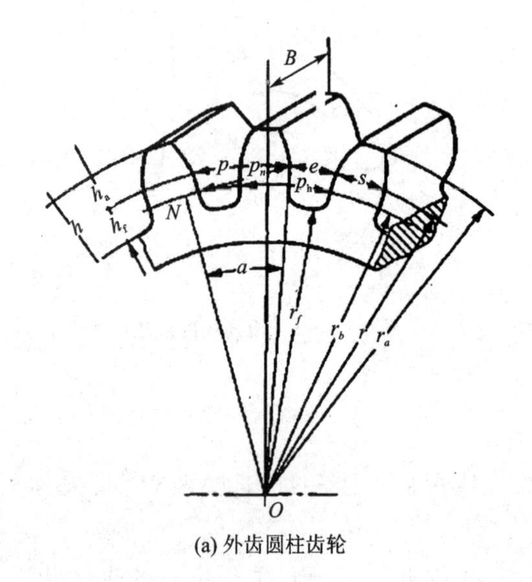

(a) 外齿圆柱齿轮

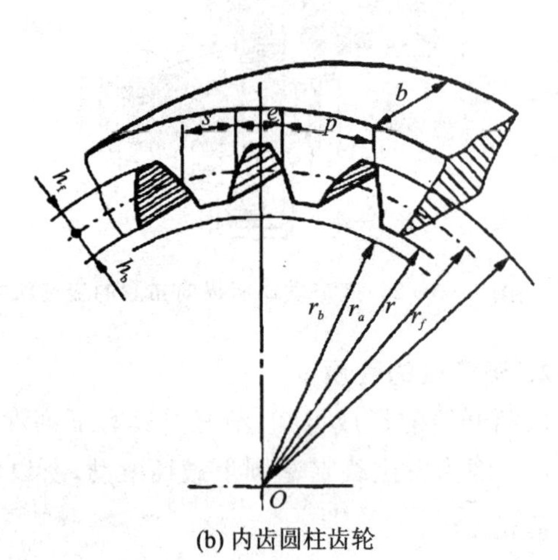

(b) 内齿圆柱齿轮

图3-3-5 齿轮参数

2. 齿厚、齿槽宽、齿距

在任意直径 d_K 的圆周上,同一轮齿两侧齿廓间的弧长称为该圆的齿厚,用 s_K 表示;同一齿槽两侧齿廓间的弧长称为该圆的齿槽宽,用 e_K 表示;相邻两齿同侧齿廓间的弧长称为该圆的齿距,用 p_K 表示。显然 $p_K=s_K+e_K$。如果用 z 表示齿轮的齿数,则有

$$\pi d_K = z p_K \tag{3-3-2}$$

进而可得

$$d_k = \frac{p_k}{\pi} \cdot z \tag{3-3-3}$$

3. 分度圆、模数、压力角

对于同一个齿轮不同的圆周,其齿距 p_K 不同,比值 p_K/π 也不同,且含有无理数 π,使得计算和测量都不方便;另外,由渐开线的性质可知,不同的圆周,压力角 α_K 也不相同。为便于设计、制造和互换,在齿顶圆和齿根圆之间人为把某一圆周上的比值 p_K/π 规定为标准值(整数或有理数),并使该圆上的压力角也为标准值,这个圆称为分度圆。分度圆上的齿距、齿厚、齿槽宽和压力角简称为齿轮的齿距、齿厚、齿槽宽和压力角,分别用 p、s、e、α 表示,直径用 d 表示,并且:

(1) 令压力角 α 为标准值，我国规定 $\alpha=20°$。

(2) 定义齿距 p 与 π 的比值为模数，用 m 表示，即

$$m=\frac{p}{\pi} \tag{3-3-4}$$

我国规定的标准模数系列见表 3-3-2 所列。

表 3-3-2　标准模数系列(GB 1357—1987)

第一系列	0.1	0.12	0.15	0.2	0.25	0.3	0.4	0.5	0.6	0.8
	1	1.25	1.5	2	2.5	3	4	5	6	8
	10	12	16	20	25	32	40	50		
第二系列	0.35	0.7	0.9	1.75	2.25	2.75	(3.25)	3.5	(3.75)	4.5
	5.5	(6.5)	7	9	(11)	14	18	22	28	36
	45									

注：① 优先选用第一系列，括号内的数值尽可能不用。

② 对于斜齿圆柱齿轮，表中值为法向模数。

这样，分度圆即可定义为具有标准模数和标准压力角的圆。

模数是齿轮几何尺寸计算的一个基本参数。引入模数后，齿轮分度圆直径和齿距分别为

$$d=mz \tag{3-3-5}$$

$$p=\pi m \tag{3-3-6}$$

可见，模数越大，齿距越大，轮齿越厚，因此轮齿抗弯曲的能力也就越强。

根据式(3-3-1)，基圆直径 d_b 和基园齿距 p_b 分别为

$$d_b=d\cos\alpha=mz\cos\alpha \tag{3-3-7}$$

$$p_b=p\cos\alpha=\pi m\cos\alpha \tag{3-3-8}$$

4. 齿顶高、齿根高、齿高

齿轮的齿顶圆和分度圆之间的径向距离称为齿顶高，用 h_a 表示；分度圆与齿根圆之间的径向距离称为齿根高，用 h_f 表示；齿顶圆与齿根圆之间的径向距离称为齿高，用 h 表示。并且

$$\left.\begin{aligned} h_a&=h_a^* m\\ h_f&=h_a+c=(h_a^*+c^*)m\\ h&=h_a+h_f=(2h_a^*+c^*)m \end{aligned}\right\} \tag{3-3-9}$$

式中：h_a^* 和 c^* 分别为齿顶高系数和顶隙系数。国家标准规定：当 $m\geqslant1$ 时，$h_a^*=1$，$c^*=0.25$；当 $0.1<m<1$ 时，$h_a^*=1$，$c^*\geqslant0.35$。

顶隙是指一对齿轮啮合时，一齿轮顶圆与另一齿轮根圆之间的径向距离，表示为：$c=c^* m$。它不仅可避免传动时轮齿间相互顶撞，而且有利于贮存润滑油。

这样，顶圆直径 d_a 和根圆直径 d_f 的计算公式分别为

$$\left.\begin{aligned} d_a&=d\pm2h_a=m(z\pm2h_a^*)\\ d_f&=d\mp2h_f=m(z\mp2h_a^*\mp2c^*) \end{aligned}\right\} \tag{3-3-10}$$

(注：$\pm$ 和 $\mp$ 中上、下运算符号分别对应外齿和内齿圆柱齿轮。)

5. 标准齿轮

具有标准模数、标准压力角、标准齿顶高系数和标准顶隙系数，且分度圆齿厚等于分度圆齿槽宽的齿轮称为标准齿轮。对于标准齿轮，有

$$e=s=\frac{p}{2}=\frac{\pi m}{2} \tag{3-3-11}$$

正常齿标准直齿圆柱外齿轮的几何尺寸计算见表3-3-3所列。

表3-3-3 正常齿标准直齿圆柱外齿轮的主要参数和几何尺寸

名 称	代 号	计算公式与说明
齿 数	z	依照工作条件选定
模 数	m	根据强度条件或结构需要选取标准值
压力角	α	$\alpha=20°$
齿顶高	h_a	$h_a=h_a^* \cdot m$
顶 隙	c	$c=c^* \cdot m$
齿根高	h_f	$h_f=(h_a^*+c^*)m$
全齿高	h	$h=h_a+h_f=(2h_a^*+c^*)m$
分度圆直径	d	mz
基圆直径	d_b	$d_b=d\cos\alpha=mz\cos\alpha$
顶圆直径	d_a	$d_a=d\pm 2h_a=m(z\pm 2h_a^*)$
根圆直径	d_f	$d_f=d\mp 2h_f=m(z\mp 2h_a^*\mp 2c^*)$
齿 距	p	$p=\pi m$
齿 厚	s	$s=\frac{p}{2}=\frac{\pi m}{2}$
齿槽宽	e	$e=\frac{p}{2}=\frac{\pi m}{2}$
标准中心距	a	$a=(d_1\pm d_2)/2=\frac{1}{2}m(z_1\pm z_2)$

注：表中±和∓上、下运算符号分别对应外齿和内齿圆柱齿轮。

三、渐开线齿轮传动及齿廓啮合特性

(一) 节点、节圆、啮合线和啮合角

如图3-3-6所示，一对相啮合渐开线齿轮的齿廓E_1和E_2在任一点K接触，齿轮1驱动齿轮2，两轮的角速度分别为ω_1和ω_2。过K点作两齿廓的公法线，由渐开线的性质可知，这条公法线必与两轮基圆相切，为两轮基圆的内公切线，切点是N_1和N_2。当齿轮安装完成后，两轮的位置不再改变，两基圆沿同一方向的内公切线只有一条，所以其内公切线N_1N_2与两轮连心线O_1O_2必相交于定点C，这个定点称为节点。以轮心为圆心，过节点所做的圆称为节圆，两轮节圆直径分别用d_1'和d_2'表示。

无论齿廓E_1和E_2在何处接触，其接触点K均在两基圆的内公切线N_1N_2上，故称直线N_1N_2为啮合线。啮合线与两轮节圆的内公切线所夹的锐角α'称为啮合角，其在数值上等于齿廓在节点处的压力角。

齿轮只有在相互啮合时，才有节圆和啮合角，单个齿轮没有节圆和啮合角。

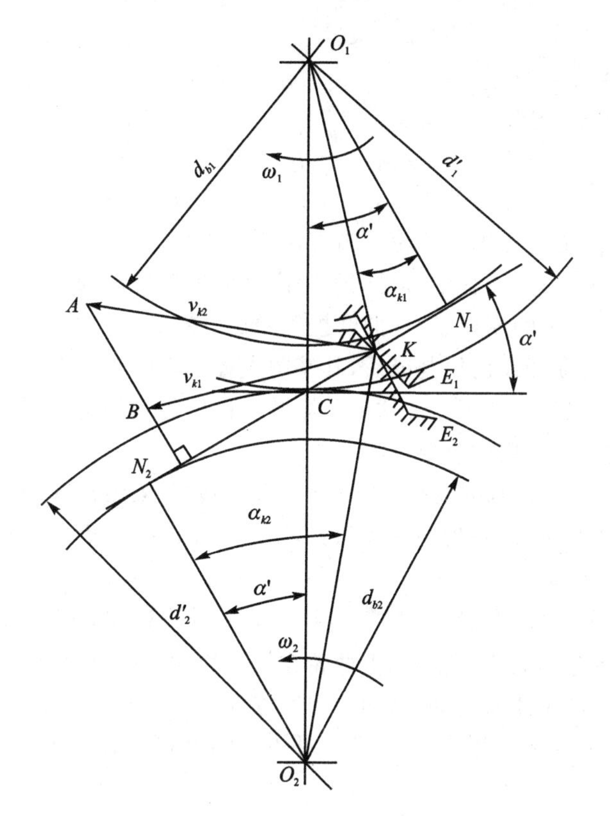

图 3－3－6　渐开线齿廓的啮合

(二) 渐开线齿廓啮合特性

1. 瞬时传动比恒定性

图 3－3－6 所示为某一时刻一对相互啮合的渐开线齿轮，主动轮 1 的齿廓与从动轮 2 的齿廓在 K 点接触。若两轮的角速度分别为 ω_1 和 ω_2，则两齿廓在 K 点的线速度为 v_{k1} 和 v_{k2}。

过 k 点做两齿廓的公法线，为保证两齿廓连续传动，即彼此不发生分离及相互嵌入，则必须使两齿廓在公法线方向上无相对运动，即

$$v_{k1}\cos\alpha_{k1}=v_{k2}\cos\alpha_{k2}$$

即

$$\omega_1 O_1 k\ \cos\alpha_{k1}=\omega_2 O_2 k\ \cos\alpha_{k2}$$

可得两齿轮传动比为

$$i_{12}=\frac{\omega_1}{\omega_2}=\frac{O_2 k\ \cos\alpha_{k2}}{O_1 k\ \cos\alpha_{k1}}$$

又因为$\triangle O_1CN_1\sim\triangle O_2CN_2$，所以可得

$$i_{12}=\frac{\omega_1}{\omega_2}=\frac{O_2N_2}{O_1N_1}=\frac{O_2C}{O_1C}=\frac{d'_2}{d'_1} \tag{3-3-12}$$

由于两轮连心线 O_1O_2 为定长，节点 C 又为定点，因此$\frac{d'_2}{d'_1}$比值一定为常数。这表明，一对渐开线齿轮传动具有瞬时传动比恒定的特性，因此符合齿轮传动的基本要求。

由式(3－3－12)可得

$$\omega_1 d'_1=\omega_2 d'_2$$

这说明两个齿轮在节点处具有相同的圆周速度，即一对齿轮传动相当于两节圆柱作纯

滚动。

2. 中心距可分性

如图3-3-16所示,因为

$$i_{12}=\frac{\omega_1}{\omega_2}=\frac{O_2C}{O_1C}=\frac{d'_2}{d'_1}=\frac{d_{b2}}{d_{b1}} \tag{3-3-13}$$

所以一对渐开线齿轮的传动比等于两轮基圆直径的反比。

一对相互啮合的齿轮,其回转中心之间的距离称为齿轮传动的中心距。由于制造、安装的误差,以及在运转过程中轴的变形、轴承的磨损等原因,造成齿轮传动的实际中心距与设计值有微小的差异。但一对渐开线齿轮制成后,其基圆直径不再改变。因此,当实际中心距较设计值产生误差时,其传动比仍保持不变。这就是渐开线齿轮传动的中心距可分性,这个特性也是渐开线齿轮传动得到广泛应用的重要原因。

需要指出的是,对于标准齿轮,这一可分性只限于制造、安装误差和轴的变形、轴承磨损等微量情况,当中心距增大时,两轮齿侧的间隙会增大,传动时会产生冲击和噪声。

3. 齿廓间的相对滑动

如图3-3-6所示,两齿廓接触点K在其公法N_1N_2上的分速度必定相等,否则两轮的齿面或者被压遗,或者分离而不能传动,但两轮在其公切线上的分速度却不一定相等。因此在啮合传动时,齿廓间将产生相对滑动,从而引起摩擦损失并导致齿面磨损。

因为两轮在节点处的速度相等,所以节点处齿廓间没有相对滑动。距节点越远,齿廓间的相对滑动速度越大。

(三) 渐开线齿轮正确啮合的条件

图3-3-7所示为一对渐开线齿轮啮合传动,N_1N_2是啮合线,前一对轮齿在K点接触,后一对轮齿在B_2点接触。要使齿轮正确啮合,两齿轮的法向齿距B_1K与B_2K必须相等。由渐开线的性质可知,两齿轮的法齿距分别等于各自的基圆齿距,即$p_{n1}=p_{b1}=p_{n2}=p_{b2}$,而

$$p_{b1}=\frac{\pi d_{b1}}{z_1}=\frac{\pi d_1\cos\alpha_1}{z_1}=\pi m_1\cos\alpha_1$$

$$p_{b2}=\pi m_2\cos\alpha_2$$

因此,渐开线齿轮正确啮合的条件可以写成

$$m_1\cos\alpha_1=m_2\cos\alpha_2$$

由于模数和压力角都已标准化,所以实际上渐开线齿轮正确啮合的条件为两齿轮的压力角和模数必须分别相等,并等于标准值,即

$$\left.\begin{aligned}\alpha_1=\alpha_2=\alpha\\ m_1=m_2=m\end{aligned}\right\} \tag{3-3-14}$$

根据渐开线齿轮正确啮合的条件,其传动比还可以进一步表示为

$$i=\frac{\omega_1}{\omega_2}=\frac{O_2C}{O_1C}=\frac{d_{b2}}{d_{b1}}=\frac{d_2\cos\alpha}{d_1\cos\alpha}=\frac{d_2}{d_1}=\frac{mz_2}{mz_1}=\frac{z_2}{z_1} \tag{3-3-15}$$

一对正确啮合的标准齿轮,由于一个齿轮的分度圆齿厚与另一齿轮的分度圆齿槽宽相等,所以在安装时,只有使两轮的分度圆相切,即分度圆和节圆后重合,才能使齿侧的理论间隙为零。这时的中心距a称为正确安装的标准中心距,且

$$a=(d'_1\pm d'_2)/2=(d_1\pm d_2)/2=\frac{1}{2}m(z_1\pm z_2) \tag{3-3-16}$$

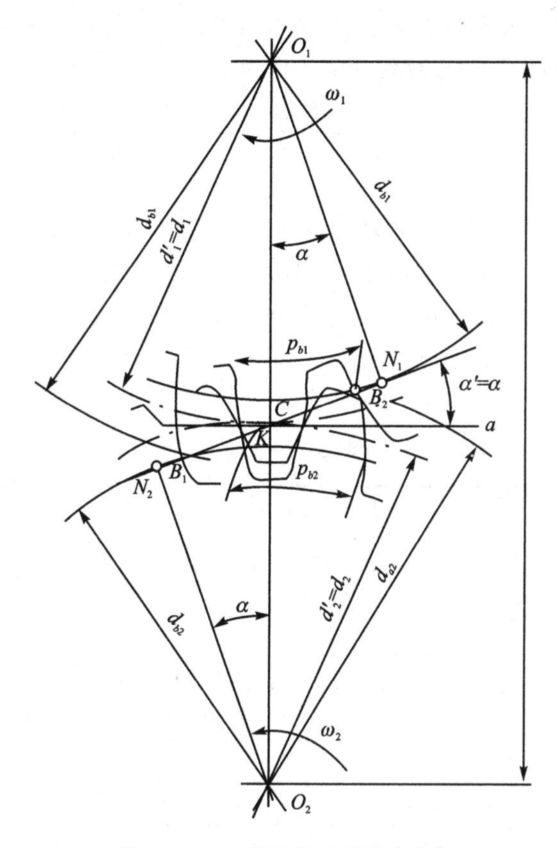

图 3-3-7　渐开线齿轮啮合传动

标准齿轮正确安装时，啮合角在数值上等于分度圆上的压力角，即 $\alpha'=\alpha$。

(四) 渐开线齿轮连续传动的条件

1. 实际啮合线段与理论啮合线段

如图 3-3-8 所示，一对齿廓的啮合由从动轮 2 的齿顶圆与啮合线 N_1N_2 的交点 B_2 开始，这时齿轮 1 的根部推压齿轮 2 的齿顶。随着齿轮的转动，两齿廓的啮合点沿着啮合线向左下方移动，当啮合点移到主动轮 1 的齿顶圆与啮合线 N_1N_2 的交点 B_1 时，这对齿廓将终止啮合。所以 B_1B_2 是齿廓啮合的实际啮合线段，而 N_1N_2 是理论上可能的最大啮合线段，称为理论啮合线段。

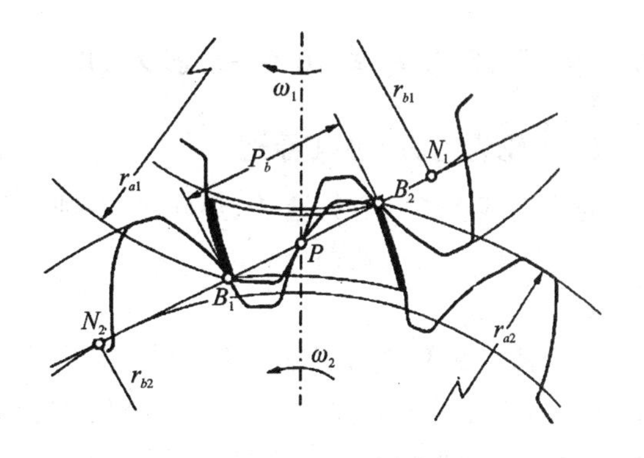

图 3-3-8　齿轮连续传动条件

2. 连续传动的条件

如果当一对轮齿在啮合的终止点 B_1 之前的 K 点啮合时，后一对轮齿就已经到达啮合的起始点 B_2，则传动就能连续进行。这时实际啮合线段 B_1B_2 的长度大于齿轮的法向齿距 B_2K。若 B_1B_2 的长度小于齿轮的法向齿距 B_2K，则前一对轮齿在 B_1 点脱离啮合时，后一对轮齿尚未到达啮合的起始位置 B_2 点，此时传动就要中断，并将产生冲击。

因此,一对齿轮连续传动的条件是:实际啮合线段 B_1B_2 的长度大于或等于齿轮的法向齿距 B_2K,而 $B_2K=p_b$,所以齿轮连续传动的条件为 $B_1B_2 \geqslant p_b$,即

$$\varepsilon=\frac{B_1B_2}{p_b} \geqslant 1 \tag{3-3-17}$$

式中:ε 为重合度。

理论上 ε=1 就能保证一对齿轮连续传动,但由于齿轮的制造和安装误差以及啮合中轮齿的变形等原因,实际上应使 ε>1。一般机械制造中,常取 ε≥1.1~1.4。

例 3-3-1 一对标准直齿圆柱齿轮外啮合传动,齿数 $z_1=20$,传动比 $i=3.5$,模数 $m=5$ mm,求两齿轮的分度圆直径、顶圆直径、根圆直径、齿距、齿厚和中心距。

解 列表求解,计算过程与计算结果如表 3-3-4 所列。

表 3-3-4 例 3-3-1 求解过程及结果

计算与说明		主要结果
大齿轮齿数	$Z_2=iz=3.5\times20$	$Z_2=70$
分度圆直径	$d_1=mz_1=5\times20$ mm $d_2=mz_2=5\times70$ mm	$d_1=100$ mm $d_2=350$ mm
顶圆直径	$da_1=m(z+2)=5\times(20+2)$ mm $da_2=m(z+2)=5\times(70+2)$ mm	$d_{a_1}=110$ mm $d_{a_2}=360$ mm
根圆直径	$d_{f1}=m(z-2.5)=5\times(20-2.5)$ mm $d_{f2}=m(z-2.5)=5\times(70-2.5)$ mm	$d_{f1}=87.5$ mm $d_{f2}=337.5$ mm
齿 距	$p=\pi m=\pi\times5$ mm	$p=15.708$ mm
齿 厚	$S=p/2$	$s=7.854$ mm
中心距	$a=\frac{1}{2}m(z_1+z_2)$	$a=225$ mm

四、渐开线齿轮轮齿的切削加工

(一) 轮齿的切削加工原理

轮齿的成形方法有铸造法、热轧法、切削法等。渐开线齿轮轮齿的切削方法按其原理不同又分为仿形法和展成法两类。

1. 仿形法

仿形法是最简单的切齿方法。轮齿是在普通铣床上用盘状齿轮铣刀(如图 3-3-9(a)所示)或指状齿轮铣刀(如图 3-3-9(b)所示)铣出的。铣刀的轴平面形状与齿轮的齿槽形状相同。铣齿时,把齿轮毛坯安装在铣床工作台上,铣刀绕自身的轴线旋转,同时齿轮毛坯随铣床工作台沿齿轮轴线方向作直线移动。铣出一个齿槽后,将齿轮毛坯转过 360°/z 再铣第二个齿槽,直至加工出全部轮齿。

仿形法的优点是加工方法简单,不需要专门的齿轮加工设备;缺点是加工出的齿形不够准确,轮齿的分度不易均匀,生产率低。因此仿形法只适用于修配、单件生产或加工精度要求不高的齿轮。

2. 范成法(又称展成法)

展成法是利用轮齿的啮合原理切削轮齿齿廓。这种方法是利用一对齿轮相互啮合时,两

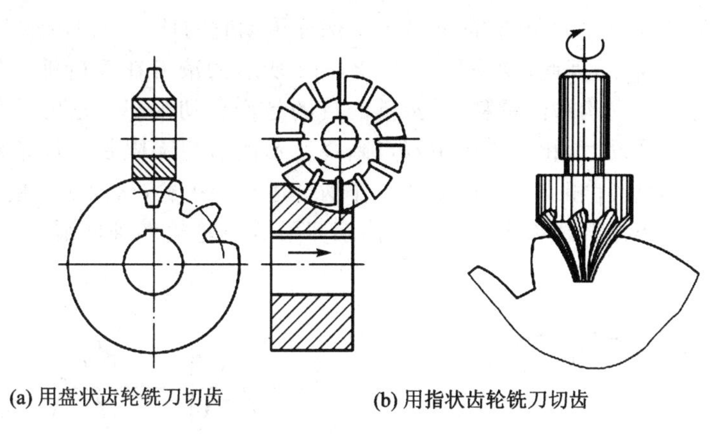
(a) 用盘状齿轮铣刀切齿　　(b) 用指状齿轮铣刀切齿

图 3-3-9　仿形法加工齿轮

轮的共轭齿廓曲线互为包络的原理来切齿的，采用的刀具主要有插齿刀和滚刀。由于加工精度较高，所以是目前轮齿切削加工的主要方法。

(1) 插齿加工。

图 3-3-10(a)所示为用插齿刀在插齿机上加工轮齿的情形。插齿刀实际上就是一个在轮齿上磨出前、后角而产生切削刃的齿轮，其模数和压力角与被加工齿轮相同，刀具齿顶比传动齿轮高出顶隙 c 的距离，以保证切制的齿轮在传动时具有顶隙。加工过程中，在插齿刀作上下往复切削运动的同时，并通过机床传动系统使刀具与被加工的齿轮轮坯模仿一对齿轮的传动作相对转动，即插刀与齿坯以恒定的传动比 $n_{刀}/n_{坯}=z_{坯}/z_{刀}$ 做回转运动，直至切出全部齿槽。这样切削出来的轮齿齿廓，是插齿刀相对轮坯运动过程中刀刃各位置的包络线，是渐开线齿形，如图 3-3-10(b)所示。图中的让刀运动是为了避免插齿刀在空行程时与齿面产生摩擦。

由于插齿加工是应用一对齿轮的啮合关系来切制齿廓，所以加工出来的齿形准确，分度均匀。插齿加工适用于加工双联或三联齿轮，也可以加工内齿轮。但由于有空回行程，是间断切削，所以生产率不高，此外用插齿刀加工斜齿轮也不方便。

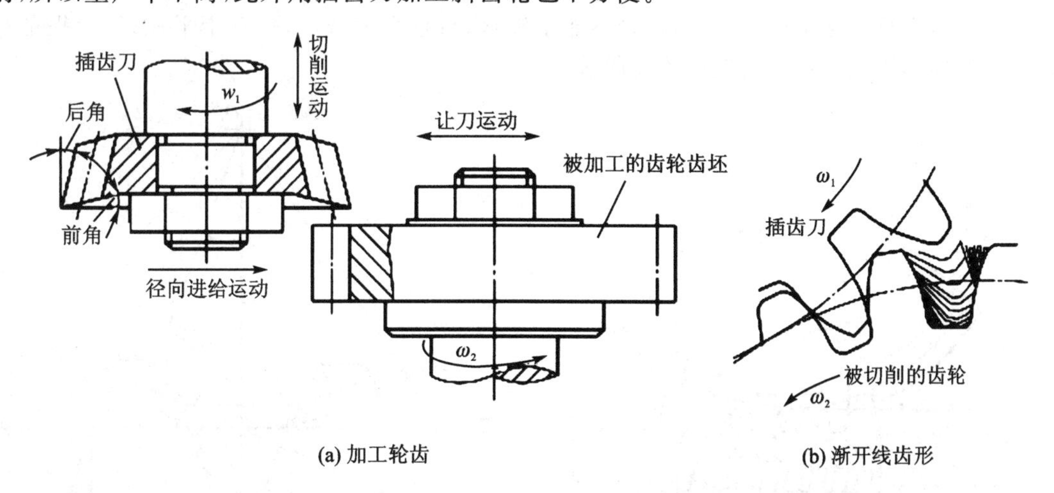

(a) 加工轮齿　　(b) 渐开线齿形

图 3-3-10　用插齿刀加工轮齿

(2) 滚齿加工。

当插齿刀的齿数增加到无穷多时，其基圆半径变为无穷大，插齿刀的齿廓成为直线，插齿刀变成了图 3-3-11(a)所示的齿条插刀。图 3-3-11(b)所示为齿条插刀的刀刃形状，其齿顶比传动齿条的齿顶高出 c 的距离,同样是为了保证传动时的顶隙。但齿条刀具的长度有限,难以加工齿数较多的齿轮,因此,常采用图3-3-12所示的滚刀在滚齿机上加工齿轮。图中滚刀的外形类似开了纵向沟槽的螺杆,开沟槽的目的是产生切削刃。滚刀轴平面的齿形与齿条插刀相同。当滚刀转动时,相当于图中双点画线所示的假想无限长的齿条插刀连续地向一个方向移动,同时齿轮轮坯相当于与齿条插刀作啮合运动的齿轮,从而滚刀按照齿轮啮合原理在齿轮轮坯上连续切出渐开线齿廓;与此同时,滚刀沿着齿轮轮坯轴向缓慢移动,切出整个齿宽的齿廓。

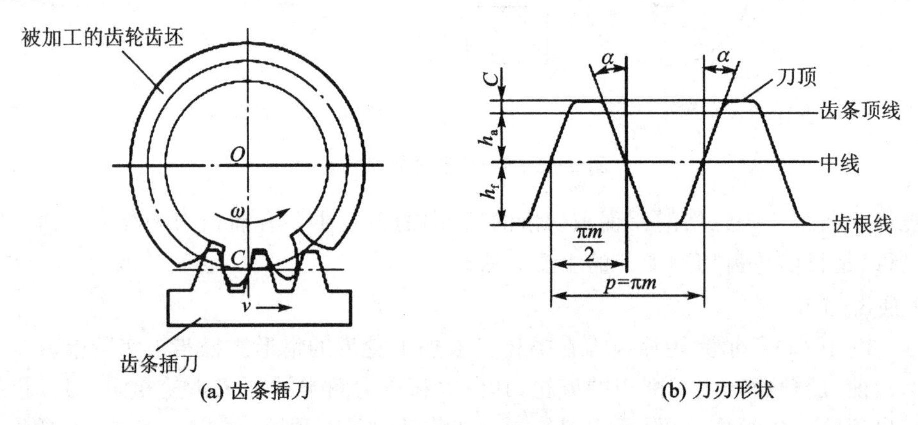

(a) 齿条插刀　　(b) 刀刃形状

图3-3-11　用齿条插刀加工轮齿

用滚刀加工齿轮本质上与用齿条插刀加工齿轮相同,所以加工精度高,而且滚刀连续切削,没有空回行程,因此生产率高,目前应用较为广泛。应用滚刀还可以加工斜齿轮,但不能切削双联或三联齿轮,也不能切削内齿轮。

(二)切齿干涉和最少齿数

如图3-3-13所示,用展成法加工齿轮时,若齿数过少,刀具顶线就会超过理论啮合线的上界点 N_1,这时刀刃将会切去一部分轮齿根部的渐开线齿廓,这种现象称为切齿干涉。发生切齿干涉后,齿根失去部分渐开线,齿轮不能正确啮合;重合度减小,传动不平稳;轮齿根部被削弱,抗弯能力降低。这种情况应该设法避免。

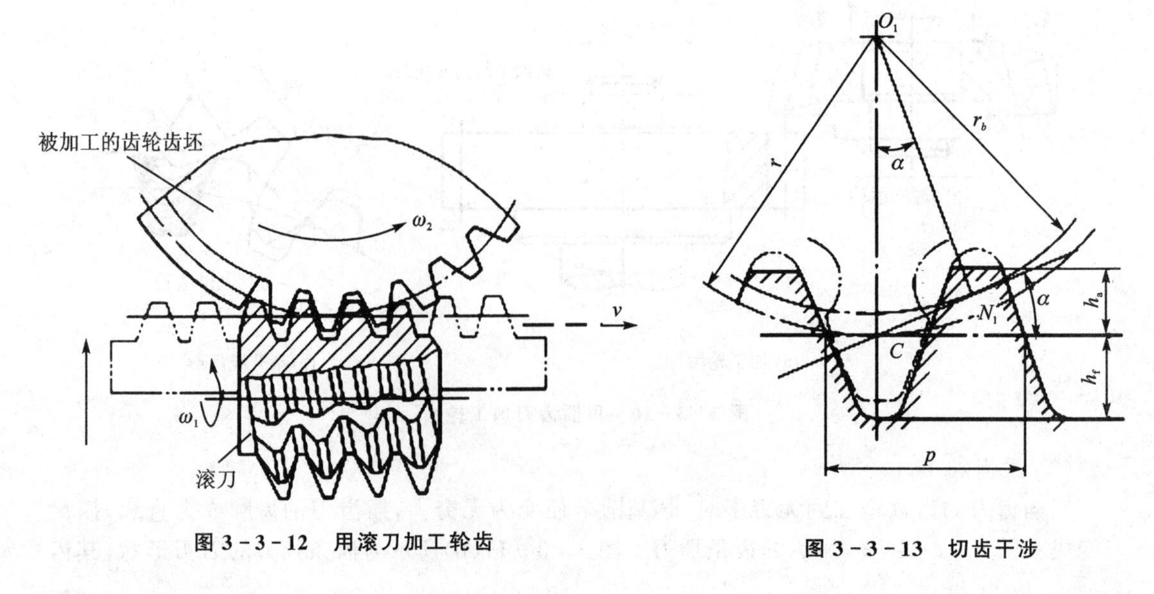

图3-3-12　用滚刀加工轮齿　　图3-3-13　切齿干涉

用齿条刀具加工渐开线直齿圆柱齿轮时，可以推导出不发生切齿干涉的最少齿数为

$$Z_{\min}=\frac{2h_a^*}{(\sin\alpha)^2}$$

对于正常齿标准直齿圆柱齿轮，$\alpha=20°$，$h_a^*=1$，通过上式可计算出不发生切齿干涉的最少齿数为 17。

（三）变位齿轮的概念

当齿条刀具的中线与被加工齿轮的分度圆相切时，加工出来的齿轮分度圆齿厚等于分度圆齿槽宽，这种齿轮是标准齿轮；若齿条刀具的中线不与被加工齿轮的分度圆相切，则加工出来的齿轮分度圆齿厚不再等于分度圆齿槽宽，这种齿轮称为变位齿轮。例如由于某些原因，需要齿轮的齿数 $z<z_{\min}$，为了不发生切齿干涉，可将齿条刀具向远离齿轮毛坯中心方向移出一段距离，使刀具顶线不超过 N_1 点，从而切制满足需要的变位齿轮。

变位齿轮传动，可以用来改变不发生切齿干涉的最少齿数、提高齿轮传动的性能和承载能力、满足中心距的某种要求等，而且切制变位齿轮时所使用的刀具和机床切制标准齿轮时完全一样，只是在切削时，刀具的位置不同而已。所以，变位齿轮传动在现代机械中得到了广泛的应用。变位齿轮必须成对设计与计算，有关变位齿轮的几何尺寸计算，可参阅《机械原理》教材等。

五、轮齿的失效形式和齿轮材料

齿轮的轮齿是传递运动和动力的关键部位，也是齿轮的薄弱环节，故齿轮的失效主要发生在轮齿。轮齿的主要失效形式有以下五种。

（一）轮齿折断

轮齿折断是轮齿失效中最危险的一种形式，它不仅导致齿轮传动丧失工作能力，而且可能造成设备和人身安全事故。轮齿折断有疲劳折断和过载折断两种类型。

1. 疲劳折断

疲劳折断是循环弯曲应力作用的结果。齿轮工作时，作用在轮齿上的载荷使轮齿根部产生循环变化的弯曲应力，而且在齿根过渡曲线处存在应力集中。在载荷多次重复作用下，当应力达到一定数值时，齿根受拉一侧会出现疲劳裂纹，如图 3－3－14 所示。随着载荷作用次数的增加，裂纹不断扩展，齿根剩余截面积不断缩小，剩余截面上的应力逐渐增大。当齿根剩余截面上的应力超过齿轮材料的极限应力时，轮齿发生折断。

2. 过载折断

过载折断是由于短时的严重过载或冲击载荷，使轮齿因静强度不足而发生的突然折断。

（二）齿面疲劳点蚀

轮齿工作时齿廓曲面上将产生循环变化的接触应力。当接触应力超过表层材料的接触疲劳极限时，齿面就会出现疲劳点蚀。从观察实际失效齿轮得知，疲劳点蚀一般多出现在齿根表面靠近节线处，如图 3－3－15 所示。

齿面疲劳点蚀是闭式软齿面齿轮传动的主要失效形式。在开式传动中，由于齿面磨损较快，在没有形成疲劳点蚀之前，部分齿面已被磨掉，因而一般看不到点蚀现象。

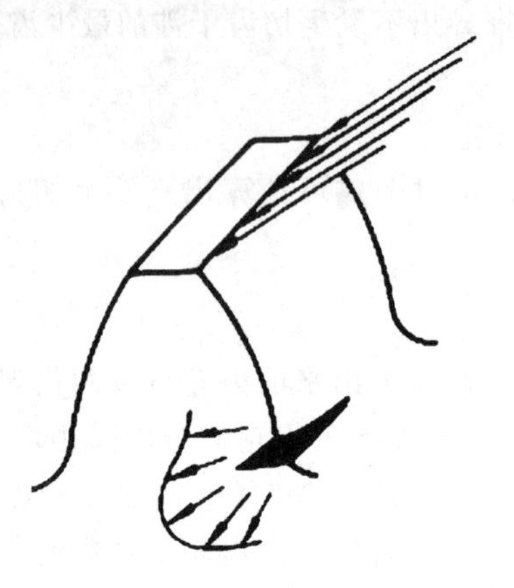

图3-3-14　齿根的疲劳裂纹

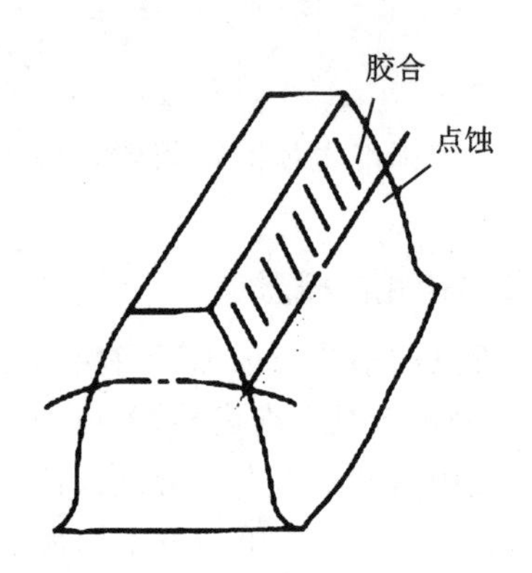

图3-3-15　齿面点蚀和胶合

(三)齿面胶合

从宏观上看,轮齿表面是十分光滑的;从微观上看,轮齿表面却是凹凸不平的。正常工作时,齿面被润滑油膜覆盖着。在低速重载时,齿面间不易形成润滑油膜;在高速重载时,由于啮合区的温升使润滑油黏度降低,从而使润滑油膜破裂。这些均会导致两齿面金属直接接触,出现峰点粘着现象。随着齿面间的相对滑动,粘着点被撕脱,从而在较软齿面上留下与滑动方向一致的粘撕沟痕(如图3-3-15所示),这种现象称为胶合。

(四)齿面磨粒磨损

齿轮传动时,由于两齿廓间的相对滑动,在载荷作用下齿面会产生磨粒磨损。灰尘、污物、金属微粒进入啮合齿面间也会发生磨粒作用,产生磨粒磨损。在开式传动中,轮齿暴露在外,齿面磨粒磨损是轮齿失效的主要形式。齿面磨损严重时,不仅会失去正确的齿形,并且造成轮齿变薄,易引起折断。

(五)齿面塑性变形

在重载作用下,较软的齿面在节线处产生局部的塑性变形,使齿面失去正确的齿形,这种失效形式多发生在低速、重载和起动频繁的软齿面传动中。

在齿轮设计中,除遵循正确的设计准则外,还可通过提高齿面硬度、降低齿面粗糙度值、增大齿根过渡曲线圆角半径、选用黏度较大的润滑油等方式减少或避免上述失效形式的发生。

六、斜齿圆柱齿轮传动

(一)直齿圆柱齿轮齿廓曲面的形成及啮合特点

如图3-3-16(a)所示,直齿圆柱齿轮的齿廓曲面是发生面S在基圆柱上作纯滚动时,发生面上与基圆柱母线NN平行的直线KK在空间形成的渐开面。一对直齿圆柱齿轮啮合时,齿面接触线与齿轮的轴线平行,如图3-3-16(b)所示,其啮合开始和终止都是沿整个齿宽突然发生的,所以容易引起冲击、振动和噪声。高速传动时,这种情况尤为突出。

(二)斜齿圆柱齿轮齿廓曲面的形成及啮合特点

如图3-3-17(a)所示,斜齿圆柱齿轮的齿廓曲面是发生面S在基圆柱上做纯滚动时,发生面上与基圆柱母线NN成β_b角的直线KK在空间形成的渐开螺旋面。β_b称为基圆柱上的

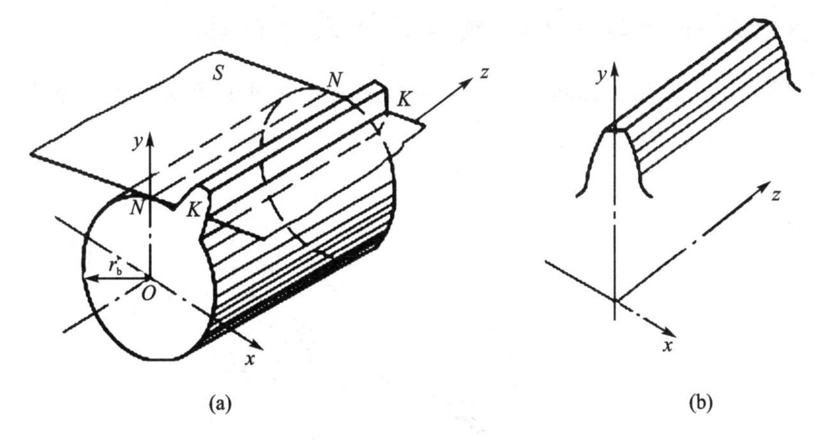

图 3－3－16 直齿圆柱齿轮齿面的形成

螺旋角。一对斜齿圆柱齿轮啮合时，齿面接触线与齿轮轴线相倾斜，如图 3－3－17(b)所示，其长度由点到线并逐渐增长，到某一位置后，又逐渐缩短，直到脱离啮合。因此斜齿圆柱齿轮传动是逐渐进入啮合然后再逐渐退出啮合，而且重合度也较直齿圆柱齿轮传动大。所以斜齿圆柱齿轮传动具有传动平稳、噪声小、承载能力大等优点，故适用于高速和大功率场合。其缺点是工作时会产生轴向力，使轴承的组合设计变得复杂。

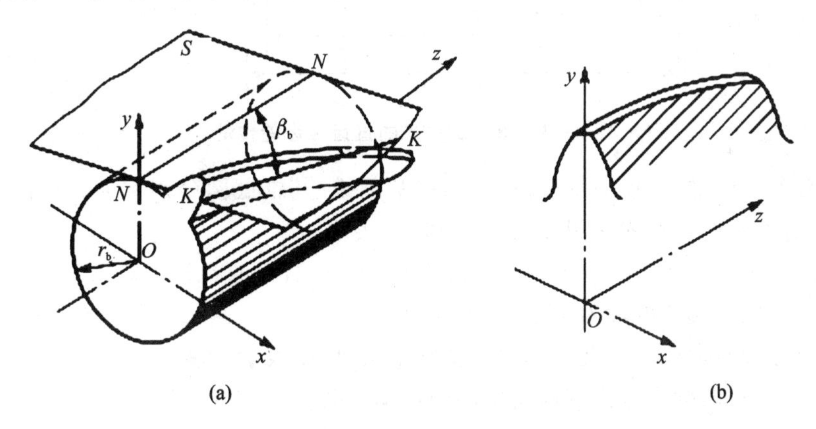

图 3－3－17 斜齿圆柱齿轮齿面的形成

(三) 斜齿圆柱齿轮正确啮合条件

垂直于齿轮轴线的平面称为端平面，其上的模数和压力角称为端面模数 m_t 和端面压力角 α_t；垂直于分度圆柱上螺旋线的平面称为法平面，其上的模数和压力角称为法面模数 m_n 和法面压力角 α_n。

一对斜齿圆柱齿轮啮合时，除两轮的模数和压力角必须分别相等外，两轮的螺旋角还必须大小相等且旋向相反，即

$$\left.\begin{aligned} m_{n1} &= m_{n2} = m_n \\ \alpha_{n1} &= \alpha_{n2} = \alpha_n \\ \beta_1 &= -\beta_2 \end{aligned}\right\} \qquad (3-3-18)$$

七、直齿锥齿轮传动的基本参数和几何尺寸计算

锥齿轮传动用于传递相交轴间的运动和动力。本节仅讨论两轴交角 $\Sigma=90°$ 的标准直齿锥齿轮传动,如图 3-3-18 所示。

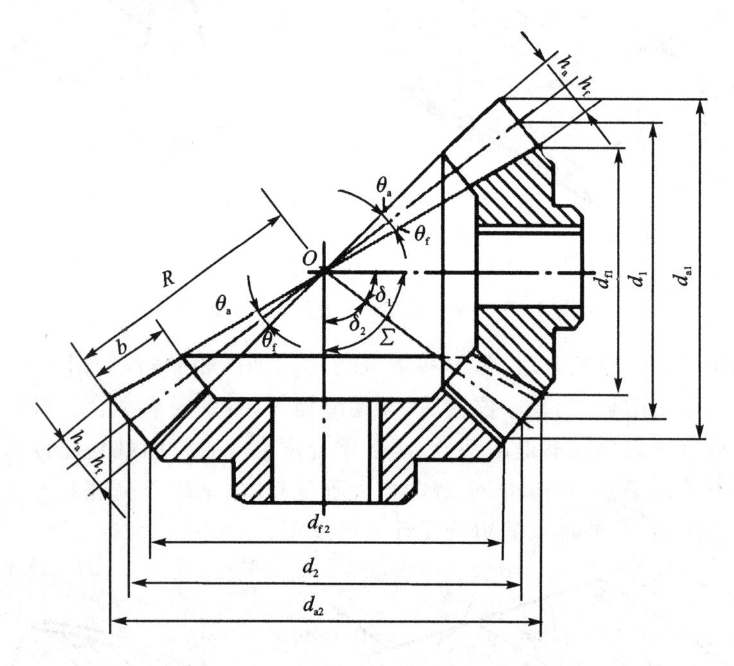

图 3-3-18　Σ=90°的直齿锥齿轮传动

锥齿轮有分度圆锥、齿顶圆锥、齿根圆锥和基圆锥,其锥底圆分别称为分度圆、齿顶圆、齿根圆和基圆,这些圆的直径依次用 d、d_a、d_f 和 d_b 表示。

一对锥齿轮传动相当于一对节圆锥作纯滚动。一对标准直齿锥齿轮传动节圆锥与分度圆锥重合。分度圆锥母线长度称为锥距,用 R 表示。

分度圆锥母线与轴线间的夹角称为分度圆锥角,用 δ 表示。轴交角 $\Sigma=\delta_1+\delta_2=90°$。

轴交角 $\Sigma=90°$的标准直齿锥齿轮传动的传动比为

$$i=\frac{n_1}{n_2}=\frac{z_2}{z_1}=\frac{d_2}{d_1}=\tan\delta_2=\cot\delta_1 \tag{3-3-19}$$

锥齿轮的轮齿分布在截圆锥体上,其齿形从大端到小端逐渐减小,即从大端到小端模数不同。国家标准规定锥齿轮大端分度圆上的模数为标准模数 m,大端分度圆上的压力角为标准压力角 α,一般取 $\alpha=20°$。

两直齿圆锥齿轮正确啮合的条件如下:大端模数 m 和大端压力角 α 分别相等,并且两轮的节锥角之和等于两轴夹角。

八、蜗杆传动

(一)蜗杆传动的特点

蜗杆传动(如图 3-3-19 所示)用于传递交错轴间的回转运动和动力,通常两轴交错角为 90°。蜗杆类似于螺杆,有左旋和右旋之分,除特殊要求外,均应采用右旋蜗杆;蜗轮可以看成是一个具有凹形轮缘的斜齿轮,其齿面与蜗杆齿面相互共轭。在蜗杆传动中,一般以蜗杆为主

动件。

与齿轮传动相比,蜗杆传动的主要优点如下:

(1) 结构紧凑,传动比大。在动力传动中,单级传动的传动比 $i=8\sim80$;在分度机构中,传动比可达 1 000。

(2) 传动平稳、噪声低。

(3) 当蜗杆行导程角很小时,能实现反行程自锁,可用于某些手动的简单起重设备中,防止起吊的重物因自重而下坠。

蜗杆传动的主要缺点如下:

(1) 传动效率较低、发热量大。故闭式传动长期连续工作时必须考虑散热问题。

(2) 传递功率较小,通常不超过 50 kW。

(3) 蜗轮齿圈常需用较贵重的青铜制造,成本较高。

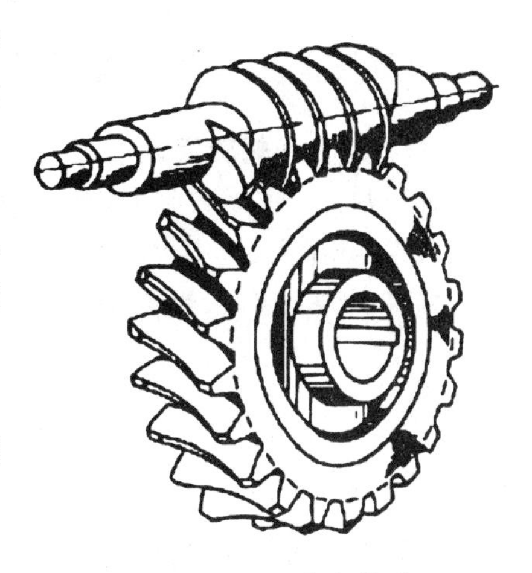

图 3-3-19 蜗杆传动

(二) 蜗杆传动的基本参数

1. 模数和压力角

通过蜗杆轴线并和蜗轮轴线垂直的平面称为中间平面,如图 3-3-20 所示。在中间平面内,蜗杆具有齿条形直线齿廓,其两侧边夹角 $\alpha=40°$,蜗杆与蜗轮的啮合相当于齿条与渐开线齿轮的啮合。因此蜗杆的轴向模数 m_{x1}、轴向压力角 α_{x1} 应分别与蜗轮的端面模数 m_{t2}、端面压力角 α_{t2} 相等,并符合标准值。蜗杆传动标准压力角 α 通常为 20°。

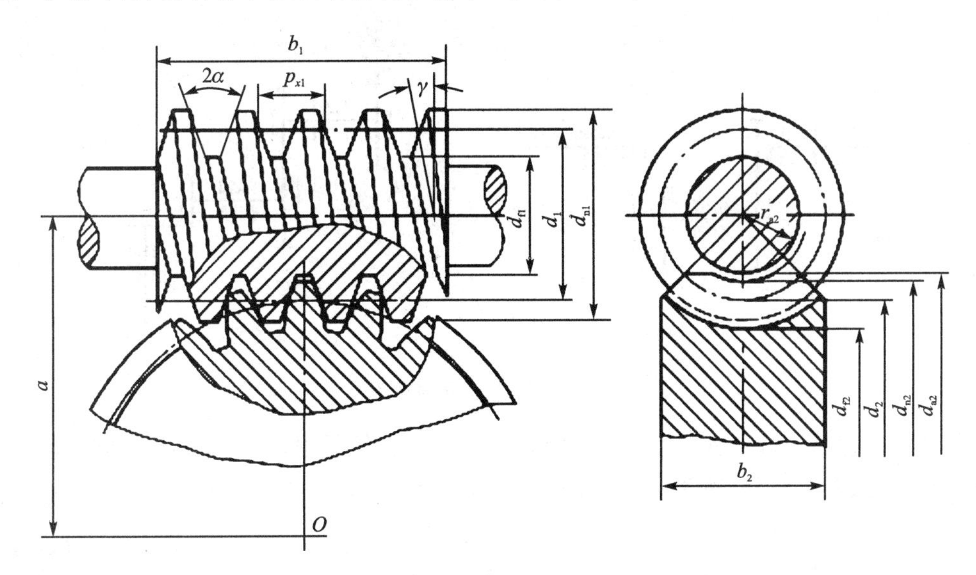

图 3-3-20 阿基米德蜗杆传动

2. 蜗杆导程角和蜗轮螺旋角

蜗杆分度圆柱螺旋线上任一点的切线与端面间所夹的锐角称为蜗杆的导程角,用 γ 表示。当蜗杆的导程角 γ 与蜗轮的螺旋角 β 数值相等、螺旋线方向相同时,蜗杆与蜗轮才能够啮

合。因此,蜗杆传动正确啮合的条件如下:

$$\left.\begin{aligned} m_{x1} &= m_{t2} = m \\ \alpha_{x1} &= \alpha_{t2} = \alpha \\ \beta &= \gamma(\text{旋向相同}) \end{aligned}\right\} \qquad (3-3-20)$$

3. 蜗杆头数和蜗轮齿数

蜗杆头数 z_1 少,易得到大传动比和实现反行程自锁,但相应导程角小、效率低、发热量大;蜗杆头数多,效率高,但头数过多时,导程角大、制造困难。通常蜗杆头数为1,2,4或6。

当蜗杆回转一周时,蜗轮被蜗杆推动转过 z_1 个齿,所以,蜗杆传动的传动比为

$$i = \frac{n_1}{n_2} = \frac{z_2}{z_1} \qquad (3-3-21)$$

九、轮　系

在实际的机械传动中,只用一对齿轮传动往往难以满足工作要求。为了获得较大的传动比,或者为了变速、换向,一般需要采用多对齿轮进行传动,这种由多对齿轮组成的传动系统称为轮系。

按照轮系运动时各齿轮的轴线位置是否固定,轮系分为定轴轮系和周转轮系两种基本类型。

(一)定轴轮系传动比计算

在图3-3-21所示的轮系中,传动时所有齿轮的几何轴线均固定,这种轮系称为定轴轮系。

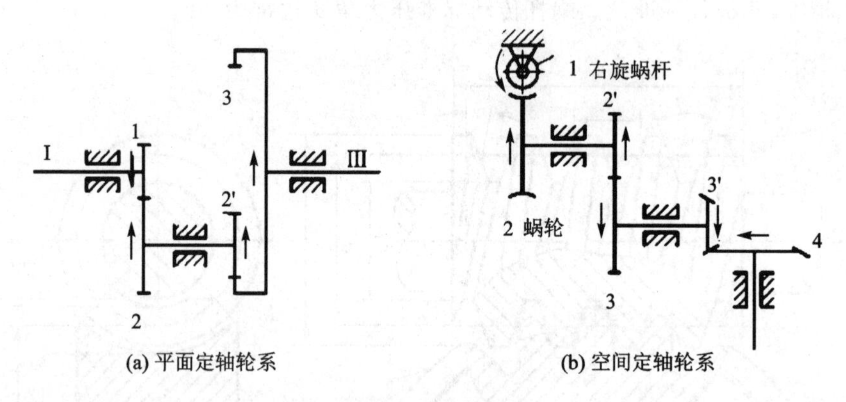

图3-3-21　定轴轮系

传动比通常是指输入轴与输出轴的角速度之比。在轮系中,输入轴与输出轴(即主动轮1与从动轮K)的角速度(或转速)之比称为轮系的传动比,用 i_{1K} 表示,即

$$i_{1k} = \frac{\omega_1}{\omega_k} = \frac{n_1}{n_k} \qquad (3-3-22)$$

式中:ω_1、ω_k 为主、从动轮的角速度(rad/s);$\omega = 2\pi n/60$;n_1、n_k 为主、从动轮的转速(r/min)。

当主动轮转速已知时,从动轮的转速可以通过公式 $n_k = n_1/i_{1k}$ 求得。

1. 单级传动的传动比

(1) 传动比大小的计算　设主动轮1的转速和齿数为 n_1、z_1,从动轮2的转速和齿数为 n_2、z_2,其传动比大小为

$$i_{12}=n_1/n_2=z_2/z_1$$

对蜗杆而言，z_1 指蜗杆的头数，z_2 指蜗轮的齿数。

2. 从动轮转向的确定

圆柱齿轮传动的两轮轴线互相平行。图 3－3－22(a)所示的外啮合传动，两轮转向相反，传动比可用负号表示；图 3－3－22(b)所示的内啮合传动，两轮转向相同，传动比用正号表示，因此传动比可写为

$$i_{12}=\frac{n_1}{n_2}=\pm\frac{z_2}{z_1}$$

两轮的转向关系也可在图上用箭头来表示(如图 3－3－22 所示)，以箭头方向表示主动轮看得见一侧的运动方向。用反向箭头(箭头相对或相背)来表示外啮合时两轮的相反转向，用同向箭头表示内啮合传动两轮的相同转向。

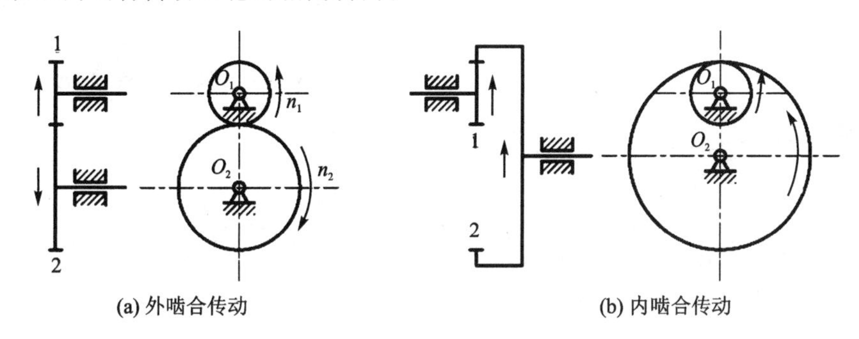

图 3－3－22　圆柱齿轮传动

两圆锥齿轮的轴线相交，其转向关系不能用传动比的正负来表示，只能在图上用箭头表示。根据主动齿轮和从动齿轮的受力分析可知，表示两轮转向的箭头必须同时指向节点，或同时背离节点，如图 3－3－23 所示。

蜗杆传动两轴线在空间交错成 90°，其转向关系也不能用正负表示，只能用画箭头的方法来确定，如图 3－3－24 所示。根据蜗杆传动的受力分析，蜗杆所受切向力的反方向就是蜗轮的转动方向。

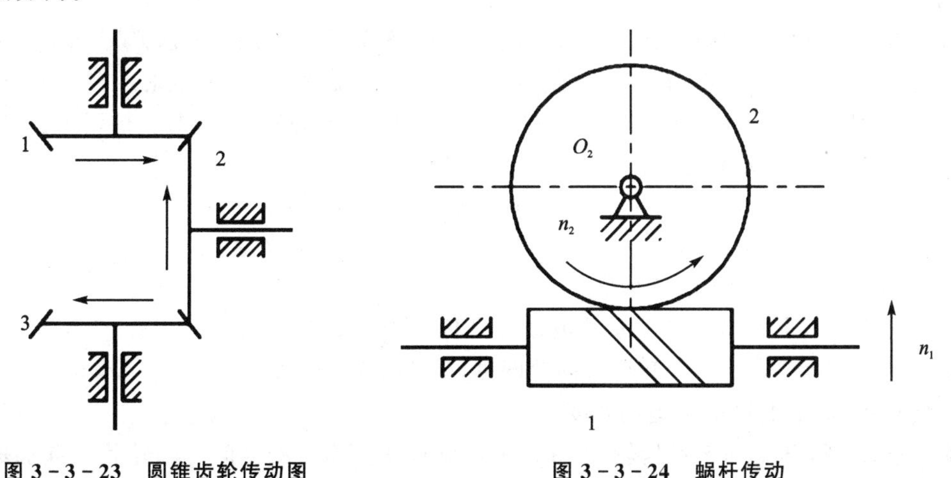

图 3－3－23　圆锥齿轮传动图

图 3－3－24　蜗杆传动

3. 定轴轮系的传动比计算

图 3－3－25 所示的定轴轮系中齿轮 1 为始端主动轮，齿轮 5 为末端从动轮，根据定义，轮

系传动比为

$$i_{15}=\frac{n_1}{n_5}$$

设各轮齿数分别为 $z_1,z_2,z_2',z_3,z_4,z_4',z_5$,可以看出共有4对相互啮合的齿轮对,分别为1—2,2′—3,3—4,4′—5,各对齿轮传动的传动比大小分别为

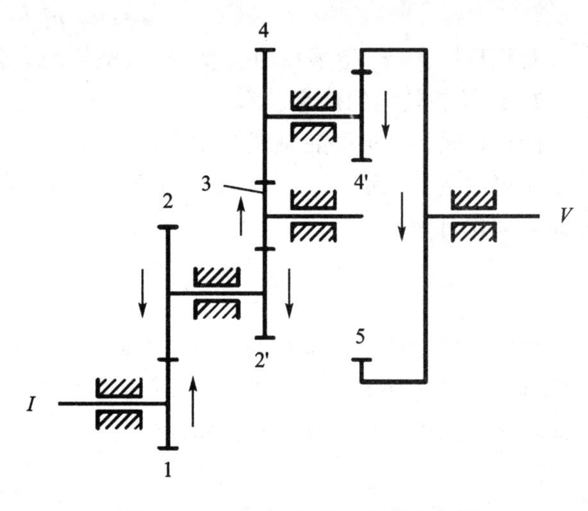

图3-3-25 定轴轮系传动比分析

$$i_{12}=\frac{\omega_1}{\omega_2}=\frac{n_1}{n_2}=-\frac{z_2}{z_1}$$

$$i_{2'3}=\frac{\omega_{2'}}{\omega_3}=\frac{n_{2'}}{n_3}=-\frac{z_3}{z_{2'}}$$

$$i_{34}=\frac{\omega_3}{\omega_4}=\frac{n_3}{n_4}=-\frac{z_4}{z_3}$$

$$i_{4'5}=\frac{\omega_{4'}}{\omega_5}=\frac{n_{4'}}{n_5}=-\frac{z_5}{z_{4'}}$$

将上述各级传动比相乘

$$i_{12}i_{2'3}i_{34}i_{4'5}=\frac{\omega_1}{\omega_2}\frac{\omega_{2'}}{\omega_3}\frac{\omega_3}{\omega_4}\frac{\omega_{4'}}{\omega_5}=\frac{n_1}{n_2}\frac{n_{2'}}{n_3}\frac{n_3}{n_4}\frac{n_{4'}}{n_5}=(-1)^3\frac{z_2}{z_1}\frac{z_3}{z_{2'}}\frac{z_4}{z_3}\frac{z_5}{z_{4'}}=(-1)^3\frac{z_2z_4z_5}{z_1z_{2'}z_{4'}}$$

该轮系的传动比为

$$i_{12}i_{2'3}i_{34}i_{4'5}=\frac{\omega_1}{\omega_5}=\frac{n_1}{n_5}=(-1)^3\frac{z_2z_4z_5}{z_1z_{2'}z_{4'}}$$

上式表明:

(1) 定轴轮系的传动比,等于各级传动比的连乘积,数值上还等于轮系中所有从动轮齿数的连乘积除以所有主动轮齿数的连乘积。

(2) 齿轮3在轮系中既是从动轮(2′—3之间),又是主动轮(3—4之间),这种齿轮称为惰轮(或介轮)。惰轮的齿数对轮系传动比的数值没有影响,但却影响轮系主动轴与从动轴之间的转向关系。

(3) 主动轮与从动轮间的转向关系,对于各种定轴轮系都可用箭头法判定;此外,平面定轴轮系还可以用符号法判定,具体方法是:在齿数比前增加$(-1)^m$,m为轮系中外啮合次数。图3-3-25所示的平面定轴轮系中,有三次外啮合,即$m=3$,所以在齿数比前增加$(-1)^3$。

综上所述,将定轴轮系传动比的计算写成如下通式:

$$i_{主从}=\frac{\omega_{主}}{\omega_{从}}=\frac{n_{主}}{n_{从}}=(-1)^m\frac{所有啮合齿轮的从动轮齿数的乘积}{所有啮合齿轮的主动轮齿数的乘积} \tag{3-3-23}$$

式中:m为轮系中外啮合的齿轮对数。

例3-3-2 图3-3-26所示的电动提升机的传动系统,已知$z_1=18$,$z_2=39$,$z_2'=20$,$z_3=41$,$z_3'=2$(右旋),$z_4=50$,鼓轮与蜗轮同轴,鼓轮直径$D=200$ mm,$n_1=1\,460$ r/min,顺时针方向转动,试求重物G的运动速度。

解 该传动系统是由圆锥齿轮、圆柱齿轮和蜗杆蜗轮组成的空间定轴轮系。欲求重物G的运动速度,要先求鼓轮的转速即蜗轮的转速,蜗轮的转速可以通过轮系的传动比求得。

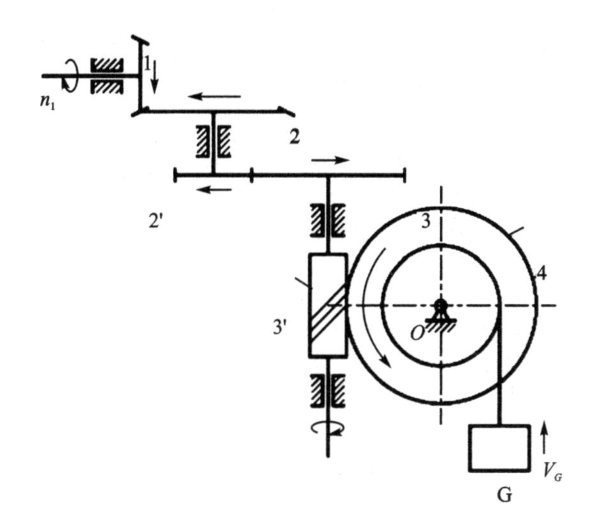

图 3-3-26 电动提升机的传动系统

(1) 传动比大小

$$i_{14}=\frac{n_1}{n_4}=\frac{z_2z_3z_4}{z_1z_{2'}z_{3'}}=\frac{39\times41\times50}{18\times20\times2}=111.04$$

鼓轮的转速(即蜗杆的转速 n_4)为

$$n_4=\frac{n_1}{i_{14}}=\frac{1\,460}{111.04}=13.15\ \text{r/min}$$

(2) 重物 G 的运动速度(即鼓轮的切向速度)为

$$v=\frac{\pi Dn}{60\times1\,000}=\frac{200\times13.15\pi}{60\times1\,000}=0.138\ \text{m/s}$$

(3) 重物 G 的运动方向可根据鼓轮(蜗轮)的转向确定,蜗轮的转向用画箭头的方法确定。如图 3-3-26 所示,重物向上运动。

例 3-3-3 如图 3-3-27 所示为 EQ1092 型捷达汽车的五挡变速传动示意图,其中一挡的传动路线为齿轮 2—齿轮 23—齿轮 18—齿轮 12;二挡的传动路线为齿轮 2—齿轮 23—齿轮 20—齿轮 11;三挡的传动路线为齿轮 2—齿轮 23—齿轮 21—齿轮 7;四挡的传动路线为齿轮 2—齿轮 23—齿轮 22—齿轮 6;五挡为直接输出挡;倒车挡的传动路线为齿轮 2—齿轮 23—齿轮 18—齿轮 19—齿轮 17—齿轮 12。求各挡的传动比。

解 该传动系统是由平行轴组成的平面定轴轮系,根据平面定轴轮系传动比公式可得

一挡传动比 $$i_1=\frac{z_{23}z_{12}}{z_2z_{18}}=\frac{42\times43}{19\times13}=7.31$$

二挡传动比 $$i_2=\frac{z_{23}z_{11}}{z_2z_{20}}=\frac{42\times39}{19\times20}=4.31$$

三挡传动比 $$i_3=\frac{z_{23}z_7}{z_2z_{21}}=\frac{42\times31}{19\times28}=2.45$$

四挡传动比 $$i_4=\frac{z_{23}z_6}{z_2z_{22}}=\frac{42\times25}{19\times36}=1.54$$

五挡传动比 $$i_5=1$$

倒挡传动比 $$i_1=\frac{z_{23}z_{19}z_{12}}{z_2z_{18}z_{17}}=\frac{42\times22\times43}{19\times13\times21}=7.66$$

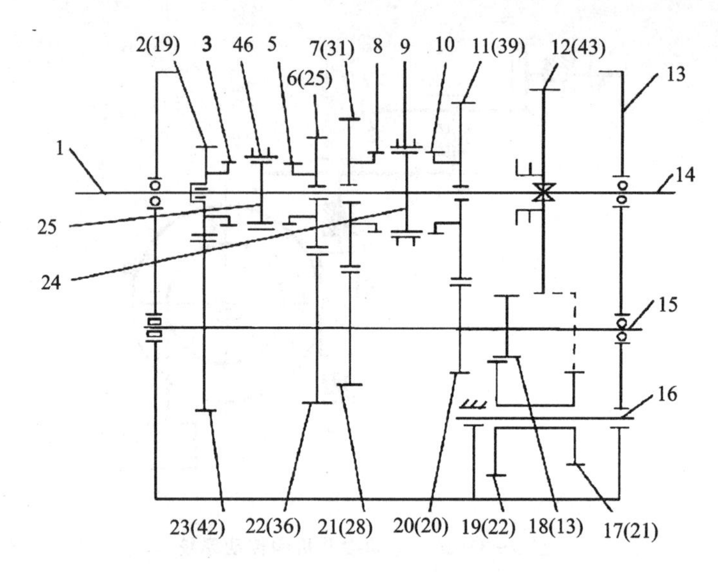

图 3-3-27　五挡变速传动示意图

(二) 周转轮系传动比计算

周转轮系是一种先进的齿轮传动机构。由于周转轮系合理地应用内啮合传动(输入轴与输出轴共轴线),并且由数个行星轮共同承担载荷,实行功率分流,从而具有结构紧凑、体积小、质量轻、承载能力大、传递功率范围及传动比范围大、运行噪声小、效率高及寿命长等优点。所以周转轮系在汽车的辛普森、诺威洛等自动变速器中得到广泛的应用。

1. 周转轮系的组成

图 3-3-28 所示为最常用的一种周转轮系的传动简图,齿轮 g 活套在构件 H 上,分别与外齿轮 a 和内齿轮 b 相啮合。传动时,齿轮 g 一方面绕自身的几何轴线 O_g 转动(自转),同时又随构件 H 绕固定的几何轴线 O 回转(公转)。

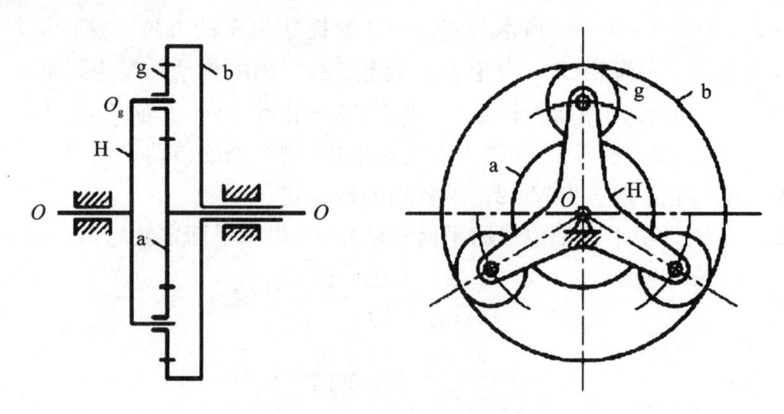

图 3-3-28　周转轮系的组成

周转轮系有以下三种基本构件:

(1) 行星轮　作行星运动的齿轮,用符号 g 表示。从运动学角度来讲,图 3-3-28 所示的单排内外啮合的周转轮系只需 1 个行星轮。而在实际传递动力的周转轮系中,存在着多个完全相同且均匀分布在中心轮四周的行星轮(通常为 2～6 个,最多可达 12 个),这样既可使几个行星轮共同分担载荷,以减小齿轮尺寸,又可使各啮合处的径向分力和行星轮公转所产生的离心力得以平衡，以减小主轴承内的作用力，增加运转的平稳性。

(2) 行星架　用于支承行星轮并使其得到公转的构件称行星架，亦称系杆，用符号 H 表示。

(3)中心轮　在行星传动中，与行星轮相啮合且轴线位置固定的齿轮，用符号 K 表示。通常外齿中心轮称为太阳轮，用符号 a 表示；内齿中心轮称为内齿圈，用符号 b 表示。

周转轮系是一种共轴式传动装置，即输入轴与输出轴重合。一般情况下，具有共同轴线的与中心轮或行星架联结的轴作为动力的输入(输出)轴。

2. 周转轮系的传动比

行星轮系和定轴轮系的根本差别在于行星轮系中具有转动的行星架，从而使行星轮既有自转又有公转，其绝对速度不便计算。因此，行星轮系各构件间的传动比不能直接引用定轴轮系传动比的公式进行计算。

图 3-3-29(a)所示的周转轮系中，行星轮、外齿中心轮、内齿中心轮和行星架的绝对转速分别为 n_g、n_a、n_b 和 n_H。设想给整个行星轮系加上一个公共的反向转速 $-n_H$(公共转速与行星架 H 的转速 n_H 大小相等方向相反)，根据相对运动原理，各构件间的相对运动关系并不发生变化，各构件在转化前后的转速如表 3-3-5 所列。

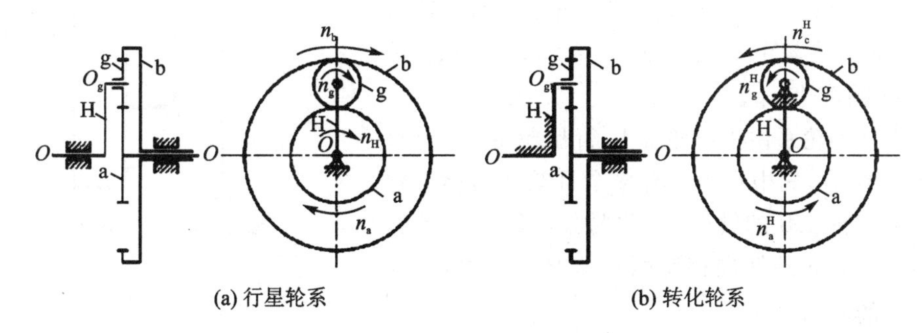

(a) 行星轮系　　(b) 转化轮系

图 3-3-29　行星轮系及其转化轮系

表 3-3-5　各构件在转化前后的转速

构　件	行星轮系中的绝对转速 n	转化轮系中的相对转速 n^H
中心轮 a	n_a	$n_a^H=n_a-n_H$
中心轮 b	n_b	$n_b^H=n_b-n_H$
行星轮 g	n_g	$n_g^H=n_g-n_H$
行星架 H	n_H	$n_H^H=n_H-n_H=0$

表 3-3-4 中，$n_H^H=n_H-n_H=0$，表明转化后行星架的转速为零，即行星轮绕固定的轴线转动，原来的行星轮系便转化为一个假想的定轴轮系，称为原行星轮系的转化轮系，如图 3-3-29(b)所示。行星轮系的转化轮系即假想定轴轮系的传动比为

$$i_{ab}^H=\frac{n_a^H}{n_b^H}=\frac{n_a-n_H}{n_b-n_H}=f(z) \tag{3-3-24}$$

式中：i_{ab}^H 为行星架 H 相对固定，齿轮 a 为主动轮，齿轮 b 为从动轮时的传动比，应用时要注意与 $i_{ab}=\frac{n_a}{n_b}$的区别；$f(z)$为根据定轴轮系传动比公式计算的齿数比，有正负之分(因中心轮与行星架回转中心同轴)。

图3-3-29所示的轮系中，$f(z)=(-1)^1\frac{z_g z_b}{z_a z_g}=-\frac{z_b}{z_a}$，式中负号仅仅表示齿轮a和齿轮b在转化轮系中的转向相反，而实际转向需要根据计算出的绝对速度确定。齿轮a和齿轮b在转化轮系中的转向也可以用画箭头的方法确定，一般用虚线表示。

式(3-3-24)虽然是转化轮系的传动比，但它却给出了行星轮系中构件的绝对转速与齿数的关系。由于各轮齿数均已知，当给定 n_a、n_b 和 n_H 中的任意两个时，由 $\frac{n_a-n_H}{n_b-n_H}=f(z)$ 便可求出第三个构件的转速，从而根据轮系传动比的定义求出行星轮系的传动比。

由于周转轮系用多个行星轮来分担载荷，而且常采用内啮合传动，合理地利用了内齿轮中部空间，兼之输入轴和输出轴在同一轴线上，这不仅使行星减速器的承载能力大大提高，而且径向结构非常紧凑。在功率和传动比相同情况下，行星减速器的体积和重量只是定轴轮系减速器的1/2～1/3。

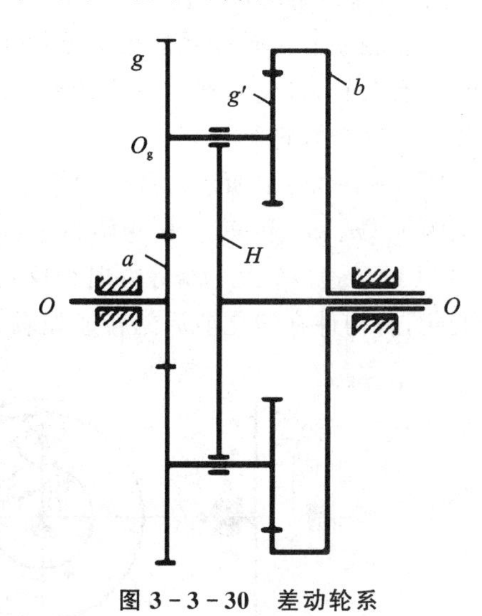

图3-3-30 差动轮系

例3-3-4 如图3-3-30所示的差动轮系，已知 $z_a=20$，$z_g=30$，$z_{g'}=20$，$z_b=70$，齿轮a的转速为 $n_a=500$ r/min，齿轮b的转速为 $n_b=200$ r/min。试求行星架H的转速 n_H。

解 该差动轮系由中心轮a、b，行星轮g、g'，行星架H及机架组成，其中行星轮有多个且结构对称。题中并未指明齿轮a、b的转向，因此要分齿轮a、b的转向相同和齿轮a、b的转向相反两种情况进行讨论，并假设齿轮a的转向为正。

(1) 当齿轮a、b的转向相同时，根据式(3-3-24)

$$i_{ab}^H=\frac{n_a^H}{n_b^H}=\frac{n_a-n_H}{n_b-n_H}=(-1)^1\frac{z_g\times z_b}{z_a\times z_{g'}}$$

得

$$\frac{500-n_H}{200-n_H}=-\frac{30\times70}{20\times20}$$

可求得 $n_H=248$ r/min，转向与齿轮a的转向相同。

(2) 齿轮a、b的转向相反时，根据式(3-3-24)

$$i_{ab}^H=\frac{n_a^H}{n_b^H}=\frac{n_a-n_H}{n_b-n_H}=(-1)^1\frac{z_g\times z_b}{z_a\times z_{g'}}$$

得

$$\frac{500-n_H}{-200-n_H}=-\frac{30\times70}{20\times20}$$

可求得 $n_H=-88$ r/min，转向与齿轮a的转向相反。

(三) 简单混合轮系的传动比

机械中除广泛使用单一的定轴轮系和周转轮系外，还大量使用由定轴轮系与周转轮系，或由几个周转轮系组合而成的轮系。这种轮系称为混合轮系。

例 3-3-5　如图 3-3-31 所示，直升机主减速器的传动系统，已知 $z_1=39$，$z_3=93$，$z_{3'}=81$，$z_5=39$。试求 $i_{1H'}$。

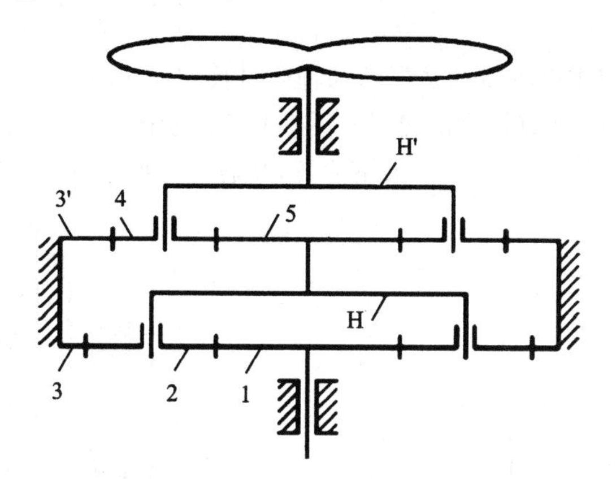

图 3-3-31　直升机主减速器的传动系统

解　该传动系统是由行星轮系 1—2—3—H 和行星轮系 3′—4—5—H′串联而成的混合轮系，其中齿轮 2 和 4 分别为两行星轮系的行星轮，两行星轮的内齿圈都固定，即 $n_3=n_{3'}=0$，行星架 H 和齿轮 5 固联，因此，$n_5=n_H$。欲求 $i_{1H'}=\dfrac{n_1}{n_{H'}}$，可先求 n_H，再求 $n_{H'}$。

(1) 行星架 H 的转速 n_H 的计算在行星轮系 1—2—3—H 中，根据式(3-3-24)

$$i_{13}^{H}=\frac{n_1^H}{n_3^H}=\frac{n_1-n_H}{n_3-n_H}=(-1)^1\frac{z_2\times z_3}{z_1\times z_2}=-\frac{z_3}{z_1}$$

得

$$\frac{n_1-n_H}{-n_H}=-\frac{93}{39}$$

得

$$n_H=\frac{13}{44}n_1$$

(2) 行星架 H′的转速 $n_{H'}$ 的计算在行星轮系 3′—4—5—H′中，因为 $n_5=n_H$，根据式(3-3-24)

$$i_{3'5}^{H'}=\frac{n_3^{H'}}{n_5^{H'}}=\frac{n_{3'}-n_{H'}}{n_5-n_{H'}}=(-1)^1\frac{z_4\times z_5}{z_{3'}\times z_4}=-\frac{z_5}{z_{3'}}$$

得

$$\frac{-n_{H'}}{n_5-n_{H'}}=-\frac{93}{81}$$

得

$$n_{H'}=\frac{13}{40}n_5=\frac{13}{40}\times\frac{13}{44}n_1$$

(3) 传动比的计算 $i_{1H'}$

$$i_{1H'}=\frac{n_1}{n_{H'}}=10.41$$

(四) 轮系的功用

1. 实现较远距离的传动

在齿轮传动中，当主从动轴间的距离较远时，如图 3-3-32 所示，若只用一对齿轮 1、2 来传动,齿轮尺寸很大;若改用两对齿轮 a、b、c、d 组成的轮系来传动,就可使齿轮尺寸小得多。这样,既减小机器的结构尺寸和质量,又节约材料,而且制造安装方便。

2. 实现分路传动

利用轮系可以使一根主动轴带动多根从动轴同时转动。如图 3-3-33 所示的机械式钟表,动力源 N 通过定轴轮系 1—2 直接带动分针 M;其中一路通过定轴轮系 2″—3—3′—4 带动时针 H,另一路通过定轴轮系 2′—5—5′—6 带动秒针 S,并通过定轴轮系 6′—7 驱动擒纵轮 E。

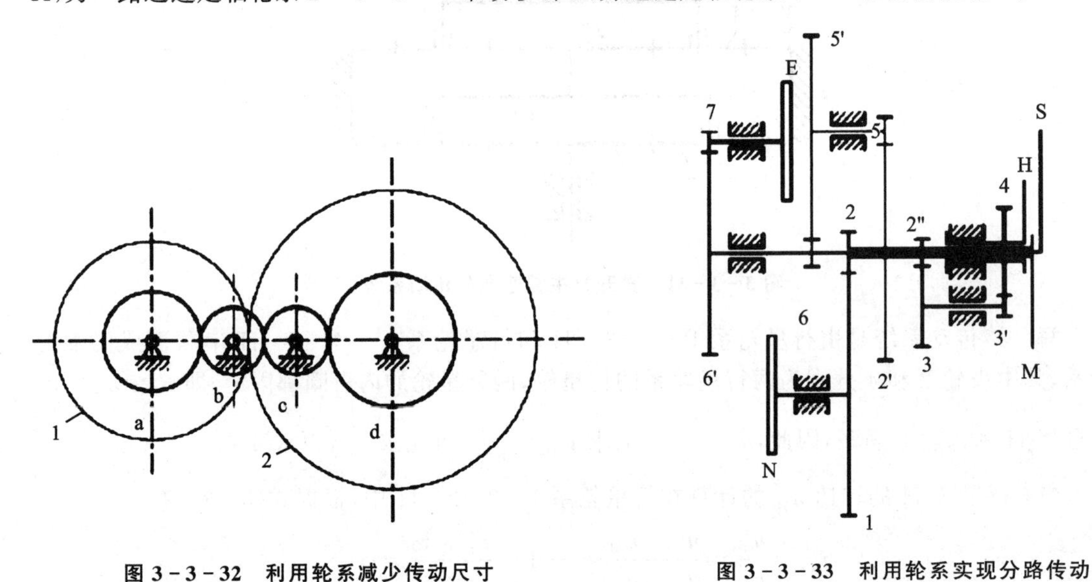

图 3-3-32 利用轮系减少传动尺寸

图 3-3-33 利用轮系实现分路传动

只要正确确定各齿轮的齿数,就可以保证时针与分针、分针与秒针的传动比关系。

3. 实现变速传动

当主动轴的转速不变时,利用轮系可以使从动轴获得多种不同的转速(包括不同的转向),这种传动称为变速传动,如汽车的变速器,如图 3-3-34 所示。

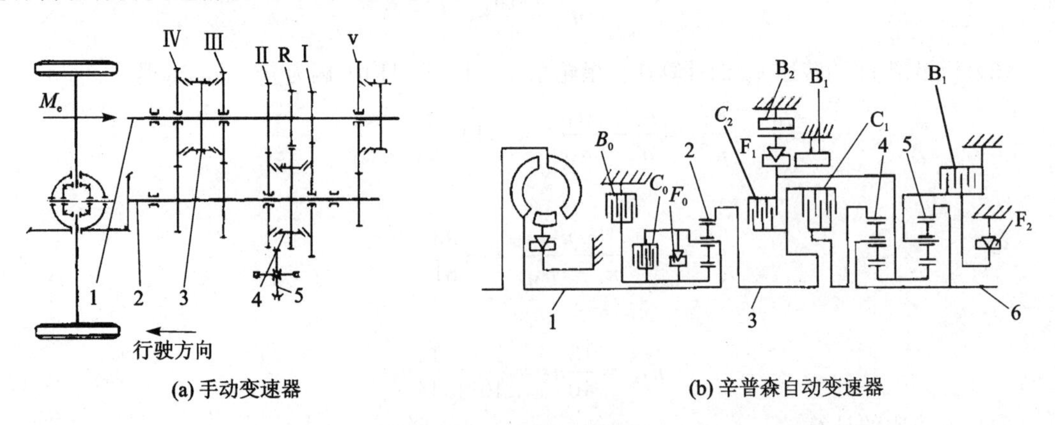

(a) 手动变速器

(b) 辛普森自动变速器

图 3-3-34 汽车变速器

4. 实现大传动比传动

一对齿轮传动的传动比不能很大,一般取 $i_{max}=5\sim7$,采用定轴轮系或周转轮系均可获得大的传动比。若用定轴轮系来获得大传动比,需要多级齿轮传动,致使传动装置的结构复杂和庞大;若采用蜗杆蜗轮传动,传动效率偏低;而采用周转轮系,只需很少几个齿轮,就可获得很大的传动比。

如图 3－3－35 所示，已知 $z_a=100$，$z_b=99$，$z_g=101$，$z_{g'}=100$，由

$$i_{ab}^{H}=\frac{n_a^H}{n_b^H}=\frac{n_a-n_H}{n_b-n_H}=\frac{n_a-n_H}{0-n_H}=(-1)^2\frac{z_g\times z_b}{z_a\times z_{g'}}$$

得

$$i_{Ha}=\frac{n_H}{n_a}=\frac{n_a-n_H}{0-n_H}=\frac{1}{1-\dfrac{z_g\times z_b}{z_a\times z_{g'}}}=10\,000$$

5. 实现运动的合成和分解

机械中采用具有两个自由度的差动周转轮系来实现运动的合成和分解，这是差动轮系独特的功用。

(1) 运动合成。

如前所述，差动轮系有两个自由度，只有给定三个基本构件中任意两个的运动后，第三个基本构件的运动才能确定。这就是说，第三个基本构件的运动为另两个基本构件运动的合成。

图 3－3－36 所示的圆锥齿轮差动轮系中，由 $z_a=z_b$，$i_{ab}^{H}=\dfrac{n_a-n_H}{n_b-n_H}=-\dfrac{z_b}{z_a}=-1$，可得 $2n_H=n_a+n_b$，当齿轮 a 和 b 分别输入加数和被加数的相应转角时，行星架 H 转角的二倍代表它们的和，因此这种轮系可用作加减法机构。

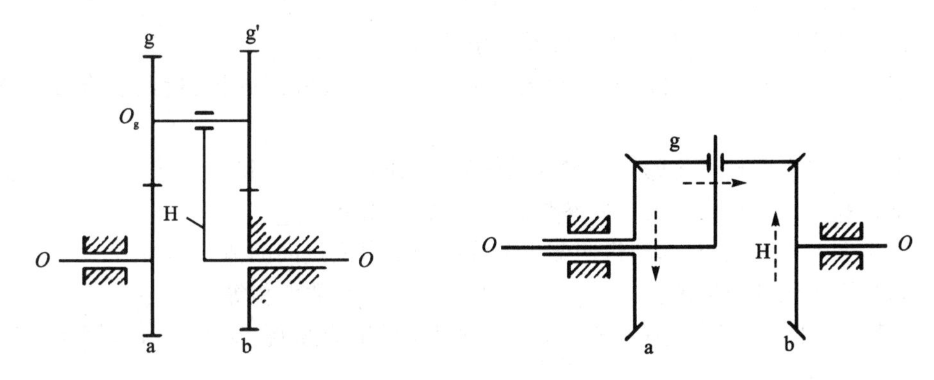

图 3－3－35　利用轮系实现大传动比传动　　　图 3－3－36　利用轮系实现运动的合成

(2) 运动分解。

利用差动轮系还可以将一个基本构件的转动按所需的比例分解为另外两个基本构件的运动条件是另外两个基本构件必须有确定的运动关系。

图 3－3－37 所示为汽车后桥差速器，当汽车拐弯时，由于外侧车轮的转弯半径比内侧车轮的大，为了使车轮与地面间不发生滑动，以减小轮胎磨损，因此要求外侧车轮比内侧车轮转得快。这时，齿轮 a 和齿轮 b 发生相对转动，差动轮系便发挥作用。

由

$$2n_H=n_a+n_b，\frac{n_a}{n_b}=\frac{r-L}{r+L}$$

可得两轮的转速为

$$n_a=\frac{r-L}{r}n_H、n_b=\frac{r+L}{r}n_H$$

当汽车直线行驶时,左右两车轮滚过的距离相等,所以两后轮的转速也相同。此时,齿轮 a、b 和 g 如同一个整体,一起随齿轮 2 转动。

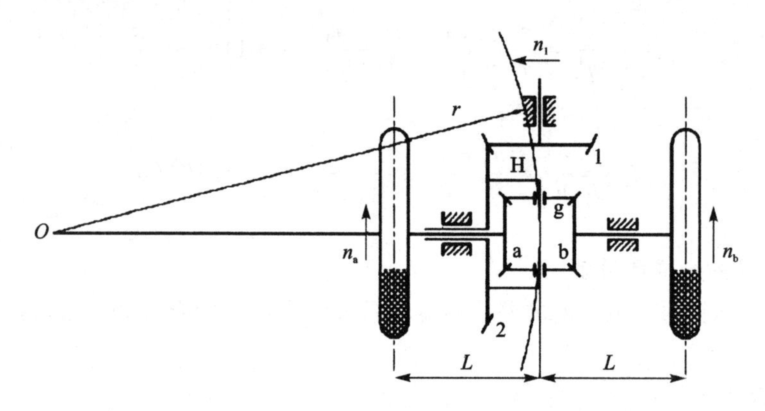

图 3-3-37 利用轮系实现运动的分解

[习题]

3-3-1 填空题

(1) 工程上把比值 p/π 规定为整数或较完整的有理数,这个比值称为________。

(2) 计算行星齿轮系的传动比采用________法。它依据的是________原理。

(3) 渐开线的形状取决于________半径的大小。

(4) 渐开线齿轮传动时,齿轮连续传动的条件为 ε ________ 1。

(5) 齿轮传动常见的失效形式有轮齿折断、________、齿面磨损、齿面胶合和齿面塑性变形。

(6) 渐开线直齿圆柱齿轮的正确啮合条件为两轮的________和________分别相等。

(7) 渐开线直齿圆柱齿轮的主要参数有压力角、齿数和________。

(8) 一个渐开线齿轮,相邻两齿同侧齿廓分度圆上对应点间的弧长称为________。

(9) 在标准齿轮的分度圆上,________角与________角数值相等。

(10) 渐开线上各点的压力角不等,向径越大,则压力角越________,基圆上的压力角为________。

(11) 单个齿轮的渐开线上任意点的法线必是________的切线。

(12) 我国规定齿轮标准压力角为________,模数的单位是________。

(13) 齿轮切削加工方法可分为仿形法和范成法,用成形铣刀加工齿形的方法属________法,用滚刀加工齿形的方法属________法。

(14) 渐开线齿轮上具有标准模数和标准压力角的圆称为________圆。

(15) 齿轮传动最基本的要求是其瞬时传动比必须________。

(16) 对于正确安装的一对渐开线圆柱齿轮,其啮合角等于________圆上的________角。

3-3-2 判断题

(1) 齿轮传动具有每个瞬时传动比准确的特性。( )

(2) 齿轮的渐开线形状取决于它的基圆直径 。( )

(3) 齿轮传动中,提高其抗点蚀能力的措施之一是降低润滑油黏度。( )

(4) 齿轮啮合传动时留有顶隙是为了防止齿轮根切。( )

(5) 轮系的传动比,是指轮系中首末两齿轮的齿数比。( )

(6) 闭式传动中的软齿面齿轮的主要失效形式是磨损。(　　)

(7) 开式传动中的齿轮,疲劳点蚀是常见的失效形式。(　　)

(8) 求齿轮系传动比,既要计算传动比的大小,又要确定首、末轮的转向。(　　)

(9) 渐开线齿轮传动中,重合度数值越大表明两轮传动越平稳。(　　)

(10) 单个齿轮有分度圆、齿顶圆、齿根圆和节圆。(　　)

(11) 渐开线齿轮在基圆上的曲率半径和压力角都等于0。(　　)

(12) 渐开线齿轮啮合相当于两个节圆做纯滚动,因此渐开线齿轮在任何地方啮合时齿面上都不具有相对滑动。(　　)

(13) 一对标准齿轮标准安装时,分度圆与节圆重合。(　　)

3-3-3　选择题

(1) 在机械传动中,理论上能保证瞬时传动比为常数的是(　　)。

A. 带传动　B. 摩擦轮传动　C. 链传动　D. 齿轮传动

(2) 渐开线标准齿轮在分度圆的压力角等于(　　)。

A. 14.5°　B. 20°　C. 16°　D. 18°

(3) 下列机构传动中,传递功率最大的是(　　)。

A. 凸轮机构　B. 蜗杆传动　C. 齿轮传动　D. 带传动

(4) 用展成法加工标准直齿圆柱齿轮,不发生根切现象的最小齿数是(　　)。

A. 20　B. 17　C. 16　D. 18

(5) 闭式软齿面齿轮传动的主要失效形式是(　　)。

A. 疲劳点蚀　B. 磨损　C. 胶合　D. 塑性变形

(6) 齿面疲劳点蚀首先发生在轮齿的什么部位?(　　)。

A. 接近齿顶处　B. 靠近节线的齿顶部分

C. 接近齿根处　D. 靠近节线的齿根部分

(7) (　　)传动的成本较高,不适于轴间距离较大的传动。

A. 带传动　B. 摩擦轮传动　C. 链传动　D. 齿轮传动

(8) 在机械传动中,理论上能保证瞬时传动比为常数的是(　　),能缓冲减振、并起到过载安全保护作用的是(　　)。

A. 带传动　B. 链传动　C. 齿轮传动　D. 蜗杆传动

(9) 渐开线齿廓的形状与齿轮的(　　)半径大小有关。

A. 分度圆　B. 节圆　C. 基圆　D. 渐开线曲率

(10) 一对齿轮连续传动的条件是(　　)。

A. 模数相等　B. 传动比恒定　C. 压力角相等　D. 重合度大于1

3-3-4　问答题

(1) 渐开线齿轮齿廓啮合具有哪些特点?

(2) 某机器中的一对外啮合标准直齿圆柱齿轮机构,已知 $a=112.5$ mm, $Z_1=38$, $d_{a1}=100$ mm,大齿轮已丢失。试求丢失大齿轮的模数和齿数。

(3) 已知一标准直齿圆柱齿轮,模数 $m=2$ mm, $h_{a^*}=1$, $C^*=0.25$,齿数 $z=20$,试求这个齿轮的分度圆之径 d、齿顶圆直径 d_a、齿根圆直径 d_f。

(4) 一对渐开线标准直齿圆柱齿轮外啮合传动,已知传动比 $i=3$,齿轮模数 $m=5$ mm,标准中心距 $a=200$ mm,(1)求小齿轮的齿数 Z_1、分度圆直径 d_1、齿顶圆直径 d_{a1}

(5) 一对渐开线标准直齿圆柱齿轮外啮合传动,已知标准中心距 $a=150$ mm,现测得小齿轮的齿数 $Z_1=23$、齿顶圆直径 $d_{a1}=74.9$ mm。求:(1)求小齿轮的模数 m;(2)求大齿轮的齿数 Z_2 分度圆直径 d_2、齿顶圆直径 d_{a2}。

(6) 技术革新需要一对传动比为3的直齿圆柱齿轮,现找到两个压力角为20°的直齿轮,经测量齿数分别为 $Z_1=20$,$Z_2=60$,齿顶圆直径 $d_{a1}=55$ mm,$d_{a2}=186$ mm,试问这两个齿轮是否能配对使用?为什么?

(7) 某机加工车间只能加工 $m=3,4,5$ mm 三种模数的齿轮。现打算在齿轮机构中心距为180 mm不变的条件下,选配一对 $i=3$ 的标准直齿圆柱齿轮机构。试确定在此车间能加工的齿轮模数和齿数。

(8) 如图习题图3-3-1所示轮系中,已知各轮的齿数 $Z_1=20$,$Z_2=25$,$Z_3=15$,$Z_4=30$,$Z_5=40$,$Z_6=60$,试求传动比 i_{16}。

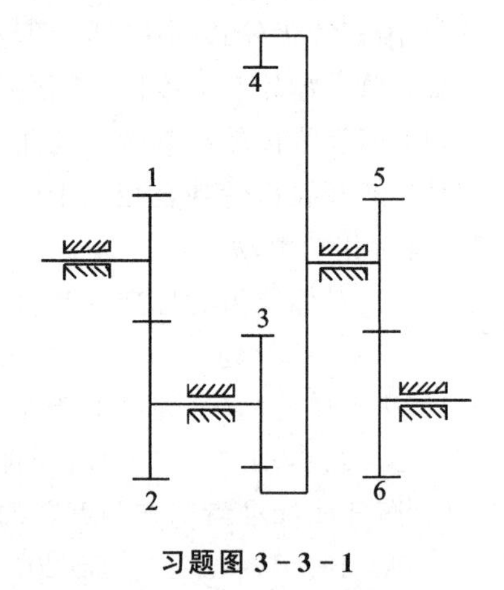

习题图3-3-1

任务四 汽车螺纹传动与连接

教学目标

- 掌握螺纹的形成及类型;
- 掌握螺纹的主要参数;
- 掌握螺纹连接的类型及特点;
- 掌握螺纹的放松措施;
- 熟悉螺纹传动的特点及应用。

将两个或两个以上的零件连成一个整体的方式称为连接。根据构件运动、结构、制造及安装等方面的需要,机械中常采用多种不同的方式进行连接。

连接分为可拆连接与不可拆连接两大类。经多次拆装,连接件与被连接件均不被损坏的连接称为可拆连接,如键连接和螺纹连接等;拆卸后至少有一个连接件或被连接件被损坏的连接称为不可拆连接,如焊接、粘接、铆接等。

一、螺纹连接

螺纹连接是可拆连接,在机械设备中有广泛的应用。

(一) 螺纹的形成

如图3-4-1所示,将一倾斜角为 ψ_1 的直线绕在直径为 d_1 的圆柱体上,在该圆柱体上便可形成一条螺旋线。取一平面图形,如三角形,令其一边 ab 与圆柱体的母线重合,并使该平面图形始终通过圆柱体的轴线,沿螺旋线移动,三角形的另两边 ac 和 bc 即在该圆柱体上形成螺纹。

(二) 螺纹的分类

按照形成螺纹的平面图形形状不同,螺纹可分为三角形螺纹、矩形螺纹、梯形螺纹和锯齿形螺纹等,如图3-4-2所示。三角形螺纹主要用于连接;矩形、梯形和锯齿形螺纹主要用于传动。

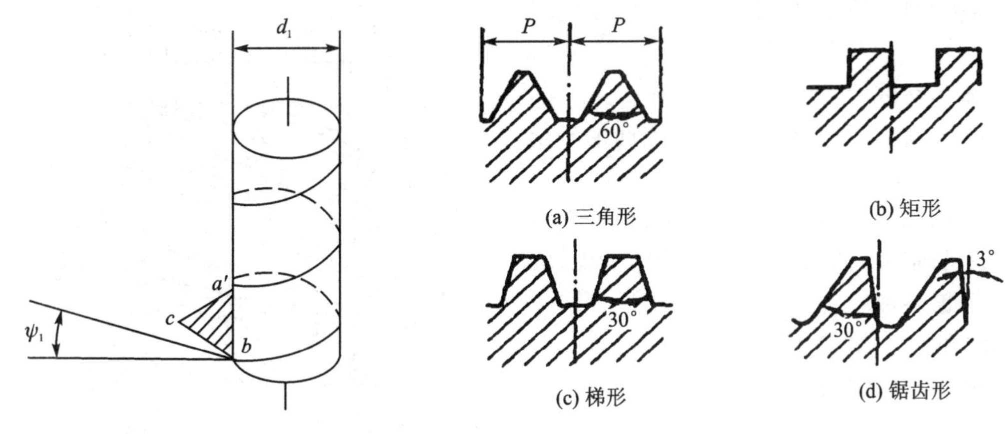

图 3-4-1　螺纹的形成

图 3-4-2　螺纹的牙形

按照螺旋线旋绕方向不同，螺纹可分为右旋螺纹和左旋螺纹，如图 3-4-3 所示。机械中一般采用右旋螺纹，有特殊要求的场合可采用左旋螺纹。

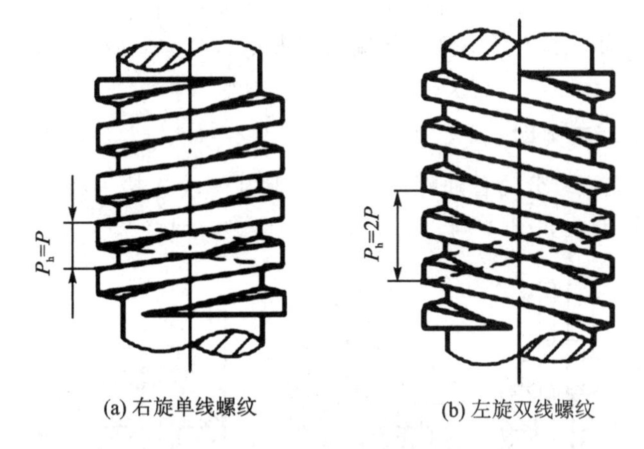

图 3-4-3　螺纹的旋向与线数

按照螺纹线数目不同，螺纹可分为单线、双线（见图 3-4-3）和多线螺纹。为了制造方便，螺纹的线数一般不超过 4 条。从垂直于圆柱体轴线的端面方向观察，可以判别螺纹的线数。

螺纹分布在圆柱体外（内）表面上称为外（内）螺纹，内外螺纹旋合在一起构成螺旋副。

按所采用单位制不同，螺纹可分为米制螺纹和英制螺纹。普通螺纹连接一般采用公制单位。

（三）螺纹的主要参数

现以普通米制三角形螺纹为例介绍螺纹的主要参数，如图 3-4-4 所示。

1. 径向参数

大径 d：螺纹牙顶所在圆柱体的直径，其也是螺纹的公称直径。公制螺纹的公称直径通常用符号 M 加大径 d 的值来表示，如螺纹公称直径为 20 mm，可记为 M20。

小径 d_1：螺纹牙根所在圆柱体的直径，常近似作为螺纹危险截面直径。

中径 d_2：介于大径和小径之间，而且在轴平面内牙厚等于牙间宽的圆柱体直径。螺旋副的受力分析通常在中径上进行。

内螺纹的径向尺寸用相应的大写字母表示。

2. 轴向参数

螺距 P:相邻两螺纹牙上对应点间的轴向距离。

导程 P_h:螺纹上任意一点沿螺旋线旋转一周所移过的轴向距离,$P_h=nP$,n 为螺纹线数。

3. 角度参数

螺纹升角 ψ:螺纹中径圆柱面上螺旋线的切线与端面间所夹的锐角。

$$\tan\psi=\frac{p_h}{\pi d_2}=\frac{nP}{\pi d_2}$$

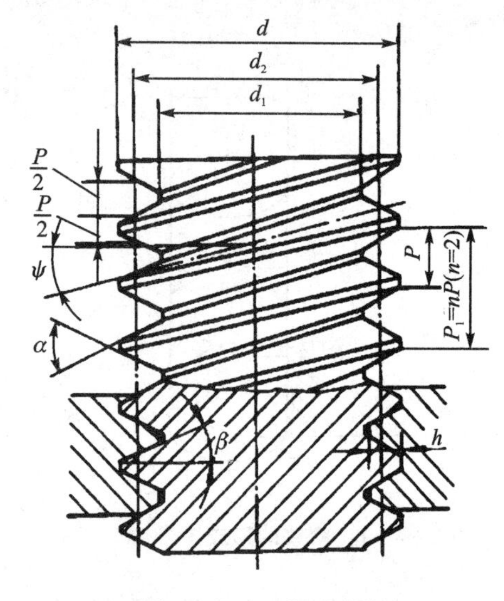

图 3-4-4 螺纹参数

牙型角 α:轴平面内螺纹牙两侧边的夹角。矩形螺纹的牙型角 $\alpha=0$;三角形、梯形、锯齿形螺纹的牙型角见图 3-4-2,其中锯齿形螺纹的牙型不对称。

牙型斜角 β:轴平面内螺纹牙一侧边与端面间夹角。对称牙型,$\beta=\alpha/2$。锯齿形螺纹工作面的牙型斜角 $\beta=3°$。

(四) 螺纹连接的基本类型

螺纹连接的基本类型可分为普通螺栓连接、铰制孔螺栓连接、双头螺柱连接、螺钉连接和紧定螺钉连接,其结构形式如图 3-4-5 所示。

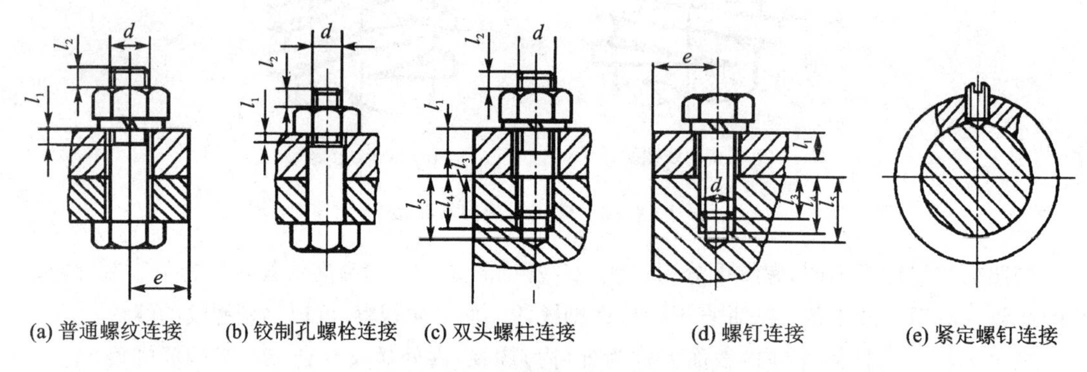

(a) 普通螺纹连接　(b) 铰制孔螺栓连接　(c) 双头螺柱连接　(d) 螺钉连接　(e) 紧定螺钉连接

图 3-4-5 螺纹连接的基本类型

1. 普通螺栓连接

普通螺栓连接是利用螺栓有螺纹一端穿过被连接件的通孔,旋紧螺母,从而将被连接件连成一体,孔壁和螺栓杆之间存在一定的间隙(见图 3-4-5(a))。由于被连接件的孔不需要加工螺纹,结构简单,装拆方便,所以广泛应用于被连接件不太厚的场合。

2. 铰制孔螺栓连接

铰制孔螺栓连接的螺栓杆与被连接件孔壁间采用过渡配合,如图 3-4-5(b)所示。由于被连接件的孔需要精加工,所以铰制孔螺栓连接兼有定位作用。

3. 双头螺柱连接

双头螺柱连接是利用两端均有螺纹的螺柱,将其一端拧入较厚的被连接件螺纹孔中,另一端穿过其余被连接件的孔，旋上螺母并拧紧，从而将被连接件连成一体，如图 3－4－5(c)所示。这种连接适用于被连接件较厚，不宜制成通孔且连接需经常拆卸的场合。

4. 螺钉连接

螺钉连接不使用螺母，而是利用螺栓穿过被连接件的通孔，直接拧入另一被连接件的螺纹孔内实现连接(如图 3－4－5(d)所示)。这种连接结构上比双头螺柱连接简单，但由于经常装拆易损坏螺纹孔，所以这种连接适用于被连接件较厚，不宜制成通孔且不经常拆卸的场合。

5. 紧定螺钉连接

紧定螺钉连接利用紧定螺钉旋入一被连接件，用其末端顶紧另一被连接件，以固定两者间相对位置。这种连接可传递不大的力及转矩，多用于轴与轴上零件的固定，如图 3－4－5(e)所示。

普通螺栓、双头螺柱、螺钉连接，即可以用于承受轴向载荷也可以用于承受横向载荷，当用来承受横向载荷时，主要靠被连接件接合面间的摩擦力传递载荷。无论是承受轴向载荷还是用于承受横向载荷，这些螺栓都只受到沿轴向的拉力作用。

铰制孔螺栓连接只用于承受横向载荷，其靠孔与螺栓杆间的挤压和螺栓杆上的剪切来承受载荷。铰制孔螺栓连接虽承受横向载荷的能力强，但由于孔需精加工且安装困难，故无特殊需要，常采用普通螺栓、双头螺柱、螺钉连接来传递横向载荷。

(五) 螺纹连接的拧紧和防松

1. 螺纹连接的拧紧

螺纹连接一般都需要将螺母拧紧，使螺栓受到一定的预紧力 F'。一般连接对预紧力往往不加控制，拧紧程度靠经验而定；对于重要连接(如气缸盖的螺栓连接等)，预紧力必须加以控制，以满足连接强度、可靠性和密封性等要求。控制预紧力常用的拧紧工具有指针式扭力扳手、定力矩扳手等，如图 3－4－6 所示。

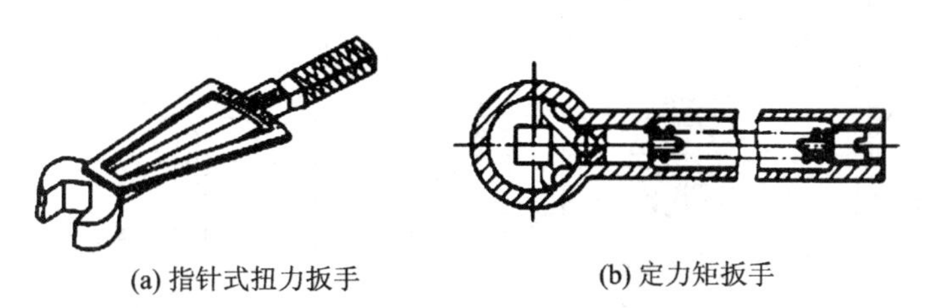

(a) 指针式扭力扳手　　(b) 定力矩扳手

图 3－4－6　控制螺栓拧紧力矩扳手

2. 螺纹连接的防松

连接用螺纹标准件都能满足自锁条件。拧紧螺母后，螺母或螺钉与被连接件支承面间的摩擦力也有助于防止螺母松脱。因此在承受静载荷和常温情况下，螺纹连接一般不会产生松动。若温度变化较大或连接受到冲击、振动以及不稳定载荷的作用，则摩擦力就会减小，甚至消失，致使螺母逐渐松脱。这种松脱会引起机器设备的严重损坏或造成重大的人身事故。因此，为了保证连接的可靠性，在设计和安装时必须按照工作条件、工作可靠性要求考虑设置螺纹防松结构或装置。

防松的目的就是防止螺旋副产生相对转动。根据工作原理的不同，防松可分为摩擦防松、机械防松和不可拆卸防松等。摩擦防松是采用各种结构措施使螺旋副元素间的摩擦力不随连接的外载荷波动而变化，保持较大的摩擦力；机械防松是利用便于更换的元件约束螺旋副，使之不能相对转动；不可拆卸防松是将螺纹拧紧之后，用点焊、冲点或在螺栓旋合部分涂黏结剂等办法把螺旋副转变为非运动副,从而排除相对转动的可能。表 3－4－1 所列为几种常用的防松方法。

表 3－4－1　常用防松方法及特点

方法	特点				
摩擦防松	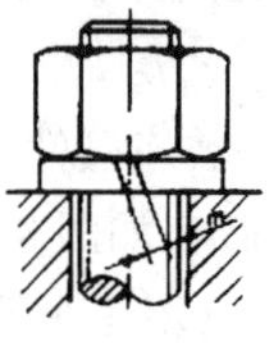 弹簧垫圈	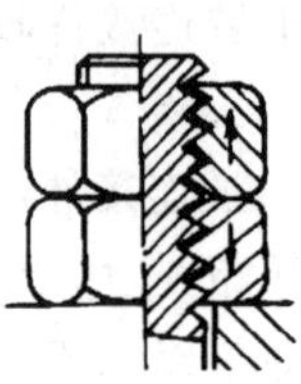 对顶螺母	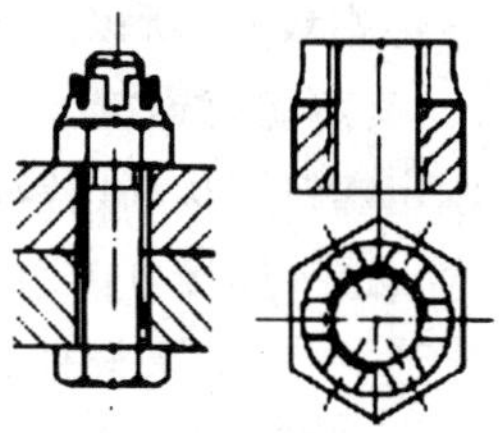 弹性锁紧螺母		
	弹簧垫圈的材料为高强度锰钢,装配后弹簧垫圈被压平,弹力使螺纹间保持压紧力和摩擦力,且垫圈切口处的尖角也能阻止螺母转动松脱。 特点:结构简单,使用方便。但垫圈弹力不均,因而不十分可靠,多用于不重要的连接	利用两螺母对顶拧紧,螺栓旋合段承受拉力而螺母受压,从而使螺纹间始终保持相当大的正压力和摩擦。 特点:结构简单,可用于低速重载。但螺栓和螺纹部分均需加长,不够经济,且增加了外廓尺寸和重量	在螺母上部做成有槽的弹性结构,装配前这一部分的内螺纹尺寸略小于螺栓的外螺纹。装配时利用弹性,使螺母稍有扩张,螺纹之间得到紧密的配合,保持经常的表面摩擦力。 特点:结构简单,防松可靠,可多次装拆而不降低防松性能		
机械防松	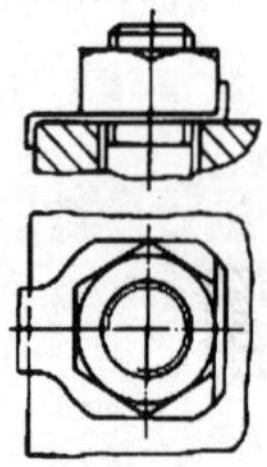 止动垫圈	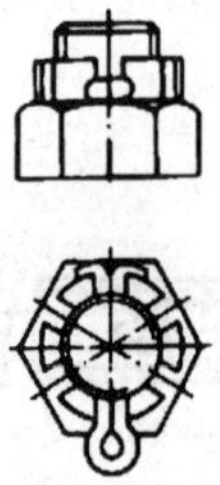 开口销与开槽螺母	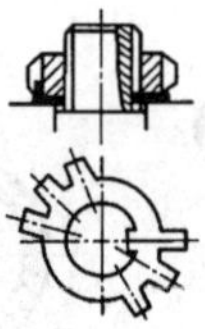 圆螺母用止动垫圈	 带舌止动垫圈	 串联钢丝
	止动垫圈的形式很多,图示是将止动垫圈的一边弯起紧贴在螺母的侧面上,另一边弯下贴在被连接件的侧壁上,从而避免螺母转动而松脱。 特点:防松可靠,但只能用于连接部分可容纳弯耳的场合	开槽螺母旋紧后,将开口销穿过螺母上的径向槽和螺栓末端的孔,从而把螺母与螺栓固联在一起。 特点:防松可靠,可用于承受冲击或载荷变化较大的连接	垫圈内舌嵌入螺栓(轴)的槽内,拧紧螺母后将垫圈外舌之一褶嵌于螺母的一个槽内。 特点:防松可靠,但螺栓上要开槽,工艺复杂	将垫圈褶边以固定螺母和被连接件的相对位置。 特点:防松可靠,适用于螺母靠近零件台阶边沿的放松	将钢丝依次穿过相邻螺栓钉头横孔,两端拉紧打结。由于钢丝穿联方向使得螺栓的拧紧与钢丝拉紧方向相一致,致使连接不能松动。 特点:防松效果较好,但安装较费工时,可用于螺钉数目不多且排列较密的连接

续表 3-4-1

方法	特点
不可拆卸防松	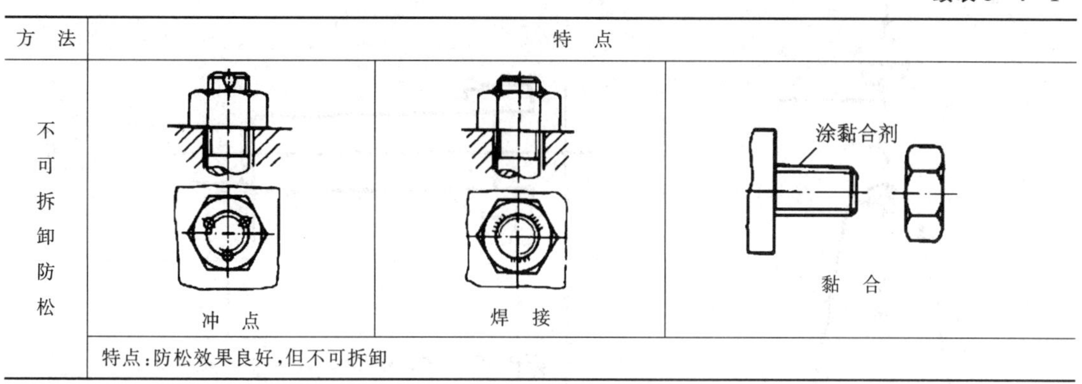
	特点：防松效果良好，但不可拆卸

二、螺旋传动

螺旋传动主要用以变回转运动为直线运动，同时传递运动或力，也可以调整零件的相对位置，有时兼有几种作用。其应用广泛，如螺旋千斤顶、螺旋丝杠、螺旋压力机等。

根据螺纹副的摩擦情况，可分为滑动螺旋、滚动螺旋和静压螺旋。滑动螺旋结构简单、加工方便、容易自锁，但摩擦大、效率低(一般为 30%～40%)、磨损快，低速时可能爬行，定位精度和轴向刚度较差。滚动螺旋和静压螺旋没有这些缺点，前者效率在 90%以上，后者效率可达 99%，但构造复杂，加工困难。此外，静压螺旋还需要供油系统。

(一) 滑动螺旋传动

1. 滑动螺旋传动的类型

根据螺杆和螺母的相对运动关系，将常用的滑动螺旋传动形式分为两种：图 3-4-7(a)所示的螺旋传动为螺杆传动、螺母移动形式，多用于机床的进给机构中；图 3-4-7(b)所示的螺旋传动为螺母固定，螺杆转动并移动形式，多用于起重器或螺旋压力机结构中。

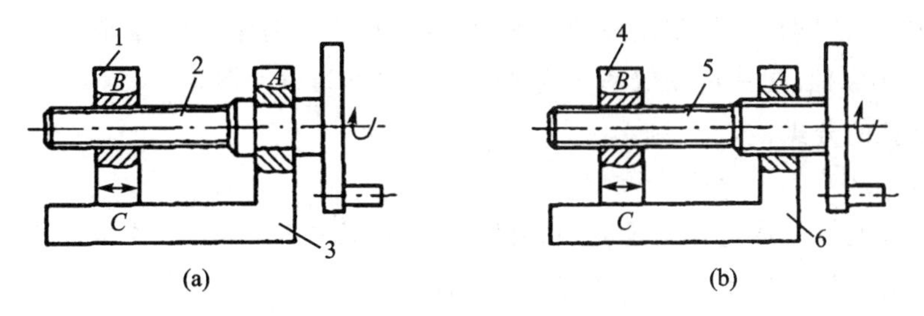

1，4—螺母；2，5—螺杆；3，6—机架

图 3-4-7　螺旋运动的运动形式

螺旋传动按用途分为以下三种类型：

(1) 传力螺旋　以传递动力为主，要求以较小的转矩产生较大的轴向力。这种螺旋传动一般为间歇性工作，工作速度不高，且要求具有自锁性，广泛应用于各种起重或加压装置中，如图 3-4-8 所示。

(2) 传动螺旋　以传递运动为主，要求具有较高的传动精度，有时也承受较大的轴向力。一般需要在较长时间内连续工作，且工作速度较高，如图 3-4-9 所示。

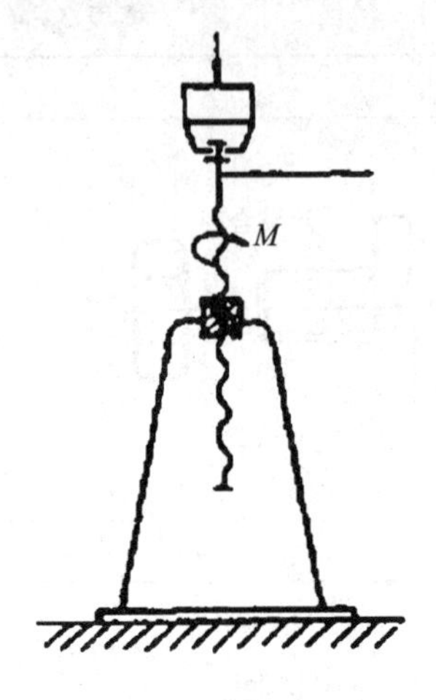

图3-4-8　螺旋千斤顶

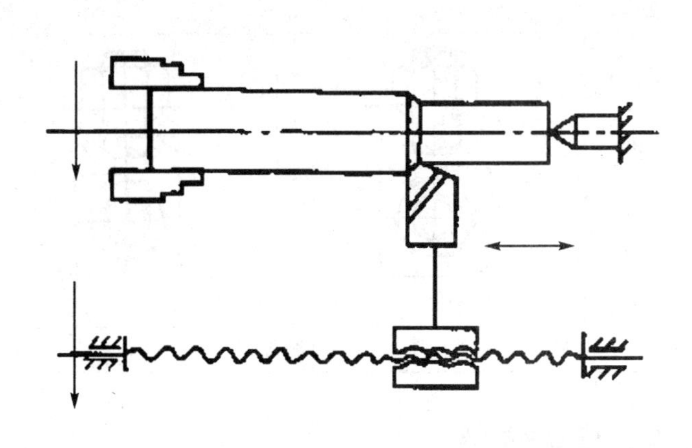
图3-4-9　车床进给机构

(3) 调整螺旋　用以调整并固定零件或部件之间的相对位置。调整螺旋不经常转动,一般在空载下进行调整,如图3-4-10所示。

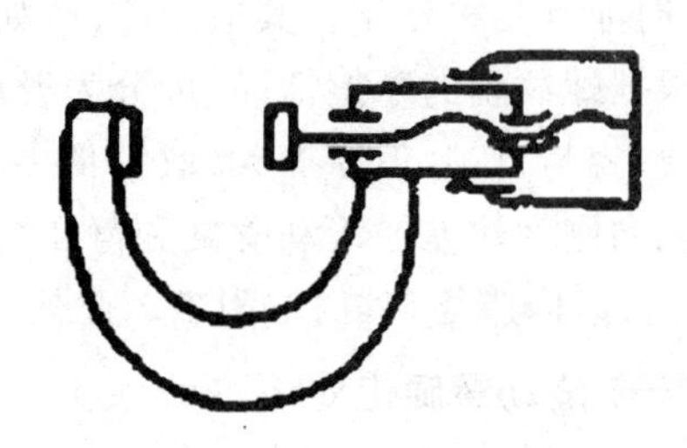
图3-4-10　量具的测量螺旋

2. 螺杆结构

传动螺旋通常采用牙型为梯形、矩形、锯齿形的右旋螺纹,特殊情况下才使用左旋螺纹,如为了符合操作习惯,车床横向进给丝杠螺纹采用左旋螺纹。螺纹失效形式多为螺纹磨损,而螺杆的直径和螺母的高度也常由耐磨性要求决定。

(二) 滚动螺旋传动

在螺杆和螺母之间设有封闭循环的滚道,在滚道间填充钢珠,使螺旋副的滑动摩擦变为滚动摩擦,从而减小摩擦,提高传动效率。这种螺旋传动称为滚动螺旋传动,又称为滚珠丝杠副。

1. 滚珠丝杠的分类

(1) 按用途分。

1) 定位滚珠丝杠　通过螺旋角度和导程控制轴向位移量,称为P类滚珠丝杠。

2) 传动滚珠丝杠　用于传递运动的滚珠丝杠,称为T类滚珠丝杠。

(2) 按滚珠的循环方式分为:

1) 外循环滚珠丝杠　滚珠在循环回路中脱离螺杆的滚道,在螺旋滚道外进行循环。常见的外循环形式有螺旋槽式和插管式。

图3-4-11所示为螺旋槽式外循环滚动螺旋。这是在螺母的外表面上铣出一个供滚珠返回的螺旋槽,其两端钻有圆孔,与螺母上的内滚道相通。在螺母的滚道上装有挡珠器,引导滚珠从螺母外表面上的螺旋槽返回滚道,循环到工作轨道的另一端。这种结构的加工工艺性比内循环滚珠丝杠好,故应用较广,其缺点是挡珠器的形状复杂且容易磨损。

图3-4-12所示为插管式外循环滚动螺旋。它是在用导轨作为返回轨道,导管的端部插入螺母孔中,与工作滚道的始末相通。当滚珠沿工作轨道运行到一定位置时,遇到挡珠器迫使其进入返回轨道(导管内),循环到工作滚道的另一端。这种结构的工艺性较好,但返回滚道凸

出于螺母外面，不便在设备内部安装。

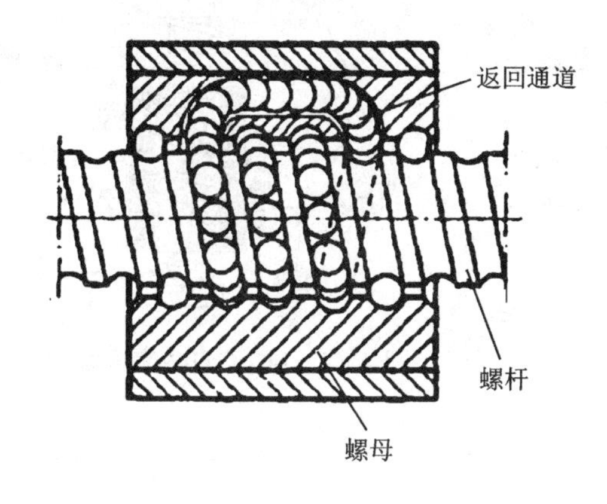

图 3-4-11　螺旋槽式外循环滚动螺旋机构

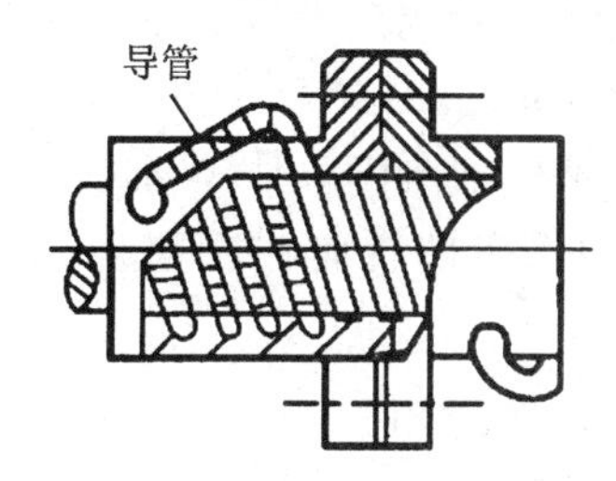

图 3-4-12　插管式外循环滚动螺旋机构

2）内部循环滚珠丝杠　如图 3-4-13 所示为内部循环滚动螺旋。

滚珠在循环回路中始终和螺杆接触，螺母上开有侧孔，孔内装有反向器将相邻两螺纹滚道连通，滚珠越过螺纹顶部进入相邻轨道，形成一个循环回路。一个螺母常配有 2～4 个反向器。当螺母上有两个循环滚道时，两个反向器在圆周上相隔 180°；当螺母上有三个封闭循环滚道时，三个反向器在圆周上两两相隔 120°。内循环的每一个滚道只有一圈滚珠，滚珠的数量较少，因此流动性好、摩擦损失小、传动效率高、径向尺寸小。但反向器以及螺母上定位孔的加工要求较高。

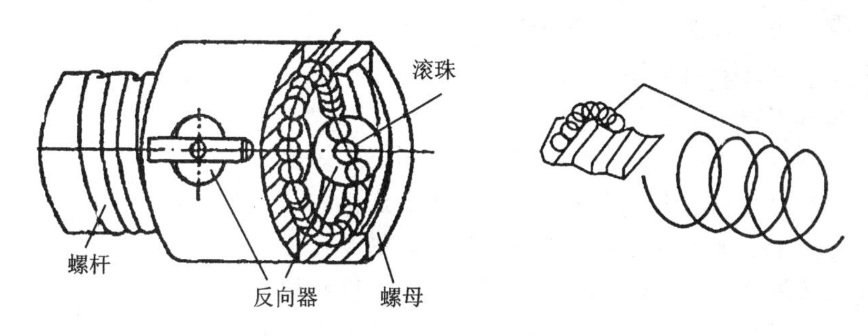

图 3-4-13　内部循环滚动螺旋机构

（3）滚珠丝杠的特点及应用

滚珠丝杠的优点：

① 滚动摩擦系数小，传动效率高，其效率可达 90%以上，摩擦系数 $f=0.002\sim0.005$；

② 摩擦系数与速度的关系不大，故启动扭矩接近运转扭矩，工作较平稳；

③ 磨损小且寿命长，可用调整装置调整间隙，传动精度与刚度均得到提高；

④ 不具有自锁性，可将直线运动变为回转运动。

滚珠丝杠的优点：

① 结构复杂，制造困难；

② 在需要防止逆转的机构中，要加自锁机构；

③ 承载能力不如滑动螺旋传动大。

滚珠丝杠多用在车辆转向机构及对传动精度要求较高的场合，如飞机机翼和起落架的控制驱动、大型水闸闸门升降驱动及数控机场的进给机构等。图3-4-14所示为CA109汽车循环球式转向器,其采用了内部循环滚珠丝杠传动,提高了传动效率。

方向盘带动传动轴和螺杆旋转,通过循环球带动转向螺母沿着螺杆轴向移动。螺母的一个平面上加工出齿条,与齿扇轴上的齿扇相啮合,当转向螺母沿着螺杆轴向移动时,推动齿扇绕其自身轴线摆动,带动汽车的转向摇臂摆动二实现了汽车的转向。

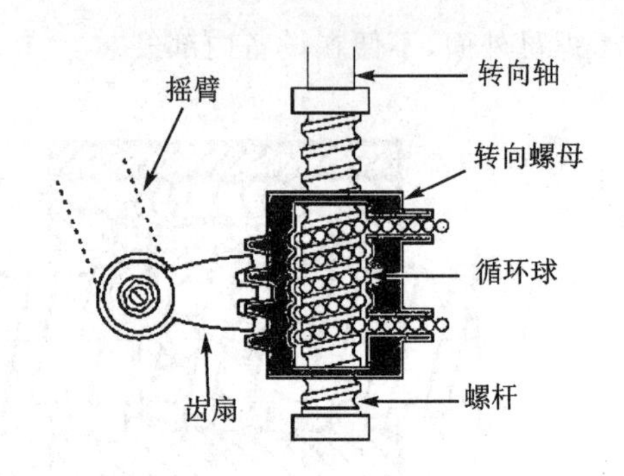

图3-4-14 CA109汽车转向机构

[习题]

3-4-1 填空题

(1) 螺纹连接的防松,其根本问题在于防止________转动 。

(2) 圆柱普通螺纹的公称直径是指螺纹的________径。

(3) 圆柱普通螺纹的牙型角为________度。

(4) 螺纹按线数来分,可分为单线螺纹和________。

(5) 螺纹按牙型来分,可分为三角形螺纹、矩形螺纹、________和锯齿形螺纹。

(6) 螺纹连接的防松措施有________、机械防松、化学防松和永久防松。

3-4-2 判断题

(1) 一般连接多用细牙螺纹。( )

(2) 管螺纹是用于管件连接的一种螺纹。( )

(3) 三角形螺纹主要用于传动。( )

(4) 梯形螺纹主要用于连接。( )

(5) 金属切削机床上丝杠的螺纹通常都是采用三角螺纹。( )

(6) 双头螺柱连接适用于被连接件厚度不大的连接。( )

(7) 螺栓连接用于被连接件之一不适于打通孔的场合。( )

(8) 螺柱连接适用于被连接件之一太厚且不经常拆卸的场合。( )

(9) 带传动的张紧轮一般放置在松边内侧且靠近大带轮处。( )

(10) 螺纹连接预紧的目的是增强螺纹连接的刚性,提高紧密性和可靠性。( )

3-4-3 选择题

(1) 在常用的螺旋传动中,传动效率最高的螺纹是( )。

A. 三角形螺纹　　B 梯形螺纹　　C. 锯齿形螺纹　　D. 矩形螺纹

(2) 当两个被连接件之一太厚,不宜制成通孔,且连接不需要经常拆卸时,往往采用( )。

A. 螺栓连接　　B. 螺钉连接　　C. 双头螺柱连接　　D. 紧定螺钉连接

(3) 在常用的螺纹连接中,自锁性能最好的螺纹是( )。

A. 三角形螺纹　　B. 梯形螺纹　　C. 锯齿形螺纹　　D. 矩形螺纹

(4) 承受横向载荷的紧螺栓连接,该连接中的螺栓受( )作用。

A. 剪切　　B. 拉伸　　C. 剪切和拉伸　　D. 压应力

(5) 连接螺纹要求( ),传动螺纹要求( )。

A. 易于加工　　B. 效率高　　C. 自锁性好　　D. 螺距大

(6) 公制普通螺纹的牙型角为(　　)。

A. 30°　　B. 55°　　C. 60°

(7) 具有相同公称直径和螺距并采用相同的配对材料的传动螺旋副中传动效率最高的是(　　)。

A. 单线矩形螺纹　　B. 单线梯形螺纹　C. 双线矩形螺纹　　D. 双线锯齿形螺纹

(8) 常用于被连接件之一太厚不易制成通孔,且需要经常拆卸的场合的螺纹连接是(　　)。

A. 螺栓连接　　B. 双头螺柱连接　C. 螺钉连接　　D. 紧定螺钉连接

(9) 双线螺杆的螺距为 3 mm,当螺杆转动 180°时,螺母移动的距离是多少?(　　)

A. 1.5 mm　　B. 1.8 mm　　C. 3 mm　　D. 2 mm

3-4-4　简答题

(1) 试说明普通螺纹、管螺纹、传动螺纹的特点及螺纹的基本参数。

(2) 如何判断螺纹的旋向? 螺纹的导程和螺距是什么关系?

项目四　汽车轴系零部件

☞ 案例导入

轴是组成机器的重要零件之一。用于支承做回转运动或摆动的零件，使其有确定的工作位置。它的结构和尺寸是由被它支承的零件和支承它的轴承的结构和尺寸决定的，轴是重要的非标准零件。

轴是汽车机械中重要的支撑和传递运动和力的零件，例如车轮、变速器齿轮、带轮、链轮等各种作回转运动的零件，都必须装在轴上，才能正常运转。

任务一　汽车手动变速器轴

教学目标

- 掌握轴的分类及功用；
- 掌握轴类零件的结构设计。

图 4－1－1 所示的汽车手动变速机构中有很多轴类零件，其中输入轴、输出轴、倒挡轴等。汽车手动变速机构就是靠这些轴和齿轮等零部件相配合来实现汽车变速。

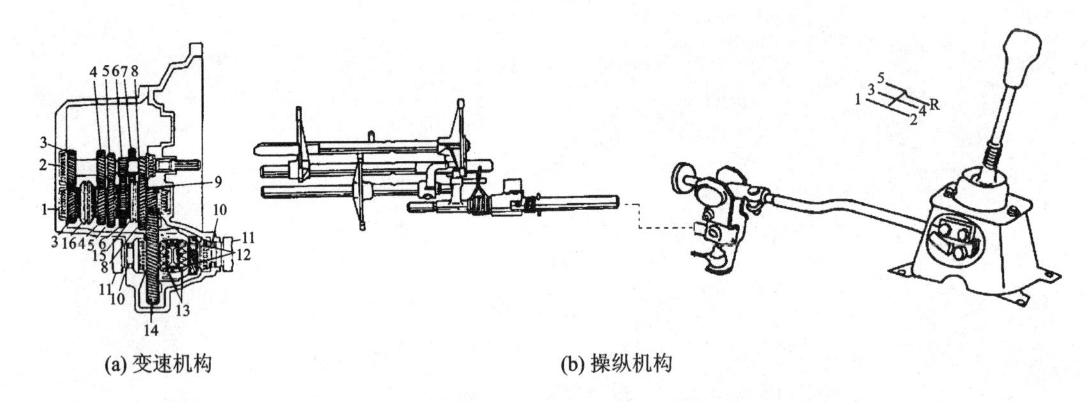

(a) 变速机构　　(b) 操纵机构

图 4－1－1　汽车手动变速机构的操纵机构和变速机构

一、轴的分类

(一) 按承受载荷的不同分

1. 传动轴

传动轴是指只承受转矩、不承受弯矩或受很小弯矩的轴。图 4－1－2 所示为汽车的传动轴。

2. 心　轴

心轴通常指只承受弯矩而不承受转矩的轴。心轴按其是否转动可分为转动心轴和固定心

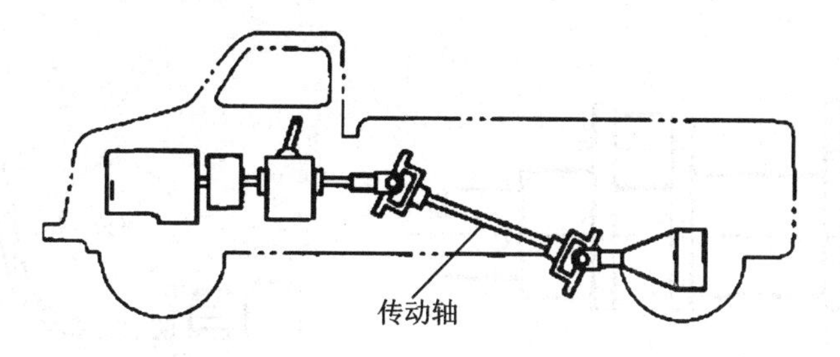

图 4-1-2　传动轴

轴。图 4-1-3(a)所示为车辆的转动心轴;图 4-1-3(b)所示为自行车前轮的固定心轴。在静载荷作用下,固定心轴产生静应力,转动心轴产生对称循环变应力。

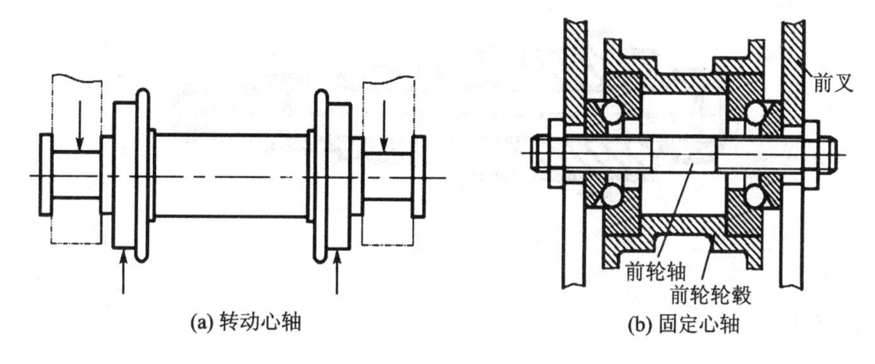

(a) 转动心轴　　(b) 固定心轴

图 4-1-3　心　轴

3. 转　轴

转轴是既承受弯矩又承受转矩的轴。转轴在各种机器中最为常见,如齿轮轴。图 4-1-4 所示齿轮减速器中的轴都是转轴。

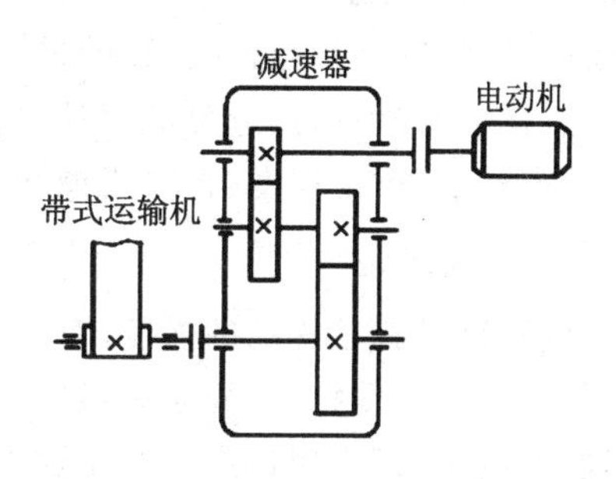

图 4-1-4　转　轴

(二) 按照外形来分

按照外形,轴可分为光轴(如图 4-1-5(a)所示)和阶梯轴(如图 4-1-5(b)所示)。

(三) 按照轴线形状来分

按照轴线形状轴可分为直轴(如图 4-1-5(a)所示)、曲轴(如图 4-1-6(a)所示)和软轴(如图 4-1-6(b)所示)。

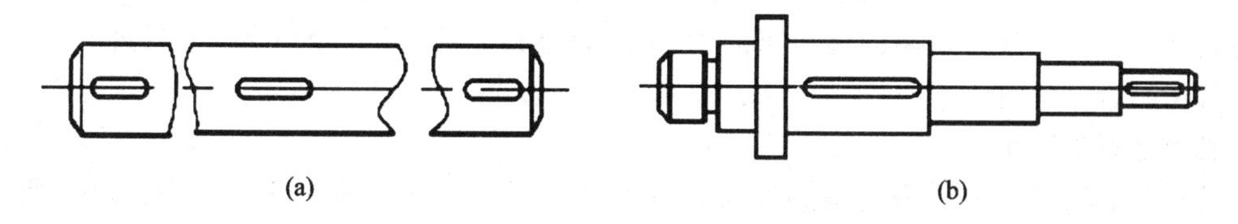

(a)　　(b)

图 4-1-5　按轴外形分类

(四) 按照心部结构来分

按照心部结构,轴可分为实心轴(如图 4-1-5 所示)和空心轴(如图 4-1-7 所示)。

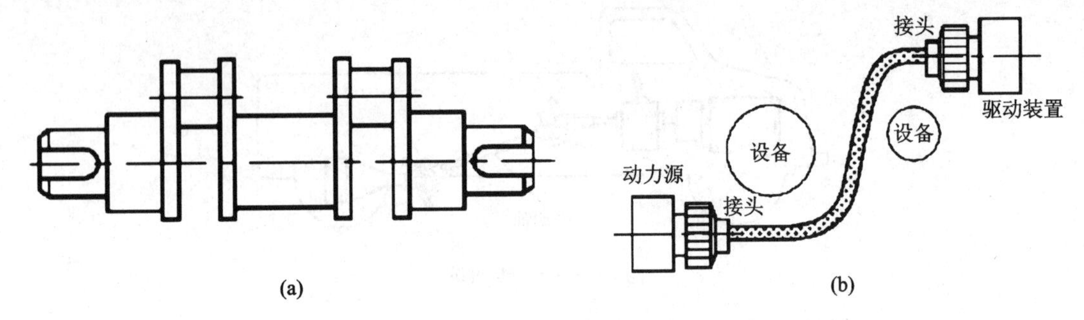

图 4-1-6 按轴线形状分类

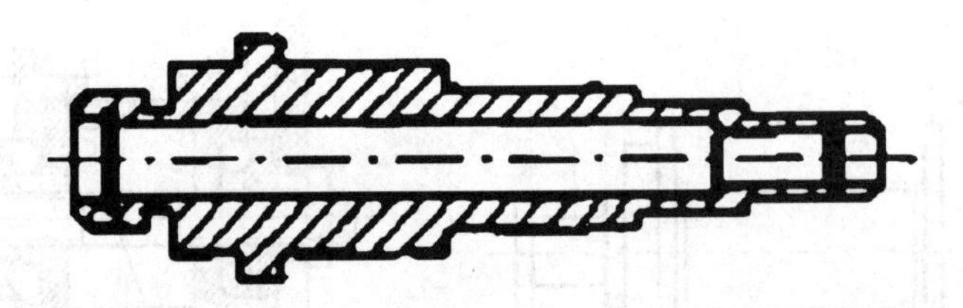

图 4-1-7 空心轴

二、轴的材料

由于轴工作时产生的应力多为变应力,所以轴的失效多为疲劳损坏,因此轴的材料应具有足够的抗疲劳强度、较小的应力集中敏感性和良好的加工性。轴与滑动轴承发生相对运动的表面应具有足够的耐磨性。轴的常用材料是碳素钢、合金钢、球墨铸铁和高强度铸铁。

选择轴的材料时,应考虑轴所受载荷的大小和性质、转速高低、周围环境、轴的形状和尺寸、生产批量、重要程度、材料机械性能及经济性等因素,选用时须注意以下几点。

(一) 碳素钢

碳素钢具有足够高的强度,对应力集中敏感性较低,便于进行各种热处理及机械加工,价格低、供应充足等特点,故应用最广。优质中碳钢 30、40、45、50 钢常用于比较重要和承载较大的轴,尤以 45 钢应用最广。对于这类钢可通过调质或正火等热处理方法改善和提高其力学性能。普通碳素钢 Q235、Q275 可用于不重要或承载较小的轴。

(二) 合金钢

合金钢具有良好的综合力学性能和热处理性能,所以对承载很大而重量、尺寸受限制或有较高强度、耐磨性、较强耐腐蚀性要求的轴,多用合金钢制造,并进行必要的热处理。

常用的合金钢有 12CrNi2、12CrNi3、20Cr、40Cr、38SiMnMo 等。

必须注意如下事项:

(1) 合金钢对应力集中的敏感性高,且价格高,所以合金钢轴的结构形状必须合理,否则就失去用合金钢的意义。

(2) 在一般工作温度下,合金钢和碳素钢的弹性模量十分接近,故用合金钢代替碳素钢不能达到提高刚度的目的,此时应通过增大轴径、改变结构或减小跨距等方式来解决。

(3) 各种热处理、化学处理及表面强化处理(如喷丸、滚压等),可以显著提高碳素钢或合金钢制造的轴的疲劳强度及耐磨性,但对其刚度影响很小。合金钢只有进行热处理后才能充分显示其优越的力学性能。

(三) 球墨铸铁和高强度铸铁

球墨铸铁和高强度铸铁的机械强度比碳素钢低，但因铸造工艺性且好，适合于制造外形复杂的轴(如曲轴、凸轮轴等)，其价格低廉，强度较高，具有良好的吸振性，耐磨性和易切削性好，对应力集中敏感性低，故应用日趋增多。但铸件质量不易控制，可靠性差。

三、轴的结构设计

轴的结构设计就是根据轴的受载情况和工作条件确定轴的形状和全部结构尺寸。轴结构设计的总原则是：在满足工作能力的前提下，力求轴的尺寸小，重量轻，工艺性好。

(一) 轴的各部分名称

图 4-1-8 所示的轴上被轴承支承的部分称为轴颈(①和⑤处)；与传动轮(带轮、齿轮、联轴器)轮毂配合的部分称为轴头(④和⑦处)；连接轴颈和轴头的非配合部分称为轴身(⑥处)。阶梯轴上直径变化处叫作轴肩，起轴向定位作用。图中⑥与⑦间的轴肩使联轴器在轴上定位；①与②间的轴肩使左端滚动轴承定位；③处为轴环。

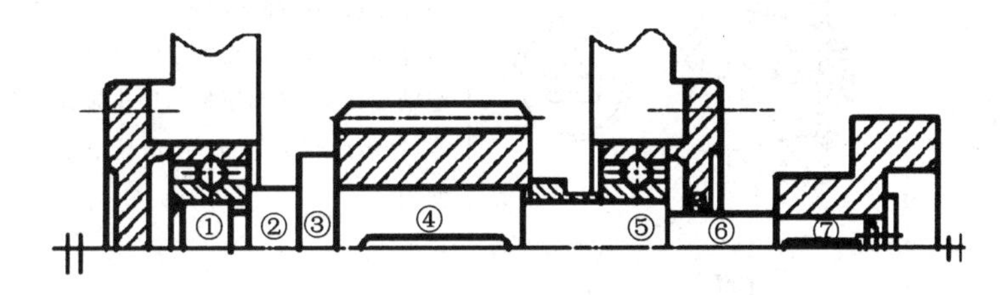

图 4-1-8　轴的组成

(二) 轴上零件的轴向固定

轴上零件的轴向固定是为了防止在工作中零件沿轴向窜动。

零件的轴向固定可采用轴肩、轴环、套筒、圆螺母、轴端挡圈、弹性挡圈、紧定螺钉等方式，其结构形式、特点与应用如表 4-1-1 所列。

表 4-1-1　轴上零件的轴向固定方法

序　号	固定方法	简　图	特点及应用
1	轴肩、轴环	h　C　r　D　d b　R　r　h　D　d	固定简单可靠，不需要附加零件，能承受较大轴向力。广泛应用于各种轴上零件的固定。但这种方法会使轴径增大，阶梯处形成应力集中。为了使轴上零件与轴肩贴合，轴上圆角半径 r 应小于零件毂孔的圆角半径 R 或倒角高度 C，同时还须保证轴肩高度大于零件毂孔的圆角半径 R 或倒角高度 C。一般取轴肩高度 $a\approx(0.07\sim0.1d+(1\sim2)$mm，轴环宽度 $b\approx1.4a$

续表 4-1-1

序号	固定方法	简图	特点及应用
2	套筒	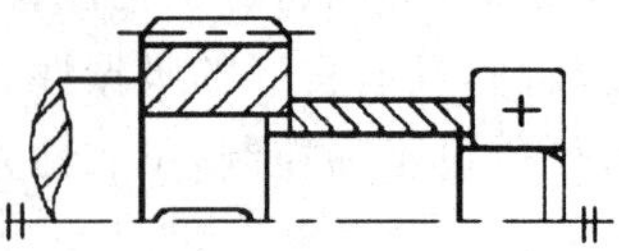	简单可靠,简化了轴的结构且不削弱轴的强度。常用于轴上两个近距离零件间的相对固定,不宜用于高速转轴。为了使轴上零件与套筒紧紧贴合,轴头应较轮毂长度短1 mm~2 mm
3	圆螺母	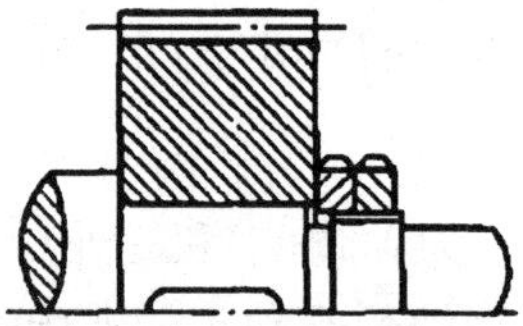	固定可靠,可承受较大的轴向力,能实现轴上零件的间隙调整。用于固定轴中部的零件时,可避免采用过长的套筒,以减轻重量。但轴上须切制螺纹和退刀槽,应力集中较大,故常用于轴端零件固定。为减小对轴强度的削弱,常用细牙螺纹。为防止松动,须加止动垫圈或使用双螺母
4	圆锥面和轴端挡圈	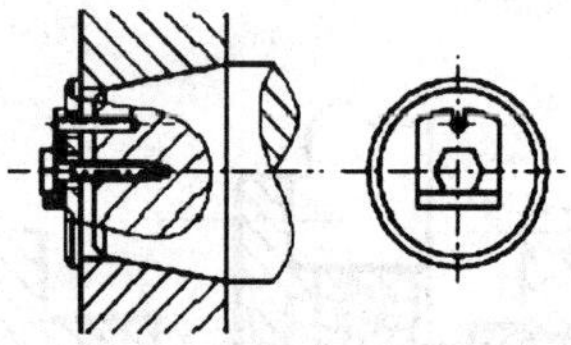	用圆锥面配合装拆方便,且可兼做周向固定,能消除轴和轮毂间的径向间隙,能承受冲击载荷,只用于轴端零件固定,常与轴端挡圈联合使用,实现零件的双向固定轴端挡圈(又称压板),用于轴端零件的固定,工作可靠,能承受较大轴向力,应配合止动垫片等防松措施使用
5	弹性挡圈	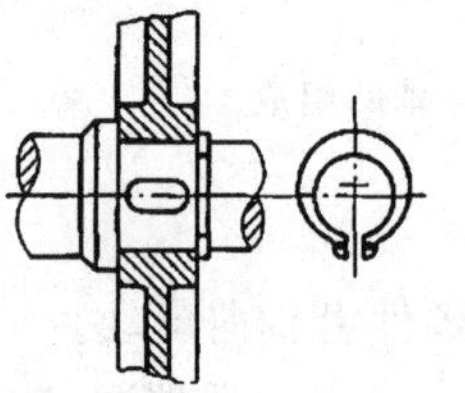	结构简单紧凑,装拆方便,但轴向承受力较小,且轴上切槽将引起应力集中。可靠性差,常用于轴承的轴向固定。轴用弹性挡圈的结构尺寸见GB/T 894.1—1986
6	轴端挡板	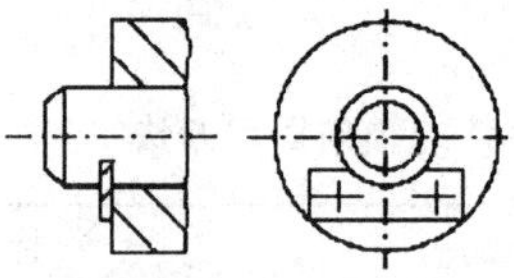	适用于心轴轴端零件的固定,只能承受较小的轴向力
7	挡环、紧定螺钉	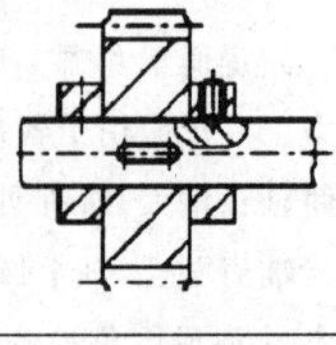	挡环用紧定螺钉与轴固定,结构简单,但不能承受大的轴向力紧定螺钉适用于轴向力很小、转速很低或仅为防止偶然轴向滑移的场合。同时可起周向固定的作用
8	销连接	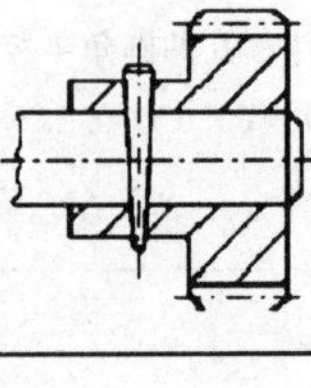	结构简单,但轴的应力集中较大,用于受力不大,同时需要轴向和周向固定的场合

(三) 轴上零件的周向固定

为了传递运动和转矩，防止轴上零件与轴在圆周切线方向上做相对运动，轴上零件的周向固定必须可靠。常用的周向固定方法有键、花键、销、过盈配合、成形等链接，如图 4-1-9 所示。

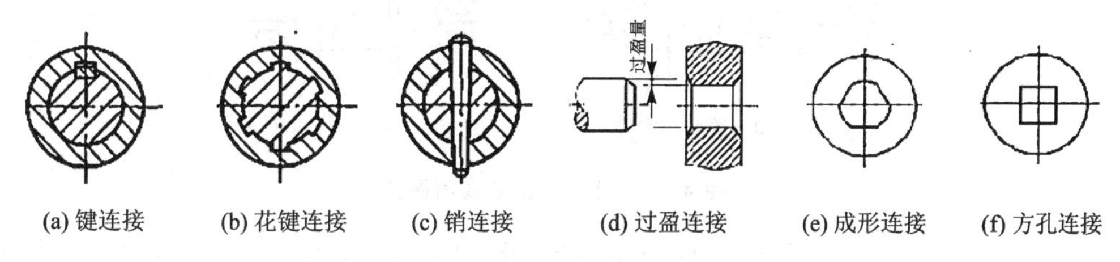

(a) 键连接　(b) 花键连接　(c) 销连接　(d) 过盈连接　(e) 成形连接　(f) 方孔连接

图 4-1-9　轴上零件的周向固定

(四) 影响轴结构的一些因素

轴的结构设计应满足以下准则：轴上零件相对于轴必须有可靠的轴向固定和周向固定；轴的结构要便于加工，轴上零件要便于装拆；轴的结构要有利于提高轴的疲劳强度。

1. 轴的加工工艺性

为使轴具有良好的加工工艺性，应注意以下几点：

(1) 轴直径变化尽可能小，并尽量限制轴的最小直径与各段直径差，这样既可以节省材料又可以减少切削加工量。

(2) 轴上有磨削或需要切螺纹处，应留砂轮越程槽和螺纹退刀槽(如图 4-1-10 所示)，以保证加工完整。

(3)应尽量使轴上同类结构要素(如过渡圆角、倒角、键槽、越程槽、退刀槽及中心孔等)的尺寸相同，并符合标准和规定；如数个轴段上有键槽，应将它们布置在同一母线上，以便于加工。

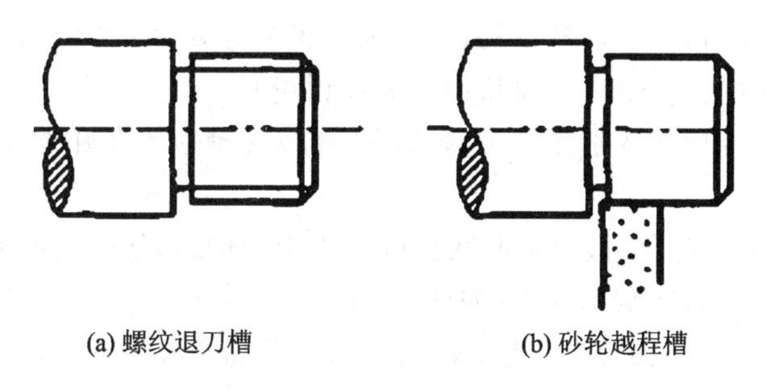

(a) 螺纹退刀槽　(b) 砂轮越程槽

图 4-1-10　砂轮越程槽及螺纹退刀槽

2. 轴的装配工艺性

为使轴具有良好的装配工艺性，常采取以下措施：

(1) 为了便于轴上零件的装拆和固定，常将轴设计成阶梯形，如图 4-1-8 所示。

(2) 为了便于装配，轴端应加工出 45°或 30°(60°)倒角，过盈配合零件装入端常加工出导向锥面。

3. 改善轴的受力状况，减小应力集中

合理布置轴上零件可以改善轴的受力状况。在图 4-1-11(b)中，大齿轮和卷筒连成一体，转矩经大齿轮直接传给卷筒，故卷筒轴只受弯矩而不传递扭矩，在起重同样载荷 W 时，轴

的直径可小于图4-1-11(a)所示的结构。

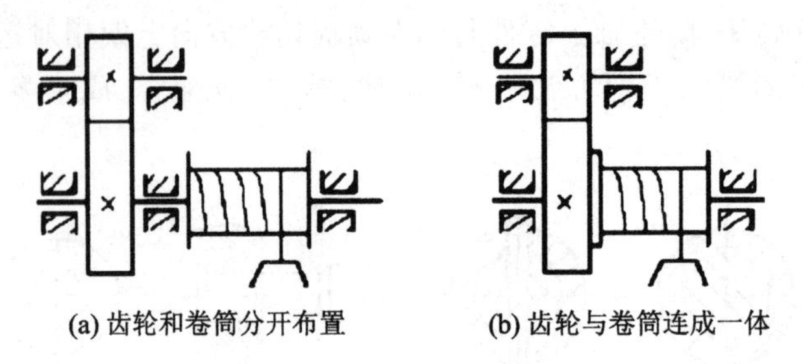

图4-1-11 起重机卷筒图

再如图4-1-12所示,给定轴的两种布置方案,当动力从几个轮输出时,为了减少轴上载荷,应将输入轮布置在中间,如图4-1-12(b)所示,这时轴的最大转矩为 T_1-T_2,而图4-1-12(a)所示的最大转矩为 T_1。

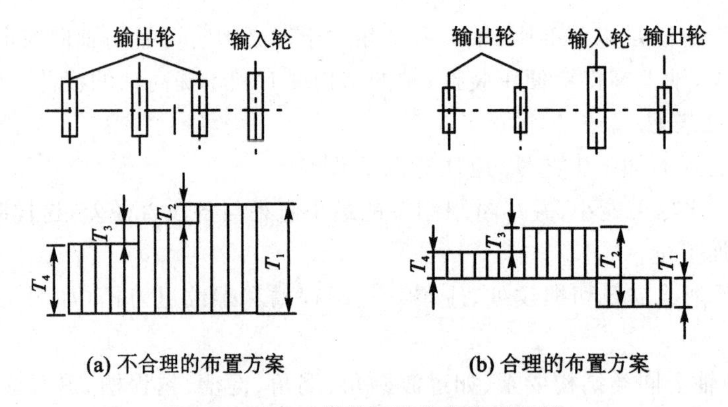

图4-1-12 轴的两种方案布置比较

改善轴的受力状况的另一重要方面就是减少应力集中。应力集中常常是产生疲劳裂纹的根源。为了提高轴的疲劳强度,应从结构设计、加工工艺等方面采取措施,减小应力集中,对于合金钢轴尤其应注意这一要求(以下仅从结构方面讨论)。

(1) 要尽量避免在轴上(特别是应力较大的部位)安排应力集中严重的结构,如螺纹、横孔、凹槽等。

(2) 当应力集中不可避免时,应采取减少应力集中的措施,如适当增大阶梯轴轴肩处圆角半径、在轴上或轮毂上设置卸载槽安全(如图4-1-13(a)、图4-1-13(b)所示)等。由于轴上零件的端面应与轴肩定位面靠紧,使得轴的圆角半径常常受到限制,这时可采用凹切圆槽(如图4-1-13(c)所示)或过渡肩环(如图4-1-13(d)所示)等结构。

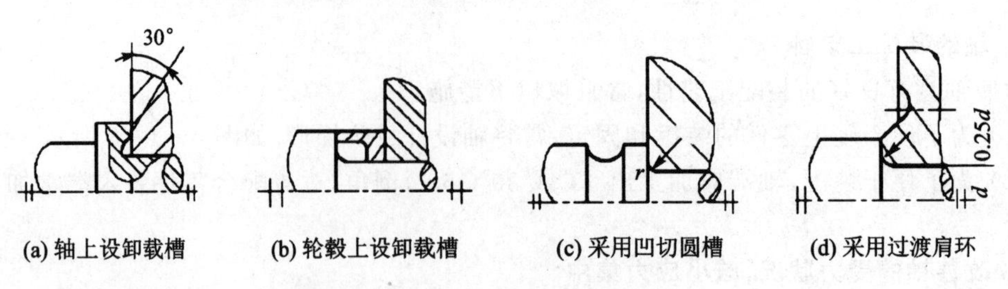

图4-1-13 减小应力集中的结构

(3) 键槽端部与轴肩距离不宜过小，以避免损伤过渡圆角，减少多种应力集中源重合的机会。

四、轴毂连接

轴毂连接的目的是使轴上零件能同轴一起转动，并传递转矩。轴毂连接有键连接、花键连接、过盈配合连接、无键连接、销连接和紧定螺钉连接等。

(一) 键连接的类型

键是标准件，分为平键、半圆键、楔键等，有关标准均可从《机械设计手册》中查得。

1. 平　键

平键的两侧面是工作面。这种键连接定心性好，装拆方便，能承受冲击或变载荷。工作时靠键与键槽互相挤压与键的剪切传递转矩。键连接按用途分为普通平键、导向平键和滑键三种。

普通平键(如图 4-1-14 所示)应用最广，构成静连接。普通平键按端部形状不同分为 A 型(圆头)、B 型(方头)、C 型(单圆头)三种。A 型键和 C 型键在轴上的键槽用端铣刀加工，B 型键在轴上的键槽用盘状铣刀加工。与 B 型键相比，A 型键在键槽中易于固定，但轴上键槽的应力集中较大。C 型键常用于轴端处。

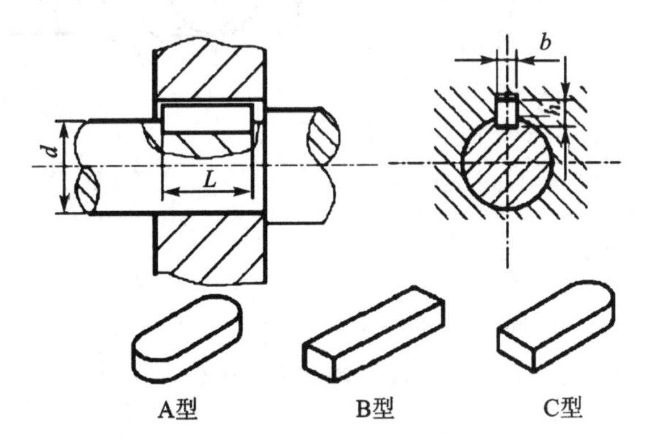

图 4-1-14　普通平键连接

导向平键(如图 4-1-15 所示)用于动连接，由于键较长，需要用螺钉将键固定在键槽中。为了拆卸方便，在键上设置起键螺孔。

滑键(如图 4-1-16 所示)固定在轮毂上，与轮毂一起可沿轴上键槽移动，适用于轮毂沿轴向移动距离较长的场合。

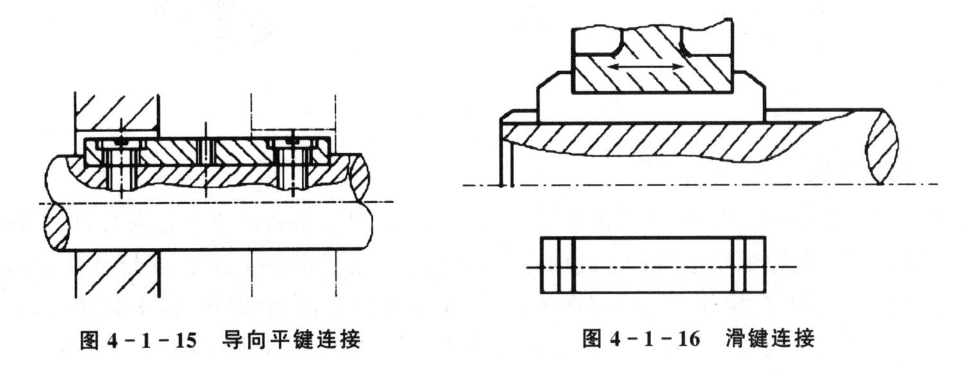

图 4-1-15　导向平键连接　　**图 4-1-16　滑键连接**

2. 半圆键

半圆键也是以两侧面为工作面(如图4-1-17所示),用于静连接。半圆键能在轴上键槽中摆动,以适应轮毂键槽底面的倾斜,便于安装且有良好的自位作用。缺点是键槽较深,对轴的强度削弱较大,只适用于轻载连接,常用在锥形轴端与毂孔的连接中,参见图4-1-17。

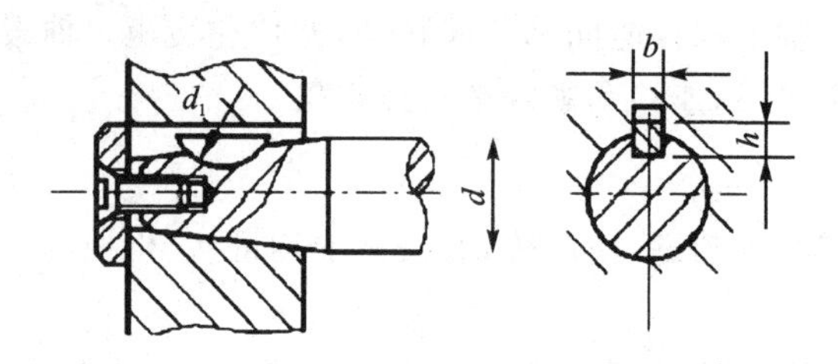

图4-1-17 半圆键连接

3. 楔 键

楔键(如图4-1-18所示)上下面是工作面,常用的有普通楔键和钩头楔键两种。键的上表面和轮毂键槽底面各具有1:100的斜度,装配时把楔键打入轴和轮毂的键槽内,使在工作面上产生很大的压紧力 F_N。工作时主要靠楔紧的摩擦力 μF_N 传递转矩,并能承受单方向的轴向力。由于楔键打入时迫使轴和轮毂产生偏心,故多用于对中性要求不高、载荷平稳和转速较低的场合。

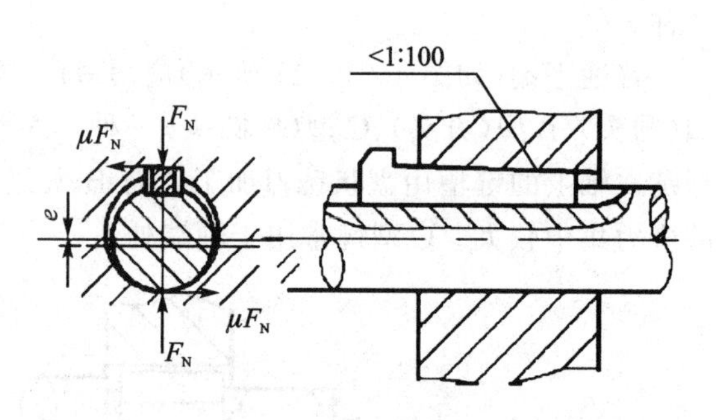

图4-1-18 普通楔键

4. 切向键

切向键是用两个普通楔的斜面拼装而成,工作面为上下两个平面,如图4-1-19所示。若采用一个切向键连接,则传递单方向上的转矩;若采用两个切向键连接,其分布呈120°,能传递双向的转矩。

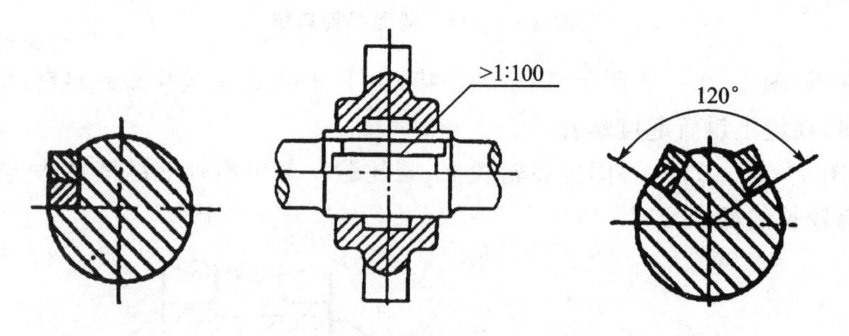

图4-1-19 切向键连接

(二) 花键连接

如图4-1-20所示,当轴、毂连接传递的载荷较大或对定心精度要求较高时,可采用花键连接。花键连接由花键轴和轮毂孔上的内花键齿组成。与平键连接相比,花键连接的齿对称布置,对中性、导向性、载荷分布的均匀性都较好,而且齿数多,接触面积大,承载能力高,尤其广泛应用于轴毂动连接中。其缺点是加工花键需要专门设备,制造比较复杂,成本高。

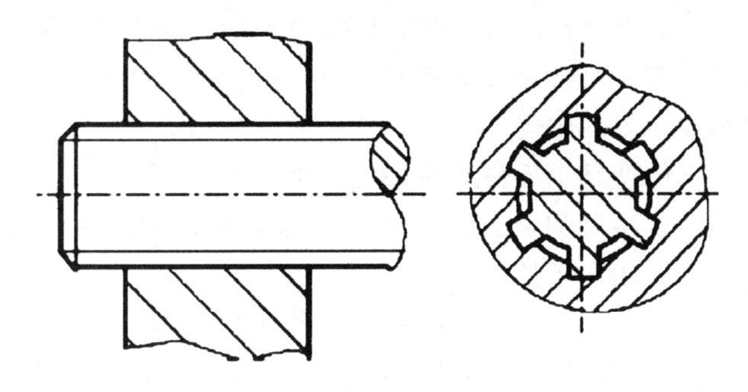

图 4-1-20　花键连接

花键连接按其齿形不同，可分为常用的矩形花键和强度高的渐开线花键。

1. 矩形花键

矩形花键的定位配合方式主要有大径定心、小径定心两种方式，采用大径定心(如图 4-1-21(a)所示)配合方式，内花键大径通常在淬火处理前加工完成，在淬火后无法对内花键大径进行修整。由于热处理变形，造成内花键孔精度难以保证，容易导致在装配过程中内、外花键出现较大的配合间隙。而小径定心方式，具有加工工艺性好、稳定性高，加工精度易于保证的特点，并能采用热处理后进行磨削的工艺方案，使得花键获得较高的加工精度。

矩形花键已标准化，对大径为 ϕ14 mm～ϕ125 mm 的矩形花键连接，GB/T 1144—1987 规定以小径定心，如图 4-1-21(b)所示。

2. 渐开线花键

渐开线花键两侧曲线为渐开线，其压力角规定有 30°，45°两种。前者用于轻载、小直径或薄壁零件的连接；后者用于重载场合，并可用加工齿轮的方法加工。渐开线花键的定位配合采用齿形定心方式，如图 4-1-22 所示。渐开线花键根部强度大，应力集中小，承载能力大。

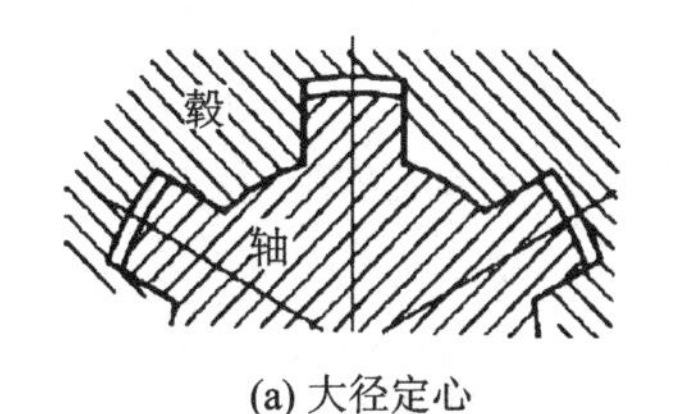

(a) 大径定心

毂
轴

(b) 小径定心

图 4-1-21　矩形花键连接

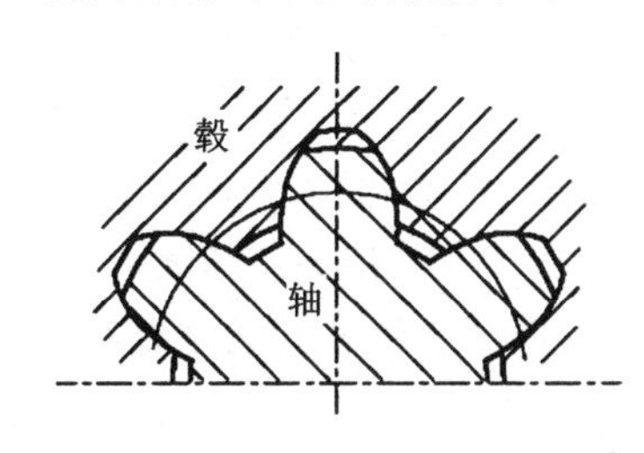

图 4-1-22　渐开线花键连接

[习题]

4-1-1　填空题

(1) 当轴上需要切制螺纹时，应设有________槽。

(2) 楔键的工作面是____________面，半圆键的工作面是____________面，平键的工作面是________面 。

(3) 只受弯矩不受扭矩的轴称为________。

(4) 轴是由________、轴头和轴身三部分组成。

4-1-2　判断题

(1) 焊接是一种不可以拆卸的连接。(　　)

(2) 周向固定的目的是防止轴与轴上零件产生相对转动。(　　)

(3) 轴上截面尺寸变化处,应加工为圆角过渡,目的是比较美观。(　　)

(4) 轴肩和轴环能对轴上零件起准确轴向定位作用。(　　)

(5) 平键连接可承受单方向轴向力。(　　)

(6) 普通平键连接能够使轴上零件周向固定和轴向固定。(　　)

(7) 键连接主要用来连接轴和轴上的传动零件,实现周向固定并传递转矩。(　　)

(8) 单圆头普通平键多用于轴的端部。(　　)

(9) 半圆键连接,由于轴上的键槽较深,故对轴的强度削弱较大。(　　)

(10) 键连接和花键连接是最常用的轴向固定方法。(　　)

(11) 销连接属可拆卸连接的一种。(　　)

(12) 轴上当不同轴段有几个键槽时应布置成相互位置成90°。(　　)

4-1-3　选择题

(1) 楔键的上表面和轮毂键槽的底部有(　　)的斜度。

A. 1∶100　　B. 1∶50　　C. 1∶20　　D. 1∶10

(2) 自行车的前轴是(　　)。

A. 心轴　　B. 转轴　　C. 传动轴

(3) 自行车的中轴是(　　)。

A. 心轴　　B. 转轴　　C. 传动轴

(4) 轴环的用途是(　　)。

A. 作为轴加工时的定位面　　B. 提高轴的强度

C. 提高轴的刚度　　D. 是轴上零件获得轴向定位

(5) 当轴上安装的零件要承受轴向力时,采用(　　)来进行轴向固定,所能承受的轴向力最大。

A. 螺母　　B. 紧定螺钉　　C. 弹性挡圈

(6) 阶梯轴应用最广的主要原因是(　　)。

A. 便于零件装拆和固定　　B. 制造工艺性好

C. 传递载荷大　　D. 疲劳强度高

(7) 楔键连接的主要缺点是(　　)。

A. 键的斜面加工困难　　B. 轴与轴上的零件对中性不好

C. 键不易安装　　D. 连接不可靠

(8) 普通平键连接的用途是使轴与轮毂之间(　　)。

A. 沿轴向固定并传递轴向力　　B. 沿周向固定并传递转矩

C. 同时传递轴向力和转矩　　D. 既沿轴向固定又沿周向固定

(9) 能构成松键连接的是下列哪两种连接?(　　)

A. 楔键和半圆键连接　　B. 平键和半圆键连接

C. 半圆键和切向键连接　　D. 楔键和切向键连接

4-1-4　简答题

(1) 轴按功能与受载荷的不同分为哪三种?

(2) 选择轴的结构和形状时应注意哪几个方面?

(3) 轴上零件的周向固定有哪些方法?轴向固定有哪些方法?

(4) 指出习题图4-1-1中轴系结构设计不合理及不完善的地方,并画出改正后的轴系结构图。

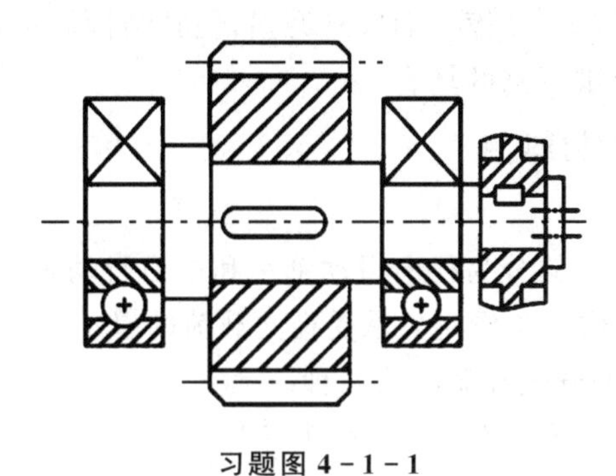

习题图 4-1-1

任务二　汽车轴承

教学目标

- 熟悉滑动轴承的结构和类型；
- 熟悉轴瓦的结构；
- 掌握滑动轴承的结构和类型；
- 掌握滚动轴承的结构和类型；
- 掌握滚动轴承的失效形式和润滑方式；
- 掌握滑动轴承和滚动轴承的选用。

机器中用来支承轴的部件称为轴承（如图 4-2-1 所示）。轴承是连接轴（颈）与机座（架、箱体）之间的中间零（组）件，其作用是支撑轴与轴上的零件，保持轴的旋转精度，减少转轴与支撑件间的摩擦和磨损。

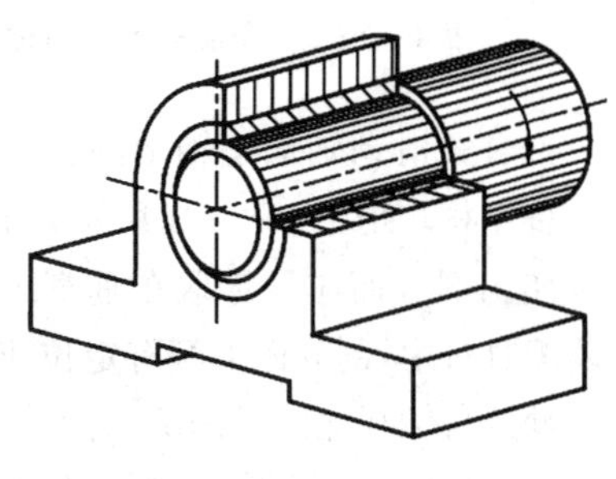

图 4-2-1　轴　承

根据轴承工作时的摩擦性质，轴承可分为滚动摩擦轴承（简称滚动轴承）和滑动摩擦轴承（简称滑动轴承）。

由于滚动轴承具有摩擦阻力较小，机械效率较高和标准化程度高等特点，使其在中、低转速以及精度要求较高的机械中得到广泛应用。但在许多情况下又必须采用滑动轴承，这是因为滑动轴承具有滚动轴承没有的特点。

一、滑动轴承

（一）滑动轴承的分类

滑动轴承工作表面的摩擦状态有液体摩擦和非液体摩擦之分。

摩擦表面完全被润滑油隔开的轴承称为液体摩擦滑动轴承（如图 4-2-2(a)所示）。这种轴承的摩擦发生在润滑油内部，是分子间相对运动的内摩擦，所以摩擦系数很小。由于轴承的摩擦表面不直接接触，因此避免了轴承金属表面的磨损，是理想的摩擦状态。但实现液体摩擦必须具备一定的条件，且要有较高的制造精度。一般多用于高速、精度要求较高或低速重载的场合。

摩擦表面不能被润滑油完全隔开的轴承称为非液体摩擦滑动轴承(如图4-2-2(b)所示)。这种轴承的摩擦系数较大,摩擦表面容易磨损,但其结构简单,制造、安装方便,因此用于转速一般、载荷不大、精度要求不高的场合。

(二) 滑动轴承的结构和材料

1. 滑动轴承的结构

滑动轴承按所受载荷的方向分为径向滑动轴承和推力滑动轴承。

(1) 径向滑动轴承的结构　工作时只承受径向载荷的滑动轴承称为径向滑动轴承。这类轴承的结构形式有整体式、剖分式和调心式三种。

图4-2-3所示为整体式滑动轴承,它由轴承座和轴瓦组成。轴瓦压装在轴承座孔中。轴承座用螺栓与机座连接,顶部设有安装注油油杯的螺纹孔。这种轴承的结构简单,成本低廉。但经摩擦表面磨损后,轴颈与轴瓦之间的间隙无法调整,且轴颈只能从端部装入,使装拆不便,所以整体式轴承常用于低速、轻载、间歇工作且不重要的场合。如手动机械、农业机械等。

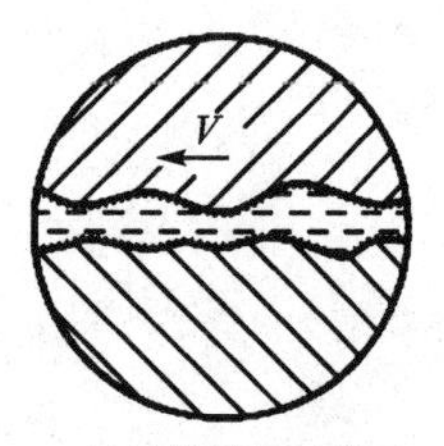

(a) 液体摩擦滑动轴承

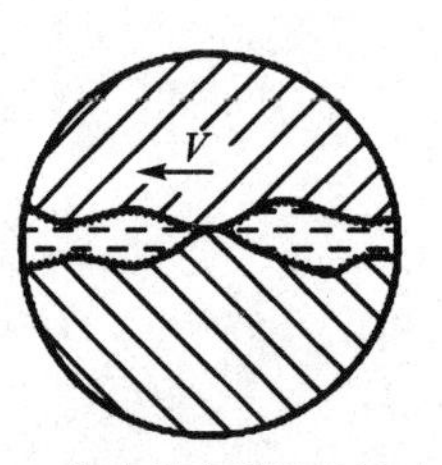

(b) 非液体摩擦滑动轴承

图4-2-2　滑动轴承的摩擦状态

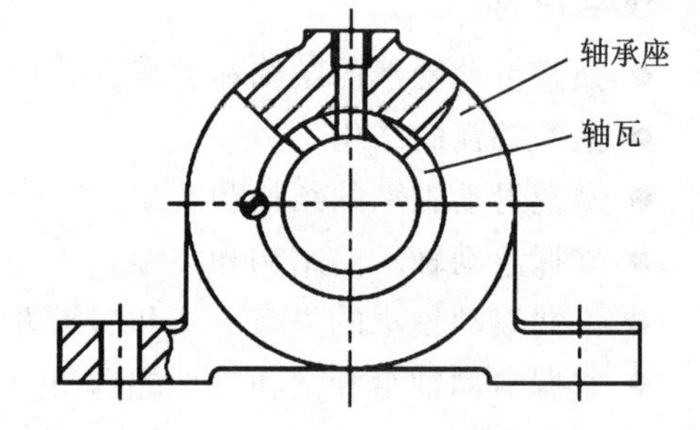

图4-2-3　整体式滑动轴承

剖分式滑动轴承是轴承的常见形式。如汽车发动机曲轴的主轴颈和连杆轴颈的支撑均采用这种结构(如图4-2-4所示),它由轴承座、轴承盖、剖分轴瓦、双头螺柱等组成。轴承盖与轴承座的剖分面应尽量取在垂直于载荷的直径平面内,为防止轴承盖和轴承座横向错位,并便于装配时对中,剖分面上开有定位止口,同时可通过放置于轴承盖与轴承座之间的垫片以调整磨损后轴颈与轴瓦之间的间隙。剖分式滑动轴承在拆装轴时,轴颈不需要轴向移动,故拆装方便。

图4-2-5所示为调心式滑动轴承,它利用轴瓦与轴承座间的球面配合使轴瓦可在一定角度范围内摆动,以适应轴受力后产生的弯曲变形,避免如图4-2-6所示的轴与轴承两端局部接触和局部磨损。但球面不易加工,故只用于轴承宽径比$b/d>1.5\sim1.75$的轴承。

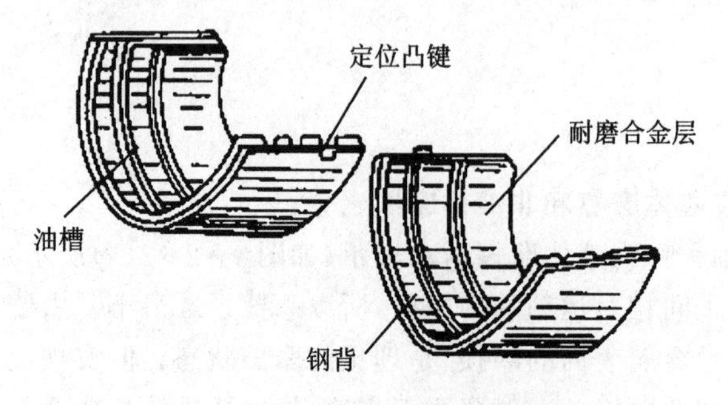

图4-2-4　曲轴连杆轴颈支撑

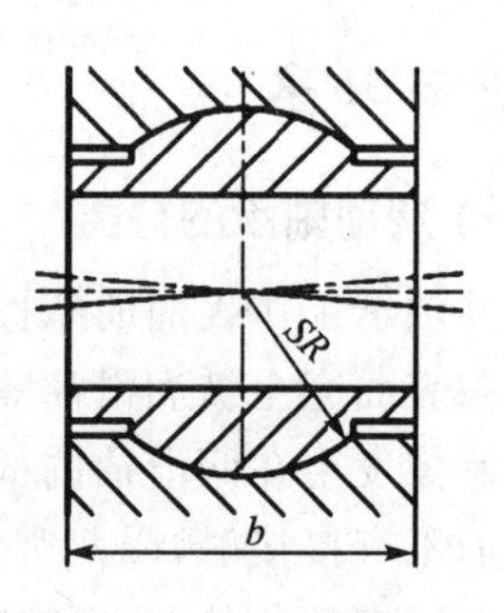

图4-2-5　调心式滑动轴承

（2）推力滑动轴承的结构　工作时主要承受轴向载荷的滑动轴承称为推力滑动轴承，如汽车发动机轴颈端面安装的止推片和翻边轴瓦，如图 4－2－7 所示。

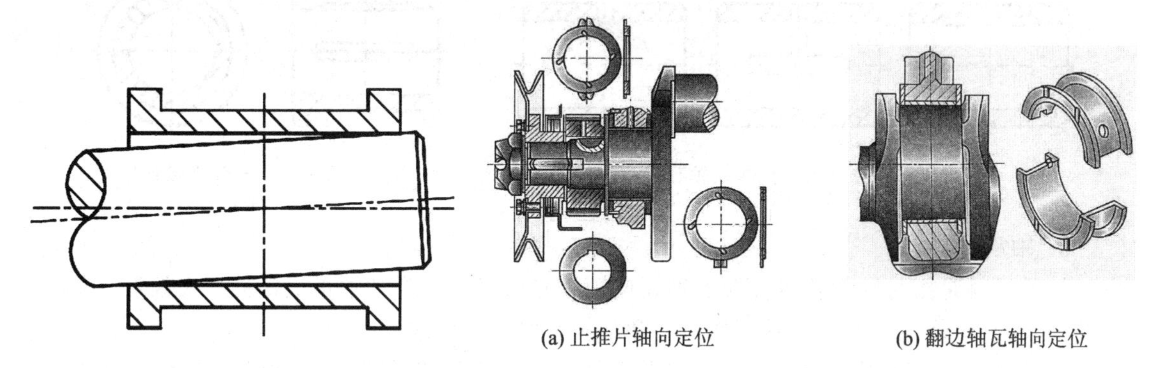

图 4－2－6　轴瓦端部局部接触

(a) 止推片轴向定位　(b) 翻边轴瓦轴向定位

图 4－2－7　汽车发动机主轴轴向定位

轴颈端面与止推轴瓦组成摩擦副。由于工作面上相对滑动速度不等，靠近边缘处，相对滑动速度大，磨损严重，易造成工作面上压强分布不均。所以常设计成如图 4－2－8(a)所示的空心轴颈或如图 4－2－8(b)所示的单环轴颈。当载荷较大时，可采用多环轴颈，如图 4－2－8(c)所示，这种结构的轴承能承受双向载荷。轴向接触环数目不宜过多，一般为 2～5 个，否则载荷分布不均现象更为严重。上述结构形式的轴向接触轴承不易形成液体动力润滑，通常处在非液体摩擦状态，故多用于低速、轻载的场合。

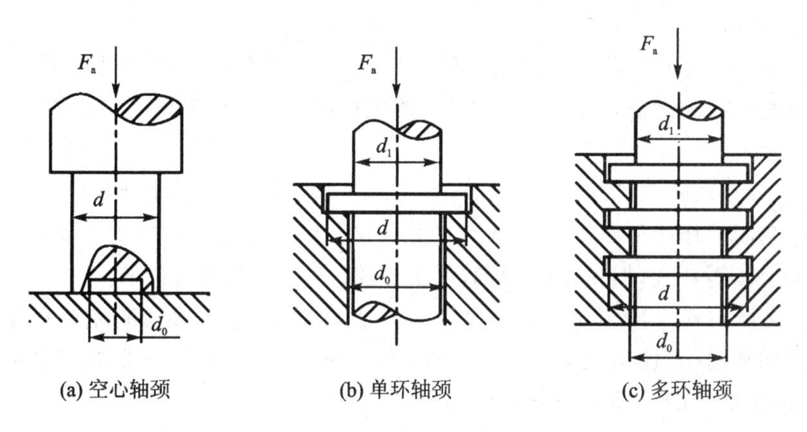

(a) 空心轴颈　(b) 单环轴颈　(c) 多环轴颈

图 4－2－8　推力滑动轴承

（3）轴瓦结构　轴瓦是轴承与轴颈直接接触的零件，对于重要轴承，在轴瓦内表面还浇铸一层减摩性能好的轴承衬。轴承衬应可靠地贴合在轴瓦基体表面上，为此可采用如图 4－2－9 所示的结合形式。轴瓦是滑动轴承的主要零件，有整体式（用于整体式轴承，如图 4－2－10 所示）和剖分式（用于剖分式轴承，如图 4－2－11 所示）。并在轴瓦上制出油孔与油沟，以便于给轴承加注润滑油，使摩擦表面得到润滑。油孔与油沟的位置应设置在不承受载荷的区域内。为

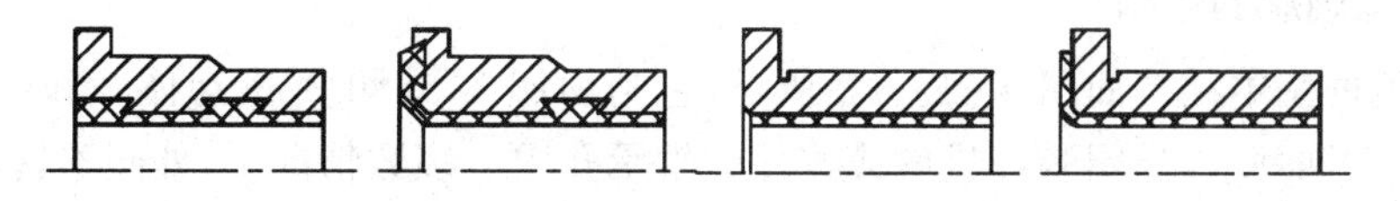

图 4－2－9　轴瓦与轴承衬结合形式

了使润滑油能均匀分布在整个轴颈上,油沟应有足够的长度,通常可取轴瓦长度的80%。

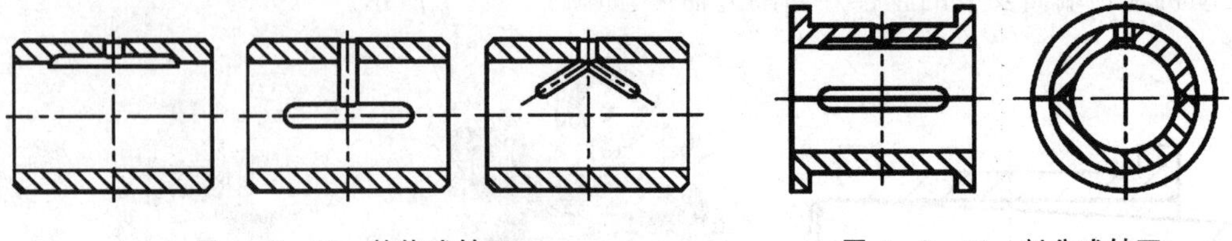

图4-2-10 整体式轴瓦　　图4-2-11 剖分式轴瓦

2. 轴承材料

轴承材料是指与轴颈直接接触的轴瓦或轴承衬的材料。滑动轴承最常见的失效形式是轴瓦磨损和胶合(烧瓦),所以对轴瓦的材料和结构有些特殊要求。

轴承材料应具有以下性能:足够的强度(包括抗压强度、疲劳强度);良好的减摩性、耐磨性和跑合性;较好的抗胶合性;较好的顺应性和嵌藏性;良好的导热性及加工工艺性等。

应该指出的是,任何一种材料很难全面满足这些要求。因此在选材料时,应根据轴承的具体工作条件,有侧重地选用较合适的材料。

常用的轴承材料有以下几种:

(1) 轴承合金(巴氏合金)　轴承合金有锡锑轴承合金和铅锑轴承合金两类。这两类合金分别以锡、铅作为基体,加入适量的锑、铜制成。基体较软,使材料获得塑性,硬的锑、铜晶粒起抗磨作用。因此,这两类材料减摩性、跑和性好,抗胶合能力强,适用于高速和重载轴承。但合金的机械强度较低,价格较贵,故只用于作轴承衬材料。

(2) 铜合金　铜合金是常用的轴瓦材料。主要有锡青铜、铝青铜和铅青铜三种,青铜的强度高,减摩性、耐磨性和导热性都较好,但材料的硬度较高,不易跑和。用于中速重载、低速重载的场合。

(3)铸铁　分为灰铸铁和球墨铸铁。材料中的片状或球状石墨成分在材料表面上覆盖后,可以形成一层起润滑作用的石墨层。这是这类材料可以用作轴瓦材料的主要原因。铸铁的性能不如轴承合金和铜合金,但价格低廉,适用于低速、轻载不重要的轴承。

(4) 粉末冶金　粉末冶金是一种多孔金属材料,由铜、铁、石墨等粉末经压制、烧结而成,若将轴承浸在润滑油中,使微孔中充满润滑油,则称为含油轴承,具有自润滑性能。但该材料韧性小,只适用于平稳的无冲击载荷及中、低速度情况下。

除了上述几种材料外,还可采用非金属材料,如塑料、尼龙、橡胶等作为轴瓦材料。

二、滚动轴承

滚动轴承是汽车的变速箱、主减速器、专项机构、驱动装置等部位应用较多的标准零部件。它具有摩擦阻力小、效率高、易于启动、润滑方便、互换性好等优点,但其抗冲击能力差,高速时噪声大。

(一) 滚动轴承的结构

滚动轴承的基本结构如图4-2-12所示,包括内圈1、外圈2、滚动体3和保持架4共四部分,内圈装在轴颈上,外圈装在机座或零件的轴承孔内。多数情况下,外圈不转动,内圈与轴一起转动。当内圈外圈之间相对旋转时,滚动体沿着滚道滚动。保持架使滚动体均匀分布在滚道上,并减少滚动体之间的碰撞和磨损。

常用的滚动体如图 4-2-13 所示。

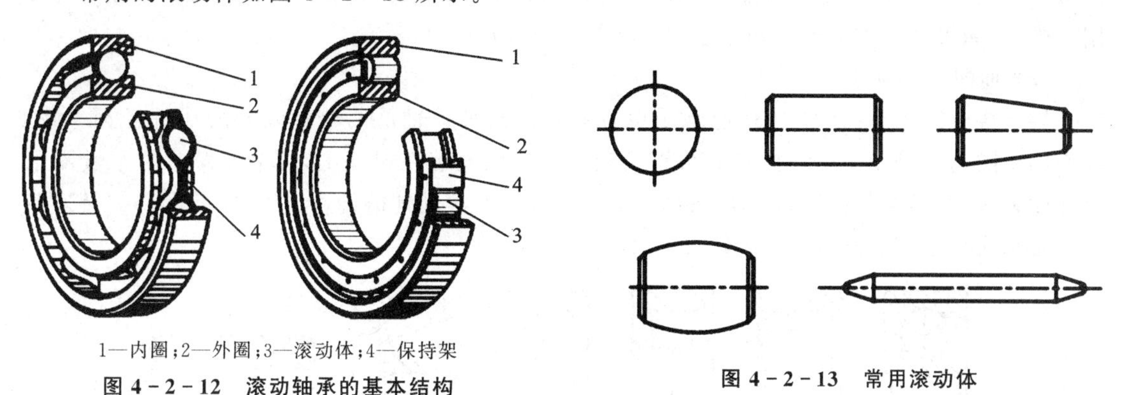

1—内圈；2—外圈；3—滚动体；4—保持架

图 4-2-12　滚动轴承的基本结构

图 4-2-13　常用滚动体

(二) 滚动轴承的材料

轴承的内、外圈和滚动体，一般是用强度高、耐磨性好的铬锰高碳钢制造。常用牌号如 GCr15、GCr15SiMn 等(G 表示滚动轴承钢)，热处理后硬度可达到 62～65HRC。由于一般轴承的这些元件都经过 150 ℃的回火处理，所以通常当轴承的工作温度不高于 120 ℃时，零件的硬度不会下降。保持架一般用低碳钢板、铜合金、合金、酚醛胶布或塑料做成。

(三) 常用滚动轴承的类型

滚动轴承按照其所承受载荷的方向不同，可分为三大类：径向接触轴承、向心角接触轴承和轴向接触轴承。径向接触轴承主要承受径向载荷；向心角接触轴承既可承受径向载荷，又可承受轴向载荷；轴向接触轴承主要承受轴向载荷。

1. 常用滚动轴承的类型

(1) 径向接触轴承。

1) 深沟球轴承(代号 6) 主要用于承受径向载荷，也能承受一定的双向轴向载荷。高速时可代替向心角接触球轴承。轴承内、外圈轴线允许的偏转角为 8′～16′，如图 4-2-14(a)所示。

2) 调心球轴承(代号 1) 主要用于承受径向载荷，也能承受较的轴向载荷。轴承外圈滚道呈内球面形，故能自动调心，允许内、外圈轴线偏转角较大(不大于 3°)，如图 4-2-14(b)所示。

3) 圆柱滚子轴承(代号 N) 轴承内、外圈沿轴向可做相对移动，沿轴向可分离。能承受大的径向载荷，但不能承受轴向载荷。内、外圈轴线允许的偏转角很小(小于 2′～4′)，如图 4-2-14(c)所示。

(2) 向心角接触轴承。

滚动体与外圈接触处的法线和轴承径向平面(垂直于轴承轴心线的平面)之间的夹角称为公称接触角，用 α 表示，如图 4-2-14(d)和(e)所示。向心角接触轴承的受力分析和承载能力等都与公称接触角有关。公称接触角 α 越大，轴承承受轴向载荷的能力也越大。

1) 角接触球轴承(代号 7) 该轴承能同时承受径向载荷和单方向轴向载荷。公称接触角 α 有 15°、25°和 40°三种。极限转速较高，一般应成对使用。轴承间隙可调整，内、外圈轴线允许的偏转角为 2′～10′，如图 4-2-14(d)所示。

2) 圆锥滚子轴承(代号 3) 轴承能同时承受较大的径向和单方向轴向载荷。内、外圈沿轴向可以分离,故轴承的装拆方便,轴承的径向、轴向游隙可调整,向心角接触轴承都应成对使用。内、外圈轴线允许的偏转角小于 2′,如图 4-2-14(e)所示。

(3) 轴向接触轴承。

轴向接触球轴承(代号 5)仅能承受单方向轴向载荷。轴承两个套圈的内孔直径不一致,较小的套圈与轴颈紧配合,称为轴圈;直径较大的套圈安装在机座上,称为座圈。由于套圈滚道深度较浅,当转速较高时,滚动体的离心力大,轴承对滚动体的约束力不够,故允许的转速较低。轴承两个套圈可分离,如图 4-2-14(f)所示。

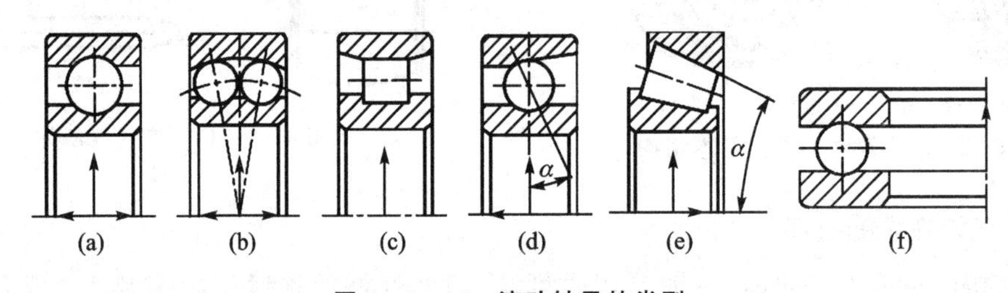

图 4-2-14 滚动轴承的类型

(四) 滚动轴承类型选择

1. 轴承的类型

选用滚动轴承时,首先是选择轴承类型。由前所述,滚动轴承的类型很多,在选择时应考虑工作载荷的大小、方向和性质、转速及使用要求。

(1) 载荷较小时,应优先选用球轴承。因为球轴承中的主要元件间是点接触,适于承受较轻或中等载荷,而滚子轴承中则主要为线接触,故用于承受较大的载荷或冲击载荷,承载后的变形也较小。

(2) 根据载荷的方向选择轴承类型时,若只承受轴向载荷,一般选用轴向接触球轴承。若只承受径向载荷,一般选用深沟球轴承或圆柱滚子轴承。若承受径向载荷的同时,还承受轴向载荷,可选用深沟球轴承、角接触球轴承、圆锥滚子轴承或径向接触轴承和轴向接触轴承的组合结构。

2. 轴承的转速

(1) 球轴承与滚子轴承相比,球轴承允许的极限转速高于滚子轴承,故在高速时应优先选用球轴承。

(2) 在内径相同的条件下,外径越小,则滚动体越小,质量越轻,运转时滚动体加在外圈滚道上的离心力也就越小,因而也就更适于在更高的转速下工作。故在高速时,宜选用轻系列的轴承。

(3) 轴向接触球轴承允许的工作转速很低。当工作转速高时,若轴向载荷不十分大,可采用深沟球轴承或角接触球轴承。

(4) 可以用提高轴承的精度等级,选用循环润滑,加强对循环油的冷却等措施来改善轴承的高速性能。

3. 轴承的调心性能

当轴的刚度较低或两轴承孔同轴度较低时,导致轴的中心线与轴承座中心线不重合,会造成轴承的内外圈轴线发生偏斜。这时,应采用有一定调心性能的调心球轴承。

4. 轴承的经济性

低精度轴承比高精度轴承价格更低。同型号滚动轴承尺寸公差等级由低到高依次为 0、6(6x 只适用于圆锥滚子轴承)、5、4、2,其价格比约为 1∶1.5∶2∶7∶10,精度每提高一个等级，其价格就要提高几倍，所以选用高精度轴承必须慎重。

5. 装拆、调整方便

为便于轴承的装拆、调整可选用内圈、外圈可分离的轴承。

（五）滚动轴承的代号

滚动轴承的类型很多，每一类型的轴承中，在结构、尺寸、精度和技术要求等方面又各不相同，为了便于组织生产和合理选用，GB/T 272—1993 规定，滚动轴承的代号用字母和数字表示，并由前置代号、基本代号和后置代号构成，详见表 4-2-1。

表 4-2-1 滚动轴承代号的构成

<table>
<tr><td>前置代号</td><td colspan="5">基本代号</td><td colspan="4">后置代号</td></tr>
<tr><td rowspan="3">…</td><td>五</td><td>四</td><td>三</td><td>二</td><td>一</td><td rowspan="3">内部结构代号</td><td rowspan="3">…</td><td rowspan="3">公差等级代号</td><td rowspan="3">…</td></tr>
<tr><td rowspan="2">类型代号</td><td colspan="2">尺寸系列代号</td><td colspan="2" rowspan="2">内径系列代号</td></tr>
<tr><td>宽度系列代号</td><td>直径系列代号</td></tr>
</table>

基本代号表示轴承的类型与尺寸等主要特征。由类型代号、尺寸系列代号和内径系列代号组成。

（1）类型代号 用数字或大写拉丁字母表示，后两者用数字表示。对于常用的、结构上没有特殊要求的轴承，轴承代号由基本代号和公差等级代号组成。

（2）尺寸系列代号 尺寸系列是轴承的宽度系列（或高度系列）与直径系列的总称。宽度系列（高度系列）是指径向接触轴承（轴向接触轴承）的内径相同，而宽度（高度）有一个递增的系列尺寸。直径系列是表示同一类型、内径相同的轴承，其外径有一个递增的系列尺寸。即对同一类型的轴承，相同的内径可以有不同的外径和不同的宽度。

（3）内径系列代号 内径系列代号表示轴承公称直径的大小，用数字表示，表示方法如表 4-2-2 所列。

表 4-2-2 滚动轴承内径代号

内径系列代号	00	01	02	03	04～96
轴承公称内径/mm	10	12	15	17	代号数×5

（4）内部结构代号 表示同一类型轴承的不同内部结构，用紧跟着基本代号的字母表示。如公称接触角 $\alpha=15°$、$25°$、$40°$的角接触球轴承，分别用 C、AC 和 B 表示其内部结构的不同。

（5）公差等级代号 轴承公差等级分 0、6、6x、5、4、2 共 6 级，分别用/P0、/P6、/P6x、/P5、/P4、/P2 表示，其中 2 级最高，0 级最低（称为普通级），且/P0 在轴承代号中可省略不标。

例 4-2-1 解释轴承代号 7210 AC、N2208/P6 的含义。

解 （1）7210AC

7——角接触球轴承；

2——尺寸系列 02：宽度系列 0（省略），直径系列 2；

10——轴承内径 $d=(10\times5)\ \text{mm}=50\ \text{mm}$；

AC——公称接触角 $\alpha=15°$；

公差等级为普通级 0（省略）。

(2) N2208/P6

N——圆柱滚子轴承;

22——尺寸系列22,宽度系列2,直径系列2;

08——轴承内径 $d=(8\times5)$ mm=40 mm;

P6——公差等级为P6。

(六) 滚动轴承的失效形式

1. 疲劳点蚀

轴承在安装、润滑、维护良好的条件下工作时,由于各承载元件承受脉动循环变应力作用,各接触表面的金属材料将发生局部剥落,产生疲劳点蚀,它是滚动轴承的主要失效形式。轴承在发生疲劳点蚀后,通常在运转时会产生振动和噪声,旋转精度下降,影响机器的正常工作。

2. 塑性变形

当轴承的转速很低($n<10$ r/min)或间歇摆动时,一般不会发生疲劳点蚀,此时轴承往往因受过大的静载荷或冲击载荷,使内、外圈滚道与滚动体接触处的局部应力超过材料的屈服极限而产生永久变形,形成不均匀的凹坑,使轴承在运转中产生剧烈振动和噪声而失效。

3. 磨　损

由于使用、维护不当或密封、润滑不良等原因,还可能引起轴承的磨粒磨损。轴承在高速运转时,还可产生胶合磨损。所以,要限制最高转速,采取良好的润滑和密封措施。

(七) 滚动轴承的组合设计

为了保证轴承能正常工作,除了要正确选择轴承的类型和尺寸外,还应正确进行轴承的组合设计。以正确处理轴承的轴向位置固定、配合、调整、拆装、润滑和密封等问题。组合设计与轴承的外围部件、使用要求等因素有关。

1. 轴系的固定

滚动轴承轴系固定的目的是防止轴工作时发生轴向窜动,保证轴及轴上零件有确定的工作位置。同时又要保证滚动轴承不致因轴受热膨胀而被卡死。

轴承部件的典型支承方式有以下三类:

(1) 双支点单侧固定(两端固定)　对于两支点距离大于350 mm的短轴,或在工作中温升较小的轴,可采用图4-2-15所示这种简单结构。轴两端的轴承内圈用轴肩固定,外圈用轴承端盖固定。为补偿轴的受热伸长,对于内部间隙不可调的轴承(如深沟球轴承),在轴承外圈与端盖间应留有轴向间隙Δ(在0.25～0.4 mm范围内)。但间隙不能太大,否则轴会出现过大的轴向窜动。对于内部间隙可以调整的轴承(如角接触球轴承、圆锥滚子轴承)不必在外部留间隙,而在装配时,将温升补偿间隙留在轴承内部。

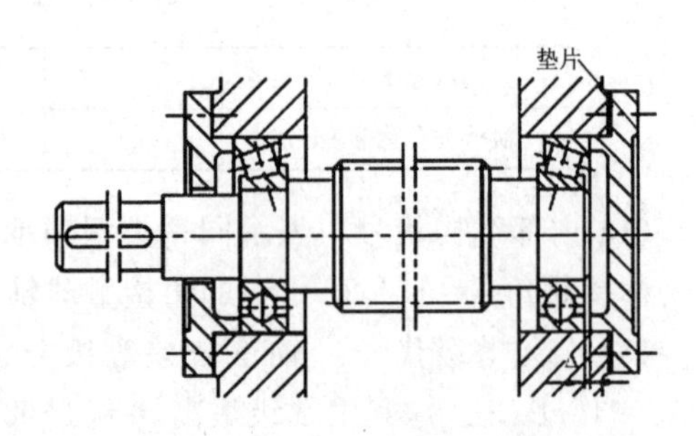

图4-2-15　两端固定式支承

(2) 单支点双侧固定,另一支点游动(一端固定、一端游动)　如图4-2-16所示,当轴的支点跨距较大(大于350 mm)或工作温度较高时,因这时轴的热伸长量较大,采用上一种支承预留间隙的方式已不能满足要求。右端轴承的内、外圈两侧均固定,使轴双向轴向定位,而左端可采用深沟球轴承作游动端,为防止轴承从轴上脱落,轴承内圈两侧应固定,而其外圈两侧均不固定,且与机座孔之间是间隙配合。左端也可采用外圈无挡边圆柱滚子轴承为游动端,这时的内、外圈的固定方式如图 4-2-16 所示。

(3) 双支点游动 如图 4-2-17 所示,其左、右两端都采用圆柱滚子轴承,轴承的内、外圈都要求固定,以保证在轴承外圈的内表面与滚动体之间能够产生左右轴向游动。此种支承方式一般只用在人字齿轮传动这种特定的情况下,而且另一个轴必须采用两端固定结构。该结构可避免人字齿轮传动中,由加工误差导致干涉甚至卡死现象。

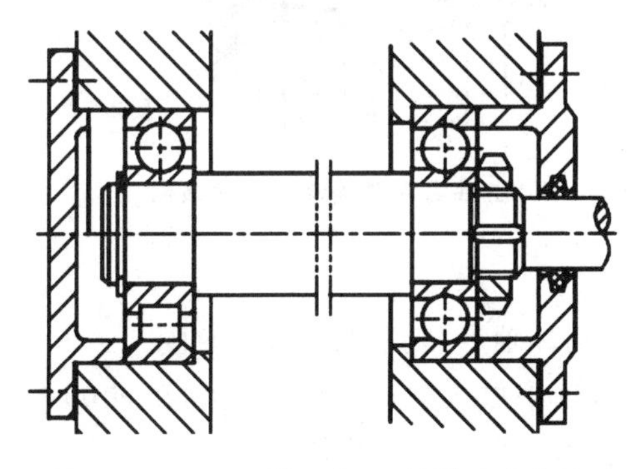

图 4-2-16 一端固定、一端游动式支承

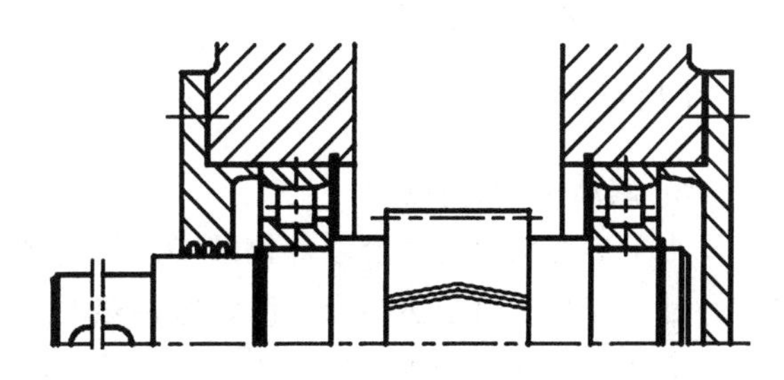

图 4-2-17 两端游动式支承

2. 滚动轴承的配合

滚动轴承的配合是指轴承内圈与轴颈及轴承外圈与机座孔的配合,轴承的周向固定就是通过配合来保证的。轴承配合选择的一般原则是:转动圈(一般为内圈)的配合选紧些;固定圈(一般为外圈)的配合选松些。对一般机械,与轴承内圈配合的回转轴常采用 n6、m6、k5、k6、js6;与不转动的外圈相配合的机座孔常采用 J6、J7、H7、G7 等配合。

由于滚动轴承是标准件,故内圈与轴颈的配合采用基孔制,外圈与机座孔的配合采用基轴制。而滚动轴承内径的公差带是负的,而一般圆柱公差标准中基准孔的公差带是正的,因此轴承内圈与轴颈的配合比圆柱公差标准中规定的基孔制同类配合要紧一些,圆柱公差标准中的许多过渡配合在这里实际成为过盈配合,因此配合较紧,拆装轴承很困难。

3. 滚动轴承组合结构的调整

滚动轴承组合结构的调整包括轴承间隙的调整和轴系轴向位置的调整。

(1)轴承间隙的调整 轴承间隙的大小将影响轴承的旋转精度,传动零件工作的平稳性,故轴承间隙必须能够调整。轴承间隙调整的方法有:

1) 调整垫片 如图 4-2-15 所示,利用加减轴承端盖与箱体间垫片的厚度,进行调整。

2) 可调压盖 如图 4-2-18 所示,利用端盖上的调整螺钉推动压盖,移动滚动轴承外圈进行调整,调整后用螺母锁紧。

(2)轴系轴向位置的调整 轴系轴向位置调整的目的是使轴上零件有准确的工作位置。如蜗杆传动,要求蜗轮的中间平面必须通过蜗杆轴线;直齿锥齿轮传动,要求两锥齿轮的锥顶点必须重合。图 4-2-19 所示为小锥齿轮轴的轴承组合结构,轴承装在轴承套杯 3 内,通过加减套杯与箱体间垫片 1 的厚度来调整轴承套杯的轴向位置,即可调整小锥齿轮的轴向位置;通过加减套杯与端盖间垫片 2 的厚度则可调整轴承间隙。

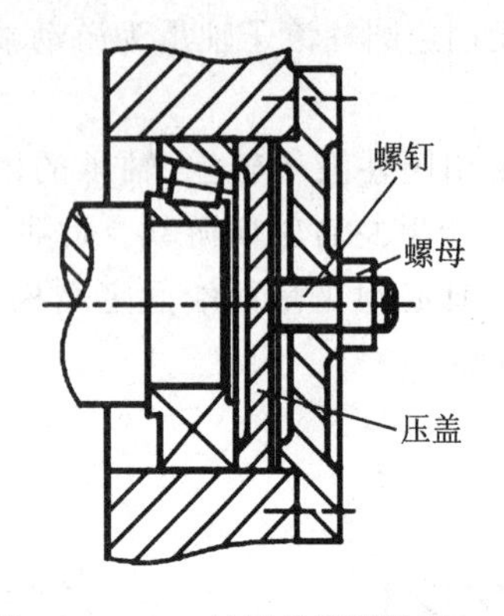

图 4-2-18　轴承间隙调整图

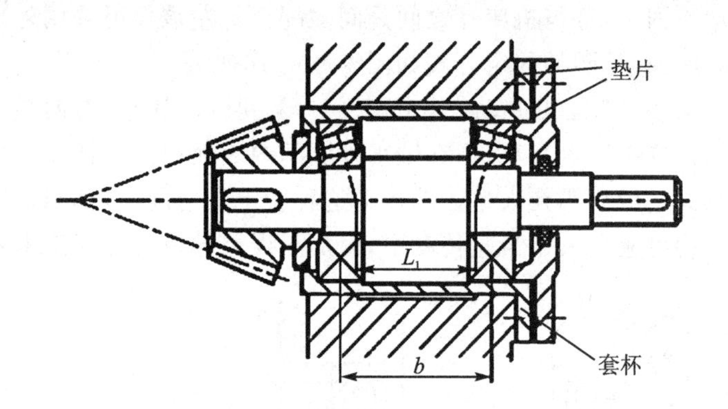

图 4-2-19　小锥齿轮轴的轴承组合结构

4. 滚动轴承的装拆

由于滚动轴承的配合通常较紧,为便于装配,防止损坏轴承,应采取合理的装配方法。

轴承安装有热套法和冷压法。所谓热套法就是将轴承放入油池中,加热至 80～100 ℃,然后套装在轴上。冷压法如图 4-2-20 所示,需有专用压套,用压力机压入。

拆卸轴承时,可采用专用工具。图 4-2-21 所示为常见的拆卸滚动轴承的情况。为便于拆卸,轴承的定位轴肩高度应低于轴承内圈高度,否则,难以放置拆卸工具的钩头,加力于外圈以拆卸轴承时,机座孔的结构也应留出拆卸高度。

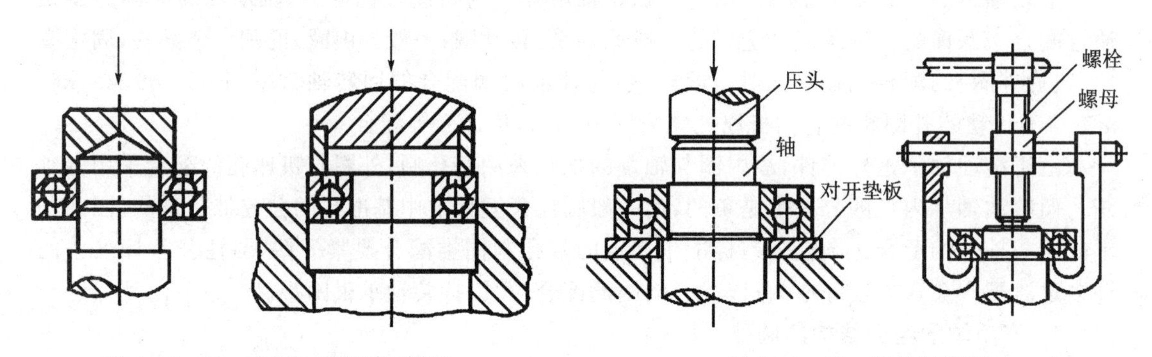

图 4-2-20　冷压法安装滚动轴承

图 4-2-21　轴承的拆卸

5. 滚动轴承的润滑

润滑对滚动轴承具有重要意义,其主要目的是减小摩擦与磨损、防锈、吸振与散热。轴承常用的润滑剂有润滑油及润滑脂两类。此外,也有使用固体润滑剂的。

一般情况下滚动轴承多采用润滑脂润滑,其特点是黏度大,不易流失,便于密封和维护,承载能力强,且不需经常加油,但是转速较高时,功率损失较大。润滑脂在轴承中的填充量不要超过轴承内空隙的 1/3～1/2,否则轴承容易过热。油润滑适合于高速、高温条件下工作的轴承。润滑油的优点是摩擦阻力小,润滑可靠;缺点是对密封和供油的要求高。当采用浸油润滑时,要注意油面高度不要超过轴承中最低滚动体的中心,否则搅油损失大,轴承温升较高。高速时则应采用滴油或油雾润滑。

6. 滚动轴承的密封

轴承的密封是为了防止外部尘埃、水分及其他杂物进入轴承,并防止轴承内润滑剂流失。轴承的密封方法很多,通常可归纳为接触式密封、非接触式密封及组合式密封三大类。

(1)接触式密封　利用密封件与轴直接接触达到密封作用。

1) 毡圈密封(如图 4-2-16 所示的右端轴承)将矩形截面毡圈安装在轴承端盖的梯形槽内,利用毡圈与轴接触而起密封作用。用于 $v<5$ m/s 的脂润滑和低速油润滑,工作温度 $t<60$ ℃,轴颈工作表面需抛光,密封作用小。

2) 密封圈式密封　密封圈是由耐油橡胶、皮革或塑料制成。安装时用螺旋弹簧把密封圈唇口箍紧在轴上,有较好的密封效果。用于 $v<10$ m/s 的油润滑或脂润滑,工作温度 $-40\sim100$ ℃,工作可靠。如图 4-2-22 所示的密封的唇口朝外,防尘性能好。若密封圈的唇口朝里,则封油的效果好。

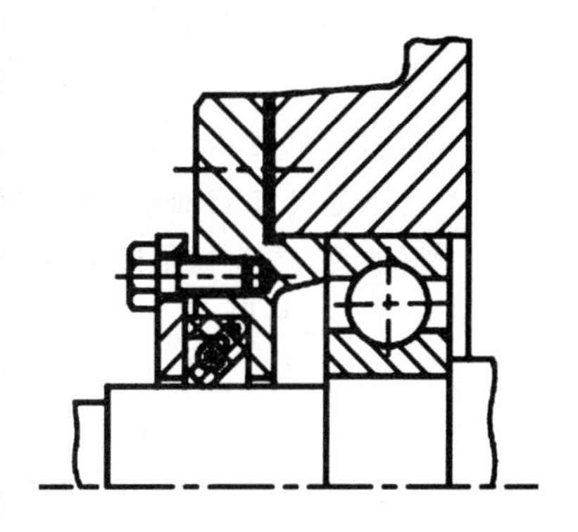

图 4-2-22　密封圈式密封

(2)非接触式密封　利用间隙密封,转动件与固定件之间不接触,允许轴有很高速度。

1) 隙密封　如图 4-2-23(a)所示,利用轴与轴承端盖之间小的径向间隙(0.1～0.3 mm)而获得密封。间隙越小,轴向宽度越宽,密封的效果越好。若在端盖的内孔上再制出几个环形槽(如图 4-2-23(b)所示),并填充润滑脂,则可提高其密封效果。适用于脂润滑或低速油润滑。

2) 迷宫式密封　如图 4-2-24 所示,缝隙一般为 0.2～0.5 mm,缝隙中填入润滑脂,可提高密封性效果,这种密封可靠,适用于 $v<30$ m/s 的油润滑或脂润滑。

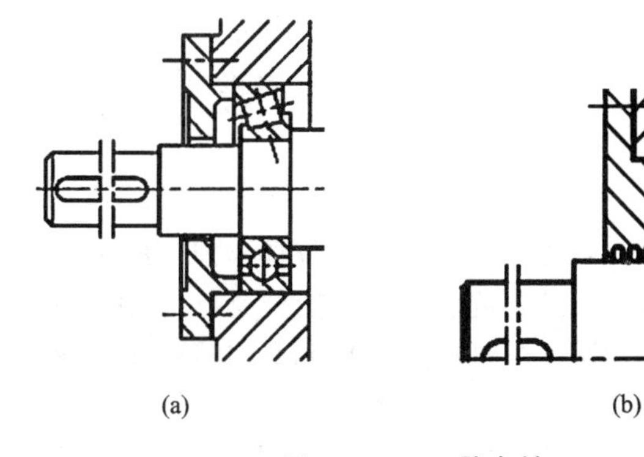

图 4-2-23　隙密封

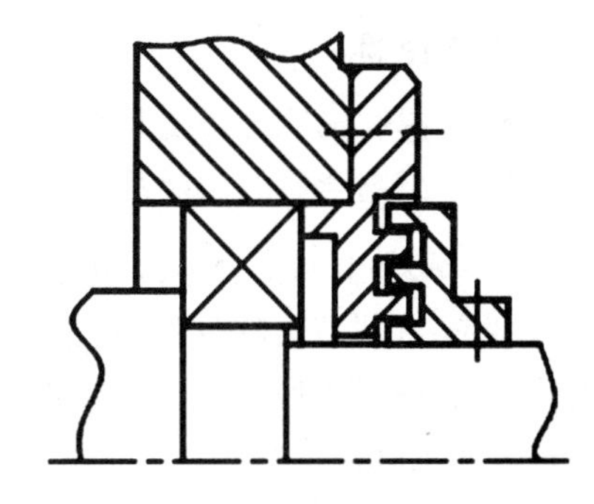

图 4-2-24　迷宫式密封

3) 组合式密封　为上述两种密封形式的组合,密封效果好。

除上述各项要求外,滚动轴承的组合设计,还应注意保证安装轴承部位机架的刚度和两端轴承孔的同轴度。

[习题]

4-2-1　填空题

(1) 滚动轴承按滚动体不同可分为轴承和按主要承受载荷的方向的不同又可分为________轴承和________轴承。

(2) 滚动轴承代号“6327”的内径为________。

(3) 轴承按摩擦性质分为滑动轴承和________。

(4) 滚动轴承的典型结构包括内圈、外圈、________和保持架。

4-2-2 判断题

(1) 滑动轴承的承载能力比滚动轴承高。( )

(2) 深沟球轴承主要承受径向载荷,也能承受一定的轴向载荷。( )

(3) 推力球轴承只能承受轴向载荷,不能承受径向载荷。( )

(4) 滚动轴承的外圈与轴承座孔的配合采用基孔制。( )

(5) 在相同直径系列、相同内径的情况下,球轴承的极限转速比滚子轴承高。( )

(6) 毛毡圈密封属于非接触式密封。( )

(7) 可以通过增减轴承盖处的垫片厚度来实现轴的轴向位置调整。( )

(8) 型号为6308的角接触球轴承,表示其内径为8 mm。( )

4-2-3 选择题

(1) 宽度系列为正常,直径系列为轻,内径为30 mm的深沟球轴承,其代号是( )。

A. 6306　B. 6206　C. 6006　D. 61206

(2) 下列轴承中,当尺寸相同时,哪一类轴承的极限转速最高?( )

A. 深沟球轴承　B. 滚针轴承　C. 圆锥滚子轴承　D. 推力球轴承

4-2-4 简答题

(1) 滑动轴承有哪些主要类型?其结构特点是什么?

(2) 滚动轴承组合结构有哪三种典型类型?这三种类型各适用于什么场合?

任务三　汽车联轴器和离合器

教学目标

- 掌握联轴器的功能及类型;
- 掌握离合器的功能及类型。

汽车联轴器和离合器的功能是把不同部件的两根轴连接成一体,以传动运动和力。两者的区别是:在机器运转过程中,被联轴器连接的两根轴始终一起转动而不能分离,只有使机器停止运转并把联轴器拆开,才能把两根轴分开;而离合器连接的两根轴则可以在机器运转过程中很方便地分离或结合。

汽车在动力传输过程中,轴与轴之间的连接需要采用联轴器来实现。如图4-3-1所示,变速器的动力从输出轴输出,通过万向节联轴器将传动轴和输出轴连接起来,再通过两个万向节联轴器将两个中间传动轴连接,将动力输送到后桥半轴,驱动汽车行驶。当汽车在临时停车或变换挡位时,需要中断发动机的输出动力,就需要离合器来实现发动机与变速器的输入轴间的连接。如图4-3-2(a)所示,当放松离合器踏板松时,离合器的膜片弹簧的弹力使压板将摩擦片压在与发动机曲轴相连接的飞轮盘上,实现发动机与变速器的输入轴间的连接;当踏下离合器踏板时,离合器的膜片弹簧将压板拉开,摩擦片与飞轮脱离,实现动力输出的中断。

一、联轴器

(一) 联轴器的类型

由于制造及安装误差、承载后变形、工作温度变化等影响,联轴器所连接的两轴轴线往往不能共线(对中),且在工作时两轴之间可能还会产生一定范围的相对位移,如图4-3-3所

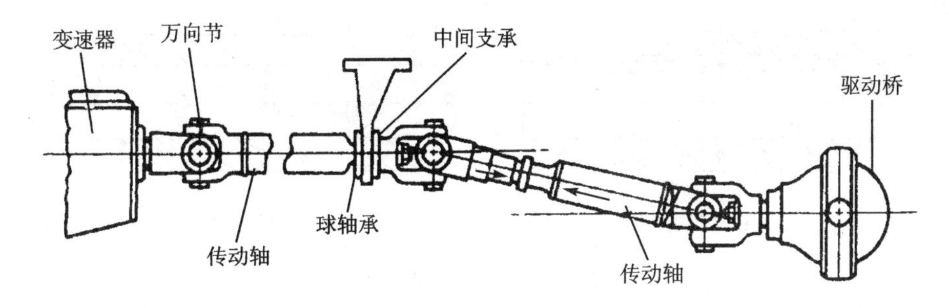

图 4-3-1　汽车传动轴连接示意图

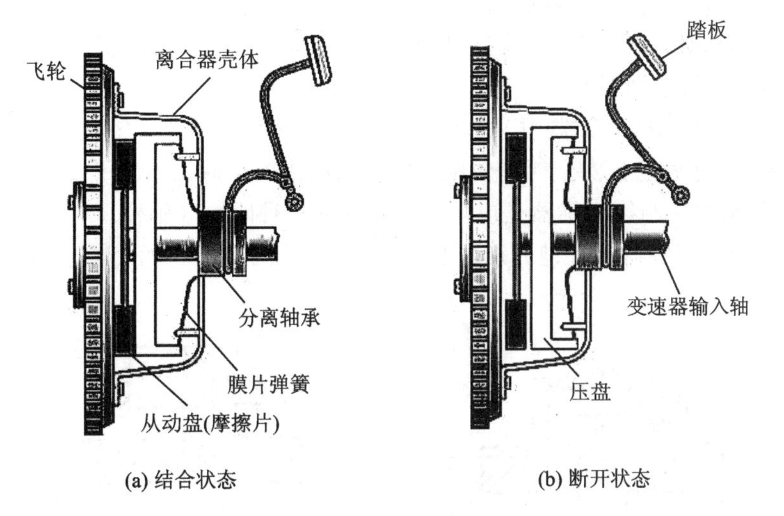

(a) 结合状态　　(b) 断开状态

图 4-3-2　汽车离合器

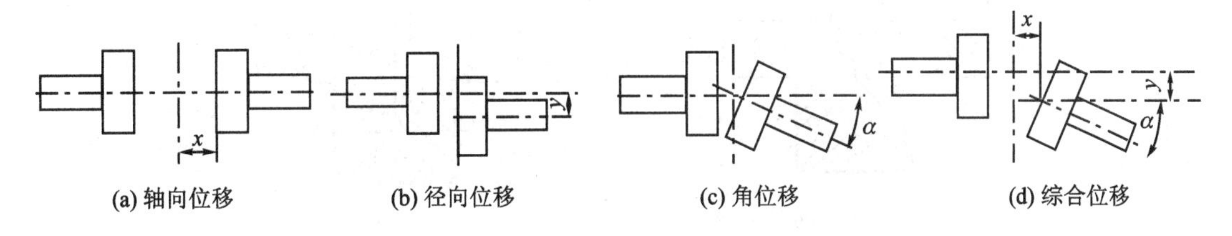

图 4-3-3　两轴间的相对位移

示。如果联轴器不具备适应这些情况的补偿能力，就会在联轴器、轴和轴承中产生附加载荷，甚至引起强烈振动。

根据有无补偿相对位移的能力，联轴器分为刚性联轴器和挠性联轴器，挠性联轴器又分为无弹性元件挠性联轴器和有弹性元件挠性联轴器（金属或非金属弹性元件）。挠性联轴器能在一定范围内补偿两轴间的相对位移，有弹性元件挠性联轴器还具有缓冲减振的作用。

1. 刚性联轴器

刚性联轴器具有结构简单、成本低的优点。组成刚性联轴器的各元件，连接后成为一个刚性的整体，工作中没有相对运动。但对被连接的两轴间的相对位移缺乏补偿能力，故要求被连接的两轴要严格对中。刚性联轴器常用于无冲击、无位移补偿要求的场合。这类联轴器常见的有套筒联轴器和凸缘联轴器。

(1) 套筒联轴器　这是一种最简单的联轴器（如图 4-3-4 所示），套筒联轴器用圆锥销、

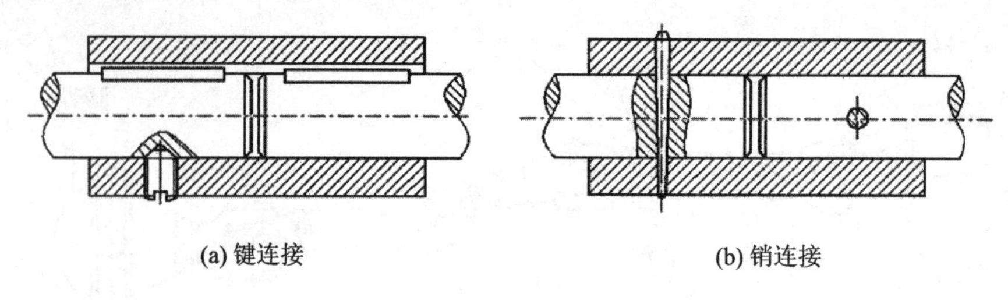
(a) 键连接　　(b) 销连接

图 4-3-4　套筒联轴器

键或螺钉将圆柱形套筒和两根轴相连接起来并传递扭矩。被连接的轴径一般不超过 80 mm，套筒用 35 钢或 45 钢制造。这种联轴器结构简单，径向尺寸小，但传递转矩较小，不能缓冲和吸振，被连接的两轴必须严格对中，装拆时轴需要做轴向移动，常用于机床传动系统中。此种联轴器没有标准，需要自行设计。

图 4-3-4(b)所示的联轴器中，如果销的尺寸设计得当，过载时销被剪断，可以防止损坏机器的其他零件。这种能起安全保护作用的联轴器称为安全联轴器。

(2) 凸缘联轴器　凸缘联轴器是应用较为广泛的一种刚性联轴器。它由两个带凸缘的半联轴器组成，两个半联轴器通过键分别与两轴相连接，并用螺栓将两个半联轴器联成一体，如图 4-3-5 所示。

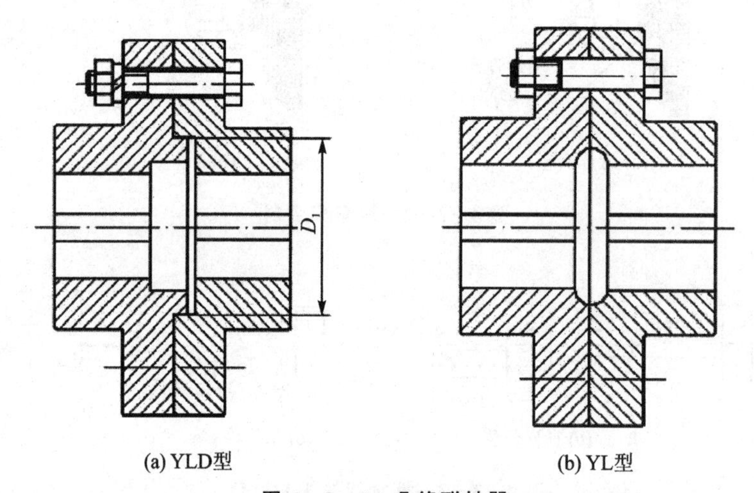

(a) YLD型　　(b) YL型

图 4-3-5　凸缘联轴器

按对中方式的不同，凸缘联轴器有 YLD 型和 YL 型两种。YLD 型凸缘联轴器(如图 4-3-5 所示)利用半联轴器的凸肩与凹槽(D_1)对中，并用普通螺栓连接，工作时靠两半联轴器接触面间的摩擦力传递转矩，装拆时轴需作轴向移动，多用于不常拆卸的场合。

YL 型凸缘联轴器(如图 4-3-5 (b)所示)利用铰制孔螺栓对中，螺栓与孔为紧配合，工作时靠螺栓受剪与挤压来传递转矩。装拆时轴不需要做轴向移动，但要配铰螺栓孔。常用于经常装拆的场合。

当联轴器外缘的圆周速度 $v<30$ m/s 时，半联轴器可用 HT200 制造；当 $v<50$ m/s 时，半联轴器可用 ZG270-500 或 35 钢制造。

凸缘联轴器结构简单，对中精度高，传递转矩较大，但不能缓冲和吸振。其要求被连接的两轴必须安装准确，对中性好。它适用于工作平稳、刚性好和速度较低的场合。凸缘联轴器的尺寸可以按照 GB/T 5843—1986 选用。

2. 无弹性元件挠性联轴器

由于这类联轴器无弹性元件，位移的补偿是利用联轴器中各零件间的相对移动来实现的，所以通常不能用于缓冲和减振。

(1) 十字滑块联轴器　如图 4-3-6 所示，联轴器由两个带有凹槽的半联轴器 1 和 3 及一个两端面都有凸榫的中间圆盘 2 组成。半联轴器固装在两根轴端，中间圆盘两端面的凸榫相互垂直，且分别嵌在两个半联轴器的凹槽中。中间圆盘的凸榫可在两个半联轴器的凹槽中往返滑动，可补偿两轴间的径向位移和轻微角位移。

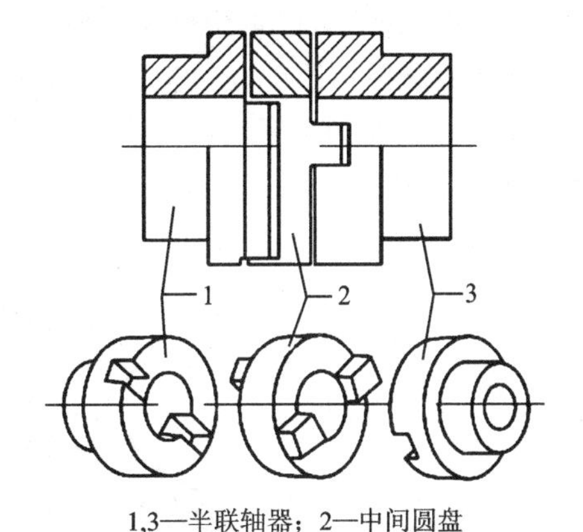

1,3—半联轴器；2—中间圆盘

图 4-3-6　十字滑块联轴器

滑块联轴器材料多为中碳钢，凸榫和凹槽的工作表面须淬硬，为了减少摩擦及磨损，使用时应在中间圆盘的油孔注入润滑剂进行润滑。这种联轴器结构简单，径向尺寸小，但中间圆盘的偏心将会引起很大的离心力，从而增大动载荷及磨损，故只用于最高转速 n_{max}≤250 r/min，载荷平稳的场合。如将中间圆盘制成空心的，可减轻其质量，从而减小上述不利影响。

(2) 齿式联轴器　如图 4-3-7(a)所示，齿式联轴器是由两个带外齿环的套筒 1 和两个带内齿环的套筒 2 所组成。套筒 1 分别装在被连接的两轴端，套筒 1 与由螺栓 5 联成一体的套筒 2 通过齿环相啮合。内外齿环的齿数、模数都相等，齿数一般为 30～80 个齿，齿廓齿形压力角为 20°的渐开线。齿式联轴器允许被连接的两轴有较大的综合位移。为能补偿两轴间的相对位移，将外齿环的轮齿做成鼓形齿，齿顶做成中心线在轴线上的球面，齿顶和齿侧留有较大的间隙，如图 4-3-7(b)所示。当两轴有位移时，联轴器齿面间因相对滑动会产生磨损。为减少齿面磨损，联轴器内需注入润滑剂。联轴器上的螺塞 3、密封圈 4 有封住注油孔和防止润滑剂外泄的作用。

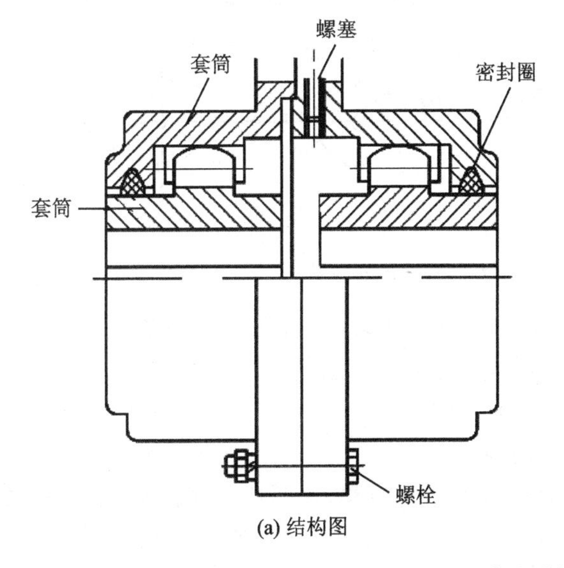

(a) 结构图

(b) 齿顶制成球面和齿形制成鼓形

图 4-3-7　齿式联轴器

齿环材料通常为 45 钢或 ZG310－570，轮齿齿面一般需淬火，当齿环分度圆的圆周速度 $v<5$ m/s 时，轮齿可调质处理。齿式联轴器承载能力大，外廓尺寸较紧凑，可靠性高，安装精度要求不高，具有补偿综合位移的能力，且补偿量较大。但结构复杂，制造成本高，不适用于立轴，通常在高速重载的重型机械中使用。

(3) 万向联轴器　万向联轴器用以传递两相交轴之间的运动，如图 4－3－8 所示。万向联轴器由两个叉形半联轴器 1、2 和十字轴 3 组成。适用于两轴有较大偏斜角的地方，两轴线所夹的锐角为 α。

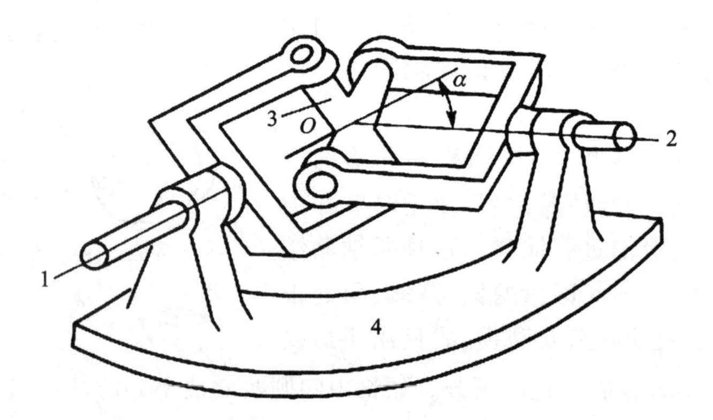

图 4－3－8　万向联轴器示意图

当主动轴 1 以等角速度 ω_1 匀速转动时，从动轴 2 的角速度 ω_2 却是不断变化的，从动轴的瞬时角速度是周期性变化的，其变化范围为

$$\varphi_1\cos\alpha \leqslant \omega_2 \leqslant \frac{\omega_1}{\cos\alpha}$$

变化的幅度与两轴间的夹角 α 有关。当 α 越大，其变化的范围也越宽。所以，为使从动轴速度波动的幅度不致过大，通常工程上限制两轴间的夹角 α 在 30°以内，即 $\alpha\leqslant 30°$。

从动轴 2 的角速度 ω_2 变化必将产生附加动载荷，使传动失去平稳性。为了克服这一缺点，万向联轴器常成对使用，组成双万向联轴器(如图 4－3－9 所示)。

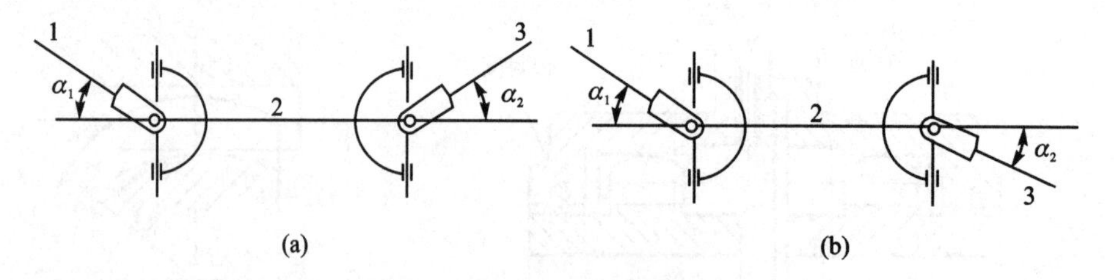

图 4－3－9　双万向联轴器的安装

为了保证从动轴与主动轴以同步的角速度运转，机构要满足如下三个条件：

(1) 主动轴、从动轴、中间轴的三根轴线应位于同一平面内。

(2) 主动轴、从动轴与中间轴的轴间夹角应相等，$\alpha_1=\alpha_2$。

(3) 中间轴两端的叉面应位于同一平面内。

万向联轴器结构紧凑，维修方便，能补偿较大的角位移，广泛应用于汽车、拖拉机、轧钢机和金属切削机床等机械设备中。

3. 弹性元件挠性联轴器

弹性元件挠性联轴器简称弹性联轴器，是利用弹性元件的弹性变形来补偿两轴间相对位移的，具有缓冲和吸振功能。常用于频繁启动、变载荷、高速运转、经常正反转工作和两轴不便于严格对中的场合。弹性元件挠性联轴器分为非金属弹性元件挠性联轴器和金属弹性元件挠性联轴器两类。非金属弹性元件与金属弹性元件相比，储存能量较多、弹性滞后性能较好，其缓冲能力和消振能力较强，且非金属弹性元件联轴器结构简单、价格便宜，故应用广泛；其缺点是尺寸较大，而且寿命较短。非金属弹性元件可以用橡胶、尼龙和塑料等材料制作，金属弹性元件主要是各种弹簧。

(1) 弹性套柱销联轴器　弹性套柱销联轴器的结构与凸缘式联轴器相似，所不同的是用装有弹性套的柱销代替连接螺栓(如图 4－3－10 所示)，因此可以缓冲和减振。安装时，两半联轴器之间要留有一定的间隙 C，以便补偿两轴间的轴向位移。为了更换易损元件弹性套而不必拆移机器，应留出一定的空间距离 A。半联轴器通常用 HT200 制造，也可用 35 钢或 ZG270－500 制造；柱销用 35 钢制造；弹性套用天然橡胶或合成橡胶为材料，以提高其弹性。

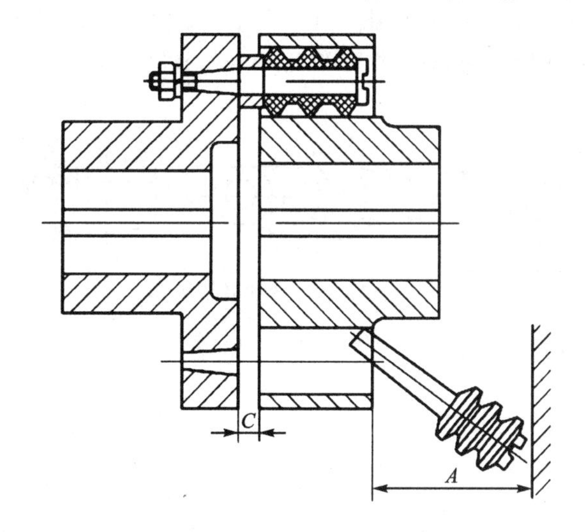

图 4－3－10　弹性套柱销联轴器

弹性套柱销联轴器结构简单、容易制造、装拆方便、成本较低，可传递中小转矩，适用于经常正反转、启动频繁的场合。弹性套容易磨损、寿命较短，用于工作环境温度在－20～70 ℃范围内、无油质及其他对橡胶无害的介质中与联轴器接触。如电动机与减速器之间就常使用这类联轴器。

(2) 弹性柱销联轴器　如图 4－3－11 所示，弹性柱销联轴器在结构上类似于弹性套柱销联轴器，所不同的是用尼龙柱销代替弹性套柱销作为中间连接件。为了增加补偿量，常将柱销的一端制成鼓形。为了防止柱销从半联轴器的孔中滑出，在两端安装有固定挡圈。

与弹性套柱销联轴器相比，弹性柱销联轴器能传递较大的转矩，两半联轴器可以互换，加工容易，维修方便，但补偿两轴的相对位移量要小些。弹性柱销联轴器适用于轴向窜动较大和经常正反转的中、低速以及较大转矩的传动轴系中。由于尼龙柱销对温度比较敏感，故使用温度限制在－20～70 ℃的范围内。

(3) 滑块联轴器　滑块联轴器与十字滑块联轴器相似，所不同的是两半联轴器 1、3 上的沟槽很宽，用夹布胶木或尼龙制成的方形滑块 2 嵌合在两半联轴器的凹槽内代替中间圆盘(如

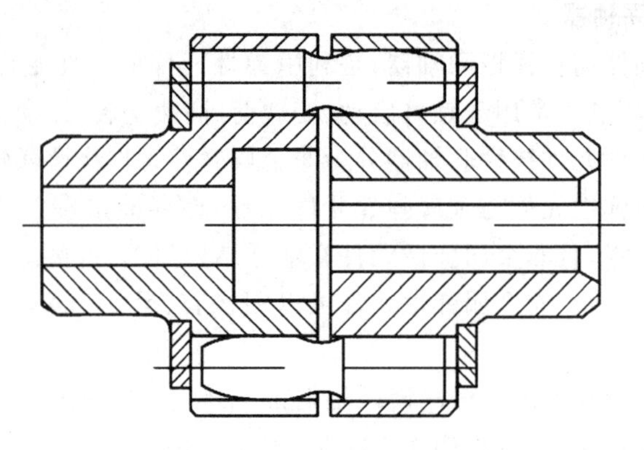

图 4-3-11　弹性柱销联轴器

图 4-3-12 所示),这种联轴器又名挠性爪型联轴器。由于中间滑块的质量较轻,又有弹性,故具有较高的极限转速。

这种联轴器结构简单、尺寸紧凑,适用于小功率、中等转速且无剧烈冲击的场合。在一般油泵中常用这种联轴器,使用时可以按照 JB/ZQ 4384—1986 选用。

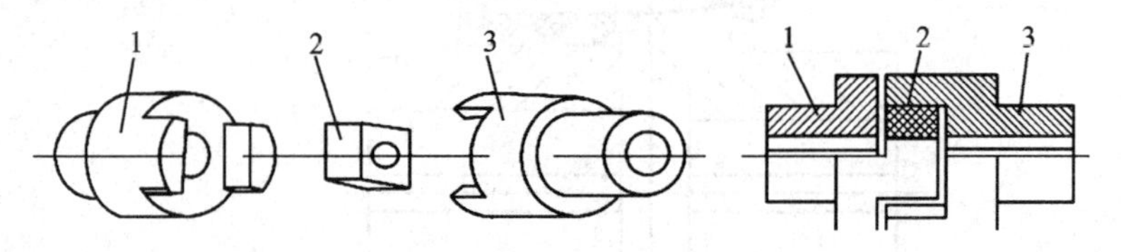

图 4-3-12　滑块联轴器

二、离合器

(一) 常用离合器

1. 牙嵌离合器

牙嵌离合器是由两个端面带牙的半离合器所组成,如图 4-3-13 所示。其中半离合器 1 固联在主动轴上,半离合器 2 用导键(或花键)与从动轴连接。通过操纵机构 4 可使半离合器 2 沿导键作轴向运动,两轴靠两个半离合器端面上的牙相互嵌合来连接。为了使两轴对中,在半离合器 1 上固定有对中环 3,而从动轴可以在对中环中自由地转动。

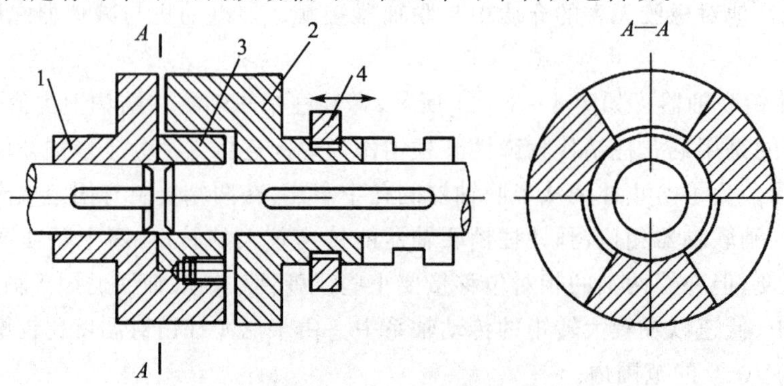

1、2—半离合器;3—对中环;4—操纵机构

图 4-3-13　牙嵌离合器

牙嵌离合器常用的牙型有三角形、矩形、梯形、锯齿形等，如图 4-3-14 所示。三角形牙便于接合与分离，但强度较弱，只适用于传递小转矩的低速离合器；矩形牙不便于接合、分离也困难，仅用于静止时手动接合；梯形牙的侧面制成 $a=2°\sim8°$ 的斜角，梯形牙强度较高，能传递较大转矩，且又能自行补偿牙磨损后出现的牙侧间隙，从而避免由于间隙产生的冲击，故应用较广；锯齿形牙比梯形牙的强度还高，传递的转矩也更大，但只能单向工作，且反转时齿面间会产生很大轴向分力，迫使离合器自动分离，因此仅在特定的工作条件下采用。三角形、矩形、梯形牙都可以作双向工作，而锯齿形牙只能单向工作。

梯形牙和锯齿形牙的牙数一般为 3～15 个，三角形牙的牙数一般为 15～60 个。要求传递转矩大时，应选用较少的牙数；要求接合时间短时，应选用较多的牙数。牙数越多，载荷分布越不均匀。

离合器的材料常用低碳钢表面渗碳，硬度为 56～62HRC，或采用中碳钢表面淬火，硬度为 48～54HBC，不重要的和静止状态接合的离合器，也允许用 HT200 制造。

牙嵌离合器结构简单，外廓尺寸小，接合后所连接的两轴不会发生相对转动，宜用于主、从动轴要求完全同步的轴系。但接合应在两轴不转动或转速差很小时进行，以免因受冲击载荷而使凸牙断裂。

牙嵌离合器的尺寸已经系列化，通常根据轴的直径及传递的转矩选定尺寸，并校核牙面的压强和牙根的弯曲强度。

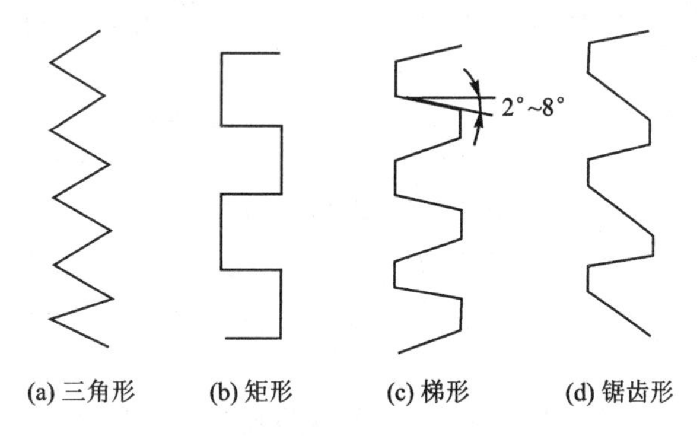

(a) 三角形　(b) 矩形　(c) 梯形　(d) 锯齿形

图 4-3-14　牙嵌离合器常用的牙形

2. 摩擦离合器

摩擦离合器是靠工作面上的摩擦力矩来传递力矩的，在接合过程中由于接合面的压力是逐渐增加的，故能在主、从动轴有较大的转速差的情况下平稳地进行接合。过载时，摩擦面间将发生打滑，从而避免其他零件的损坏。

(1) 单片式摩擦离合器　单片式摩擦离合器如图 4-3-15 所示，主动盘 1 固定在主动轴上，从动盘 2 通过导键与从动轴连接，它可以沿轴向滑动。为了增加摩擦系数，在一个盘的表面上装有摩擦片 3，摩擦片常用淬火钢片或压制石棉片材料制成。工作时利用操纵机构 4 在可移动的从动盘上施加轴向压力 F_A（可由弹簧、液压缸或电磁吸力等产生），使两盘压紧，圆盘间便产生圆周方向的摩擦力，从而实现转矩的传递。

单片式摩擦离合器结构简单，散热性好，但传递的转矩小，多用于轻型机械。

(2) 多片式摩擦离合器　在传递大转矩的情况下，因受摩擦盘尺寸的限制不宜应用单片摩擦离合器，这时要采用多片摩擦离合器，用增加结合面对数的方法来增大传动能力。

图 4-3-16(a)所示为多片式摩擦离合器。主动轴 1 与外壳 3 相连接，从动轴 2 与套筒 9

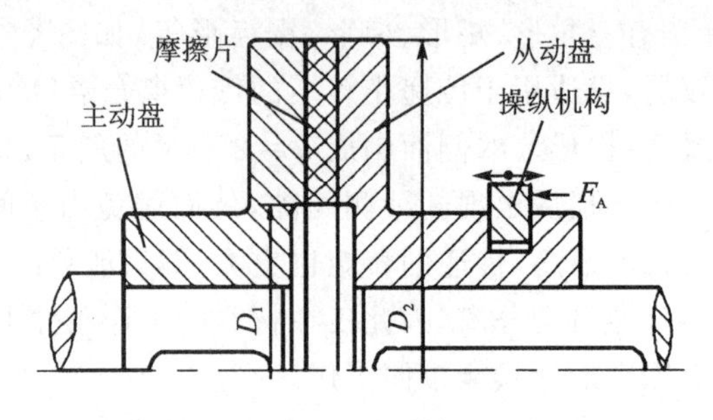

图 4-3-15　单片式摩擦离合器

相连接。外壳 3 又通过花键与一组外摩擦片 5(如图 4-3-16(b)所示)连接在一起;套筒 9 也通过花键与另一组内摩擦片 6(如图 4-3-16(c)所示)连接在一起。工作时,向左移动滑环 8,通过杠杆 7、压板 4 使两组摩擦片 5、6 压紧,离合器处于接合状态。若向右移动滑环 8 时,摩擦片 5、6 被松开,离合器实现分离。这种离合器常用于车床主轴箱内。

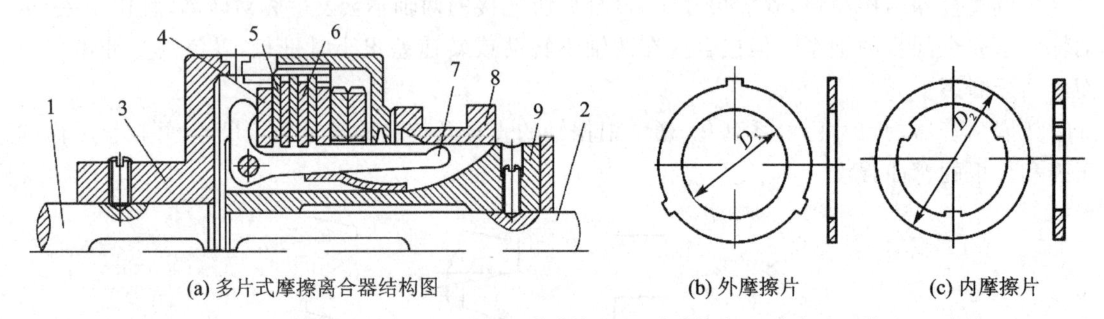

(a) 多片式摩擦离合器结构图　(b) 外摩擦片　(c) 内摩擦片

1—主动轴;2—从动轴;3—外壳;4—压板;5—外摩擦片;6—内摩擦片;7—杠杆;8—滑环;9—套筒

图 4-3-16　多片式摩擦离合器

摩擦离合器传递的转矩随摩擦片数目 z 的增加成正比。但摩擦片数目 z 过多,将影响离合器分离的灵活性,所以限制 $z \leqslant 25 \sim 30$。对于湿式摩擦离合器取 $z=5 \sim 15$;对于干式摩擦离合器取 $z=1 \sim 6$。

和单片式摩擦离合器相比,多片式摩擦离合器可以在不增加轴向压力和径向尺寸的情况下,通过增加摩擦片的数目来增加所传递的转矩,所以有利于降低离合器的转动惯量,宜用于高速传动中。

和牙嵌离合器相比,圆盘摩擦离合器应用较广,并具有下列优点:

(1) 被连接的两轴能在任何转速下进行接合,且接合平稳。

(2) 改变摩擦面间的压力能调节从动轴的加速时间和所传递的最大转矩。

(3) 过载时将产生打滑现象,可避免其他零件受到损坏。

多片式离合器的缺点是:

(1) 结构复杂,外廓尺寸大。

(2) 在正常的接合过程中,从动轴转速从零加速到主动轴的转速,摩擦面间会不可避免地产生相对滑动,当产生滑动时不能保证被连接两轴间的精确同步转动。

(3) 在接合与分离过程中产生滑动摩擦,摩擦会产生发热,当温度过高时会引起摩擦系数的改变,严重的可能导致摩擦盘胶合和塑性变形。所以,一般对钢制摩擦盘应限制其表面最高温度不超过 300~400 ℃,整个离合器的平均温度不超过 100~120 ℃。

[习题]

4－3－1　判断题

(1) 挠性联轴器可以补偿两轴之间的偏移。(　　)

(2) 离合器用于各种机械的主、从动轴之间的接合与分离,并传递运动和动力。(　　)

4－3－2　选择题

两轴线能严格对中,传动平稳,转速不高的场合,宜选用(　　)。

A. 凸缘联轴器　　B. 齿式联轴器　　C. 弹性柱销联轴器　　D. 十字滑块联轴器

4－3－2　简答题

(1) 试比较刚性联轴器、无弹性元件挠性联轴器和有弹性元件挠性联轴器各有何优缺点?各适用于什么场合?

(2) 十字轴万向联轴器适用于什么场合?为何常成对使用?

(3) 牙嵌离合器和摩擦式离合器各有何优缺点?各适用于什么场合?

项目五　汽车液压传动与气压传动

☞ 案例导入

液压传动与气压传动是以受压的流体(油、合成液体或气体)作为工作介质,利用流体的压力传递运动和动力的一种传动方式。液压传动所用的工作介质是液体(主要是矿物油),气压传动所用的工作介质为压缩空气。

流体传动与机械传动相比具有许多优点,在汽车的供油系统(如图 5-0-1 所示)、润滑系统(如图 5-0-2 所示)、制动系统(如图 5-0-3 所示)等得到了广泛的应用。本项目通过学习五个典型的任务来了解并掌握液压传动、液力传动与气压传动的工作原理。

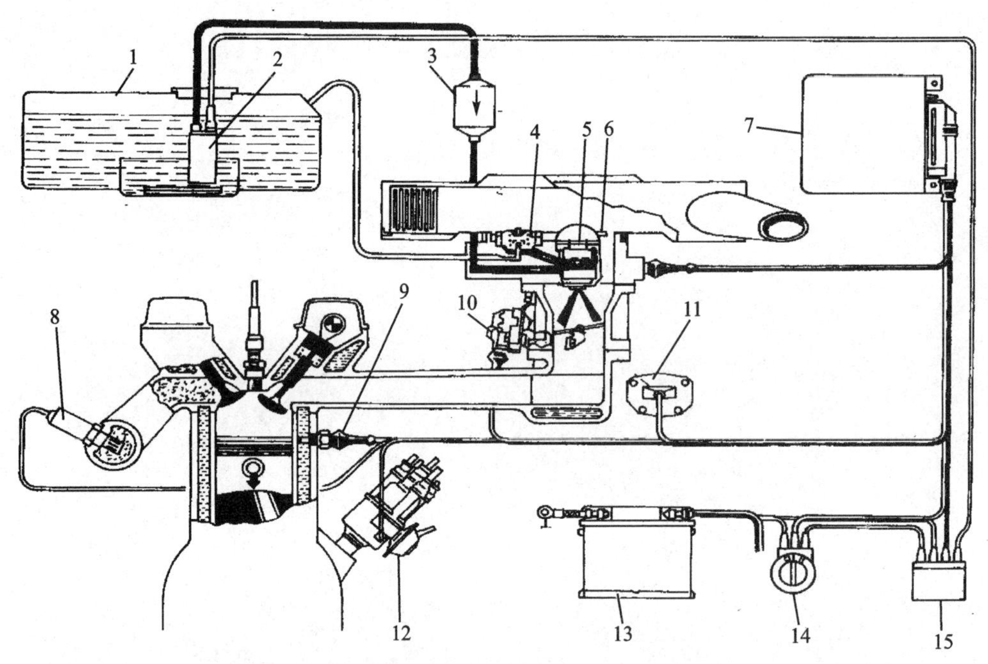

1—汽油箱;2—电动汽油泵;3—汽油滤清器;4—油压调节器;5—喷油器;6—进气温度传感器;
7—电控单元;8—氧传感器;9—发动机温度传感器;10—怠速控制阀;11—节气门及节气门位置传感器;
12—分电器及曲轴位置传感器;13—蓄电池;14—点火开关;15—继电器

图 5-0-1　汽车供油系统示意图

任务一　液压系统工作原理及图形符号

教学目标

- 了解液压传动的基本概念;
- 熟悉液压传动的组成和工作原理;

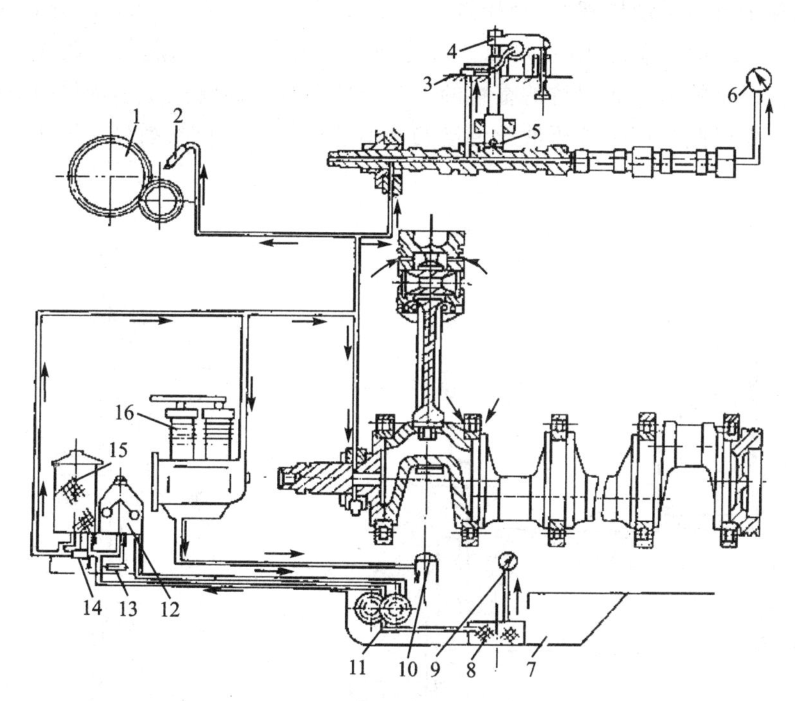

1—齿轮泵；2—喷嘴；3—气缸盖；4—气门摇臂；5—气门挺柱；6—油泵壳；7—油底壳；8—机油集滤器；
9—温度表；10—加油口；11—机油泵；12—机油细滤器；13—限压阀；14—旁通阀；15—机油粗滤器；16—空气压缩机

图 5-0-2　6135Q 型柴油机润滑系统示意图

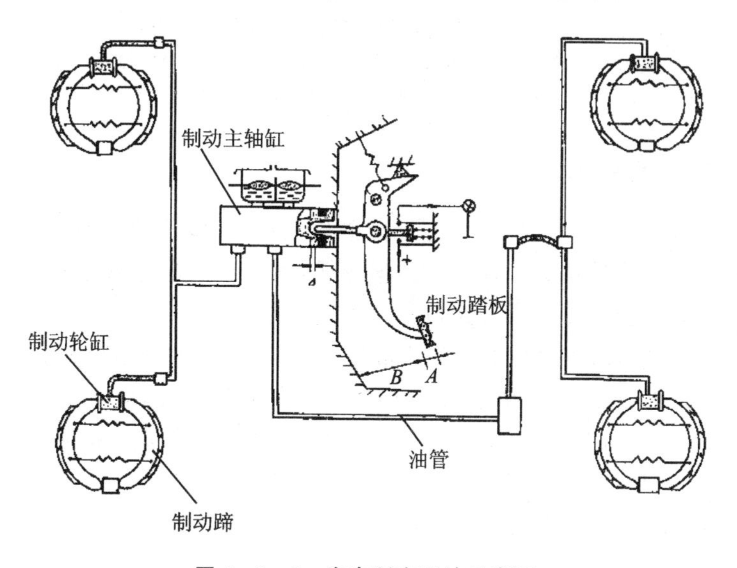

图 5-0-3　汽车制定系统示意图

- 掌握液压元件的图形符号；
- 了解液压系统的特点；
- 熟悉压力和流量的定义。

液压千斤顶是汽车修理中的常用工具，它主要用于更换车轮时将汽车顶起，便于维修人员完成工作。液压千斤顶是典型的液压传动机构，即以液体为工作介质传递能量和实施控制。

液压千斤顶主要由手动柱塞泵、液压缸和油箱，以及它们之间的连通管道等构成，其工作原理如图5-1-1所示。在使用时，可以通过施加一个很小的力，顶起质量比该力大很多的重物。它是如何以很小的力举起很重的重物的？其液压系统是由哪些基本构件组成的？它的工作原理如何？下面以此为例来分析液压传动的基本概念、工作原理、系统的组成、图形符号、特点和主要参数等。

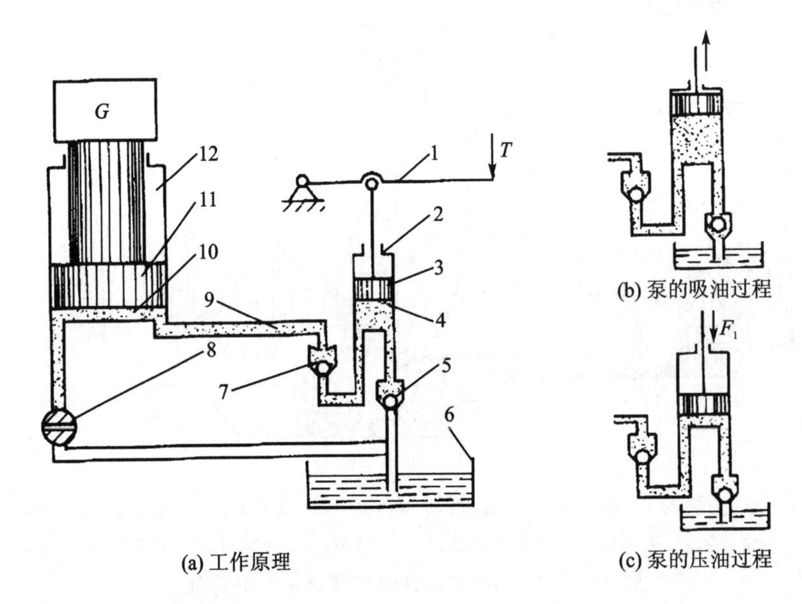

1—杠杆；2—小液压泵；3—小活塞；4、10—油腔；5、7—单向阀；
6—油箱；8—截止阀；9—油管；11—大活塞；12—大液压缸

图5-1-1 液压千斤顶工作原理图

一、液压传动系统的组成

液体传动是以液体为工作介质进行能量传递和控制，它包括液力传动和液压传动。液压传动利用液体的压力能来传递力和能量的传递方式，系统必须有封闭的高压腔。

液压传动系统一般由以下五部分组成：

(1) 动力元件：液压泵，将机械能转换为液压能的装置，给整个系统提供压力油。

(2) 执行元件：液压缸或液压电动机，将液压能转换为机械能，可克服负载做功。

(3) 控制元件：各种阀类，可控制和调节液压系统的压力、流量及液流方向，以改变执行元件输出的力(转矩)、速度(转速)及运动方向。

(4) 辅助元件：油箱、过滤器、蓄能器、油管、压力表等，其功用是存储、输送、净化和密封工作液体，并有散热作用。

(5) 工作介质：液压油，其不仅起传递能量和运动的作用，而且对元件及装置起润滑作用。

二、液压传动的工作原理

图5-1-1所示的液压千斤顶工作原理图，液压千斤顶工作时，放油阀8关闭。当提起杠杆1，小活塞3上移，油腔4密封容积增大形成局部真空。于是油箱6中的油液在大气压力的作用下，推动单向阀5的钢球并沿着吸油管进入油腔4，完成吸油工作过程。当压下杠杆，小

活塞3下移，油腔4的密封容积减小，油液受到外力挤压产生压力，单向阀5自动关闭，同时单向阀7的钢球受到一个向上的作用力。当该作用力大于油腔10中油液对钢球的作用力时，钢球被推开，油液通过单向阀7流入油腔10内，迫使它的密封容积变大，即完成压油工作过程，其结果推动小活塞3上升并将重物G顶起。再次提起杠杆时，油腔10中油液迫使单向阀7自动关闭，使油液不能倒流人油腔4中，保证了重物不致自动落下。当反复提起和压下杠杆时，小液压泵2不断交替进行着吸油和压油过程；压力油不断地进入大液压缸，将重物不断顶起，从而达到起重的目的。若将截止阀8旋转90°，在重物G的作用下，大液压缸油腔10中油液流回油箱。从液压千斤顶的工作过程可以看出：液压传动是以油液为工作介质，依靠密封容积的变化来传递运动，依靠油液内部的压力来传递动力。

三、液压系统图的图形符号

为了简化液压原理图的绘制，GB/T 786.1—2009规定了液压、气动图形符号，这些符号只表示元件的职能，不表示元件的结构和参数。一般液压传动系统图均应按标准规定的图形符号绘制，若某些元件无法用图形符号表示或需着重说明系统中某一重要元件的结构和工作原理时，允许采用结构原理图表示。图5-1-2所示为磨床工作台液压系统结构和动作原理图，图5-1-3所示为用图形符号表示的液压系统原理图。

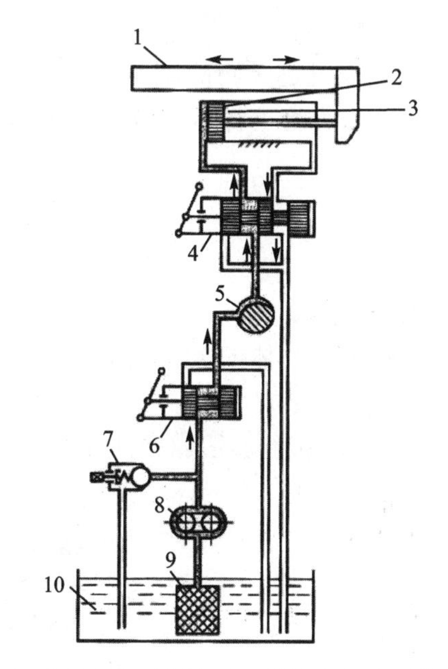

1—工作台；2—液压缸；3—活塞；4、6—换向阀；5—节流阀；7—溢流阀；8—液压泵；9—过滤器；10—油箱

图5-1-2　磨床工作台液压系统工作原理图

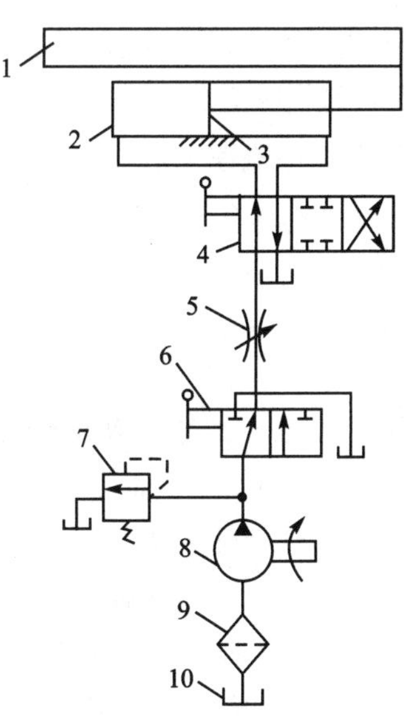

图5-1-3　用图形符号表示的磨床工作台液压系统工作原理图

四、液压传动的基本参数

(一) 压　力

(1) 液体静压力液体静压力是指液体处于静止状态时，单位面积上受的法向作用力。静压力也称为压强，即

$$P = F/A \tag{5-1-1}$$

压力的单位为Pa,1 Pa=1 N/m^2,1 MPa=10^6 Pa。额定压力是指液压系统按试验标准能连续工作的最高压力,是液压元件的基本参数之一。

(2) 压力的传递(帕斯卡原理)在密闭的容器为施加于静止液体上的压力,将等值传递到液体内的各点。这就是静压传递的基本原理,即帕斯卡原理。它表明在一个较小的面积上作用较小的力可以在较大的面积上得到较大的作用力。如图5-1-4所示,外界负载为G,由帕斯卡原理可知

$$P_1 = P_2$$

如果在小活塞上施加一个力F_1,则小液压缸中油液的压力

$$P = F_1/A_1$$

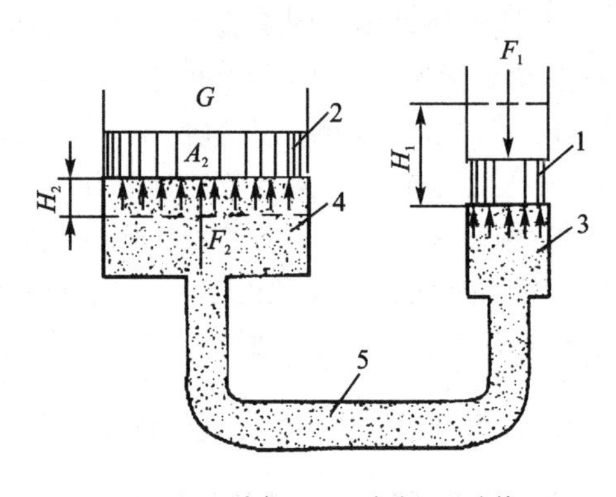

1,2—活塞;3,4—油腔;5—油管

图5-1-4　帕斯卡原理应用

根据静压传递原理,这一压力p将等值传递到液体中的各点,也将传递到大液压缸中,这时大活塞也受到一个压力p的作用而产生一个向上的作用力F_2,得$F_2 = pA_2$。将压力的值代入,则得

$$P = F_1/A_1, \qquad F_2 = F_1 A_2/A_1$$

由此可见,当两活塞的面积之比(A_2/A_1)越大,大活塞升起重物的能力也越大。也就是说,在小活塞上施加不大的力,大活塞就可得到较大的作用力将重物G举起。这就是液压千斤顶能顶起重物的原因所在。

(二) 流量与平均流速

描述液体流动的两个主要参数为流量与平均流速。

(1) 流量是指单位时间内流过通流截面的液体的体积,用q表示,单位为m^3/s或L/min。

(2) 平均流速是指单位时间内单位面积上流过通流截面的液体体积,用v表示,单位为m/s。

$$v = q/A \qquad (5-1-2)$$

在液压系统中,液压缸的有效面积A是一定的,则活塞的运动速度(等于平均流速)v取决于进入液压缸的流量q。

(三) 液体流动连续性原理

液体流动的连续性方程是质量守恒定律在流体力学中的应用。即液体在密封管道内作恒定流动时,设液体不可压缩,则单位时间内流过任意截面的质量相等,如图5-1-5所示。

$$q = Av = c(c\text{ 为常数}) \qquad (5-1-3)$$

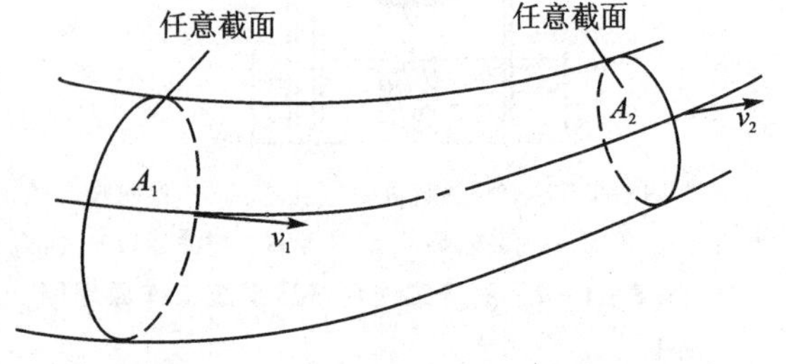

图5-1-5　液体流动连续性原理

式(5-1-3)是液体流动的连续性方程。它说明液体流过不同截面的管道时流量是不变的。同样也说明:当流量一定时,通流截面上的平均速度与其截面面积成反比。

综上所述,液压传动是依靠密封容积的变化传递运动的,而密封容积的变化所引起流量的变化要符合等量原则;液压传动是依靠油液的压力来传递动力的,在密闭容器中压力是等值传

递的。

［习题］

5－1－1　正确分析液压系统的组成及工作原理。

5－1－2　如习题图5－1－1所示为汽车举升机构的液压系统图，回答下面的问题：

① 图中1、2、4、6各为哪种常用的液压图形符号？

② 指出液压系统的动力部分、执行部分、控制部分和辅助部分。

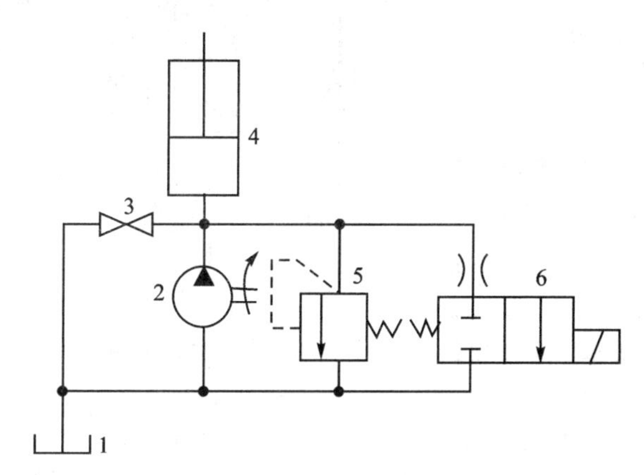

习题图5－1－1　汽车举升机构的液压系统图

任务二　液压泵及液压缸

教学目标

- 熟悉液压缸和液压泵的图形符号、功用与基本工作原理；
- 熟悉液压电动机和液压缸的区别；
- 了解液压缸及液压泵的分类及结构；
- 了解液压系统密封元件特点；
- 具有分析汽车液压制动系统工作过程的能力。

液压泵和液压电动机是液压系统的重要元件。液压泵是将电动机（或其他原动机）输入的机械能转化为液压能的能量转换装置，在液压系统中作为动力源，向液压系统供给液压油。液压电动机是将液压能转化为机械能的能量转换装置，作为执行机构来使用。液压泵和液压电动机都是容积式的元件。液压缸是液压系统中的执行元件，它把输入的液压能转换成机械能输出。

一、液压泵

（一）液压泵的功用

液压泵是整个液压系统的动力元件，向液压系统供给液压油，其功用是将发动机（或电动机）输入的机械能转化为油液的液压能，是液压系统中的动力源。

（二）液压泵的结构和职能符号

图5－2－1所示为液压泵的工作原理图：偏心轮6旋转时，柱塞5在偏心轮6和弹簧2作

用下在缸体4中上下移动。柱塞下移时,缸体中的油腔(密封工作腔)容积变大,产生真空,油液便通过吸油阀1吸入;柱塞上移时,缸体中的油腔容积变小,吸油阀关闭,已吸入的油液便通过压油阀3输出到系统中去。由此可见,液压泵是靠密封工作腔的容积变化进行工作的,而输出油量的大小是由密封工作腔的容积变化大小来决定的,因而称为容积泵。

(三) 液压泵的类型

除了图5-2-1所示的凸轮转子式液压泵之外,汽车上常用的还有齿轮泵、叶片泵、柱塞等。

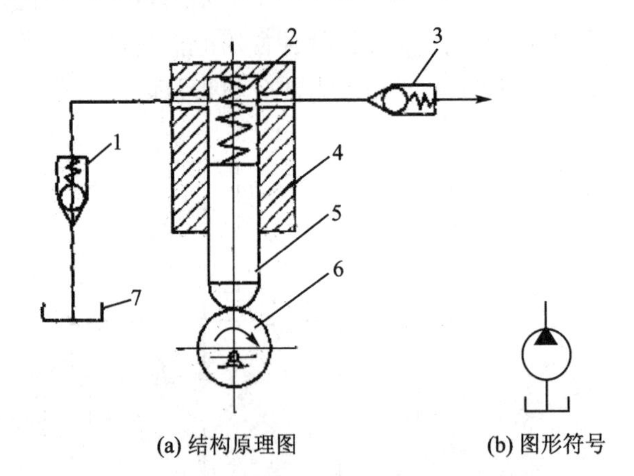

(a) 结构原理图　　(b) 图形符号

1—吸油阀;2—弹簧;3—压油阀;4—缸体;5—柱塞;6—偏心轮;7—油箱

图5-2-1　液压泵工作原理

1. 齿轮泵

(1) 外啮合齿轮泵　外啮合齿轮泵工作原理和结构如图5-2-2所示,在泵的壳体内有一对模数相同、齿数相等的外啮合齿轮,齿轮两侧有端盖罩住(图中未示出)。壳体、端盖和齿轮的各个齿槽组成了许多密封工作腔。当齿轮按图中所示方向旋转时,右侧吸油腔由于相互啮合的轮齿逐渐脱开,密封工作腔容积逐渐增大,形成部分真空,油箱中的油液被吸进来,将齿槽充满,并随着齿轮旋转,把油液带到左侧压油腔去。在压油区一侧,由于轮齿在这里逐渐进入啮合,密封工作腔容积不断减小,油液便被挤出去。吸油区和压油区是由相互啮合的轮齿以及泵体分隔开的。

(2) 内啮合齿轮泵　内啮合齿轮泵分为渐开线齿形和摆线齿形(又名转子泵)两种,它们的工作原理和主要特点与外啮合齿轮泵完全相同,如图5-2-3所示。当小齿轮按图示方向旋转时,轮齿退出处啮合容积增大而吸油,轮齿进入啮合处容积减小而压油。在渐开线齿形内啮合齿轮泵腔中,小齿轮和内齿轮之间要装一块月牙隔板,以便把吸油腔和压油腔隔开,如图5-2-3(a)所示。摆线齿形内啮合泵又称摆线转子泵,由于小齿轮和内齿轮相差一齿,因而不需设置隔板,如图5-2-3(b)所示。

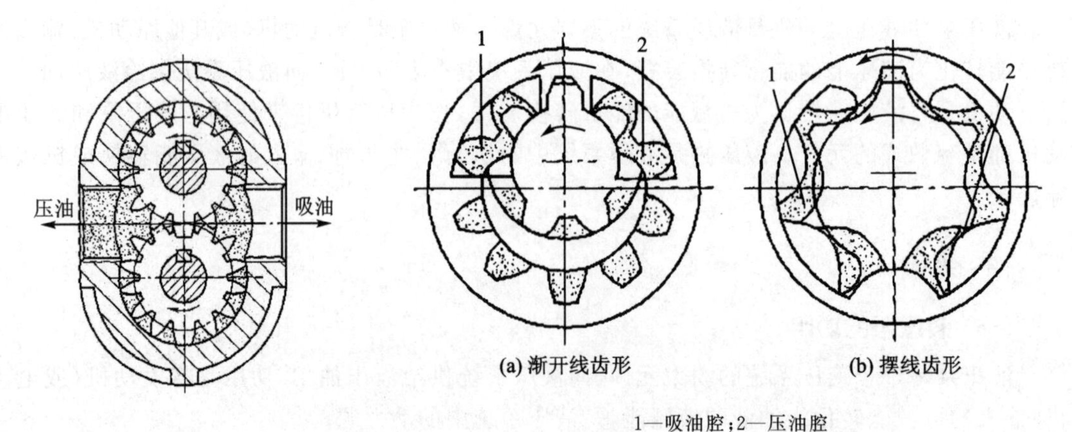

图5-2-2　外啮合齿轮泵工作原理图

(a) 渐开线齿形　　(b) 摆线齿形

1—吸油腔;2—压油腔

图5-2-3　内啮合齿轮泵

内啮合齿轮泵结构紧凑、体积小、流量脉动小、噪声小,而且无困油现象,在高速下工作的容积效率较高；但是制造工艺较复杂，价格较贵。

2. 叶片泵

叶片泵有单作用式和双作用式两大类，前者又称为非卸荷式叶片泵或变量叶片泵，后者又称为卸荷式叶片泵或定量叶片泵。

（1）单作用式叶片泵　单作用式叶片泵是由压油口、转子、定子、叶片吸油口及配油盘组成的，如图5-2-4所示。其中两相邻的叶片、转子外表面、定子内表面和配油盘共同组成若干个密封的储油容积。配油盘固定不动，转子径向上开有狭槽，叶片装在狭槽内定子和转子存在一定的偏心距 e。当转子旋转时，叶片可以在狭槽里自由的滑动，在离心力和底部油压的作用下，叶片紧贴在定子的内壁上。

当转子按图中方向逆时针旋转时，在离心力的作用下右侧叶片向外伸出，容积增大，油液经吸油口进入到密封容积中，而左侧的容积开始压缩，将油液经压油口送到液压系统中。转子每旋转一周，每一个密封容积完成一次吸油、压油过程，因此称为单作用式液片泵。由于其在工作时受到油液的压力是不平衡的，又称之为非平衡叶片泵。单作用式叶片泵也是变量泵，它的泵油量可以通过调整偏心距 e 来实现。

优点：结构简单，尺寸小，重量轻，工作可靠，吸油性好，对油的污染不敏感，在工作时噪声小，而且价格低。

缺点：不能保证密封性，也就是泄漏较多，工作时油液脉动大，工作压力较低。

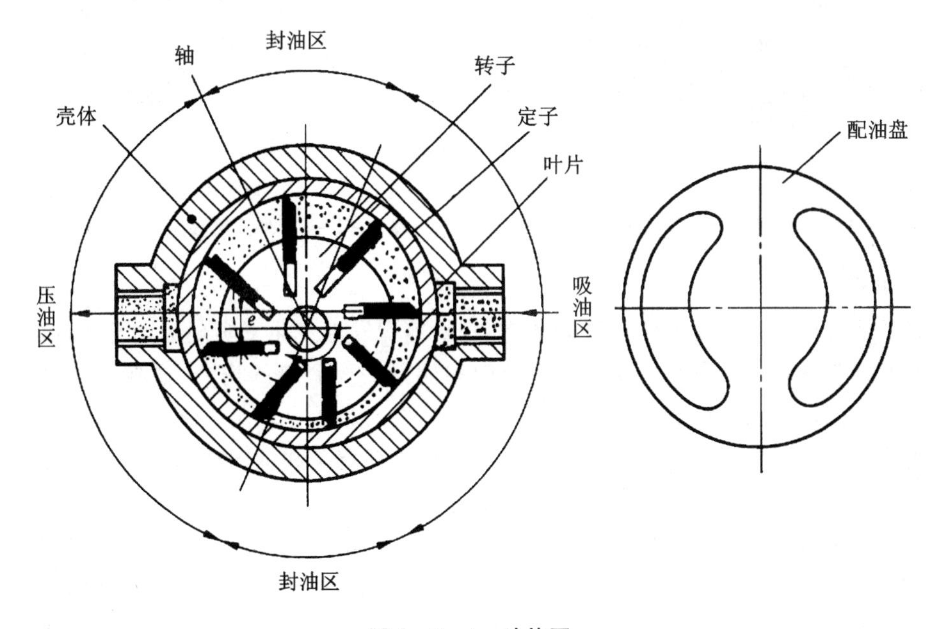

图5-2-4　叶片泵

（2）双作用式叶片泵　图5-2-5所示为一双作用式叶片泵，其同样由定子、转子、叶片、配油盘和一些附件组成。与单作用式叶片泵有一点不同的是其转子和定子是同心的，定子的内表面是分别由两段长圆弧、两段短网弧和四段过渡圆弧组成。正是由于这样的结构使得转子每转动一周密封工作腔就会完成吸油和压油各两次，所以称其为双作用式叶片泵。由于泵上分别有两个压油区和两个吸油区，因此所受的力是平衡的，所以这种泵又叫作平衡式叶片泵。

(3) 变量叶片泵　变量叶片泵的流量可以根据液压系统工作要求而改变(手动调节或自动调节)。根据调节后泵的压力流量特性的不同,变量叶片泵又可分为限压式、恒流量式和恒压式三类。下面介绍常用的限压式变量叶片泵。

限压式变量叶片泵可以根据液压系统的要求调节限定工作压力,通过自动调节定子与转子的偏心量,从而调节输出流量,即流量改变是利用压力的反馈作用实现的。其形式分为外反馈和内反馈两种。

图5-2-6所示为外反馈限压式变量叶片泵的工作原理图。转子1绕中心 O_1 顺时针旋转,定子2可以左右移动,若柱塞6左端的液压推力小于限压弹簧3的作用力,则定子被推向最左端,这时定子中心 O_2 和转子中心 O_1,之间的偏心量 e_0 最大,它决定了泵的最大流量。e_0 的大小可通过调节螺钉7调节,泵的限定压力 p 可通过限压弹簧调节。

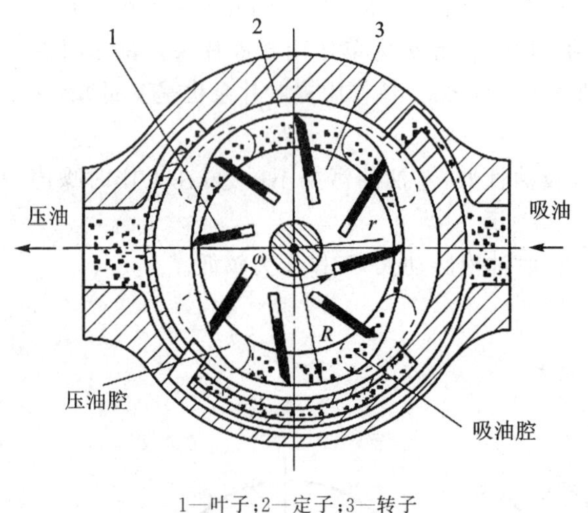

1—叶子;2—定子;3—转子

图5-2-5　双作用式叶片泵工作原理图

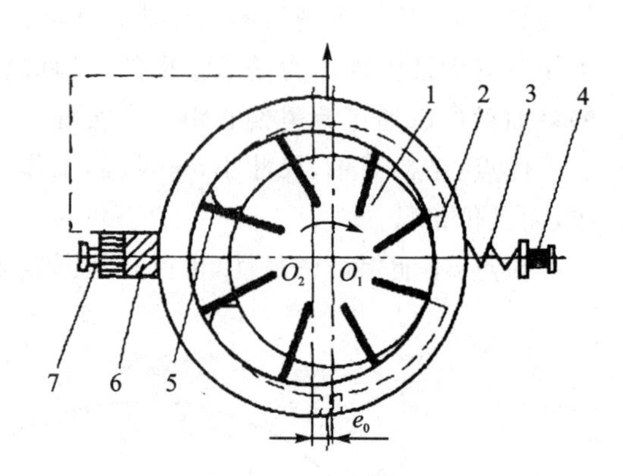

1—转子;2—定子;3—限压弹簧;

4、7—调节螺钉;5—叶片;6—柱塞

图5-2-6　外反馈限压式变量叶片泵工作原理图

3. 柱塞泵

柱塞泵是靠柱塞在缸体中作往复运动,使密封容积发生变化来实现吸油与压油的液压泵。柱塞泵用于需要高压、大流量、大功率的系统中和流量需要调节的场合,如在龙门刨床、拉床、液压机、工程机械、船舶上得到广泛应用。

柱塞泵按柱塞的排列和运动方向不同可分为径向柱塞泵和轴向柱塞泵。下面主要介绍轴向柱塞泵。

轴向柱塞泵的柱塞平行于缸体轴心线,沿缸体圆周均匀分布。其工作原理如图5-2-7所示,缸体7上均匀分布了若干个轴向柱塞孔,孔内装有柱塞5,缸体由轴9带动旋转。套筒4在弹簧6作用下,通过压板3而使柱塞头部的滑履2紧压在斜盘上;同时,套筒8使缸体7和配油盘10紧密接触,起密封作用。当缸体按图示方向转动时,由于斜盘1和压板的作用,迫使柱塞在缸体内作往复运动,使各柱塞与缸体间的密封容积发生变化,通过配油盘进行吸油和压油。当缸孔自最低位置向前上方转动(前面半周)时,柱塞在转角 $0\sim\pi$ 范围内逐渐向左伸出,柱塞端部的缸孔内密封容积增大,经配油盘吸油窗口吸油;柱塞在转角 $\pi\sim2\pi$(里面半周)范围内,柱塞被斜盘逐步压入缸体,柱塞端部密封容积减小,经配油盘排油窗口压油。缸体每旋转一周,柱塞吸、压油各一次。

改变斜盘倾角 y 的大小,就改变了柱塞的行程长度,也就改变了泵的排量。而改变斜盘

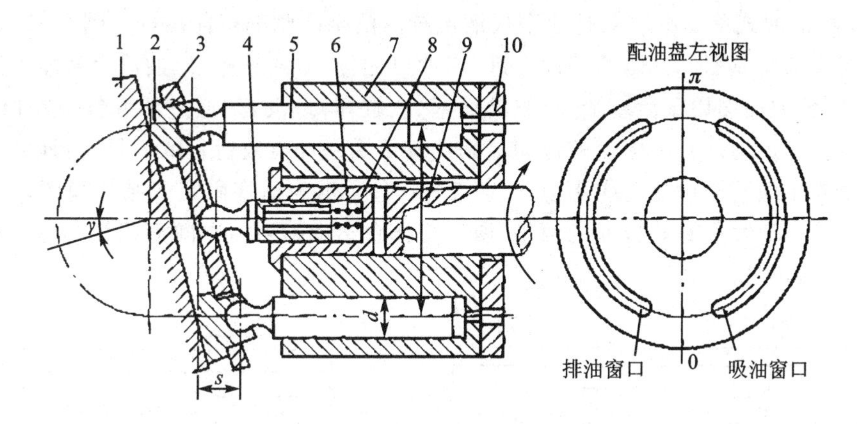

1—斜盘；2 —滑履；3—压板；4—套筒；5—柱塞；6—弹簧；7—缸体，8—套筒；9—轴；10—配油盘

图 5-2-7 轴向柱塞泵工作原理图

倾角的方向，就能改变泵的吸压油方向，从而使其成为双向变量轴向柱塞泵。由于柱塞在缸体孔中运动的速度不是恒定的，因而输出流量是有脉动的。

二、液压缸

液压缸输入的压力能表现为液体的流量和压力，输出的机械能表现为速度和力。液压缸用来驱动工作机构实现直线往复运动或摆动。液压缸结构简单，工作可靠，作直线往复运动时，可省去减速机构，且没有传动间隙，传动平稳、反应快，因此在液压系统中被广泛应用。

液压缸按结构形式可分为活塞式、柱塞式和摆动式三类。

(一) 液压缸的功能

液压缸是液压传动系统中的一种执行元件，可将液压能转变为执行元件的机械能输出。

(二) 液压缸的结构和图形符号

汽车动力转向系统中使用的液压缸为单杆活塞式液压缸。

(1) 单杆活塞式液压缸　单杆活塞式液压缸如图 5-2-8 所示，主要由缸体、活塞和活塞杆组成。由于活塞一端有杆、另一端无杆，所以活塞两端的有效作用面积不等。当左、右两腔分别进入压力油时，即使流量和压力相等，活塞往复运动的速度和所受的推力也不相等。当无杆腔进油时，因活塞有效面积大，所以速度小，推力大；当有杆腔进油时，因活塞有效面积小，所以速度大，推力小。

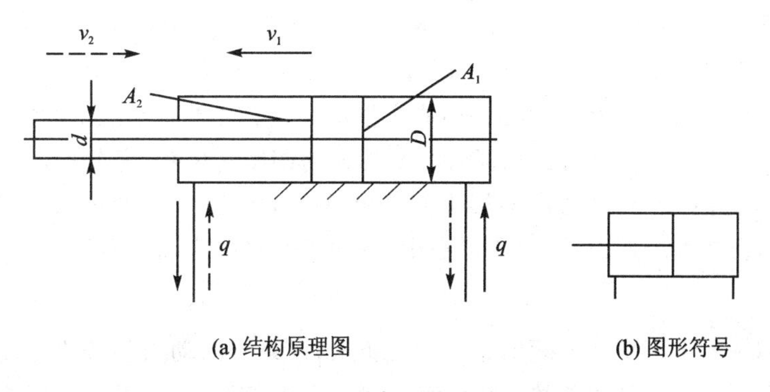

(a) 结构原理图　　(b) 图形符号

图 5-2-8 单杆活塞式液压缸

(2) 双杆活塞式液压缸　双杆活塞式液压缸的活塞两侧都有伸出杆。图5-2-9(a)所示为缸体固定式结构简图。缸体两端设有进、出油口,当压力油从进、出油口交替输入液压缸左、右工作腔时,压力油作用于活塞端面,驱动活塞(或缸体)运动,并通过活塞杆(或缸体)带动工作台作直线往复运动。其工作台的运动范围约等于活塞杆有效行程的三倍,占地面积较大,一般在行程短或小型液压设备上应用。图5-2-9(b)所示为活塞固定式结构简图,其工作台的运动范围约等于活塞杆有效行程的两倍,所以工作台运动时所占空间面积较小,适用于行程长的大、中型液压设备。

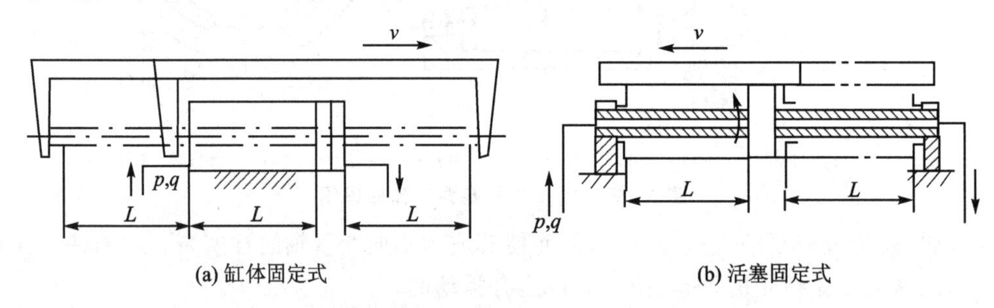

图5-2-9　双杆活塞式液压缸

当两活塞杆直径相同、液压缸两腔的供油压力和流量都相等时,活塞(或缸体)两个方向的运动速度和推力也都相等,因此,这种液压缸常用于要求往复运动速度和负载相同的场合,如各种磨床。

(三) 液压缸的密封

液压缸的密封是指活塞、活塞杆、端盖等处的密封,用以防止油液的泄漏。常见的密封方法有间隙密封和用橡胶密封圈密封。

(1) 间隙密封间隙密封是依靠相对运动零件配合面之间的微小间隙来防止泄漏的,如图5-2-10所示。这是一种简单的密封方法,适用于直径较小、压力较低的液压缸。为了提高密封效果,常在活塞上开几条环形小槽(尺寸为0.5 mm×0.5 mm,槽间距为3～4 mm),以增大油液从高压腔 P_1 向低压腔 P_2 泄漏的阻力。这种密封的缺点是磨损后不能自动补偿。

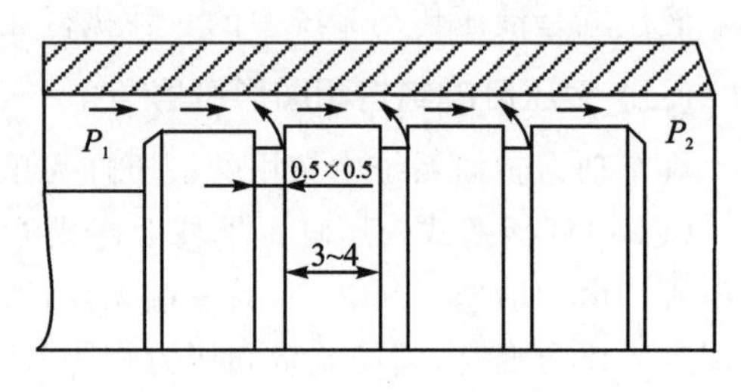

图5-2-10　间隙密封

(2) 密封圈密封　密封圈密封是液压系统中应用最广泛的密封方法。密封圈由耐油橡胶、尼龙制成,截面呈O形、Y形、V形等,如图5-2-11所示。其中,O形密封圈结构简单、密封性能好,但当压力较高(大于10 MPa)或沟槽尺寸选择不当时,密封圈容易被挤出而造成剧烈磨损,所以适当时候应在侧面放置挡圈;Y形密封圈密封可靠、寿命长,一般用于运动速度较高的液压缸密封;V形密封圈由多层夹织物制成,如图5-2-11(c)所示,它耐高压、性能好,但结构复杂,密封处摩擦力较大,所以在中、低速液压缸中应用较多。

[习题]

自卸车的液压系统原理如习题图5-2-1所示,该系统的动力装置为齿轮液压泵1,由四位四通手动换向阀6来控制油路的变化,使液压缸完成空位、举升、中停、下降四个动作,系统压力由溢流阀5调定。请回答以下问题:

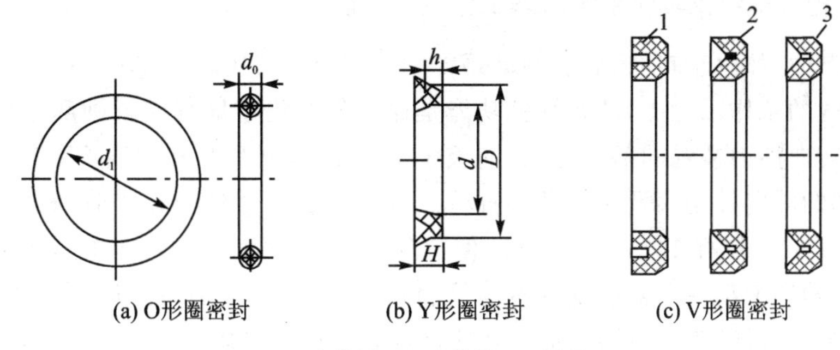

1—支撑环；2—密封圈；3—压环

图 5-2-11　常用橡胶密封圈

（1）试分析"液压缸完成空位动作"时，自卸车的液压系统工作过程。当手动换向阀 6 处于最右位，换向阀中位职能为 H 型，这样________、液压缸 7 处于卸载状态，车厢处于未举升的状态（一般为运输水平状态）。

（2）试分析"液压缸完成举升动作"时，自卸车的液压系统工作过程。此时换向阀处于最左位置，伸缩式液压缸下腔进油，车厢处于举升状态。

进油路：粗过滤器 2→________→________。手动换向阀 6 最左位→________的下腔。回油路：液压缸 7 上腔—手动换向阀 6 最左位→________→油箱 4。

（3）试分析"液压缸完成中停动作"时，自卸车的液压系统工作过程。此时滑阀处于左二位，手动换向阀中位职能为 M 型，液压泵处于________状态；A、B 均被截止，液压缸两腔油液被封住，液压缸被锁紧在________位置。

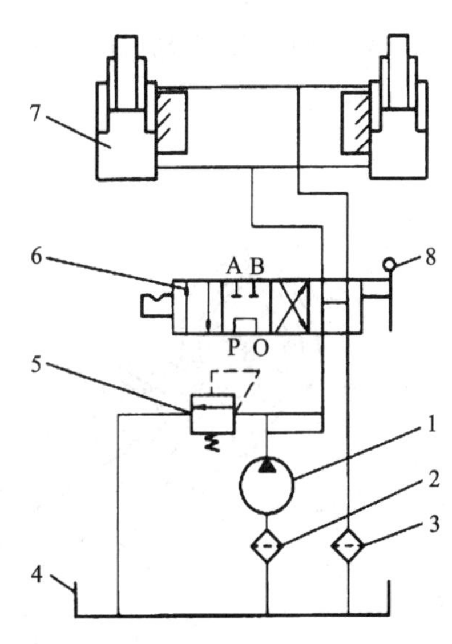

1—液压泵；2、3—粗过滤器；4—油箱；5—溢流阀；6—四位四通手动换向阀；7—液压缸；8—操纵杆

习题图 5-2-1　自卸车的液压系统原理图

（4）试分析"液压缸完成下降动作"时，自卸车的液压系统工作过程。

此时滑阀处于左三位，液压缸下腔回油，车厢处于下降状态。

进油路：粗过滤器 2→________→手动换向阀 6 左三位-液压缸 7 上腔：回油路：液压缸 7 下腔—手动换向阀 6 左三位-粗过滤器 2→________。此时，液压缸 7 下降。当车厢降至原位时，将滑阀移至最右位。

任务三　液压系统中的控制阀

教学目标

- 熟悉液压系统中控制阀的类型；
- 掌握方向控制阀的分类、图形符号及工作原理；
- 掌握流量控制阀的分类、图形符号及工作原理；
- 掌握压力控制阀的分类、图形符号及工作原理；

● 具有分析汽车液压转向系统回路工作原理的能力。

在现代汽车中,如汽车转向系统、制动系统中用到很多液压阀。图5-3-1所示为汽车液压动力转向系统的工作示意图,该系统的功能是保持汽车稳定地直线行驶和根据需要改变方向。其中属于转向加力装置的部件是:转向液压泵5、转向油管4、转向油罐6以及位于整体式转向器10内部的转向控制阀及转向动力缸等。当驾驶员转动转向盘1时,转向摇臂9摆动,通过转向直拉杆8、横拉杆11、转向节臂7,使转向轮偏转,从而改变汽车的行驶方向。与此同时,转向器输入轴还带动转向器内部的转向控制阀转动,使转向动力缸产生液压作用力,帮助驾驶员转向操纵。这样,为了克服地面作用于转向轮上的转向阻力矩,需要驾驶员加于转向盘上的转向力矩比用机械转向系统时所需的转向力矩小得多。

重型汽车、大型客车、越野车以及高速轿车普遍采用这样的动力转向装置。那么这种液压转向系统是如何保证汽车动力转向系统安全可靠、转向灵敏、准确传递“路感”和自动回正要求的呢?

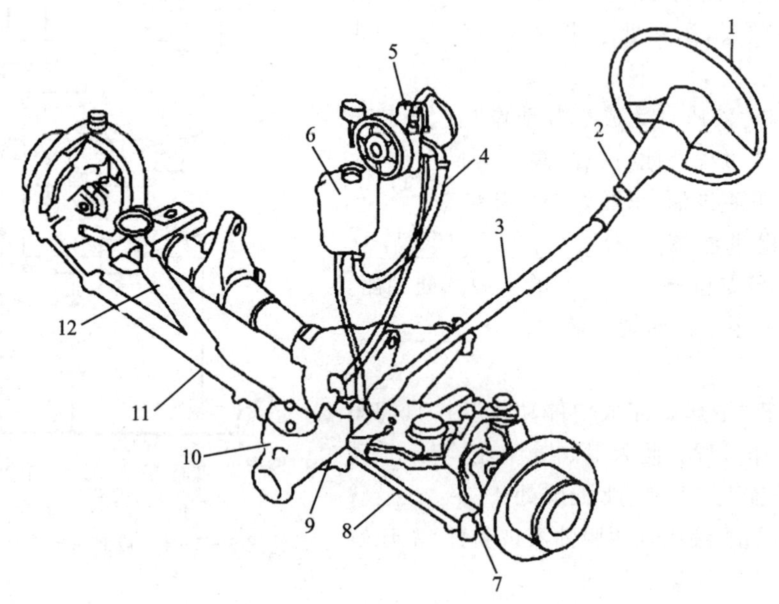

1—转向盘;2 一转向轴;3—转向中间轴;4—转向油管;5—转向液压泵;6—转向油罐;
7—转向节臂;8—转向直拉杆;9—转向摇臂;10—整体式转向器;11—横拉杆;12—转向减振器

图5-3-1 汽车液压动力转向系统的工作示意图

液压系统中的控制阀用来控制油液的压力、流量和流向,从而控制液压执行元件的启动、停止、运动方向、速度、作用力等,满足液压设备对各工况的要求。液压阀的种类繁多、功能各异,常根据用途分为方向控制阀(如单向阀、换向阀等)、压力控制阀(如溢流阀、减压阀、顺序阀等)和流量控制阀(如节流阀、调速阀等)。这三类阀可以相互组合,成为复合阀,以减少管路连接并使结构紧凑,如单向顺序阀等。液压系统中控制阀的功用是控制液压系统中油液的流动方向,调节其压力和流量。

一、方向控制阀

方向控制阀用来控制液压系统中液体流动的方向,其原理是利用阀芯和阀体间相对位置的改变,实现油路与油路间的接通或断开,以满足系统对液体流动方向的要求。方向控制阀可分为单向阀和换向阀两类。

（一）单向阀

（1）普通单向阀　普通单向阀（简称单向阀）的作用是仅允许液体沿一个方向通过，而反向则截止，要求液流正向通过时其压力损失小，反向截止时密封性能好，如图 5-3-2 所示。单向阀常安装在泵的出口。

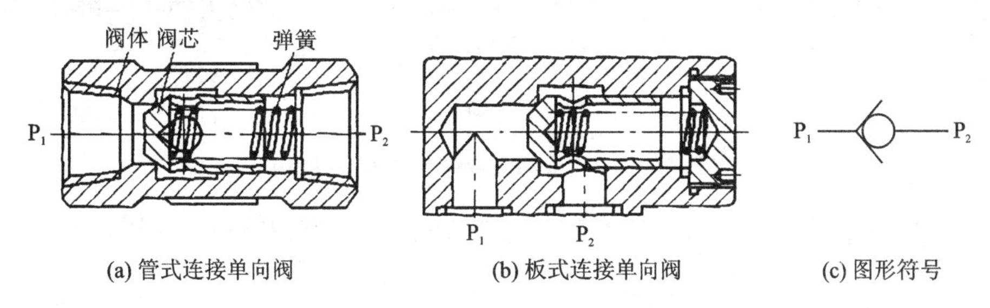

(a) 管式连接单向阀　(b) 板式连接单向阀　(c) 图形符号

图 5-3-2　单向阀结构与符号

（2）液控单向阀图 5-3-3 所示为液控单向阀的典型结构图。它与普通单向阀的区别是：在一定的控制条件下，液体可反向流通。其工作原理是：控制口 K 无压力油流人时，其工作原理与普通单向阀相同，压力油只能从 P_1 流向 P_2，不能反向流通；当控制口 K 有控制压力油时，活塞受油压作用推动顶杆顶开阀芯，使油口 P_1 与 P_2 接通，油液可双向自由流通。

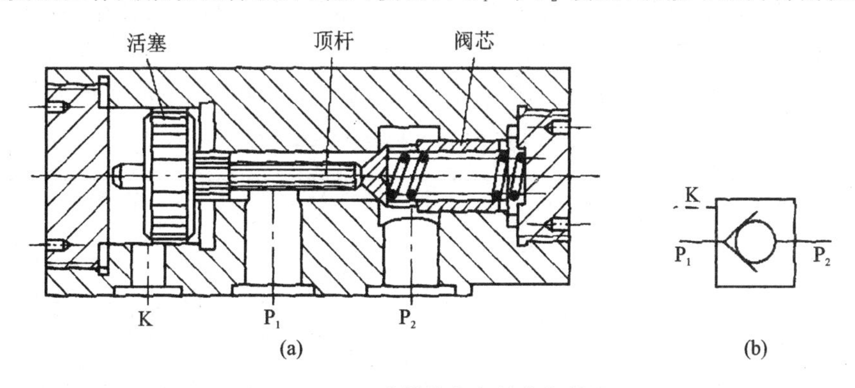

(a)　(b)

图 5-3-3　液控单向阀结构与符号

（二）换向阀

换向阀利用改变阀芯与阀体的相对位置，控制相应油路接通、切断或变换油液方向，从而实现对执行元件运动方向的控制。换向阀阀芯的结构形式有滑阀式、转阀式和锥阀式等，其中以滑阀式应用最多。

（1）换向原理　滑阀式换向阀是利用阀芯在阀体内作轴向滑动来实现换向作用的。滑阀阀芯是一个具有多段环形槽的圆柱体，如图 5-3-4 所示，阀芯有三个台肩，阀体孔内有五个沉割槽。每个槽都通过相应的孔道与外部相通，其中 P 口为进油口，T 口为回油口，A 口和 B 口通向执行元件的两腔。当阀芯处于图 5-3-4(b) 所示的工作位置时，四个油口互不相通，液压缸两腔不通压力油，处于停机状态。若使换向阀的阀芯右移，如图 5-3-4(a) 所示，阀体上的油口 P 和 A 相通、B 和 T 相通，压力油经 P、A 油口进入液压缸左腔，活塞右移，液压缸右腔的油液经 B、T 油口流回油箱。反之，若使阀芯左移，如图 5-3-4(c) 所示，则油口 P 和 B 相通、A 和 T 相通，活塞左移。

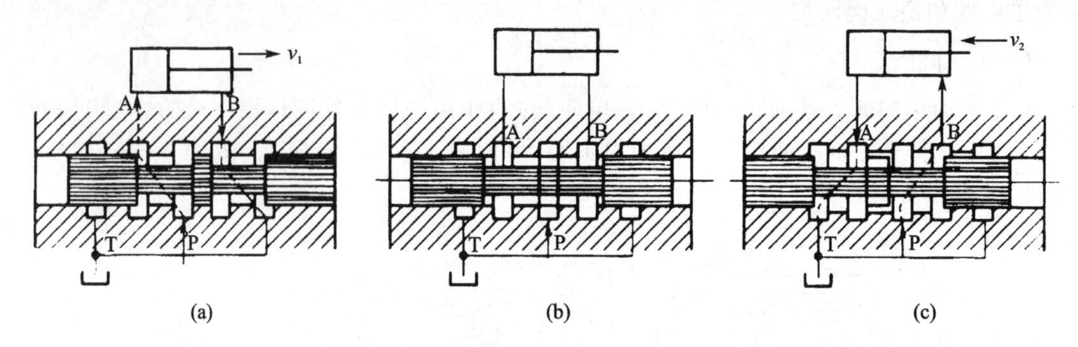

图 5-3-4　滑阀式换向阀的换向原理

(2) 换向阀的分类及图形符号按阀芯在阀体内的工作位置数和换向阀所控制的油口通路数划分，换向阀有二位二通、二位三通、二位四通、二位五通等类型(如表 5-3-1 所列)，其图形符号的含义如下：

1) 方框表示阀的工作位置，换向阀有几个工作位置就有几个方框(位数)；

2) 靠近弹簧的方框为二位阀的常态位置，三位滑阀中间方框为常态位置；

3) 方框内的箭头表示在这一位置上油路处于接通状态；

4) 方框的箭头首尾或堵塞符号与方框的交点表示阀的接出通路，交点数即为通路数；

5) 一般阀的进油口用 P 表示，回油口用 T 或 O 表示，阀与执行元件相连的油口用 A、B 等表示，L 为泄油口。

按阀芯换位的控制方式划分，换向阀有手动、机动、电动、液动和电液动等。

表 5-3-1　换向阀的局部图形符号

名　称	符　号	名　称	符　号
二位二通	A P	二位四通	A B P T
二位三通	A B P	二位五通	A B T_1 P T_2
二位四通	A B P T	三位五通	

汽车动力转向系统中使用的换向阀为三位五通换向阀，它的结构和图形符号如图 5-3-5 所示。通过操纵转向盘来控制滑阀的移动：当汽车直线行驶时，转向盘不动，滑阀处于中位，上边三个油口互相连通，下边两个油口封闭；当转向盘向左转时，滑阀向左移，三位五通换向阀处于左位，油口 P 与 A 接通，油口 B 与 T 接通，油口 C 关闭；当转向盘向右转时，滑阀向右移，三位五通换向阀处于右位，油口 P 与 B 接通，油口 T 与 C 接通，油口 A 关闭。

二、压力控制阀

在液压系统中，控制液体压力或利用压力作为信号来控制其他元件动作的阀统称为压力

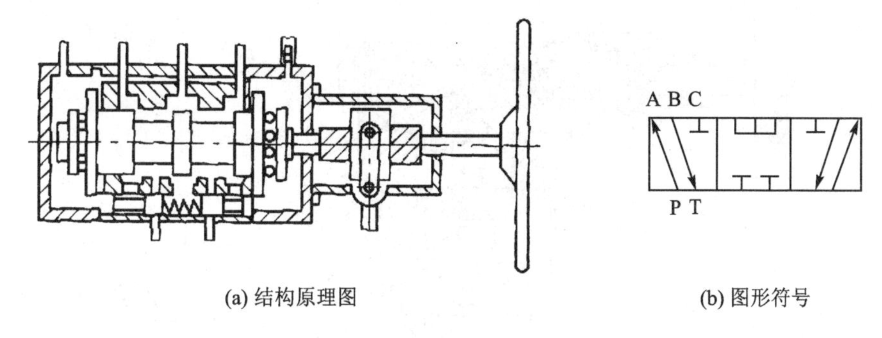

(a) 结构原理图　　(b) 图形符号

图 5-3-5　三位五通换向阀(汽车动力转向系统换向阀)

控制阀。常用的压力控制阀有溢流阀、顺序阀、减压阀和压力继电器等。

(一) 溢流阀

溢流阀有多种用途,主要是在溢流的同时使液压泵的供油压力得到调控并保持基本恒定。溢流阀按其工作原理可分为直动式和先导式两种。一般前者用于低压系统,后者用于中、高压系统。

(1) 直动式溢流阀　直动式溢流阀是依靠系统中的压力油直接作用在阀芯上与弹簧力等相平衡,以控制阀芯的启闭动作,图 5-3-6 所示为一种低压直动式溢流阀,P 是进油口,T 是回油口,进口压力油经阀芯 3 中间的阻尼孔,作用在阀芯的底部端面上。当进油压力较小时,阀芯在弹簧 2 的作用下处于下端位置,将 P 和 T 两油口隔开。当进油压力升高,在阀芯下端所产生的作用力超过弹簧的压紧力时,阀芯上升,阀口打开,将多余的油液排回油箱。阀芯上的阻尼孔用来对阀芯的动作产生阻尼,以提高阀的工作平稳性;调节螺母 1 可以改变弹簧的压紧力,这样也就调节了溢流阀进口处的油液压力 p。

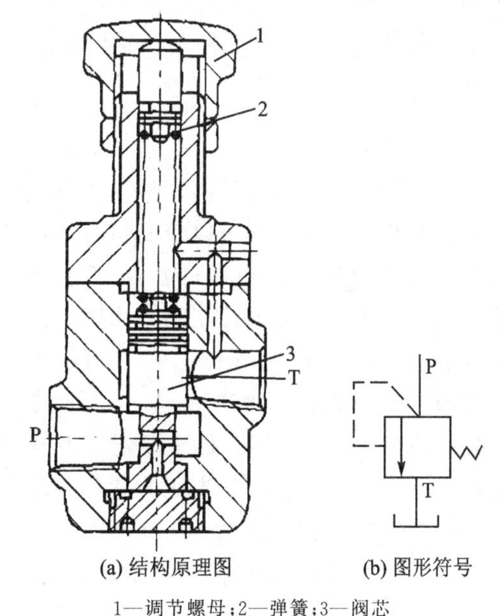

(a) 结构原理图　　(b) 图形符号

1—调节螺母;2—弹簧;3—阀芯

图 5-3-6　直动式溢流阀的结构与符号

(2) 先导式溢流阀　直动式溢流阀通常用于小流量系统,大流量系统应采用先导式溢流阀。其常见结构如图 5-3-7 所示,下部是主阀,上部是先导调压阀。先导阀的结构和工作原理与直动式溢流阀相同,也是一个小规格锥阀,先导阀内的弹簧用来调定主阀的溢流压力。主阀控制溢流量,主阀弹簧不起调压作用,仅用于克服摩擦力使主阀芯及时复位,该弹簧又称稳压弹簧。

当系统压力油从进油口进入主阀芯下腔时,压力油经主阀芯大直径圆柱上的阻尼孔 5 进入主阀芯上腔,再经过通道进入先导阀右腔,作用在先导锥阀 1 右端。由于先导阀关闭,此时主阀芯上腔与下腔间压力相等。

当系统压力低于先导阀的调定压力时,先导阀芯闭合,主阀芯在主阀稳压弹簧 8 的作用下紧压在主阀座 7 上,将溢流口封闭。当系统压力升高,压力油在先导锥阀 1 上的作用力大于先导阀的调定压力时,先导阀被打开,主阀上腔的压力油经先导阀开口、主阀芯的中心孔及出油

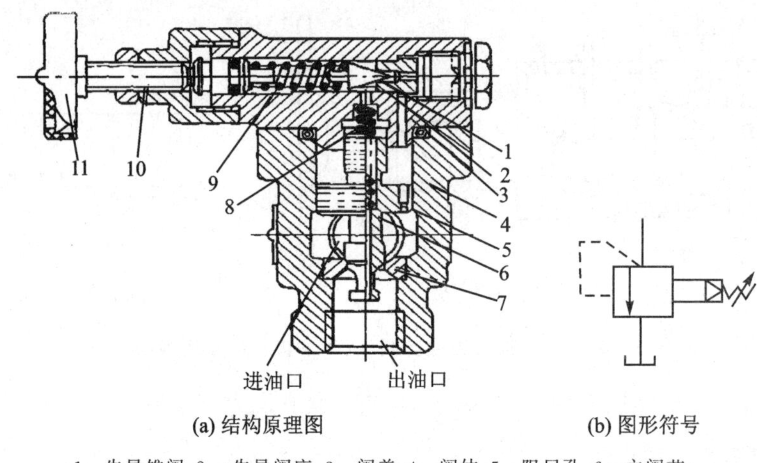

(a) 结构原理图 (b) 图形符号

1—先导锥阀;2 —先导阀座;3—阀盖;4—阀体;5—阻尼孔;6—主阀芯;
7 —主阀座;8—主阀稳压弹簧;9—调压弹簧;10—调节螺钉;11—调压手轮

图 5-3-7 先导式溢流阀的结构与符号

口而流回油箱。这时,由于主阀芯上阻尼孔 5 的作用而产生了压降,使主阀芯上部的压力 P_1 小于下部的压力 P_0,当此压力差对阀芯所形成的作用力超过弹簧力时,阀芯被抬起,进油腔和回油腔相通,实现了溢流作用。调压手轮 11 可调节调压弹簧 9 的压紧力,从而调定了液压系统的压力。

(二) 顺序阀

顺序阀是以压力为控制信号来实现油路的自动接通或断开的液压阀。其结构和工作原理与溢流阀相似。顺序阀可以控制执行元件按设计顺序动作。顺序阀按其调压方式不同可分为直控式顺序阀和液控式顺序阀。前者直接利用阀的进口压力控制阀的启闭,也简称为顺序阀;后者利用外来的压力油控制阀的启闭,也称为外控顺序阀。按其结构不同又可分为直动式顺序阀和先导式顺序阀。图 5-3-8 所示为先导式顺序阀结构及图形符号。该阀由主阀与先导阀组成。压力油从进油口 P_1 进入,经通道 a 进入先导阀下端,经阻尼孔和先导阀后由外泄口 L 流回油箱。当进口压力低于调定压力时,先导阀关闭,主阀芯两端压力相等,复位弹簧将阀芯推向下端,顺序阀关闭;当压力达到调定值时,先导阀打开,压力油经过阻尼孔时产生压力损失,在主阀芯两端形成压力差,此压力差大于弹簧力,使主阀芯抬起,顺序阀打开。调整弹簧的预紧力,即调节打开顺序阀所需的压力。

(三) 减压阀

(1) 结构及工作原理减压阎是用来降低系统某部分支路压力的压力控制阀。它利用液体流过缝隙产生压降的原理,使出口压力低于进口压力。它分为定值减压阀(又称定压减压阀)、定差减压阀和定比减压阀,其中定值减压阀应用最广。

定值减压阀简称减压阀,它能保持出口压力近似恒定。定值减压阀又分为直动式和先导式,其中后者应用较广。图 5-3-9 所示为一种常用的先导式减压阀结构原理图和图形符号。它由先导阀和主阀两部分组成,先导阀调压,主阀减压。压力为 P_1 的压力油从进油口流入,经节流口减压后压力降为 P_2,并从出油口流出。出油口油液通过小孔流入阀芯底部,并通过阻尼孔 9 流入阀芯上腔,作用在调压锥阀 3 上。当出口压力小于调压锥阀的调定压力时,调压锥阀关闭。由于阻尼孔中没有油液流动,所以主阀芯 7 上、下两端的油压相等。这时,主阀芯

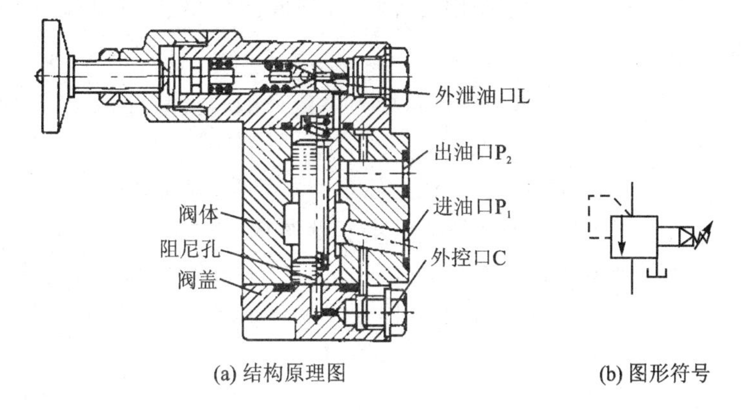

图 5-3-8　先导式顺序阀的结构与符号

在主阀弹簧 10 作用下处于最下端位置，减压口全部打开，减压阀不起减压作用。当出油口的压力超过调压弹簧 11 的调定压力时，调压锥阀被打开，出油口的油液经阻尼孔到主阀芯上腔的先导阀阀口，再经泄油口流回油箱。因阻尼孔的降压作用，主阀上腔压力 $P_3 < P_2$，主阀芯在上、下两端压力差的作用下，克服上端弹簧力向上移动，主阀阀口(减压口)减小，节流作用增大，使出口压力 P_2 低于进口压力 P_1，并保持在调定值上。调节调压弹簧的预紧力即可调节阀的出口压力。

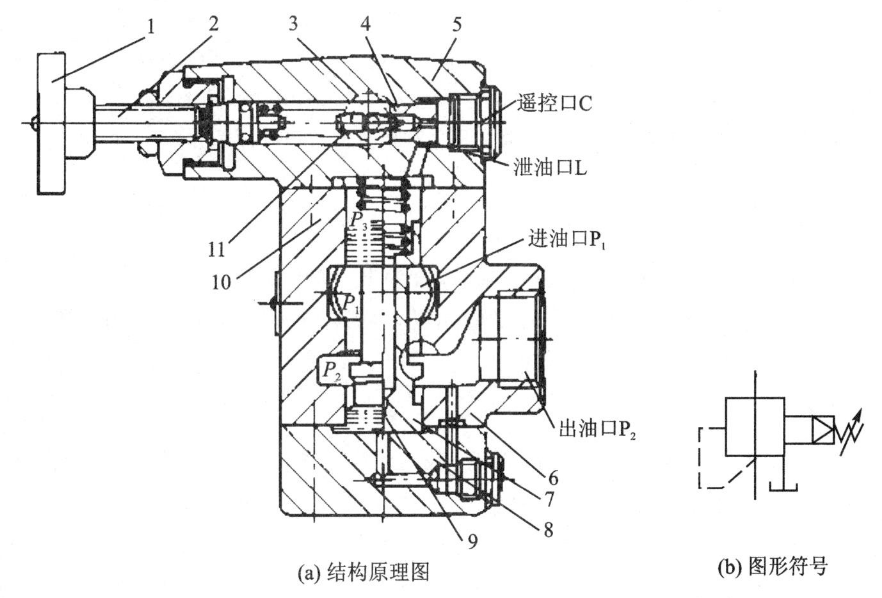

1—调压手轮；2—调节螺钉；3—调压锥阀；4—锥阀座；5—阀盖；6—阀体；
7—主阀芯；8—端盖；9—阻尼孔；10—主阀弹簧；11—调压弹簧

图 5-3-9　先导式减压阀的结构与符号

(2) 减压阀与溢流阀对比　比较减压阀和溢流阀可知：两者结构相似，调节原理也相似。其主要差别如下：

1) 减压阀出口压力为定值，溢流阀进口压力为定值。

2) 常态时减压阀阀口常开，溢流阀阀口常闭。

3) 减压阀串联在系统中，其出口油液通执行元件，因此泄漏油需单独引回油箱(外泄)；溢流阀的出口直接接油箱,是并联在系统中的,因此其泄漏油直接引至出口(内泄)。

(四)压力继电器

压力继电器是液压系统中将压力信号转换为电信号的转换装置,它可通过油压控制有关电磁开关,从而实现程序控制或安全保护。

压力继电器分为柱塞式与薄膜式,它们的原理基本相同,都是利用油压克服弹簧力来控制开关动作。图5-3-10所示为柱塞式压力继电器的结构原理图及图形符号。压力油作用在柱塞2上,使其顶在弹簧座6上。只要压力大于弹簧3的弹性力,则推动柱塞、弹簧座向右移动,并通过弹簧座将移动传递到微动开关5上,使其触点闭合或断开,发出电信号。调节件4可调节弹簧的预紧力,即可调节发出电信号时的油压值。

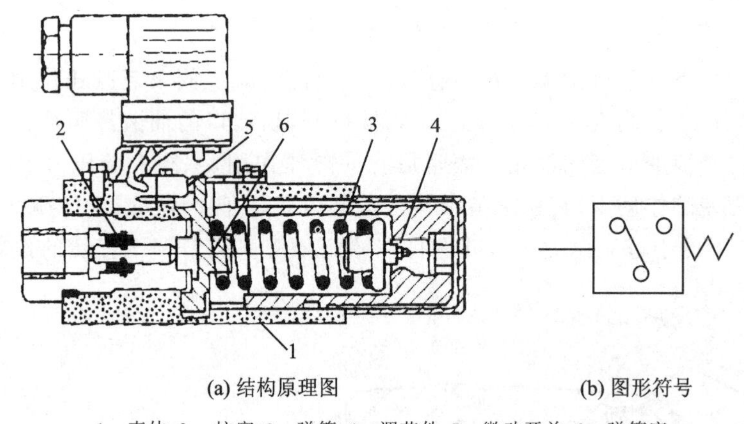

(a) 结构原理图　　(b) 图形符号

1—壳体;2—柱塞;3—弹簧;4—调节件;5—微动开关;6—弹簧座

图5-3-10　柱塞式压力继电器的结构与符号

三、流量控制阀

流量控制阀是液压系统用于控制液体流量的阀,它靠改变控制口(过流断面)的大小来调节通过阀口的流量,从而改变执行元件的运动速度。常见的流量控制阀有节流阀、调速阀、溢流节流阀等。

(一)节流阀

图5-3-11所示为一种典型的节流阀结构和图形符号。油液从进油口 P_1 进入,经阀芯上的三角槽节流口,从出油口 P_2 流出。若转动手柄使阀芯做轴向移动,则节流口的通流面积减小,流量减小;反之增大。节流阀结构简单,制造容易,体积小,但流量的稳定性较差,受负载和温度的变化影响较大,因此只适用于负载和温度变化不大,或速度稳定性要求较低的液压系统。

(二)调速阀

调速阀是由定差减压阀与节流阀串联而成的。定差减压阀能使节流阀阀口前、后的压力差自动保持不变,从而使通过节流阀的流量不受负载变化的影响。如图5-3-12所示,压力为 P_1 的油液流经减压阀节流口后降为 P_2,然后经节流阀节流口流出,其压力降为 P_3。当出油口压力 P_3 由于负载变化而增加时,作用在阀芯左端的力 F_S 随之增加,阀芯右移,于是开口 h 增大,液阻减小使 P_2 也增大,直至阀芯在新的位置上得到平衡。反之,P_3 减小原理也一样。

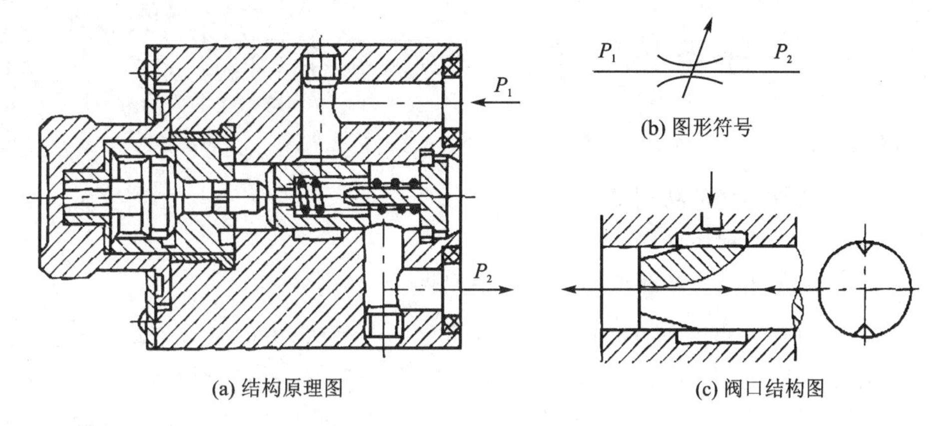

图 5-3-11　节流阀的结构与符号

当进油口压力 P_1 增加时(开始瞬间阀芯来不及运动,减压阀液阻无变化),P_2 增大,使阀芯失去平衡而左移,h 减小、液阻增加而使 P_2 减小,故 P_2-P_3 仍保持不变。因此,不管 P_1、P_3 怎样变化,由于减压阀可自动调节液流阻力使 P_2-P_3 始终不变,从而保持流量稳定。

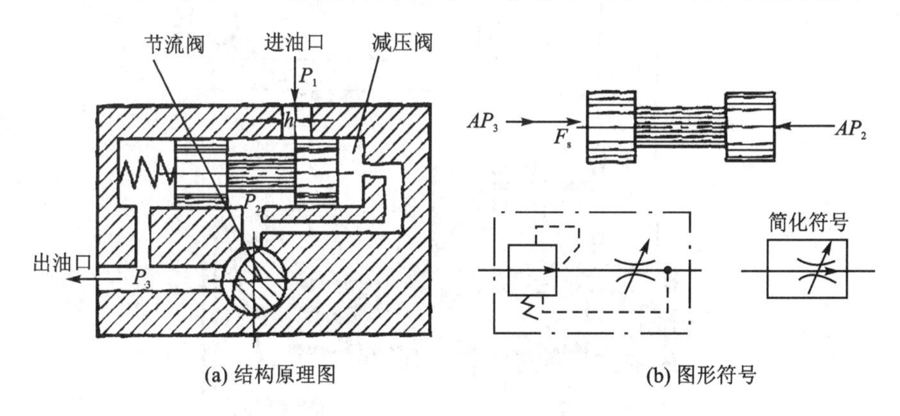

图 5-3-12　调速阀的结构与符号

[习题]

正确分析汽车液压动力转向系统回路图。习题图 5-3-1 所示为汽车液压动力转向系统工作图,回答以下问题:

(1) 常用液压图形符号 1、3、4、5、7 分别表示哪种元件?

(2) 液压系统中,当汽车直线行驶时,其进油路为:油箱→________→节流阀→________→油箱。

(3) 液压系统中,当汽车左转行驶时,其进油路为:油箱→液压泵→________→换向阀的左位→________的左腔,活塞向右移动;回油路为:________的右腔→________的左位→油箱。

(4) 液压系统中,当汽车右转行驶时,其进油路为:油箱→液压泵→________→换向阀的右位→________的右腔,活塞向左移动;回油路为:________的左腔→________的右位→油箱。

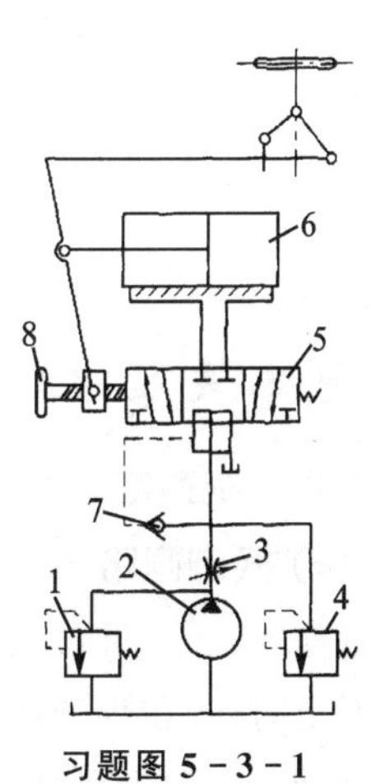

习题图 5-3-1

任务四　汽车液压基本回路

教学目标

- 掌握基本液压回路的功用及工作原理；
- 能够分析常见的液压回路；
- 掌握汽车上常用液压系统的组成及工作原理。

如图5-4-1所示，当汽车直线行驶或等半径转向行驶时，方向盘6不动，转向控制阀15在定位弹簧张力作用下保持中位，液压缸7的两腔均与回油路相通，液压缸活塞处于平衡状态，对转向节臂不施加作用力，不起助力作用。当左转方向盘6时，是如何实现车轮左转，助力转向的呢？同理，当右打方向盘时，又是如何车轮右转，助力转向的呢？

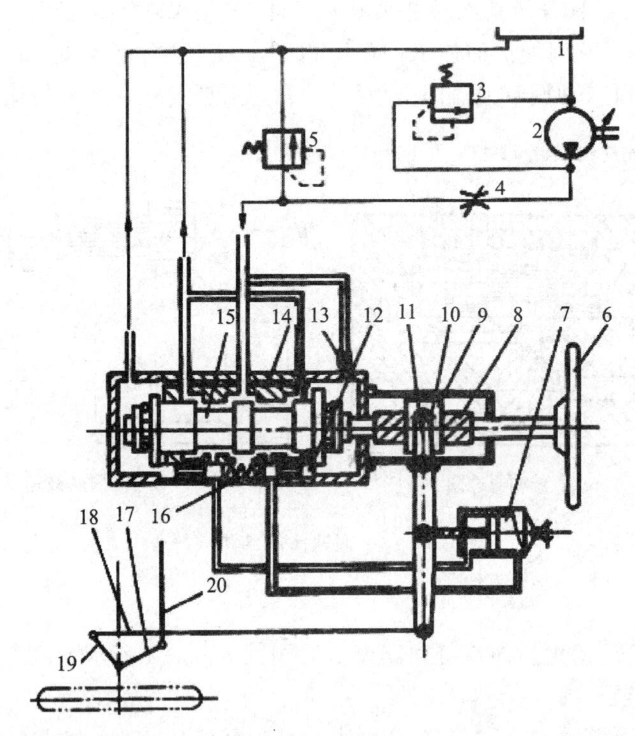

1—油箱；2—液压泵；3—溢流阀；4—节流阀；5—安全阀；6—方向盘；
7—液压缸；8—螺杆；9—螺母；10—摇臂；11—摇臂轴；12—反作用柱塞；13—单向阀；14—阀体；
15—滑阀；16—回位弹簧；17—梯形臂；18—直拉杆；19—转向节臂；20—横拉杆

图5-4-1　动力转向液压系统示意图

一、基本液压回路

液压系统的基本液压回路主要可分为以下两种：方向控制回路和压力控制回路。

(一) 换向回路

如图5-4-2所示，换向回路是由两位四通阀、直动溢流阀和液压泵等组成的回路。当电磁阀断电时，二位四通阀处于原始位置，液体经阀体进入执行元件的右侧缸中，推动执行元件向左移动。当电磁阀通电时，阀体换到左侧，此时液体进入左侧缸中，液压推动执行元件右移。

还可以根据实际的需要换用二位三通或二位五通阀等。其控制方式有人力、机械和电力等。

(二) 锁止回路

锁止回路的作用是控制执行元件使其停在固定或某个位置上，使执行元件保持当时的状态。如图 5-4-3 所示，当三位四通阀分别处于左侧位置或右侧位置时，执行元件就会进入运动状态，而当阀断电处于中间位置时，由液压泵送来的油液直接回到油箱，执行元件停在前一个位置上不动。

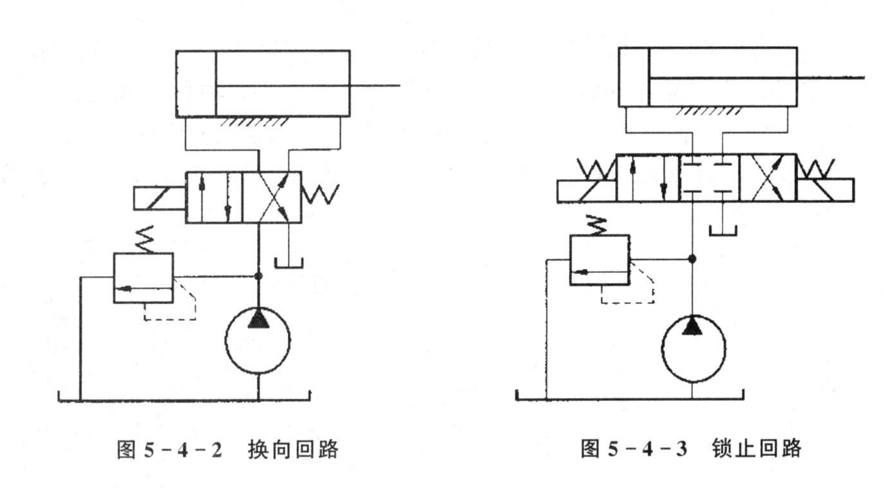

图 5-4-2　换向回路　　图 5-4-3　锁止回路

二、压力控制回路

压力控制回路是用压力阀来控制和调节液压系统主油路或某一支路的压力，以满足执行元件换接回路所需的力或力矩的要求。利用压力控制回路可实现对系统进行调压(稳压)、减压、增压、卸荷、保压与平衡等各种控制。

(一) 调压回路

当液压系统工作时，液压泵向系统提供所需压力的液压油，同时又能节省能源，减少油液发热，提高执行元件运动的平稳性。当液压泵一直工作在系统的调定压力时，就要通过溢流阀调节并稳定液压泵的工作压力。在变量泵系统中或旁路节流调速系统中用溢流阀(作安全阀用)，限制系统的最高安全压力。当系统在不同的工作时间内需要有不同的工作压力，可采用二级或多级调压回路。

1. 单级调压回路

如图 5-4-4(a)所示，通过液压泵 1 和溢流阀 2 的并联连接即可组成单级调压回路。通过调节溢流阀的压力可以改变泵的输出压力。当溢流阀的调定压力确定后，液压泵就在溢流阀的调定压力下工作，从而实现了对液压系统进行调压和稳压控制。如果将液压泵 1 改换为变量泵，这时溢流阀将作为安全阀来使用。液压泵的压力低于溢流阀的调定压力，溢流阀不工作。当系统出现故障，液压泵的工作压力上升时，一旦压力达到溢流阀的调定压力，溢流阀将开启，并将液压泵的工作压力限制在溢流阀的调定压力下，使液压系统不致因压力过载而受到破坏，从而保护了液压系统。

2. 二级调压回路

图 5-4-4(b)所示为二级调压回路，该回路可实现两种不同的系统压力控制。由先导型

溢流阀 2 和直动式溢流阀 4 各调一级,当二位二通电磁阀 3 处于图示位置时系统压力由阀 2 调定;当阀 3 得电后处于右位时,系统压力由阀 4 调定,但要注意:阀 4 的调定压力一定要小于阀 2 的调定压力,否则不能实现压力切换。当系统压力由阀 4 调定时,先导型溢流阀 2 的先导阀口关闭,但主阀开启,液压泵的溢流流量经主阀回油箱,这时阀 4 亦处于工作状态,并有油液通过。应当指出,若将阀 3 与阀 4 对换位置,仍可进行二级调压,并且在二级压力转换点上获得比图 5-4-4(a)所示回路更为稳定的压力转换。

3. 多级调压回路

图 5-4-4(c)所示为三级调压回路,三级压力分别由溢流阀 1、2、3 调定,当电磁铁 1YA、2YA 失电时,系统压力由主溢流阀调定;当 1YA 得电时,系统压力由阀 2 调定;当 2YA 得电时,系统压力由阀 3 调定。在这种调压回路中,阀 2 和阀 3 的调定压力要低于主溢流阀的调定压力,而阀 2 和阀 3 的调定压力之间没有特定的关系。当阀 2 或阀 3 工作时,阀 2 或阀 3 相当于阀 1 上的另一个先导阀。

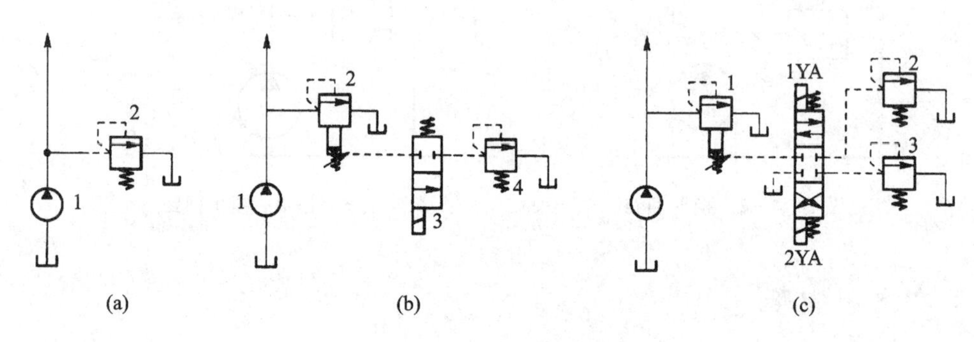

图 5-4-4 调压回路

(二) 减压回路

当液压泵的输出压力是高压而局部回路或支路要求低压时,可以采用减压回路,如机床液压系统中的定位、夹紧、回路分度以及液压元件的控制油路等,它们往往要求比主油路低的压力。减压回路较为简单,一般是在所需低压的支路上串接减压阀。采用减压回路虽能方便地获得某支路稳定的低压,但压力油经减压阀口时要产生压力损失。

最常见的减压回路为通过定值减压阀与主油路相连,如图 5-4-5(a)所示。回路中的单向阀能在主油路压力降低(低于减压阀调整压力)时防止油液倒流,起短时保压作用,减压回路中也可以采用类似两级或多级调压的方法获得两级或多级减压。图 5-4-5(b)所示为利用先导型减压阀 2 的远控口接一远控溢流阀 1,则可由阀 1、阀 2 各调得一种低压。但要注意:阀 1 的调定压力值一定要低于阀 2 的调定减压值。为了使减压回路工作可靠,减压阀的最低调整压力不应小于 0.5 MPa,最

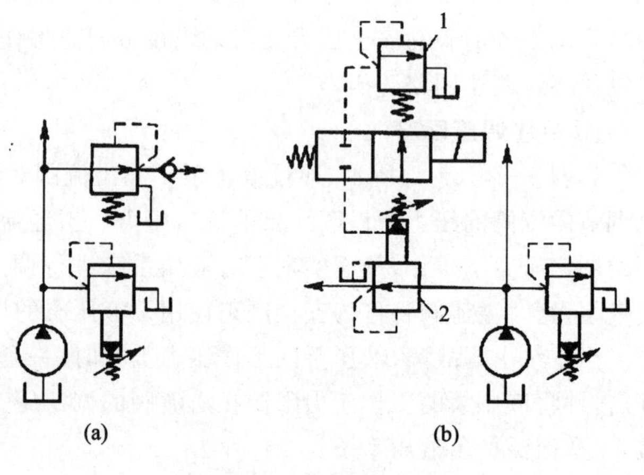

图 5-4-5 减压回路

高调整压力至少应比系统压力小 0.5 MPa。当减压回路中的执行元件需要调速时，调速元件应放在减压阀的后面，以避免减压阀泄漏(油液由减压阀泄油口流回油箱)对执行元件的速度产生影响。

(三) 增压回路

如果系统主油路或系统的某一支油路需要压力较高但流量又不大的压力油，而采用高压泵又不经济，或者根本就没有必要增设高压力的液压泵时，就常采用增压回路。这样不仅易于选择液压泵，而且系统工作较可靠且噪声小。增压回路中提高压力的主要元件是增压缸或增压器。单作用增压缸的增压回路如图 5－4－6(a)所示，为利用增压缸的单作用，当系统在图示位置工作时，系统的供油压力 P_1 进入增压缸的大活塞腔，此时在小活塞腔即可得到所需的较高压力 P_2。当二位四通电磁换向阀右位接入系统时，增压缸返回，辅助油箱中的油液经单向阀补入小活塞。该回路只能间歇增压，所以称之为单作用增压回路。双作用增压缸的增压回路如图 5－4－6(b)所示，能连续输出高压油，当系统在图示位置工作时，液压泵输出的压力油经换向阀 5 和单向阀 1 进入增压缸左端大、小活塞腔，右端大活塞腔的回油通油箱，右端小活塞腔增压后的高压油经单向阀 4 输出，此时单向阀 2、3 被关闭。当增压缸活塞移到右端时，换向阀得电换向，增压缸活塞向左移动。同理，左端小活塞腔输出的高压油经单向阀 3 输出，这样，增压缸的活塞不断往复运动，两端便交替输出高压油，从而实现连续增压。

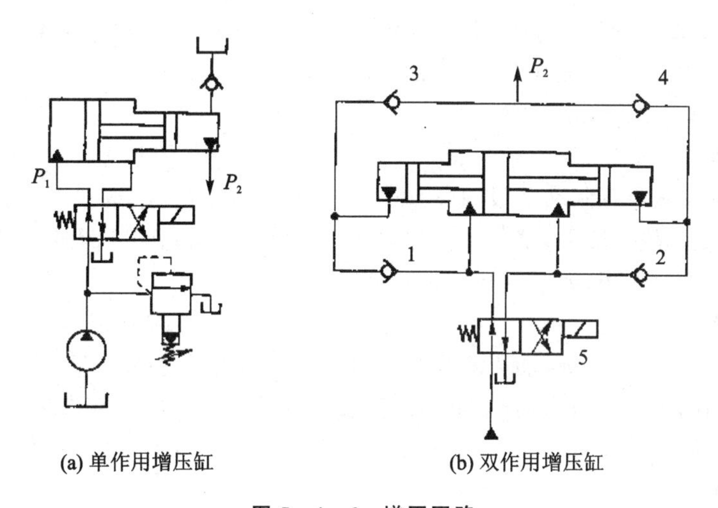

(a) 单作用增压缸　　(b) 双作用增压缸

图 5－4－6　增压回路

三、汽车上常用液压系统的组成及工作原理

(一) 助力转向液压系统

如图 5－4－1 所示，左转方向盘 6，螺杆 8 随之向左转动。因转向螺母经过转向节臂、直拉杆等与车轮相连，开始时由于车轮偏转阻力较大，螺母 9 暂不转动。因此，螺母对螺杆产生一个向左的轴向反作用力，迫使滑阀 15 相对阀体 14 向左移动，改变油路通道。这时从泵来的压力油只经转向控制阀进入液压缸 7 的右腔，推动活塞向左移动，通过转向摇臂 10、直拉杆 18、转向节臂 19、梯形臂 17 和横拉杆 20 使车轮左转，实现助力转向。同理，当向右打方向盘时，滑阀 15 右移，从泵来的压力油经控制阀进入液压缸 7 的左腔，活塞右移，通过机械装置作用使车轮右转。放松方向盘，滑阀在中位弹簧的作用下恢复到中间位置，助力作用消失。

(二) 汽车润滑系统

良好的润滑是保证发动机正常工作的前提,也是保证其使用寿命的关键。汽车中的润滑系统由液压泵、安全阀、旁通阀等元件组成。当液压泵旋转时,油液通过管道吸入到系统中。由于转速发生改变,系统压力会有脉动。当系统压力高于安全阀的调定压力时,安全阀打开使多余的油液流回油底壳。图5-4-7所示为润滑油路。

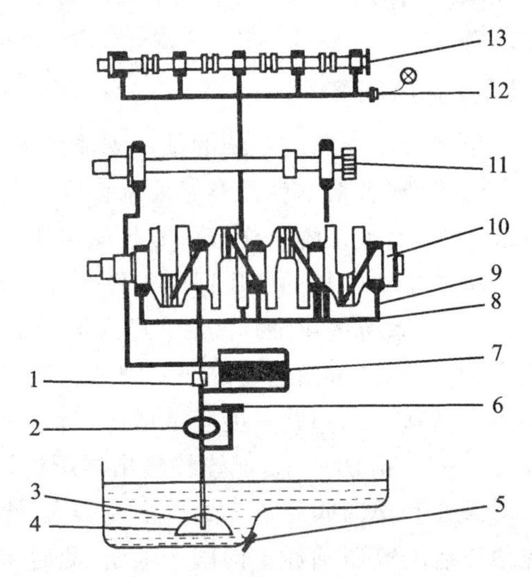

1—旁通;2—液压泵;3—集滤器;4—油底壳;5—放油塞;6—安全阀;7—机油滤清器;8—主油道;9—分油道;10—曲轴;11—中间轴;12—限压阀;13—凸轮轴

图5-4-7 润滑油路

(三) 汽车防抱死制动装置

汽车防抱死装置分后二轮控制方式与四轮控制方式。后二轮控制方式可预防急刹车时后轮抱死所引起的车辆偏向,保证车辆的稳定性。四轮控制方式同时控制四轮,在保证车辆的稳定性同时还可保证转向性。这里以桑塔纳2000Gsi装备的MK20-I型ABS为例介绍防抱死装置的结构与工作过程。该装置由ABS电子控制单元、液压控制单元和液压泵等组成,下面介绍其工作过程。

1. 初始制动

开始制动时,驾驶员踩制动踏板,制动压力由制动主油缸产生,通过常开的不带电压的进油阀作用到车轮制动轮油缸上,整个过程和常规液压制动系统相同。此时,若制动压力不再上升,则防抱死系统不起作用,如图5-4-8(a)所示。

2. 油压保持

当驾驶员继续踩制动踏板,油压继续升高到车轮出现抱死趋势时,防抱死装置电子控制单元发出指令,进油阀通电并关闭阀门,出油阀依然不带电压仍保持关闭,系统油压保持不变,如图5-4-8(b)所示。

3. 油压降低

若制动压力保持不变,车轮有抱死趋势时,防抱死装置电子控制单元发出指令,油阀通电打开出油阀,系统油进入低压储液罐从而降低油压,此时进油阀继续通电保持关闭状态,有抱死趋势的车轮被释放,车轮转速开始上升。与此同时,电动液压泵开始启动,将制动液由低压储液罐送至制动主油缸,如图5-4-8(c)所示。

4. 油压增加

当车轮转速增加到一定值后,防抱死装置电子控制单元发出指令,油阀断电,关闭此阀门,进油阀同样不带电而打开。电动液压泵继续工作,从低压储液罐中吸取制动液泵入液压制动系统,如图5-4-8(d)所示。随着制动压力的增加,车轮转速降低。这样反复循环地控制。以上是汽车制动系统的工作原理。在汽车中还有其他的部位也用到了液压系统,比如动力转向系统、冷却系统、雨刷系统和自动变速器等。

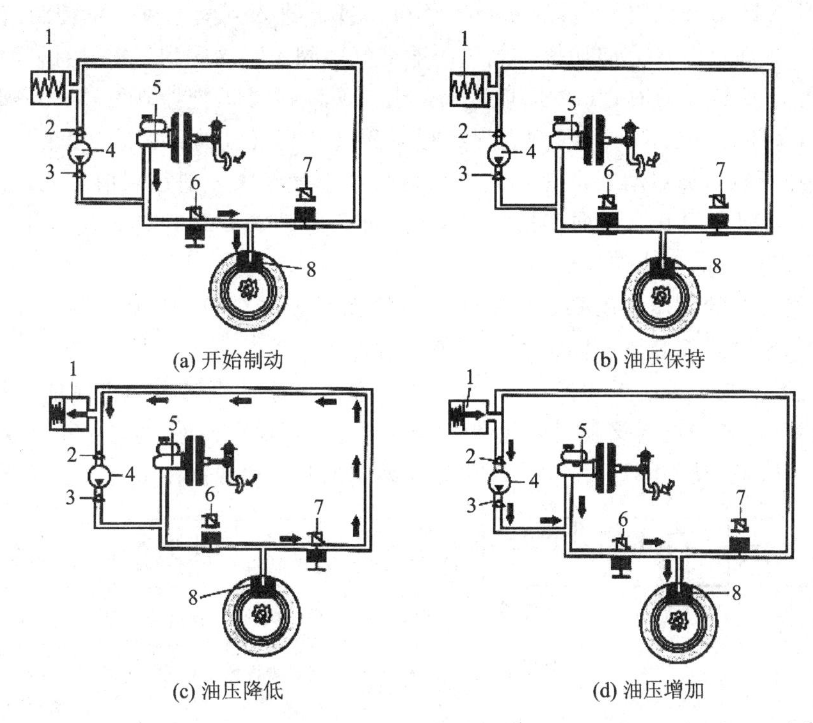

1—低压储液罐；2—吸入阀；3—压力阀；4—液压泵；5—制动主油缸；6—进油阀；7—出油阀；8—车轮制动器

图 5-4-8　防抱死装置工作过程

任务五　气压传动

教学目标

- 熟悉气压传动系统的基本概念；
- 掌握气压传动系统的组成与工作原理；
- 熟悉气动元件的功用、结构原理与图形符号；
- 了解气动传动系统的基本回路；
- 具有分析汽车常用气压制动系统的气压回路的能力。

前面已经讲过了液压传动的几个例子，实际上，汽车上除了液压传动装置，还有以压缩空气作为工作介质的气压传动机构，如气压制动系统、气压伺服制动系统等。如图 5-5-1 所示的采用气压控制的公共汽车车门，在驾驶员的座位和售票员座位处都装有气动开关，驾驶员和售票员都可以开关车门。当车门在关闭过程中遇到障碍物时，此回路能使车门再自动开启，起到安全保护作用。

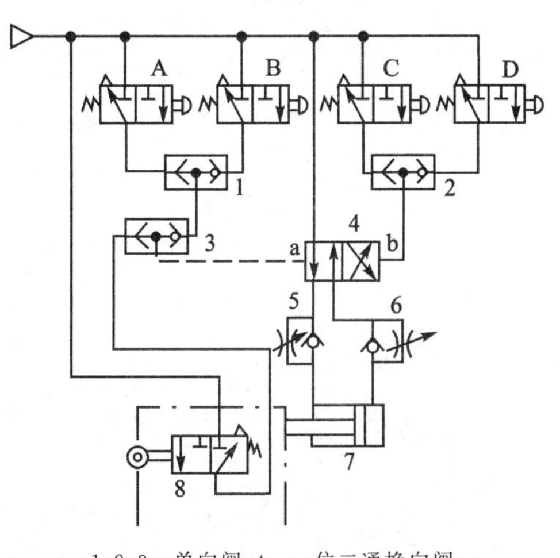

1，2，3—单向阀；4—一位二通换向阀；5，6—速度控制阀；7—气缸；8—先导阀

图 5-5-1　公共汽车车门气压控制系统

当操纵阀A或B按钮时,气源压缩空气经阀A或B进入到阀1和3,把控制信号送到阀4的a侧,使阀4向车门开启方向切换。气源压缩空气经阀4和阀5到气缸的有杆腔,使车门开启。当操纵阀C或D按钮时,气源压缩空气经阀C或D到阀2,把控制信号送到阀4的b侧,使阀4向车门关闭方向切换。其压缩空气经阀4和阀6到气缸的无杆腔,使车门关闭。车门关闭中如遇到障碍物,便启动安全阀8,此时气源压缩空气经阀8把控制信号通过阀3送到阀4的a侧,使阀4向车门开启方向切换。须指出,如果阀C、D仍然保持在受压状态下,则阀8起不到自动开启车门的安全作用。

那么,载货汽车的气压制动系统是如何工作的呢?解放CA1091型汽车的双回路气压制动系统回路中,串联式双腔制动阀是通过哪种介质工作的呢?

气压传动系统是一种能量转换系统,其工作原理是将原动机输出的机械能转换为空气的压力能,利用管路、各种控制阀及辅助元件将压力能传送到执行元件,再转换成机械能,从而完成直线运动或回转运动,并对外做功。气压传动系统的基本构成如图5-5-2所示。

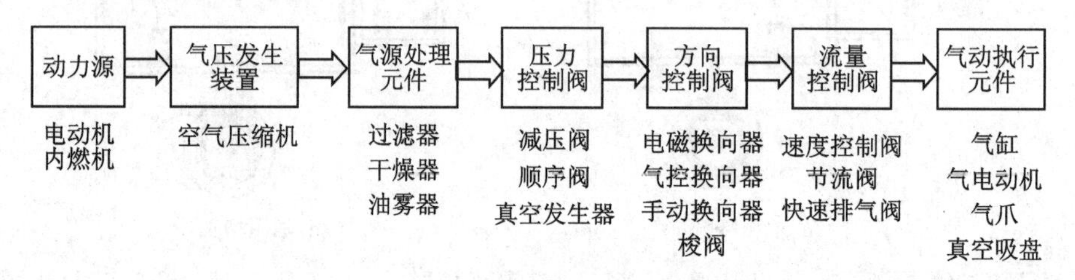

图5-5-2 气压传动系统的基本构成

气压传动的优点如表5-5-1所列,气压传动的缺点如表5-5-2所列。

表5-5-1 气压传动的优点

项 目	优 点
获 取	空气取之不尽,用之不竭
输 送	空气通过管道容易传输、可集中供气、远距离输送
存 储	压缩空气可以储存在储气囊中
温 度	压缩空气对温度的变化不敏感、从而保证运行稳定
防 爆	压缩空气没有爆炸及着火危险
洁 净	无油润滑,通过管件和元件排出的气体很干净,不会污染空气
元 件	气动元件结构简单,价格相对较低
过载安全	气动工具和执行元件超载时停止不动,而无其他危害

表5-5-2 气压传动的缺点

项 目	缺 点
处 理	压缩空气需要良好的处理,不能有灰尘及湿气
可压缩比	由于压缩空气的可压缩性,执行机构不易获得均匀恒定的运动速度
出力要求	只有在一定的推力要求下,采用气动技术才比较经济,在正常工作压力下(6×10^5~7×10^5 Pa)按照一定的行程和速度,输出力为40 000~50 000N
噪 声	排气噪声较大,但随着噪声吸收材料及消声器的发展,此问题已大大得到改善

一、气压传动系统的组成

气压传动系统与液压传动系统的组成基本相同，包括气源装置、执行元件、控制元件和辅助元件。

(一) 气源装置

气源装置由空气压缩机、储气罐、过滤器、干燥器、精密过滤器等组成。其中，空气压缩机包含冷却器、油水分离器和储气罐。气源装置的主要作用是对空气进行压缩、干燥、净化等处理，并且将原动机提供的机械能转变为气体的压力能。气源装置的图形符号如表 5-5-3 所列。

表 5-5-3　气源装置的图形符号

元　件	符　号	元　件	符　号	元　件	符　号	元　件	符　号
气　源		过滤器		压力计		储气罐	
气　泵		精过滤器		空气过滤器 （手动式）		除油器 （手动式）	
冷却器		空气干燥器		空气过滤器 （自动式）		除油器 （自动式）	

(二) 执行元件

执行元件包括各种气缸和气电动机。执行元件将气体的压力能转变为机械能，并输送给工作部件。气缸的种类很多，按活塞端面的受压状态可分为单作用气缸与双作用气缸；按其结构特征可分为活塞式气缸、柱塞式气缸、薄膜式气缸、叶片式摆动气缸、齿轮齿条摆动气缸等；按功能可分为普通气缸和特殊气缸。气缸的工作原理与液压缸的工作原理基本相同。图 5-5-3 所示为汽车中常用的薄膜式气缸（又称为膜片式制动气室），它利用压缩空气通过膜片的变形来推动活塞杆做直线运动。

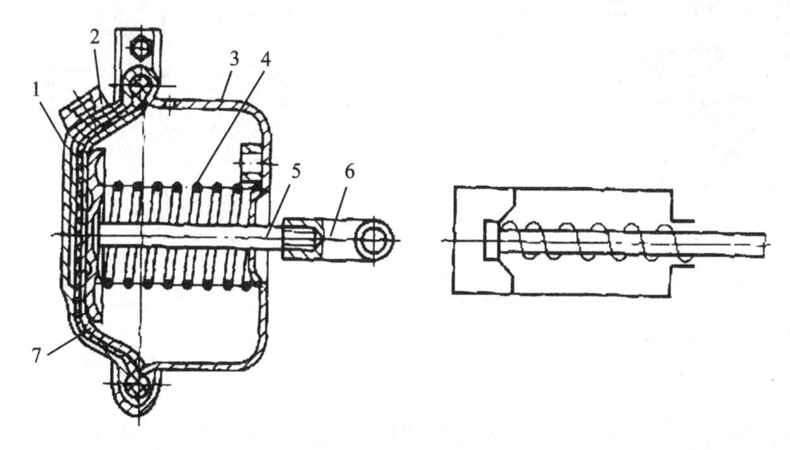

1—橡胶膜片；2—盖；3—壳体；4—弹簧；5—推杆；6—连接杆；7—支撑盘

图 5-5-3　薄膜式气缸

(三) 控制元件

在气压传动系统中,气动控制元件是用来控制和调节压缩空气的压力、流量、流动方向以及发送信号的重要元件,利用它们可以组成各种气动控制回路,以保证气动执行元件或机构按设计的程序正常工作。气动控制元件按功能和用途可分为压力控制阀、流量控制阀和方向控制阀三大类,此外,还有通过改变气流方向和通断来实现各种逻辑功能的气动逻辑元件。

(1) 压力控制阀　在气压传动系统中,通过控制压缩空气的压力来控制执行元件的输出推力或转矩,以及依靠空气压力控制执行元件动作顺序的阀,称为压力控制阀,包括调压阀、顺序阀和安全阀。

图 5-5-4 所示为东风 EQ1090E 型汽车的调压阀,其作用是调节储气罐中的气压。当储气罐中的气压达不到规定值时,此调压阀控制空气压缩机中的卸荷阀,使空气压缩机对储气罐正常充气;当储气罐中的气压升高到规定值时,此调压阀控制卸荷阀使压缩机进气阀门处于开启位置,空气压缩机处于空转状态;当储气罐中的气压低于规定值时,调压阀控制卸荷阀使空气压缩机的进气阀又恢复正常,空气压缩机恢复对储气罐充气。由此可见,控制阀的作用是调压和稳压。

(2) 流量控制阀在气动系统中,气缸的运动速度需要通过控制调节压缩空气的流量来实现。流量控制阀是通过改变阀的流通面积来实现流量(或流速)控制的元件,其包括节流阀、单向节流阀、排气节流阀等,其工作原理与液压阀中同类型阀相似。如图 5-5-5 所示的节流阀通过调节流通面积来调节阀的流量。

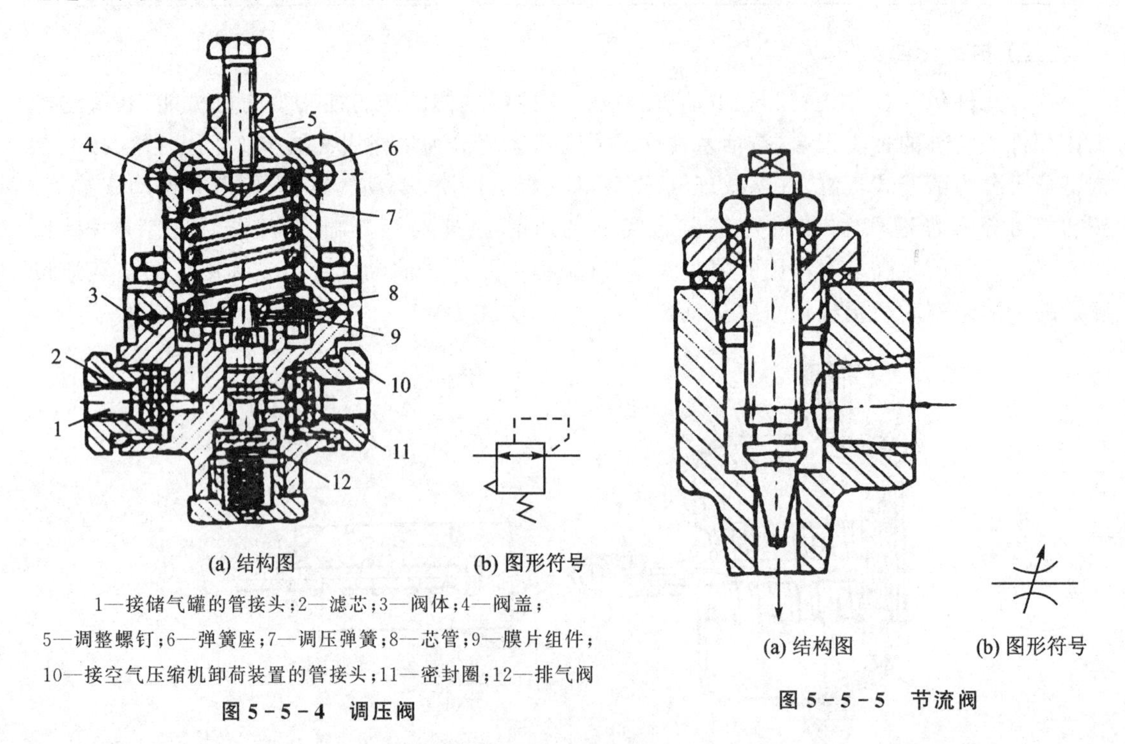

(a) 结构图　(b) 图形符号

1—接储气罐的管接头;2—滤芯;3—阀体;4—阀盖;
5—调整螺钉;6—弹簧座;7—调压弹簧;8—芯管;9—膜片组件;
10—接空气压缩机卸荷装置的管接头;11—密封圈;12—排气阀

图 5-5-4　调压阀

(a) 结构图　(b) 图形符号

图 5-5-5　节流阀

(3) 方向控制阀　方向控制阀是气动系统中通过改变压缩空气的流向和气流的通、断来控制执行元件的启、停及运动方向的气动元件。它是气动系统中应用最广泛、种类最多的一种气动控制元件。方向控制阀的分类较多,通常按气流在阀内的流动方向,方向阀可分为单向型和换向型两种。

1）单向阀　单向阀通常包括止回阀或门型梭阀、与门型梭阀和快速排气阀。这里主要介绍在汽车上应用的快速排气阀。快速排气阀是为了加快气缸运动速度进行快速排气用的，常装在换向阀与气缸之间，如挂车制动系统中装有快速排气阀，其作用是在解除制动时，提高解除挂车制动的速度，防止挂车制动拖滞，其结构如图 5－5－6 所示。

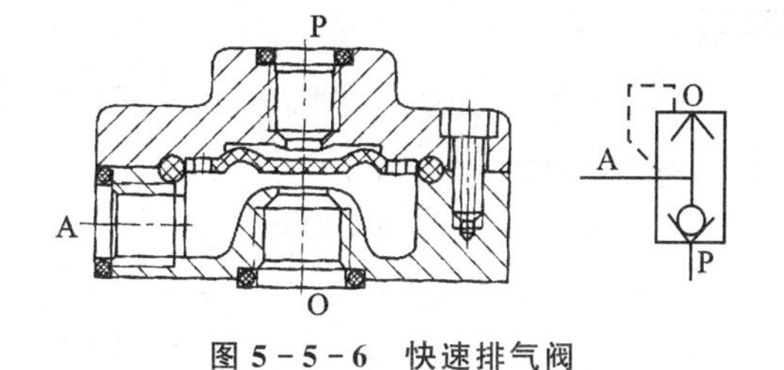

图 5－5－6　快速排气阀

2）换向阀　换向阀的作用是改变气流通道，使气体流动方向发生改变，从而改变气动执行元件的运动方向。

（四）辅助元件

辅助元件是使压缩空气净化、润滑、消声以及用于元件间连接所需的装置，如各种过滤器、干燥器、油雾器、消声器、压力表及管件等。它们对保持气动系统可靠、稳定和持久地工作起着十分重要的作用。

二、气动基本回路

（一）速度控制回路

速度控制回路用来调节气缸的运动速度或实现气缸的缓冲等。由于目前使用的气动系统的功率小，故调速方法主要是节流调速。速度控制回路包括单作用缸速度控制回路、双作用缸速度控制回路、双向调速回路、气-液联动速度控制回路等。气-液联动速度控制回路是利用气动控制实现液压传动，具有运动平稳、停止准确、泄漏途径少、制造维修方便、能耗小等特点。

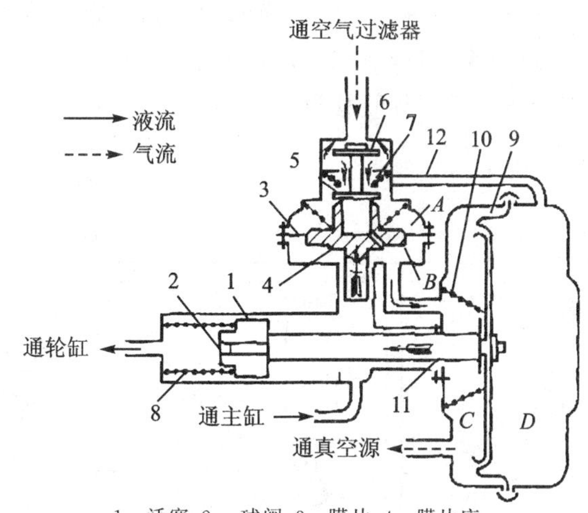

1—活塞；2 —球阀；3—膜片；4—膜片座；5—真空阀；6—空气阀；7—阀门弹簧；8—压缩弹簧；9—膜片；10—复位弹簧；11—推杆；12—通气管

图 5－5－7　真空加力装置工作示意图

图 5－5－7 所示为液压制动系统中普遍使用的真空加力装置工作示意图。真空加力装置是气-液联动的，可以减轻驾驶员施于制动踏板上的力，增加车轮制动力，达到操纵轻便、制动可靠的目的。它是利用发动机工作时在进气管中形成的真空（或利用真空泵）为力源的动力制动装置。分为增压式和助力式两种。增压式是通过增压器将制动主缸的油压进一步增加，增压器装在主缸之后；助力式是通过助力器来帮助制动踏板对制动主缸产生推力，助力器装在踏板与主缸之间。

（二）压力控制回路

压力控制回路用于使回路中的压力保持在一定范围以内，或使回路得到高、低不同的两种压力。

（三）换向控制回路

在气动系统中，执行元件的启动、停止或改变运动方向的回路称为换向控制回路，其是利用控制进入执行元件的压缩空气的通、断或变向来实现的。

［习题］

习题图5-5-1所示为解放CA1091型汽车的双回路气压制动系统回路图，试分析其气压制动系统回路工作过程：

(1) 看图说明前轮制动时的进气过程和松开制动踏板的放气过程。

进气过程：空气压缩机1→单向阀2→________→油雾分离器4→储气罐5→单向阀6→储气罐7的后腔→________的下腔→分别进入两前制动气缸13(同时气体进入二位三通换向阀11下腔→分离开关一挂车制动)→________制动。

放气过程：两前制动气缸13的左腔→________的上腔→出气口。

(2) 看图说明后轮制动时的进气过程和松开制动踏板的放气过程。

进气过程：空气压缩机1→________→冷却器3→油雾分离器4→储气罐5→单向闽6→储气罐7的前腔→二位三通换向阀10的下腔→分别进入两后制动气缸14→________制动。

放气过程：两后制动气缸14的左腔→________的上腔→出气口。

(3) 看图说明挂车制动时的进气过程和松开制动踏板的放气过程。

进气过程：空气压缩机1→单向阀2→冷却器3→________→储气罐5→单向阀6→________的后腔→二位三通换向阀9的下腔→的下腔→分离开关12中的气腔→挂车制动。

放气过程：分离开关12中的气腔→________的上腔→出气口。

(4) 制动时，若前制动气缸13或后制动气缸14单独漏气，对整车制动性能的影响分别是什么？

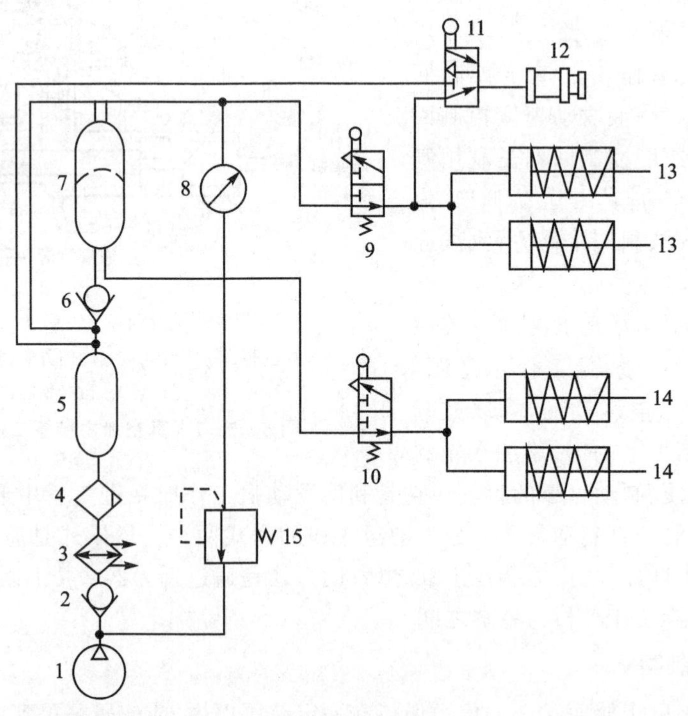

1—空气压缩机；2，6—单向阀；3—冷却器；4—油雾分离器；5，7—储气罐；8—压力表；
9，10，11—二位三通换向阀；12—分离开关；13—前制动气缸；14—后制动气缸；15—气压调节阀

习题图5-5-1

项目六　汽车零件公差与配合

☞ 案例导入

为了提高生产效率，降低生产成本，现代汽车采用整车集中装配、零件分散加工的生产模式。分散加工的零件须满足互换性原则，如图 6-0-1 所示。

图 6-0-1

互换性是指在机械工业中，制成的同一规格的一批零件或部件中，任取其一，不需要做任何挑选、调整或辅助加工（如钳工修配），就能进行装配，并能满足机械产品的使用性能要求的一种特性，如图 6-0-2 所示。

互换性原则的优势体现在以下三个方面：在使用和维修方面，当机器零部件突然损坏时，可立即使用同规格的零部件进行更换，提高了维修效率和质量；在加工和装配方面，可以实现集中装配，分散加工；在设计方面，采用具有互换性的零部件可以简化设计，同时便于应用计算机辅助设计。

零件的几何量误差是指零件在加工过程中，由于机床精度、计量器具精度、操作工人技术水平及生产环境等诸多因素的影响，其加工后得到的几何参数会不可避免地偏离设计时的理想要求而产生误差。

几何量误差主要包括：尺寸误差、形状和位置误差、表面微观形状误差。

零件的几何量公差是指零件几何参数允许的变动量，它包括尺寸公差和几何公差等。

只有将零件的误差控制在相应的公差内，才能保证互换性的实现。

(a) 具有互换性的螺母

(b) 具有互换性的主轴轴承

图 6-0-2

标准和标准化是实现互换性的基础。技术标准分为国家标准、部门标准（专业标准）和企业标准。

公差标准是指零件的公差和相互配合所制订的标准，通过相应的技术测量措施和检测规定,判断零件的几何量误差是否在公差标准范围内,以此判断零件加工是否合格。

任务一　汽车零件尺寸公差与配合

教学目标

- 理解公称尺寸、实际尺寸、极限尺寸的概念;
- 掌握尺寸偏差、尺寸公差的概念及尺寸公差带代号的含义;
- 掌握公差数值表、基本偏差数值表和极限偏差表的查表方法;
- 理解零件尺寸检测器具的测量原理及测量方法。

一、基本术语及定义

(一) 有关尺寸的定义

1. 尺　寸

尺寸是指用特定单位表示长度的数值。包括直径、半径、宽度、深度、高度、中心距等。在机械制图中通常用 mm 作单位,mm 可省略,若使用其他单位须在数值后标注单位,如 20 cm。

2. 公称尺寸(D,d)

公称尺寸是指设计时给定的尺寸。孔的公称尺寸用 D 表示;轴的公称尺寸用 d 表示,如图 6-1-1 所示。国家标准规定:大写字母表示孔的有关代号,小写字母表示轴的有关代号。

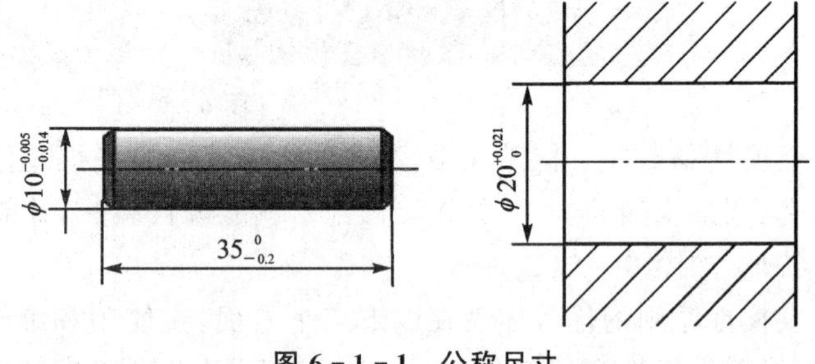

图 6-1-1　公称尺寸

3. 实际尺寸(孔 D_a,轴 d_a)

实际尺寸是指通过测量所得的尺寸。

注意:实际尺寸是具体零件上某一位置的尺寸的测量值。由于存在加工误差,零件某一表面上不同位置的实际尺寸不一定相等。

4. 极限尺寸(孔 D_{max},D_{min};轴 D_{max},D_{min})

允许尺寸变化的两个界限值统称为极限尺寸。其中,允许的最大尺寸称为上极限尺寸,允许的最小极限尺寸称为下极限尺寸,如图 6-1-2 所示。

注意:极限尺寸是以公称尺寸为基数来确定的,极限尺寸用以控制实际尺寸。公称尺寸、极限尺寸由设计时给定。

(二) 有关尺寸偏差的术语及定义

1. 尺寸偏差

某一尺寸减去公称尺寸所得的代数差称为尺寸偏差,简称偏差。

2. 极限偏差

极限尺寸减去公称尺寸所得的代数差称为极限偏差,如图 6-1-3 所示。

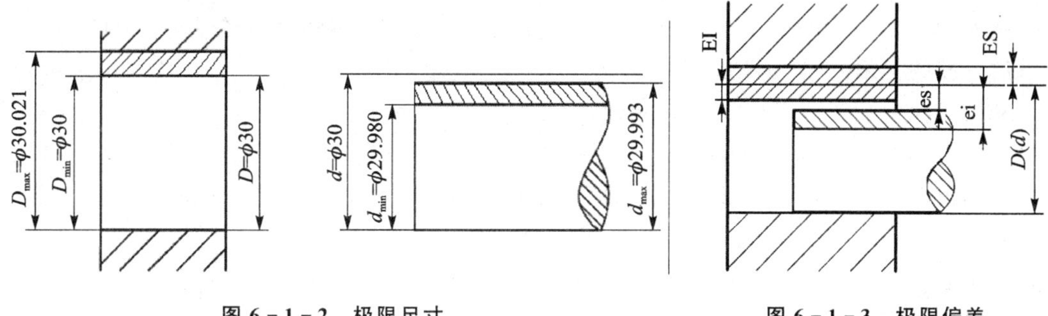

图 6-1-2　极限尺寸　　　　图 6-1-3　极限偏差

(1) 孔　　上偏差 $ES=D_{max}-D$　　(6-1-1)

下偏差 $EI=D_{min}-D$　　(6-1-2)

(2) 轴　　上偏差 $es=d_{max}-d$　　(6-1-3)

下偏差 $ei=d_{min}-d$　　(6-1-4)

注意：由于满足孔与轴配合的不同松紧要求，极限尺寸可能大于、小于或等于公称尺寸。因此，极限偏差的数值可能是正值、负值或零值。

(3) 标注　国家标准规定，偏差的标注应是：上偏差标注在公称尺寸的右上角，下偏差标注在上极限尺寸正下方，与公称尺寸在同一底线上。零值标“0”，除零值以外，在偏差值的前面应标上相应的“＋”和“－”，如 $\phi20_{-0.2}^{0}$、$\phi35_{0}^{+0.025}$、$\phi40_{-0.012}^{+0.015}$、$\phi50\pm0.008$ 等。

3. 实际偏差

实际尺寸减去公称尺寸的代数差称为实际偏差。合格零件的实际偏差应在规定的上、下极限偏差之间。

例 6-1-1　计算轴 $\phi50_{-0.012}^{+0.018}$ 的极限尺寸，若该轴加工后测得的实际尺寸为 $\phi50.012$，试判断该零件尺寸是否合格？

解　轴的上极限尺寸　$d_{max}=d+es=50+0.018=50.018$

轴的下极限尺寸　$d_{min}=d+ei=50+(-0.012)=49.988$

方法一：

因为 $\phi49.988<\phi50.012<\phi50.018$，即零件的实际尺寸介于上、下极限尺寸之间，所以该零件尺寸合格。

方法二：

$$轴的实际偏差=d_a-d=50.012-50=0.012$$

$$-0.012<+0.012<+0.018$$

即轴的实际偏差介于上、下偏差之间，所以该零件尺寸合格。

(三) 公差、公差带图的术语及定义

1. 公差(*T*)

允许尺寸的变动量称为公差。

注意：公差值无正负含义，表示尺寸的变动量，不应该出现“＋”或“－”。

孔的公差　　$T_h=|D_{max}-D_{min}|$　　(6-1-5)

轴的公差　　$T_s=|d_{max}-d_{min}|$　　(6-1-6)

或　　$T_h=|ES-EI|$　　(6-1-7)

$$T_s = |es - ei| \tag{6-1-8}$$

例 6-1-2 已知孔 $\phi 50^{+0.025}_{0}$，轴 $\phi 50^{-0.009}_{-0.025}$，求孔和轴的极限偏差与公差。

解 孔的上偏差 $ES = D_{max} - D = 50.025 - 50 = +0.025$

孔的下偏差 $EI = D_{min} - D = 50 - 50 = 0$

轴的上偏差 $es = d_{max} - d = 49.991 - 50 = -0.009$

轴的下偏差 $ei = d_{min} - d = 49.975 - 50 = -0.025$

孔公差 $T_h = ES - EI = 0.025 - 0 = 0.025$

轴公差 $T_s = es - ei = (-0.009) - (-0.025) = 0.016$

2. 公差带图

公差带图是用来说明尺寸、偏差、公差之间关系的极限与配合示意图。这种示意图把偏差和公差部分放大而尺寸不放大，且常不用画出孔和轴的全形，这种示意图称为公差带图，如图 6-1-4 所示。公差带图由零线和公差带两部分组成。

(1) 零线 在公差带图中，表示公称尺寸的一条直线称为零线。

以零线为标准确定偏差和公差。零线沿水平方向绘制，在其左端标上“0”“+”“-”，在其左下方画上带单向箭头的尺寸线，并标上公称尺寸的数值，正偏差画在零线上方，负偏差画在零线下方，零偏差与零线重合。

(2) 公差带 在公差带图中，由上下偏差线或上下极限尺寸所限定的一个区域称为公差带。

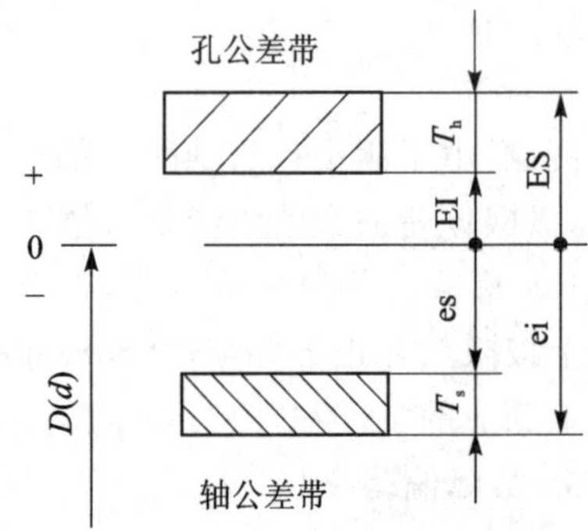

图 6-1-4 公差带图

公差带沿零线方向的长度可适当选取，在同一公差带图中，孔和轴的公差带的剖面线的方向应该相反。

构成公差带的要素：公差带的大小和公差带相对零线的位置。公差带的大小由公差决定，公差带的位置由靠近零线的那个偏差(基本偏差)决定。

(3) 基本偏差 靠近零线的那个极限偏差称为基本偏差。

(四) 有关配合的术语及定义

1. 孔

孔主要指圆柱形的内表面，也包括其他内表面中由单一尺寸确定的部分。

2. 轴

轴主要指圆柱形的外表面，也包括其他外表面中由单一尺寸确定的部分。

从装配关系看，孔是包容面，轴是被包容面；从广义的方面看，孔和轴既可以是圆柱形的，也可以是非圆柱形的。如键槽和键的宽度都是由单一尺寸确定的，均视为孔和轴，如图 6-1-5 所示。

3. 配 合

公称尺寸相同称为配合，体现相互配合的孔和轴公差带之间的关系。

配合反映了机器上相互结合的零件间的松紧程度和松紧变化程度，如图 6-1-6 所示，配合的松紧主要与间隙和过盈及其大小有关；配合的松紧变化与孔、轴公差带的大小有关。

4. 间隙和过盈

孔的尺寸减去相配合的轴的尺寸为正时是间隙，一般用 X 表示，其数值前应标“+”；孔的

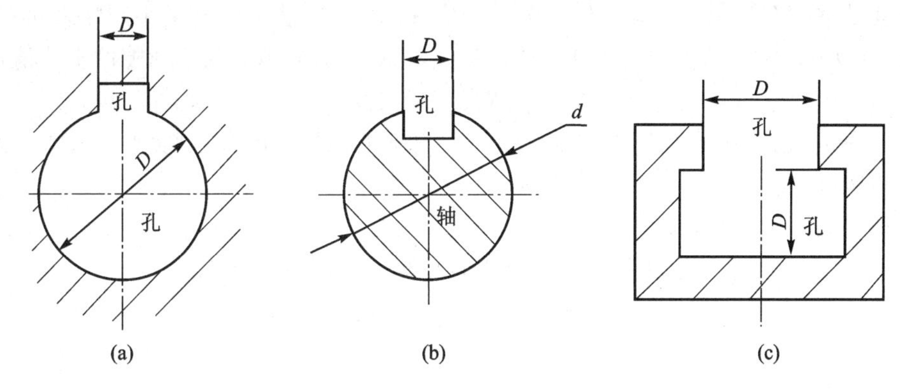

图 6-1-5 孔和轴的示意图

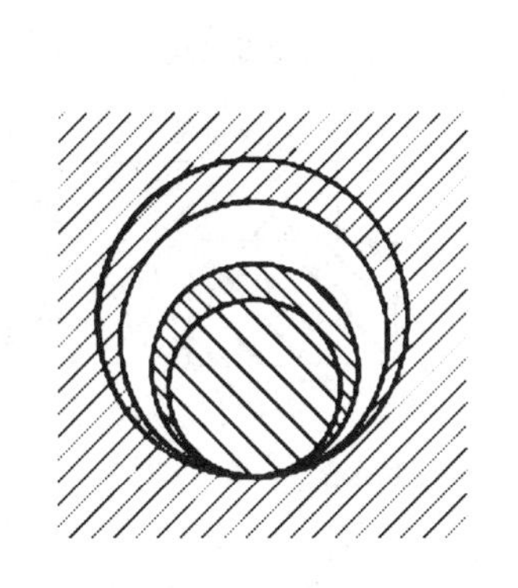

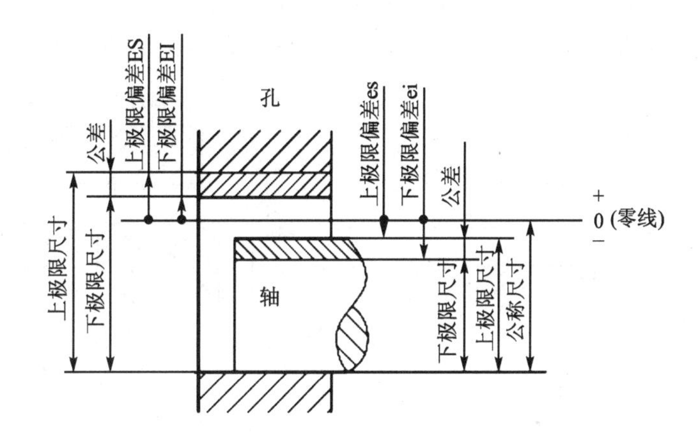

图 6-1-6 极限与配合示意图

尺寸减去轴的尺寸为负时是过盈，用 Y 表示，其数值前应标“－”。“＋”“－”在配合中仅代表间隙与过盈。

5. 配合的类型

按照孔、轴公差带的相互位置，孔和轴可形成间隙配合、过盈配合和过渡配合。

(1) 间隙配合

具有间隙(包括最小间隙等于零)的配合称为间隙配合。

间隙配合时，孔的公差带在轴的公差带的上方，如图 6-1-7 所示。

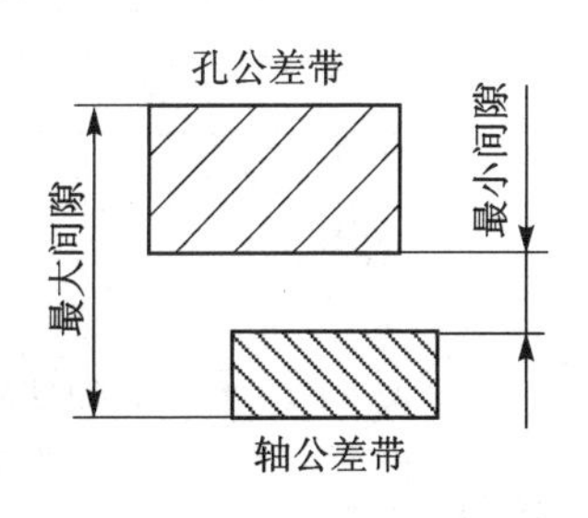

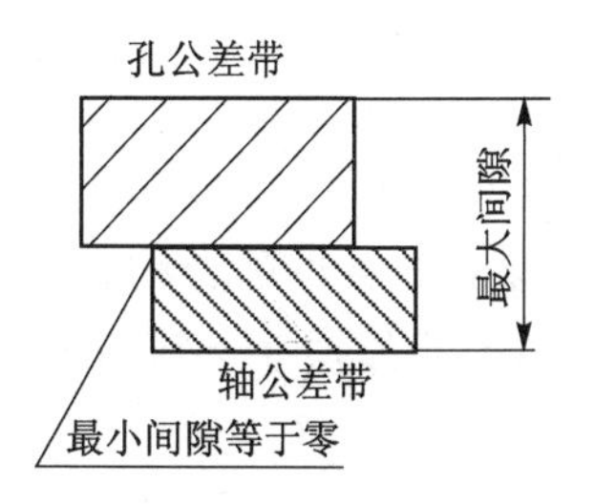

图 6-1-7 间隙配合

最大间隙 $$X_{max}=D_{max}-d_{min}=ES-ei \quad (6-1-9)$$

最小间隙 $$X_{min}=D_{min}-d_{max}=EI-es \quad (6-1-10)$$

最大间隙表示配合处于最松状态，最小间隙表示配合处于最紧状态，它们分别表示间隙配合中间隙变动的两个界限值。孔和轴装配后的实际间隙在最大间隙和最小间隙之间。

另外,在实际生产中常常用到平均间隙(X_{av}),它是最大间隙和最小间隙的平均值,即

$$X_{av}=(X_{max}+X_{min})/2$$

例6-1-3 已知孔 $\phi50^{+0.039}_{0}$ 与轴 $\phi50^{-0.025}_{-0.050}$ 相配合,试判断配合的类型。若为间隙配合,试计算其极限间隙。

解 画出孔和轴的公差带图。

由图6-1-8可知,该组孔与轴的配合为间隙配合。

$$X_{max}=ES-ei=0.039-(-0.050)=0.089$$

$$X_{min}=EI-es=0-(-0.025)=0.025$$

(2)过盈配合

具有过盈(包括最小过盈等于零)的配合。

过盈配合时,孔的公差带在轴的公差带的下方,如图6-1-9所示。

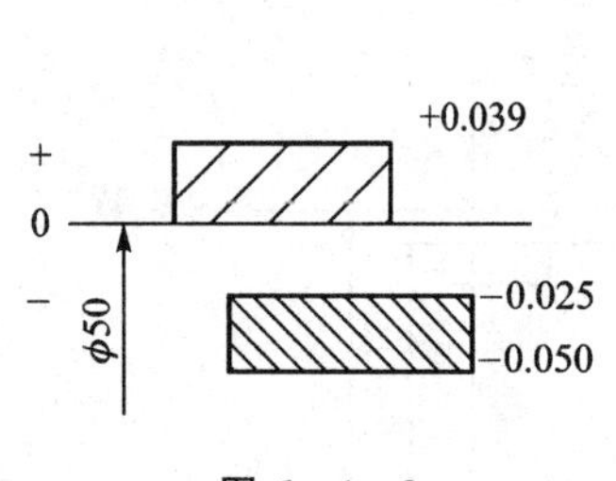

图6-1-8

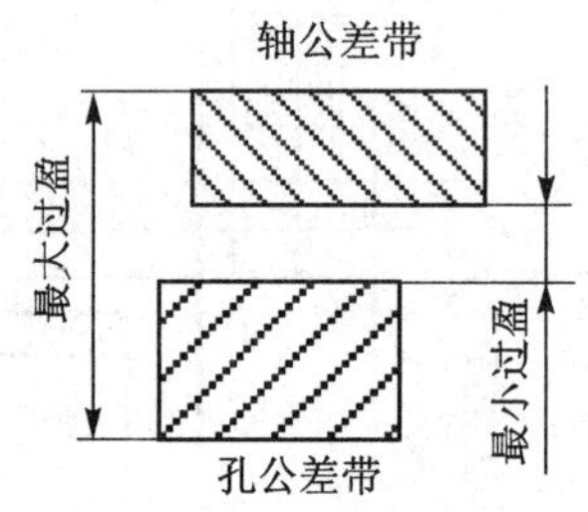
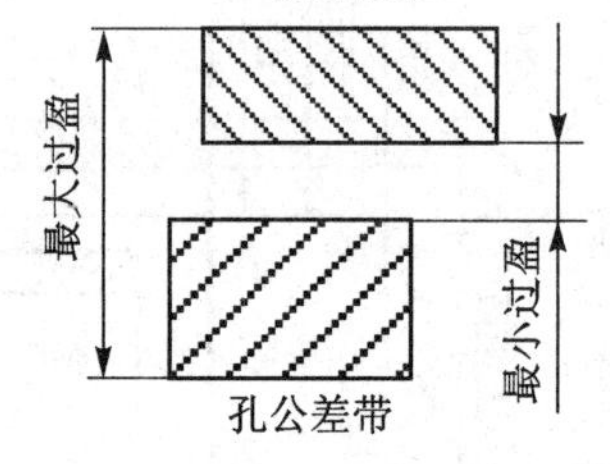

图6-1-9 过盈配合

最大过盈 $$Y_{max}=D_{min}-d_{max}=EI-es \quad (6-1-11)$$

最小过盈 $$Y_{min}=D_{max}-d_{min}=ES-ei \quad (6-1-12)$$

最大过盈表示配合处于最紧状态,最小过盈表示配合处于最松状态,它们分别表示过盈配合中过盈变动的两个界限值。孔和轴装配后的实际过盈在最小过盈和最大过盈之间。

另外,在生产中常常用到平均过盈(Y_{av}),它是最大过盈和最小过盈的平均值,即

$$Y_{av}=(Y_{max}+Y_{min})/2$$

例6-1-4 孔 $\phi32^{0.025}_{0}$ 与轴 $\phi32^{0.042}_{0.026}$ 相配合,试判断配合的类型,并计算极限过盈。

解 画出孔和轴的公差带图(见图6-1-10)。

根据公差带图判断这组孔和轴的配合是过盈配合。

$$Y_{max}=EI-es=0-(+0.042)=-0.042$$

$$Y_{min}=ES-ei=(+0.025)-(+0.026)=-0.001$$

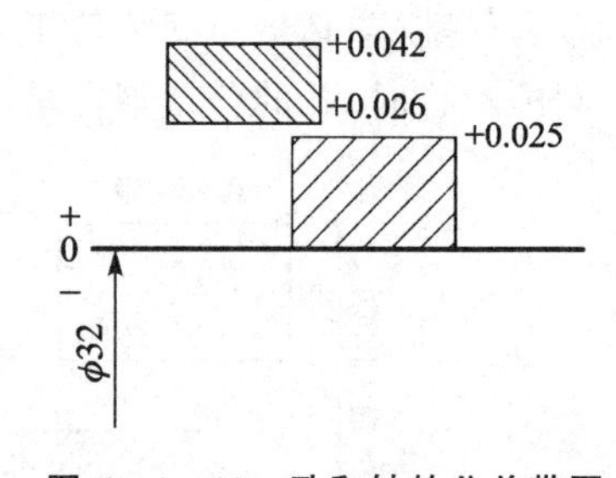

图6-1-10 孔和轴的公差带图

(3)过渡配合

可能具有间隙或过盈的配合称为过渡配合。

过渡配合时,孔的公差带与轴的公差带相互交叠,如图6-1-11所示。

最大间隙 $$X_{max}=D_{max}-d_{min}=ES-ei \quad (6-1-13)$$

最大过盈 $$Y_{max}=D_{min}-d_{max}=EI-es \quad (6-1-14)$$

最大间隙表示配合处于最松状态,最大过盈表示配合处于最紧状态。一般来讲,过渡配合的工件精度都较高。

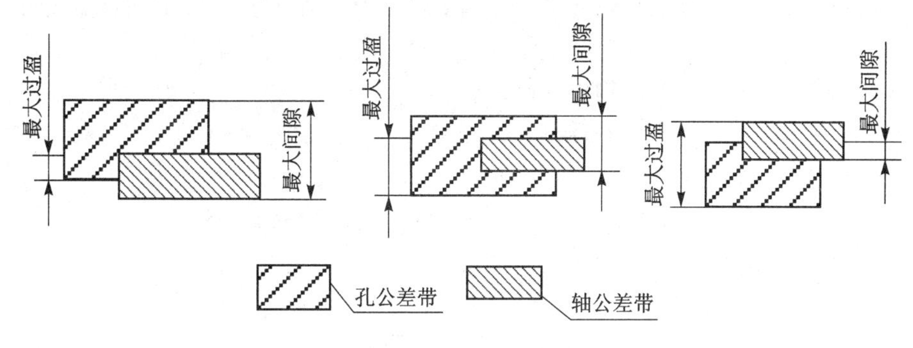

图 6-1-11　过渡配合

最大间隙与最大过盈的平均值称为平均间隙或平均过盈，即

$$X_{av}(Y_{av})=(X_{max}+Y_{max})/2$$

例 6-1-5　孔 $\phi 50^{+0.025}_{0}$ 与轴 $\phi 50^{+0.018}_{+0.002}$ 相配合，试判断配合配合的类型，并计算极限间隙或极限过盈。

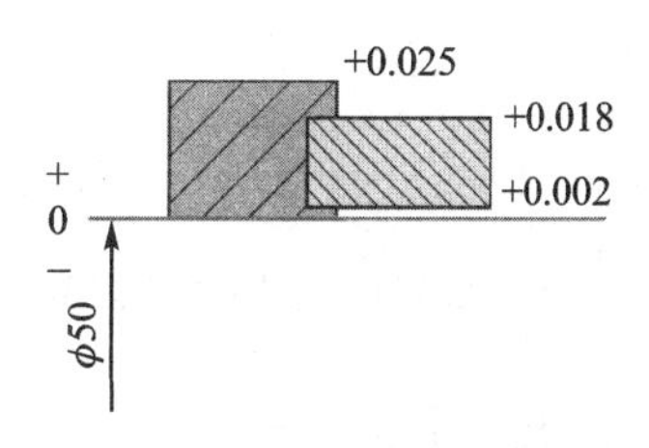

图 6-1-12　孔和轴的公差带图

解　画出孔和轴的公差带图(见图 6-1-12)。

据图判断该组孔、轴配合为过渡配合。

$$X_{max}=ES-ei=(+0.025)-(+0.002)=0.023$$

$$Y_{max}=EI-es=0-(+0.018)=-0.018$$

(4) 配合公差(T_f)

组成配合的孔和轴的公差值之和称为配合公差。它是允许相配合的孔和轴的间隙或过盈的变动量，是一个没有符号的绝对值。

间隙配合　$T_f=|X_{max}-X_{min}|$

过盈配合　$T_f=|Y_{min}-Y_{max}|$

过渡配合　$T_f=|X_{max}-Y_{max}|$

推导出　$T_f=T_h+T_s$

配合公差并不反映配合的松紧程度，它反映的是配合的松紧变化程度。配合公差等于组成配合的孔和轴的公差之和。因此，配合精度的高低是由孔和轴的精度决定的。配合精度要求越高，孔和轴的精度也越高，加工成本越高；反之，配合精度要求越低，加工成本就越低。

例 6-1-6　孔 $\phi 25^{+0.021}_{0}$ 分别与轴 $\phi 25^{+0.048}_{+0.035}$、轴 $\phi 25^{+0.028}_{+0.015}$、轴 $\phi 25^{-0.007}_{-0.020}$ 配合，试画出孔和轴的公差带图，判别孔和轴配合的类别，并计算极限间隙或极限过盈以及配合公差。

解　画出孔和轴的公差带图(见图 6-1-13)。

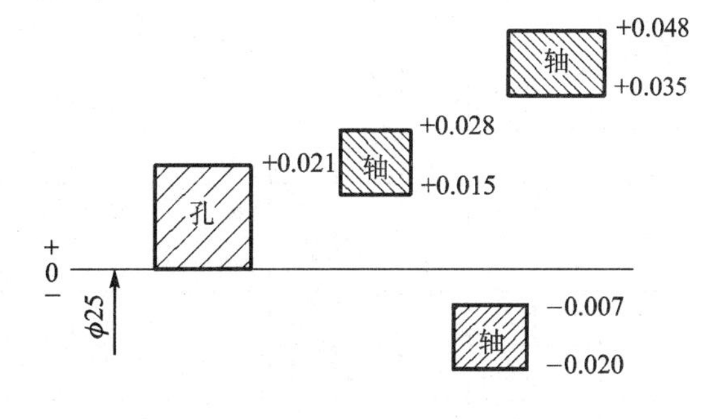

图 6-1-13　孔和轴的公差带图

据图判断孔 $\phi25^{+0.021}_{0}$ 分别与轴 $\phi25^{+0.048}_{+0.035}$、轴 $\phi25^{+0.028}_{+0.015}$、轴 $\phi25^{-0.007}_{-0.020}$ 形成过盈配合、过渡配合和间隙配合。

$\phi25^{+0.021}_{0}$ 分别与轴 $\phi25^{-0.007}_{-0.020}$ 构成间隙配合：

$$X_{max}=ES-ei=(+0.021)-(-0.020)=0.041$$
$$X_{min}=EI-es=0-(-0.007)=0.007$$
$$T_f=|X_{max}-X_{min}|=|0.041-0.007|=0.034$$

$\phi25^{+0.021}_{0}$ 分别与轴 $\phi25^{+0.048}_{+0.035}$ 构成过盈配合：

$$Y_{max}=EI-es=0-(+0.048)=-0.048$$
$$Y_{min}=ES-ei=(+0.021)-(+0.035)=-0.014$$
$$T_f=|Y_{max}-Y_{min}|=|(-0.048)-(-0.014)|=0.034$$

$\phi25^{+0.021}_{0}$ 分别与轴 $\phi25^{+0.028}_{+0.015}$ 构成过渡配合：

$$X_{max}=ES-ei=(+0.021)-(+0.015)=0.006$$
$$Y_{max}=EI-es=0-(+0.028)=-0.028$$
$$T_f=|X_{max}-Y_{max}|=|0.006-(-0.028)|=0.034$$

二、极限与配合标准的基本规定

(一) 标准公差(IT)

标准公差是国家标准规定的，用以确定公差带大小的任一公差值。

标准公差的数值如表 6-1-1 所列，由表可见，标准公差数值与标准公差等级和公称尺寸分段有关。

表 6-1-1 公称尺寸至 3 150 mm 的标准公差数值(摘自 GB/T 1800.1—2009)

公称尺寸/mm		标准公差等级																	
		IT1	IT2	IT3	IT4	IT5	IT6	IT7	IT8	IT9	IT10	IT11	IT12	IT13	IT14	IT15	IT16	IT17	IT18
大于	至	μm											mm						
—	3	0.8	1.2	2	3	4	6	10	14	25	40	60	0.1	0.14	0.25	0.4	0.6	1	1.4
3	6	1	1.5	2.5	4	5	8	12	18	30	48	75	0.12	0.18	0.3	0.48	0.75	1.2	1.8
6	10	1	1.5	2.5	4	6	9	15	22	36	58	90	0.15	0.22	0.36	0.58	0.9	1.5	2.2
10	18	1.2	2	3	5	8	11	18	27	43	70	110	0.18	0.27	0.43	0.7	1.1	1.8	2.7
18	30	1.5	2.5	4	6	9	13	21	33	52	84	130	0.21	0.33	0.52	0.84	1.3	2.1	3.3
30	50	1.5	2.5	4	7	11	16	25	39	62	100	160	0.25	0.39	0.62	1	1.6	2.5	3.9
50	80	2	3	5	8	13	19	30	46	74	120	190	0.3	0.46	0.74	1.2	1.9	3	4.6
80	120	2.5	4	6	10	15	22	35	54	87	140	220	0.35	0.54	0.87	1.4	2.2	3.5	5.4
120	180	3.5	5	8	12	18	25	40	63	100	160	250	0.4	0.63	1	1.6	2.5	4	6.3
180	250	4.5	7	10	14	20	29	46	72	115	185	290	0.46	0.72	1.15	1.85	2.9	4.6	7.2
250	315	6	8	12	16	23	32	52	81	130	210	320	0.52	0.81	1.3	2.1	3.2	5.2	8.1
315	400	7	9	13	18	25	36	57	89	140	230	360	0.57	0.89	1.4	2.3	3.6	5.7	8.9
400	500	8	10	15	20	27	40	63	97	155	250	400	0.63	0.97	1.55	2.5	4	6.3	9.7
500	630	9	11	16	22	32	44	70	110	175	280	440	0.7	1.1	1.75	2.8	4.4	7	11

续表 6-1-1

公称尺寸/mm		标准公差等级																	
		IT1	IT2	IT3	IT4	IT5	IT6	IT7	IT8	IT9	IT10	IT11	IT12	IT13	IT14	IT15	IT16	IT17	IT18
大于	至	μm											mm						
630	800	10	13	18	25	36	50	80	125	200	320	500	0.8	1.25	2	3.2	5	8	12.5
800	1 000	11	15	21	28	40	56	90	140	230	360	560	0.9	1.4	2.3	3.6	5.9	9	14
1 000	1 250	13	18	24	33	47	66	105	165	260	420	660	1.05	1.65	2.6	4.2	6.6	10.5	16.5
1 250	1 600	15	21	29	39	55	78	125	195	310	500	780	1.25	1.95	3.1	5	7.8	12.5	19.5
1 600	2 000	18	25	35	46	65	92	150	230	370	600	920	1.5	2.3	3.7	6	9.2	15	23
2 000	2 500	22	30	41	55	78	110	175	280	440	700	1 100	1.75	2.8	4.4	7	11	17.5	28
2 500	3 150	26	36	50	68	96	135	210	330	540	860	1 350	2.1	3.3	5.4	8.6	13.5	21	33

1. 标准公差等级

确定尺寸精确程度的等级称为标准公差等级。根据 GB/T 1800.1—2009，标准公差分为 20 个等级，即 IT01、IT0、IT1、IT2、IT3……IT18。IT 表示标准公差，数字表示公差等级。IT01 精度最高，其余精度依次降低，IT18 精度最低。在公称尺寸相同的条件下，标准公差数值随标准公差等级的降低而依次增大。

同一公差等级（如 IT7），对所有公称尺寸的一组公差被认为具有同等精确程度。

公差等级越高，零件的精度越高，使用性能越好，但加工难度越大，生产成本越高；反之，公差等级越低，零件的精度越低，使用性能越差，但生产成本越低。

2. 公称尺寸分段

在相同的加工精度条件下，加工误差随着公称尺寸的增大而增大。因此，同一公差等级的标准公差数值也随着公称尺寸的增大而增大。

（二）基本偏差

基本偏差用来确定零件公差带相对零线位置的上偏差或下偏差，如图 6-1-14 所示。它是公差带位置标准化的唯一指标。国家标准对孔和轴各规定了 28 个公差带位置，分别由 28 个基本偏差来确定。

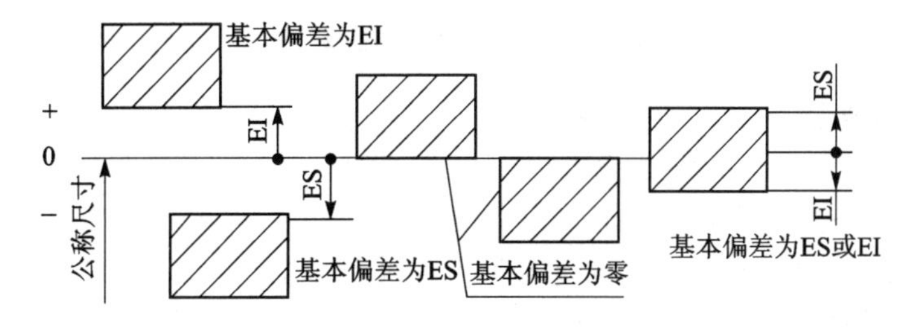

图 6-1-14　基本偏差

1. 基本偏差代号

基本偏差的代号用拉丁字母表示。

在 26 个字母中除去易与其他混淆的 5 个字母 I、L、O、Q、W(i、l、o、q、w)，再加上 7 个用两个字母表示的代号 CD、EF、FG、JS、ZA、ZB、ZC(cd、ef、fg、js、za、zb、zc)，孔和轴各有 28 个基本偏差代号，构成了基本偏差系列，如图 6-1-15 所示。

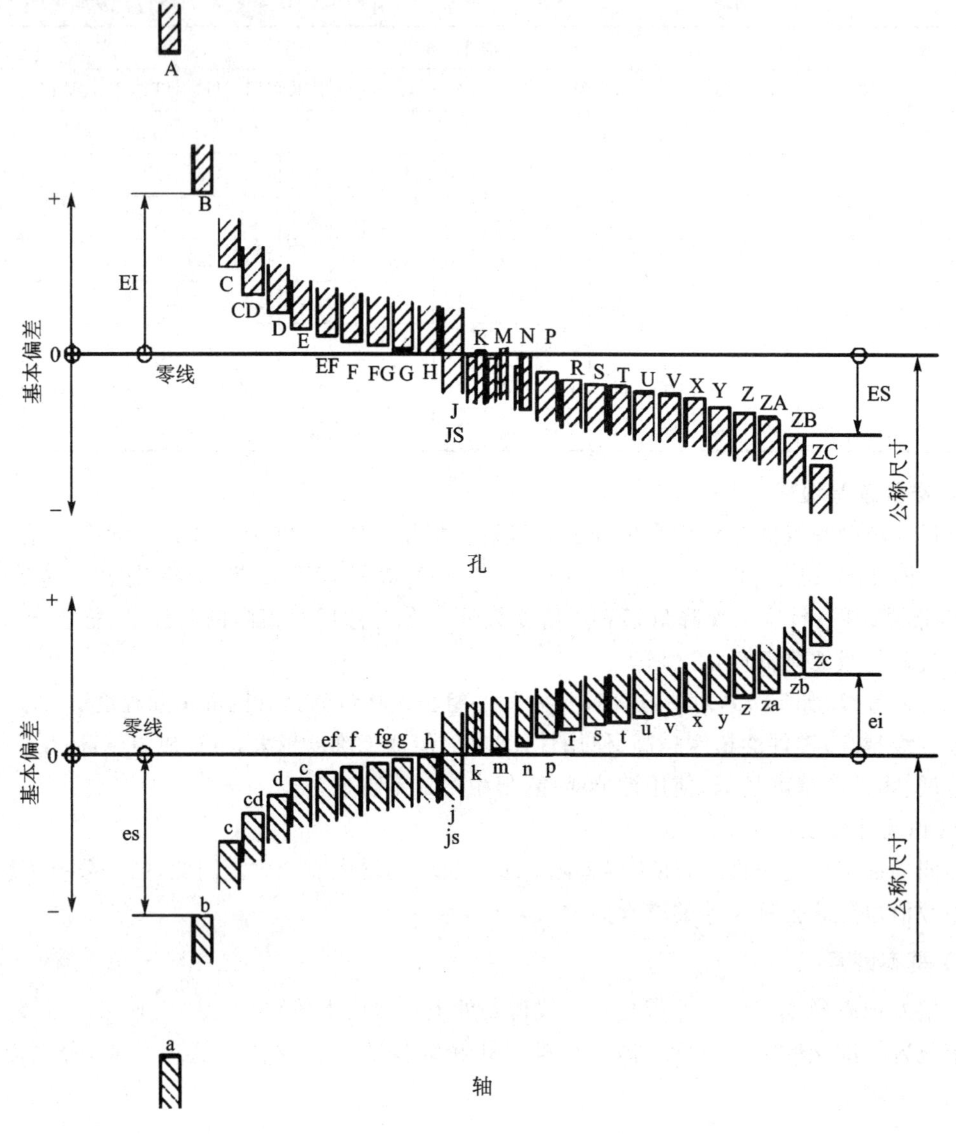

图 6-1-15　基本偏差系列

2. 基本偏差特点

(1) 对于孔：A～H 的基本偏差为下极限偏差，其绝对值依次减小，与基本偏差代号 h 的基准轴组成间隙配合；J～ZC 的基本偏差为上极限偏差，其绝对值依次增大。J、JS、K、M、N 与基准轴 h 基本组成过渡配合，P～ZC 与基准轴 h 基本组成过盈配合。基本的意义在于：P、R、N 与基准轴 h 有时组成过渡配合，有时组成过盈配合。

(2) H 和 h 的基本偏差为零，H 公差带位于零线上方，h 公差带位于零线下方。

(3) JS 和 js 与零线完全对称，因此，其基本偏差可为上极限偏差(+IT/2)，也可为下极限偏差(−IT/2)；J(j)与零线近似对称，如表 6-1-2 所列。

(4) 对于轴：a～h 的基本偏差为上极限偏差，其绝对值依次减小，与基本偏差代号为 H 的基准孔组成间隙配合；j～zc 的基本偏差为下极限偏差，其绝对值依次增大，J、js、k、m、n 与基准孔 H 基本组成过渡配合，p～zc 与基准孔 H 基本组成过盈配合。基本的意义在于：p、r、n 与

表 6－1－2　基本偏差代号

孔或轴	基本偏差		备　注
孔	下偏差	A、B、C、CD、D、E、EF、F、FG、G、H	H 代表下偏差为零的孔，即基准孔
	上偏差或下偏差	$JS=\pm\frac{IT}{2}$	
	上偏差	J、K、M、N、P、R、S、T、U、V、X、Y、Z、ZA、ZB、ZC	
轴	上偏差	a、b、c、cd、d、e、ef、f、fg、g、h	h 代表上偏差为零的轴，即基准轴
	上偏差或下偏差	$js=\pm\frac{IT}{2}$	
	下偏差	j、k、m、n、p、r、s、t、u、v、x、y、z、za、zb、zc	

基准孔 H 有时组成过渡配合，有时组成过盈配合，参见图 6－1－15。

（5）公差带的一端是开口的，它的位置将取决于标准公差等级。

3. 基本偏差数值

（1）轴的基本偏差数值。

轴的基本偏差数值是以基准孔为基础，根据各种配合要求，利用从生产实践和有关统计分析的结果整理出一系列轴的基本偏差计算公式，计算后圆整得出轴的基本偏差数值如表 6－1－3 所列。

（2）孔的基本偏差数值。

孔的基本偏差数值是从轴的基本偏差换算得来的，可按通用规则和特殊规则换算，换算的孔的基本偏差数值如表 6－1－4 所列。

4. 同级配合

基孔或基轴制中，基本偏差代号相当，孔、轴的公差等级同级或孔比轴低一级的配合称为同级配合。

$D\leqslant500$ mm，公差等级＞IT8 的 K、M、N 以及公差等级＞IT7 的 P～ZC，还有 $D>500$ mm、$D<3$ mm 的所有 J～ZC 形成配合时，必须采用孔、轴同级。

$D\leqslant500$ mm，公差等级≤IT8 的 J、K、M、N 以及公差等级≤IT7 的 P～ZC 形成配合时必须采用孔比轴低一级。

（三）公差带和尺寸公差的表示方法

1. 公差带的表示方法

公差带用基本偏差字母和公差等级数字表示，例如 J7、H7、r6 等。

2. 尺寸公差的表示

尺寸公差用公称尺寸后跟所要求的公差带或（和）对应的偏差值表示。例如：$\phi25H7$、$\phi25^{+0.021}_{0}$、$\phi25H7(^{+0.021}_{0})$、$\phi40p6$、$\phi40^{+0.035}_{+0.022}$、$\phi40p6(^{+0.035}_{+0.022})$。对称偏差表示为 $\phi20JS5(\pm0.003)$。

表 6-1-3　轴的基本偏差数值(摘自 GB/T 1800.1—2009)

公称尺寸/mm		基本偏差数值																
		上极限偏差 es												下极限偏差 ei				
		所有标准公差等级												IT5和IT6	IT7	IT8	IT4~IT7	≤IT3 >IT7
大于	至	a	b	c	cd	d	e	ef	f	fg	g	h	js	j			k	
—	3	-20	-140	-60	-34	-20	-14	-10	-6	-4	-2	0	偏差=±$\frac{IT_n}{2}$，式中IT_n是IT数值	-2	-4	-6	0	0
3	6	-270	-140	-70	-46	-30	-20	-14	-10	-6	-4	0		-2	-4		+1	0
6	10	-280	-150	-80	-56	-40	-25	-18	-13	-8	-5	0		-2	-5		+1	0
10	14	-290	-150	-95		-50	-32		-16		-6	0		-3	-6		+1	0
14	18																	
18	24	-300	-160	-110		-65	-40		-20		-7	0		-4	-8		+2	0
24	30																	
30	40	-310	-170	-120		-80	-50		-25		-9	0		-5	-10		+2	0
40	50	-320	-180	-130														
50	65	-340	-190	-140		-100	-60		-30		-10	0		-7	-12		+2	0
65	80	-360	-200	-150														
80	100	-380	-220	-170		-120	-72		-36		-12	0		-9	-15		+3	0
100	120	-410	-240	-180														
120	140	-460	-260	-200		-145	-85		-43		-14	0		-11	-18		+3	0
140	160	-520	-280	-210														
160	180	-580	-310	-230														
180	200	-660	-340	-240		-170	-100		-50		-15	0		-13	-21		+4	0
200	225	-740	-380	-260														
225	250	-820	-420	-280														
250	280	-920	-480	-300		-190	-110		-56		-17	0		-16	-26		+4	0
280	315	-1050	-540	-330														
315	355	-1200	-600	-360		-210	-125		-62		-18	0		-18	-28		+4	0
355	400	-1350	-680	-400														
400	450	-1500	-760	-440		-230	-135		-68		-20	0		-20	-32		+5	0
450	500	-1650	-840	-480														
500	560					-260	-145		-76		-22	0					0	0
560	630																	
630	710					-290	-160		-80		-24	0					0	0
710	800																	
800	900					-320	-170		-86		-26	0					0	0
900	1000																	
1000	1120					-350	-195		-98		-28	0					0	0
1120	1250																	
1250	1400					-390	-220		-110		-30	0					0	0
1400	1600																	
1600	1800					-430	-240		-120		-32	0					0	0
1800	2000																	
2000	2240					-480	-260		-130		-34	0					0	0
2240	2500																	
2500	2800					-520	-290		-145		-38	0					0	0
2800	3150																	

μm

基本偏差数值													
下极限偏差 ei													
所有标准公差等级													
m	n	p	r	s	t	u	v	x	y	z	za	zb	zc
+2	+4	+6	+10	+14		+18		+20		+26	+32	+40	+60
+4	+8	+12	+15	+19		+23		+28		+35	+42	+50	+80
+6	+10	+15	+19	+23		+28		+34		+42	+52	+67	+97
+7	+12	+18	+23	+28		+33		+40		+50	+64	+90	+130
							+39	+45		+60	+77	+108	+150
+8	+15	+22	+28	+35		+41	+47	+54	+63	+73	+98	+136	+188
					+41	+48	+55	+64	+75	+88	+118	+160	+218
+9	+17	+26	+34	+43	+48	+60	+68	+80	+94	+112	+148	+200	+274
					+54	+70	+81	+97	+114	+136	+180	+242	+325
+11	+20	+32	+41	+53	+66	+87	+102	+122	+144	+172	+226	+300	+405
			+43	+59	+75	+102	+120	+146	+174	+210	+274	+360	+480
+13	+23	+37	+51	+71	+91	+124	+146	+178	+214	+258	+335	+445	+585
			+54	+79	+104	+144	+172	+210	+256	+310	+400	+525	+690
+15	+27	+43	+63	+92	+122	+170	+202	+248	+300	+365	+470	+620	+800
			+65	+100	+134	+190	+228	+280	+340	+415	+535	+700	+900
			+68	+108	+146	+210	+252	+310	+380	+465	+600	+780	+1 000
+17	+31	+50	+77	+122	+166	+236	+284	+350	+425	+520	+670	+880	+1 150
			+80	+130	+180	+258	+310	+385	+470	+575	+740	+960	+1 250
			+84	+140	+196	+284	+340	+425	+520	+610	+820	+1 050	+1 350
+20	+34	+56	+94	+158	+218	+315	+385	+475	+580	+710	+920	+1 200	+1 550
			+98	+170	+240	+350	+425	+525	+650	+790	+1 000	+1 300	+1 700
+21	+37	+62	+108	+190	+268	+390	+475	+590	+730	+900	+1 150	+1 500	+1 900
			+114	+208	+294	+435	+530	+660	+820	+1 000	+1 300	+1 650	+2 100
+23	+40	+68	+126	+232	+330	+490	+595	+740	+920	+1 100	+1 450	+1 850	+2 400
			+132	+252	+360	+540	+660	+820	+1 000	+1 250	+1 600	+2 100	+2 600
+26	+44	+78	+150	+280	+400	+600							
			+155	+310	+450	+660							
+30	+50	+88	+175	+340	+500	+740							
			+185	+380	+560	+840							
+34	+56	+100	+210	+430	+620	+940							
			+220	+470	+680	+1 050							
+40	+66	+120	+250	+520	+780	+1 150							
			+260	+580	+840	+1 300							
+48	+78	+140	+300	+640	+960	+1 450							
			+330	+720	+1 050	+1 600							
+58	+92	+170	+370	+820	+1 200	+1 850							
			+400	+920	+1 350	+2 000							
+68	+110	+195	+440	+1000	+1 500	+2 300							
			+460	+1 100	+1 650	+2 500							
+76	+135	+240	+550	+1 250	+1 900	+2 900							
			+580	+1 400	+2 100	+3 200							

注：公称尺寸小于或等于 1 mm 时，基于偏差 a 和 b 均不采用。公差带 js7～js11，若 IT_n 值是奇数，则取偏差 $=\pm\frac{IT_n-1}{2}$。

表 6-1-4 孔的基本偏差数值(摘自 GB/T 1800.1—2009)

公称尺寸/mm		基本偏差数值																				
		下极限偏差 EI												上极限偏差 ES								
大于	至	所有标准公差等级												IT6	IT7	IT8	≤IT8	>IT8	≤IT8	>IT8	≤IT8	>IT8
		A	B	C	CD	D	E	EF	F	FG	G	H	JS	J			K		M		N	
—	3	+270	+140	+60	+34	+20	+14	+10	+6	+4	+2	0	偏差=±$\frac{IT_n}{2}$，式中IT_n是IT数值	+2	+4	+6	0	0	−2	−2	−4	−4
3	6	+270	+140	+70	+46	+30	+20	+14	+10	+6	+4	0		+5	+6	+10	−1+Δ		−4+Δ	−4	−8+Δ	0
6	10	+280	+150	+80	+56	+40	+25	+18	+13	+8	+5	0		+5	+8	+12	−1+Δ		−6+Δ	−6	−10+Δ	0
10	14	+290	+150	+95		+50	+32		+16		+6	0		+6	+10	+15	−1+Δ		−7+Δ	−7	−12+Δ	0
14	18																					
18	24	+300	+160	+110		+65	+40		+20		+7	0		+8	+12	+20	−2+Δ		−8+Δ	−8	−15+Δ	0
24	30																					
30	40	+310	+170	+120		+80	+50		+25		+9	0		+10	+14	+24	−2+Δ		−9+Δ	−9	−17+Δ	0
40	50	+320	+180	+130																		
50	65	+340	+190	+140		+100	+60		+30		+10	0		+13	+18	+28	−2+Δ		−11+Δ	−11	−20+Δ	0
65	80	+360	+200	+150																		
80	100	+380	+220	+170		+120	+72		+36		+12	0		+16	+22	+34	−3+Δ		−13+Δ	−13	−23+Δ	0
100	120	+410	+240	+180																		
120	140	+460	+260	+200		+145	+85		+43		+14	0		+18	+26	+41	−3+Δ		−15+Δ	−15	−27+Δ	0
140	160	+520	+280	+210																		
160	180	+580	+310	+230																		
180	200	+660	+340	+240		+170	+100		+50		+15	0		+22	+30	+47	−4+Δ		−17+Δ	−17	−31+Δ	0
200	225	+740	+380	+260																		
225	250	+820	+420	+280																		
250	280	+920	+480	+300		+190	+110		+56		+17	0		+25	+36	+55	−4+Δ		−20+Δ	−20	−34+Δ	0
280	315	+1 050	+540	+330																		
315	355	+1 200	+600	+360		+210	+125		+62		+18	0		+29	+39	+60	−4+Δ		−21+Δ	−21	−37+Δ	0
355	400	+1 350	+680	+40																		
400	450	+1 500	+760	+440		+230	+135		+68		+20	0		+33	+43	+66	−5+Δ		−23+Δ	−23	−40+Δ	0
450	500	+1 650	+840	+480																		
500	560					+260	+145		+76		+22	0					0		−26		−44	
560	630																					
630	710					+290	+160		+80		+24	0					0		−30		−50	
710	800																					
800	900					+320	+170		+86		+26	0					0		−34		−56	
900	1 000																					
1 000	1 120					+350	+195		+98		+28	0					0		−40		−66	
1 120	1 250																					
1 250	1 400					+390	+220		+110		+30	0					0		−48		−78	
1 400	1 600																					
1 600	1 800					+430	+240		+120		+32	0					0		−58		−92	
1 800	2 000																					
2 000	2 240					+480	+260		+130		+34	0					0		−68		−110	
2 240	2 500																					
2 500	2 800					+520	+290		+145		+38	0					0		−76		−135	
2 800	3 150																					

μm

基本偏差数值													Δ值					
上极限偏差 ES																		
≤IT7	标准公差等级大于 IT7												标准公差等级					
P至ZC	P	R	S	T	U	V	X	Y	Z	ZA	ZB	ZC	IT3	IT4	IT5	IT6	IT7	IT8
在大于IT7的相应数值上增加一个Δ值	−6	−10	−14		−18		−20		−26	−32	−40	−60	0	0	0	0	0	0
	−12	−15	−19		−23		−28		−35	−42	−50	−80	1	1.5	1	3	4	6
	−15	−19	−23		−28		−34		−42	−52	−67	−97	1	1.5	2	3	6	7
	−18	−23	−28		−33		−40		−50	−64	−90	−130	1	2	3	3	7	9
						−39	−45		−60	−77	−108	−150						
	−22	−28	−35		−41	−47	−54	−63	−73	−98	−136	−188	1.5	2	3	4	8	12
				−41	−48	−55	−64	−75	−88	−118	−160	−218						
	−26	−34	−43	−48	−60	−68	−80	−94	−112	−148	−200	−274	1.5	3	4	5	9	14
				−54	−70	−81	−97	−114	−136	−180	−242	−325						
	−32	−41	−53	−66	−87	−102	−122	−144	−172	−226	−300	−405	2	3	5	6	11	16
		−43	−59	−75	−102	−120	−146	−174	−210	−274	−360	−480						
	−37	−51	−71	−91	−124	−146	−178	−214	−258	−335	−445	−585	2	4	5	7	13	19
		−54	−79	−104	−144	−172	−210	−254	−310	−400	−525	−690						
	−43	−63	−92	−122	−170	−202	−248	−300	−365	−470	−620	−800	3	4	6	7	15	23
		−65	−100	−134	−190	−228	−280	−340	−415	−535	−700	−900						
		−68	−108	−146	−210	−252	−310	−380	−465	−600	−780	−1 000						
	−50	−77	−122	−166	−236	−284	−350	−425	−520	−670	−880	−1 150	3	4	6	9	17	26
		−80	−130	−180	−258	−310	−385	−470	−575	−740	−960	−1 250						
		−84	−140	−196	−284	−340	−425	−520	−640	−820	−1 050	−1 350						
	−56	−94	−158	−218	−315	−385	−475	−580	−710	−920	−1 200	−1 550	4	4	7	9	20	29
		−98	−170	−240	−350	−425	−525	−650	−790	−1 000	−1 300	−1 700						
	−62	−108	−190	−268	−390	−475	−590	−730	−900	−1 150	−1 500	−1 900	4	5	7	11	21	32
		−114	−208	−294	−435	−530	−660	−820	−1 000	−1 300	−1 650	−2 100						
	−68	−126	−232	−330	−490	−595	−740	−920	−1 100	−1 450	−1 850	−2 400	5	5	7	13	23	34
		−132	−252	−360	−540	−660	−820	−1 000	−1 250	−1 600	−2 100	−2 600						
	−78	−150	−280	−400	−600													
		−155	−310	−450	−660													
	−88	−175	−340	−500	−740													
		−185	−380	−560	−840													
	−100	−210	−430	−620	−940													
		−220	−470	−680	−1 050													
	−120	−250	−520	−780	−1 150													
		−260	−580	−840	−1 300													
	−140	−300	−640	−960	−1 450													
		−330	−720	−1 050	−1 600													
	−170	−370	−820	−1 200	−1 850													
		−400	−920	−1 350	−2 000													
	−195	−440	−1 000	−1 500	−2 300													
		−460	−1 100	−1 650	−2 500													
	−240	−550	−1 250	−1 900	−2 900													
		−580	−1 400	−2 100	−3 200													

注：1. 公称尺寸小于或等于 1 mm 时，基本偏差 A 和 B 及大于 IT8 的 N 均不采用。公差带 JS7 至 JS11，若 IT_n 值是奇数，则取偏差 $=\pm\frac{IT_{n-1}}{2}$。

2. 对小于或等于 IT8 的 K、M、N 和小于或等于 IT7 的 P 至 ZC，所需 Δ 值从表内右侧选取。例如：18～30 mm 段的 K7，Δ = 8 μm，所以 ES = −2+8=+6 μm；18～30 mm 段的 S6，Δ=4 μm，所以 ES=−35+4=−31 μm。特殊情况：250～315 mm 段的 M6，ES=−9 μm（代替−11 μm）。

例 6-1-7 已知孔 ϕ25H8 与轴 ϕ25f7 相配合,查表确定孔和轴的极限偏差并计算极限尺寸和公差,画出公差带图;判断配合类型,并求极限间隙或极限过盈以及配合公差。

解 从孔的基本偏差表查到孔 ϕ25H8 的极限偏差为 $^{+33}_{0}$ μm,孔尺寸为 $\phi 25^{+0.033}_{0}$,则

$$D_{max}=D+ES=25+0.033=25.033$$
$$D_{min}=D+EI=25+0=25$$
$$T_h=|ES-EI|=|0.033-0|=0.033$$

从轴的基本偏差表查到轴 ϕ25f7 的极限偏差为 $^{-20}_{-41}$ μm,轴的尺寸为 $\phi 25^{-0.020}_{-0.041}$,则

$$d_{max}=d+es=25+(-0.020)=24.980$$
$$d_{min}=d+ei=25+(-0.041)=24.959$$
$$T_s=|es-ei|=|(-0.020)-(-0.041)|=0.021$$

画出孔和轴的公差带图(见图 6-1-16)。

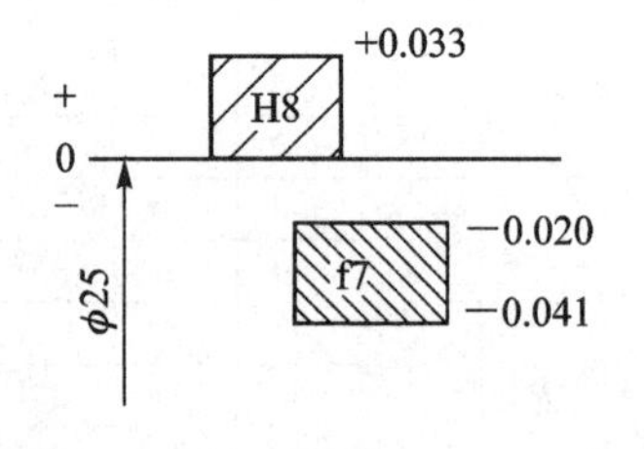

图 6-1-16 孔和轴的公差带图

据图判断该组孔、轴组合为间隙配合。

则
$$X_{max}=ES-ei=0.033-(-0.041)=+0.074$$
$$X_{min}=EI-es=0-(-0.020)=+0.020$$
$$T_f=|X_{max}-X_{min}|=|0.074-0.020|=0.054$$

或
$$T_f=T_h+T_s=0.033+0.021=0.054$$

三、国家标准规定的公差带与配合

根据国家标准提供的 20 个等级的标准公差及 28 种基本偏差代号,可组成公差带孔有 543 种、轴有 544 种,因此由孔和轴的公差带可组成大量的配合。为了减少定值刀具、量具和工艺装备的品种及规格,应对公差带和配合选用加以限制。

(一) 常用尺寸段公差与配合

1. 常用尺寸段公差

根据生产实际情况,国家标准推荐了常用尺寸段孔、轴的一般常用和优先公差带。GB/T 1801—2009 规定公称尺寸至 500 mm 的孔公差带图。一般、常用和优先孔公差带共 105 种,其中方框内的 44 种为常用公差带,圆圈内的 13 种为优先公差带,如图 6-1-17 所示。

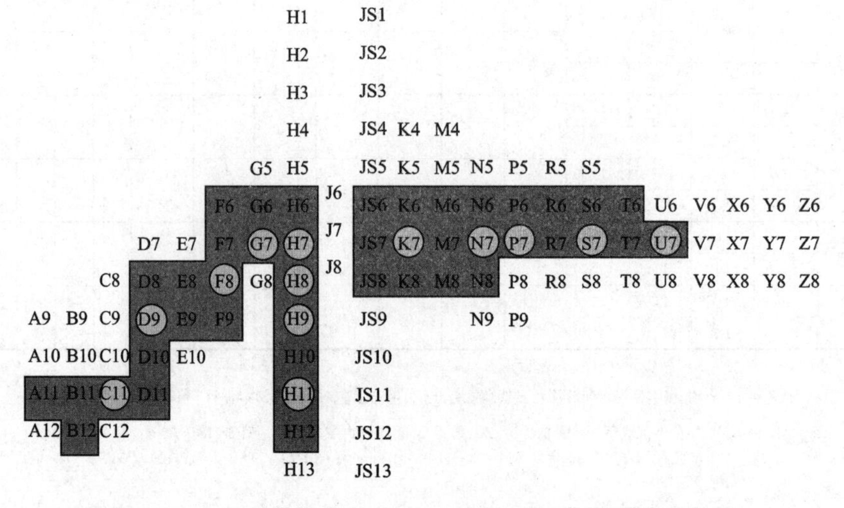

图 6-1-17 公称尺寸至 500 mm 的孔一般、常用、优先公差带

同时，国标规定了一般、常用和优先轴用公差带共 119 种，如图 6－1－18 所示。其中方框内的 59 种为常用公差带，圆圈内的 13 种为优先公差带。

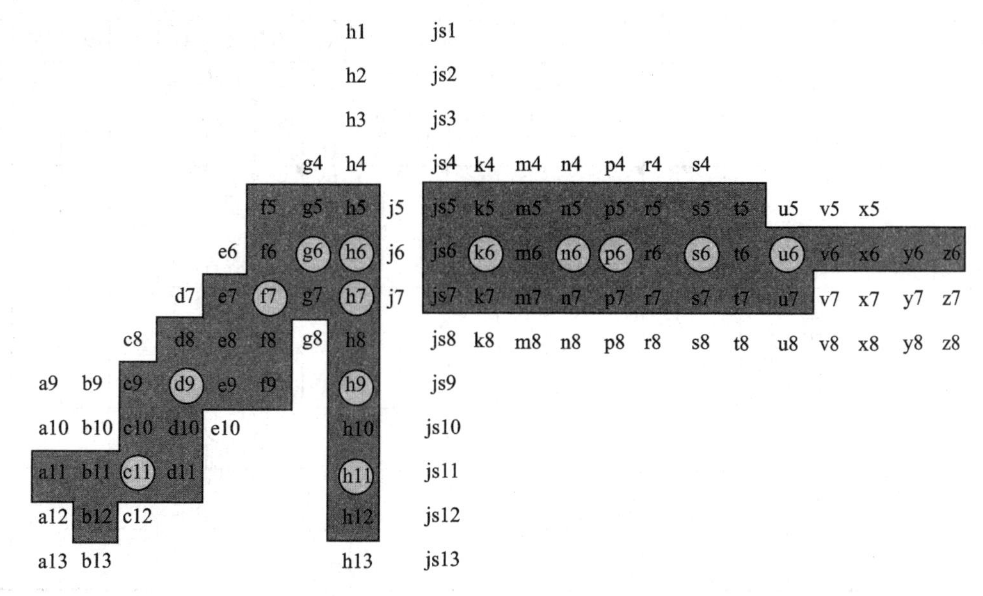

图 6－1－18　公称尺寸至 500 mm 轴一般、常用、优先公差带

2. 常用和优先配合

公称尺寸至 500 mm 的基孔制优先和常用配合规定如表 6－1－5 所列，常用配合 59 种，其中注有◤符号的 13 种为优先配合。基轴制优先和常用配合规定如表 6－1－6 所列，常用配合 47 种，其中注有◤符号的 13 种为优先配合。选择配合时应以首选优先配合，次选常用配合。

表 6－1－5　基孔制优先、常用配合(摘自 GB/T 1801—2009)

基准孔	轴																				
	a	b	c	d	e	f	g	h	js	k	m	n	p	r	s	t	u	v	x	y	z
	间隙配合								过渡配合			过盈配合									
H6						$\frac{H6}{f5}$	$\frac{H6}{g5}$	$\frac{H6}{h5}$	$\frac{H6}{js5}$	$\frac{H6}{k5}$	$\frac{H6}{m5}$	$\frac{H6}{n5}$	$\frac{H6}{p5}$	$\frac{H6}{r5}$	$\frac{H6}{s5}$	$\frac{H6}{t5}$					
H7						$\frac{H7}{f6}$	◤$\frac{H7}{g6}$	◤$\frac{H7}{h6}$	$\frac{H7}{js6}$	◤$\frac{H7}{k6}$	$\frac{H7}{m6}$	◤$\frac{H7}{n6}$	◤$\frac{H7}{p6}$	$\frac{H7}{r6}$	◤$\frac{H7}{s6}$	$\frac{H7}{t6}$	◤$\frac{H7}{u6}$	$\frac{H7}{v6}$	$\frac{H7}{x6}$	$\frac{H7}{y6}$	$\frac{H7}{z6}$
H8					$\frac{H8}{e7}$	◤$\frac{H8}{f7}$	$\frac{H8}{g7}$	◤$\frac{H8}{h7}$	$\frac{H8}{js7}$	$\frac{H8}{k7}$	$\frac{H8}{m7}$	$\frac{H8}{n7}$	$\frac{H8}{p7}$	$\frac{H8}{r7}$	$\frac{H8}{s7}$	$\frac{H8}{t7}$	$\frac{H8}{u7}$				
				$\frac{H8}{d8}$	$\frac{H8}{e8}$	$\frac{H8}{f8}$		$\frac{H8}{h8}$													
H9			$\frac{H9}{c9}$	◤$\frac{H9}{d9}$	$\frac{H9}{e9}$	$\frac{H9}{f9}$		◤$\frac{H9}{h9}$													
H10			$\frac{H10}{c10}$	$\frac{H10}{d10}$				$\frac{H10}{h10}$													
H11	$\frac{H11}{a11}$	$\frac{H11}{b11}$	◤$\frac{H11}{c11}$	$\frac{H11}{d11}$				◤$\frac{H11}{h11}$													
H12		$\frac{H12}{b12}$						$\frac{H12}{h12}$													

注：1 $\frac{H6}{n5}$，$\frac{H7}{p6}$在基本尺寸小于或等于 3 mm 和$\frac{H8}{r7}$在小于或等于 100 mm 时为过渡配合。

2 标注◤的配合为优先配合。

表 6-1-6　基轴制优先、常用配合(摘自 GB/T1801—2009)

基准轴	孔																				
	A	B	C	D	E	F	G	H	JS	K	M	N	P	R	S	T	U	V	X	Y	Z
	间隙配合								过渡配合			过盈配合									
h5						F6/h5	G6/h5	H6/h5	JS6/h5	K6/h5	M6/h5	N6/h5	P6/h5	R6/h5	S6/h5	T6/h5					
h6						F7/h6	◤G7/h6	◤H7/h6	JS7/h6	◤K7/h6	M7/h6	◤N7/h6	◤P7/h6	R7/h6	◤S7/h6	T7/h6	◤U7/h6				
h7					E8/h7	◤F8/h7		◤H8/h7	JS8/h7	K8/h7	M8/h7	N8/h7									
h8				D8/h8	E8/h8	F8/h8		H8/h8													
h9				◤D9/h9	E9/h9	F9/h9		◤H9/h9													
h10				D10/h10				H10/h10													
h11	A11/h11	B11/h11	◤C11/h11	D11/h11				◤H11/h11													
h12		B12/12						H12/h12													

注：标注◤的配合为优先配合。

(二) 大尺寸段的公差与配合

国标规定基本尺寸＞500～3 150 mm 大尺寸段的常用孔、轴公差带分别如表 6-1-7 和表 6-1-8 所列。其中只规定了常用轴公差带 41 种，常用孔公差带 31 种，没有推荐配合。对于尺寸＞500～3 150 mm 的孔和轴，国家标准规定一般采用基孔制的同级配合。

表 6-1-7　尺寸＞500～3 150 mm 孔常用公差带

			G6	H6	JS6	K6
		F7	G7	H7	JS7	K7
D8	E8	F8		H8	JS8	M6
D9	E9	F9		H9	JS9	M7
D10				H10	JS10	N6
D11				H11	JS11	N7
				H12	JS12	

表 6-1-8　尺寸＞500～3 150 mm 轴常用公差带

			g6	h6	js6	k6	m6	n6	p6	r6	s6	t6	u6
		f7	g7	h7	js7	k7	m7	n7	p7	r7	s7	t7	u7
d8	e8	f8		h8	js8								
d9	e9	f9		h9	js9								
d10				h10	js10								
d11				h11	js11								
				h12	js12								

(三) 线性尺寸的一般公差

在机械产品中,有许多尺寸为精度较低的非配合尺寸零件,为了明确、统一处理这类尺寸的公差,GB/T 1804—2000《一般公差　未注公差的线性和角度的尺寸公差》规定了线性尺寸的一般公差等级和极限偏差。

一般公差是在车间普通加工工艺条件下,加工设备可以保证的公差。在正常维护和操作下,它代表经济加工精度,主要用于较低精度的非配合尺寸。例如零件图中未注公差的尺寸通常均按一般公差处理。在正常情况下,一般公差不用测量,主要由工艺设备和加工者自行控制。

线性尺寸的一般公差分四个等级:f(精密级)、m(中等级)、c(粗糙级)、v(最粗级),相当于IT12、IT14、IT16、IT17。线性尺寸的极限偏差数值如表 6-1-9 所列,倒圆半径和倒角高度尺寸的极限偏差数值如表 6-1-10 所列,角度尺寸的极限偏差数值如表 6-1-11 所列。

表 6-1-9　线性尺寸的一般公差等级和极限偏差数值(GB/T 1804—2000)

mm

公差等级	尺寸分段							
	0.5～3	>3～6	>6～30	>30～120	>120～400	>400～900	>900～2 000	>2 000～4 000
f	±0.05	±0.05	±0.1	±0.15	±0.2	±0.3	±0.5	—
m	±0.1	±0.1	±0.2	±0.3	±0.5	±0.8	±1.2	±2
c	±0.2	±0.3	±0.5	±0.8	±1.2	±2	±3	±4
v	—	±0.5	±1	±1.5	±2.5	±4	±6	±8

表 6-1-10　倒圆半径与倒角高度尺寸的极限偏差数值

mm

公差等级	尺寸分段			
	0.5～3	>3～6	>6～30	>30
F(精密级)	±0.2	±0.5	±1	±2
M(中等级)				
C(粗糙级)	±0.4	±1	±2	±4
V(最粗级)				

表 6-1-11　角度尺寸的极限偏差数值

mm

公差等级	长度分段				
	～10	>10～50	>50～120	>120～400	>400
f	±1°	±30′	±20′	±10′	±5′
m					
c	±1°30′	±1°	±30′	±15′	±10′
v	±3°	±2°	±1°	±30′	±20′

线性尺寸的一般公差主要用于较低精度的非配合尺寸。当功能上允许的公差等于或大于一般公差时,均采用一般公差。

采用国标规定的一般公差,在图中的尺寸后不标注出公差,而是在图样上、技术文件或标准中用本标准号和公差等级符号来表示。例如:选用精密级时,表示为 GB/T 1804-f;选用中等级时,表示为 GB/T 1804 - m。

四、极限与配合的选择

公差与配合的选择是机械设计与制造中至关重要的一环。公差与配合的选用是否恰当对机械的使用性能和制造成本都有很大的影响,有时甚至起决定性的作用。公差与配合的选择实质上是零件尺寸精度的设计,其选择的原则是在满足使用要求的前提下降低成本。

公差与配合的选用主要包括配合制、公差等级和配合种类。

(一) 配合制的选用

选用配合制时,应从零件的结构、工艺、经济等几方面进行综合考虑,权衡利弊。

1. 基孔制配合的采用

基孔制配合是基本偏差为一定的孔的公差带,与不同基本偏差的轴的公差带形成各种配合的一种制度,如图 6 - 1 - 19 所示。

一般情况下,设计时应优先考虑基孔制配合。因为孔通常用各种定值刀具(如钻头、铰刀、拉刀等)加工,用极限量规检验,轴精加工时靠一种规格的砂轮或车刀,测量时可用通用量具,可见孔的加工比轴的加工难度大,所以采用基孔制配合可减少孔公差带的数量,大大减少了定值刀具和极限量规的规格和数量,降低了成本。

2. 基轴制配合的采用

基轴制配合是基本偏差为一定的轴的公差带,是与不同基本偏差的孔的公差带形成各种配合的一种制度,如图 6 - 1 - 20 所示。

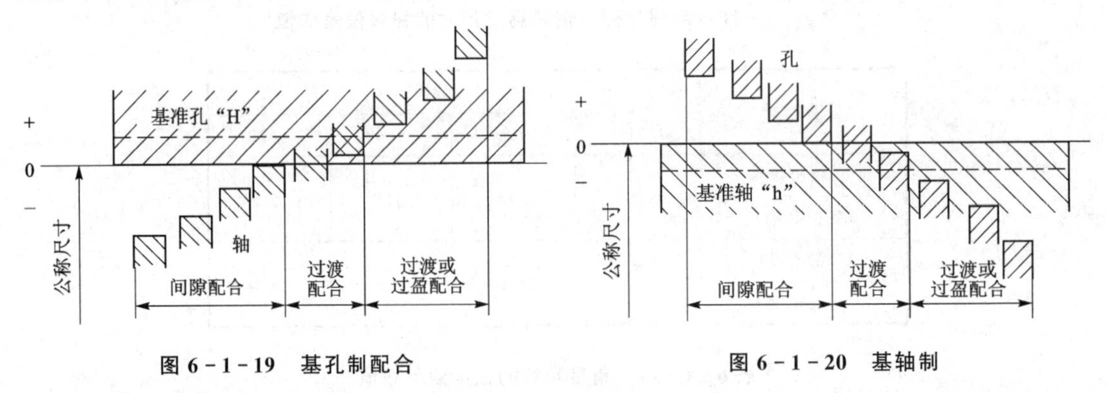

图 6 - 1 - 19　基孔制配合　　图 6 - 1 - 20　基轴制

(1) 在农业、建筑、纺织等机械制造中,有时采用具有一定公差等级的冷拉钢棒作轴,这种轴不需要加工,在此情况下,应选用基轴制。

(2) 在同一基本尺寸的轴上需要装配几个具有不同配合性质的零件时,应选用基轴制配合。图 6 - 1 - 21 所示为发动机的活塞销分别与连杆的套筒和活塞的配合。根据使用要求,活塞销与活塞的配合为过渡配合,活塞销与连杆套筒之间有相对运动,应采用间隙配合。若采用基孔制配合,则三段的配合为 ϕ30H7/m6、ϕ30H7/g6、ϕ30H7/m6,公差带如图 6 - 1 - 21(b)所示。此时必须将轴加工成台阶才能满足各段的配合要求,不仅加工困难,且不利于装配;若改用基轴制,三段的配合为 ϕ30M7/h6、ϕ30G7/h6、ϕ30M7/h6,公差带如图 6 - 1 - 21(c)所示,则活塞销可做成光轴,便于加工和装配。

(3) 与标准件相配合的孔或轴,应以标准件为基准件来确定配合制。例如:滚动轴承内圈与轴的配合采用基孔制,而滚动轴承外圈与孔的配合采用基轴制,如图 6 - 1 - 22 所示。

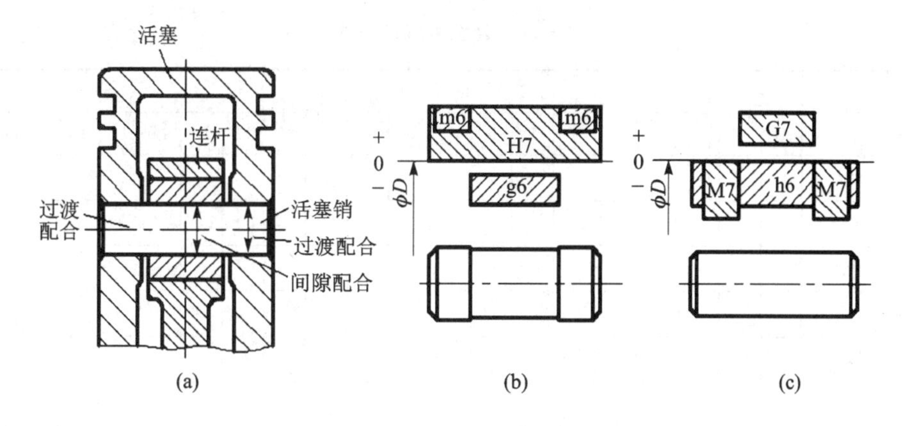

图 6-1-21　活塞部件装配

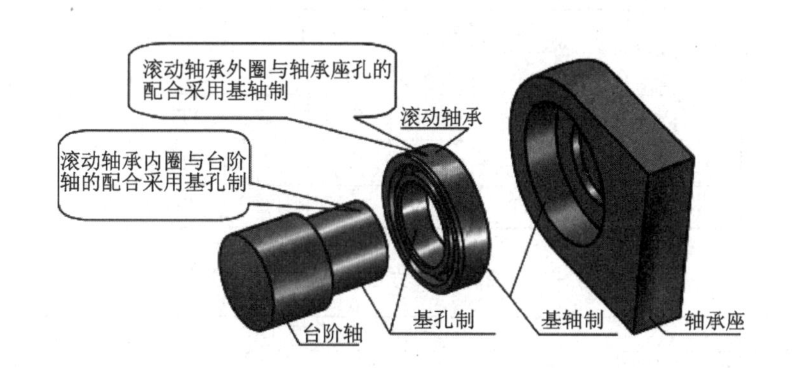

图 6-1-22　与滚动轴承配合的基准制的选择

(二) 公差等级的选用

选用公差等级时，要正确处理使用要求、制造工艺和成本之间的关系。一般来说，公差等级越高，使用性能越好，但零件加工困难，生产成本高；反之，公差等级越低，零件加工越容易，生产成本越低，但零件使用性能也越差。因此，选用公差等级的基本原则是：在满足使用要求的前提下，尽量选取低的公差等级。

公差等级的选用通常采用类比法，即参考经过实践证明是合理的典型产品的公差等级，结合待定零件的配合、工艺和结构等特点，经分析对比后确定公差等级。选用时应考虑以下几方面。

1. 应满足工艺等价原则

要考虑孔和轴的工艺等价性，即对于基本尺寸≤500 mm 的较高等级的配合，因孔比同级轴难加工，当标准公差≤IT8 时，国标推荐孔比轴低一级相配合，但对标准公差＞IT8 或基本尺寸＞500 mm 的配合，由于孔的测量精度比轴容易保证，因而推荐采用同级孔、轴配合。

2. 公差等级的应用范围

各公差等级的应用范围如表 6-1-12 所列，配合尺寸公差等级的应用如表 6-1-13 所列。

3. 各种加工方法能够达到的公差等级

各种加工方法能够达到的公差等级如表 6-1-14 所列。

表6-1-12　公差等级的应用范围

应　用	标准公差等级(IT)																			
	01	0	1	2	3	4	5	6	7	8	9	10	11	12	13	14	15	16	1	18
量　块	—	—	—																	
量　规			—	—	—	—	—	—	—											
特精件配合				—	—	—	—													
一般配合							—	—	—	—	—	—	—	—						
未注公差尺寸														—	—	—	—	—	—	—
原材料公差										—	—	—	—	—	—	—				

表6-1-13　配合尺寸公差等级的应用

公差等级	重要处		常用处		次要处	
	孔	轴	孔	轴	孔	轴
精密机械	IT4	IT4	IT5	IT5	IT7	IT6
一般机械	IT5	IT5	IT7	IT6	IT8	IT9
较粗机械	IT7	IT6	IT8	IT9	IT10～IT12	

表6-1-14　常用加工方法能够达到的公差等级

加工方法	标准公差等级(IT)																			
	01	0	1	2	3	4	5	6	7	8	9	10	11	12	13	14	15	16	17	18
研磨	—	—	—	—	—	—	—													
珩磨						—	—	—	—											
圆磨							—	—	—	—										
平磨							—	—	—	—										
金刚石车							—	—	—											
金刚石镗							—	—	—											
拉削							—	—	—	—										
铰孔								—	—	—	—	—								
精车精镗									—	—	—									
粗车												—	—	—						
粗镗												—	—	—						
铣										—	—	—	—							
刨、插												—	—							
钻削												—	—	—	—					
冲压												—	—	—	—	—				
滚压挤压												—	—							
锻造																	—	—		
砂型铸造																—	—			
金属型铸造																—	—			
气割																	—	—	—	—

4. 配合性质

过盈、过渡配合的公差等级不能太低。一般孔的标准公差≤IT8，轴的标准公差≤IT7。间隙配合则不受此限制，间隙小的配合，公差等级应较高；间隙大的配合，公差等级可以低一些。

5. 精度要求

精度要求不高的配合允许孔、轴的公差相差2～3级。

（三）配合的选择

选择配合主要是为了确定零件孔与轴在工作时的相互关系，以保证机器正常工作。

确定了配合制后，选择配合即根据配合公差的大小，确定与基准件相配合的孔、轴的基本偏差代号，同时确定基准件及配合件的公差等级。

一般情况下采用类比法选择配合种类，即与经过生产和使用验证后的某种配合进行比较，然后确定配合种类。采用类比法选择配合时，首先应了解该配合部位在机器中的作用、使用要求及工作条件，还应该掌握国家标准中各种偏差的特点，了解各种常用和优先配合的特征及应用场合，熟悉一些典型的配合实例。

表6-1-15所列为公称尺寸≤500 mm优先配合的特征及应用场合；表6-1-16所列为轴的基本偏差选用说明和应用；表6-1-17～表6-1-19所列分别为间隙配合、过渡配合、过盈配合的选用说明。

表6-1-15　公称尺寸≤500 mm优先配合的特征及应用说明

配合类型	配合特征	配合代号	应　用
间隙配合	特定间隙	$\frac{H11}{a11}$ $\frac{H11}{b11}$ $\frac{H12}{b12}$	用于高温或工作时要求大间隙的配合
	很大间隙	$\boxed{\frac{H11}{c11}}$ $\frac{H11}{d11}$	用于工作条件较差、受力变形或为了便于装配而需要大间隙的配合和高温工作的配合
	较大间隙	$\frac{H9}{c9}$ $\frac{H10}{c10}$ $\frac{H8}{d8}$ $\boxed{\frac{H9}{d9}}$ $\frac{H10}{d10}$ $\frac{H8}{e7}$ $\frac{H8}{e8}$ $\frac{H9}{e9}$	用于高速重载的滑动轴承或大直径的滑动轴承，也可使用于大跨距或多支点支承的配合
	一般间隙	$\frac{H6}{f5}$ $\frac{H7}{f6}$ $\boxed{\frac{H8}{f7}}$ $\frac{H8}{f8}$ $\frac{H9}{f9}$	用于一般转速的间隙配合，当温度影响不大时，广泛应用于普通润滑油润滑的支承处
	很小间隙	$\boxed{\frac{H7}{g6}}$ $\frac{H8}{g7}$	用于精密滑动的零件或缓慢间隙回转的零件配合部位
	很小间隙和零间隙	$\frac{H6}{g5}$ $\frac{H6}{h5}$ $\boxed{\frac{H7}{h6}}$ $\boxed{\frac{H8}{h7}}$ $\frac{H8}{h8}$ $\boxed{\frac{H9}{h9}}$ $\frac{H10}{h10}$ $\boxed{\frac{H11}{h11}}$ $\frac{H12}{h12}$	用于不同精度要求的一般定位件的配合和缓慢移动与摆动零件的配合

续表 6-1-15

配合类型	配合特征	配合代号	应用
过渡配合	绝大部分微小间隙	$\frac{H6}{js5}$ $\frac{H7}{js6}$ $\frac{H8}{js7}$	用于易于装拆的定位配合或加紧固件后可传递一定静载荷的配合
	大部分有微小间隙	$\frac{H6}{k5}$ $\boxed{\frac{H7}{k6}}$ $\frac{H8}{k7}$	用于稍有振动的定位配合,加紧固件后可传递一定载荷,装拆方便,可用木槌敲入
	大部分有微小过盈	$\frac{H6}{m5}$ $\frac{H7}{m6}$ $\frac{H8}{m7}$	用于定位精度较高且能抗振的定位配合,加键可传递较大载荷,可用铜锤施加小压力压入
	绝大部分有微小过盈	$\boxed{\frac{H7}{n6}}$ $\frac{H8}{n7}$	用于精密定位或紧密组合件的配合,加键能传递大力矩或冲击性载荷,只能在大修时拆卸
	绝大部分有较小过盈	$\frac{H8}{p7}$	加键后能传递很大力矩,适合承受振动和冲击的配合,装配后不再拆卸
过盈配合	轻　型	$\frac{H6}{n5}$ $\frac{H6}{p5}$ $\boxed{\frac{H7}{p6}}$ $\frac{H6}{r5}$ $\frac{H7}{r6}$ $\frac{H8}{r7}$	用于精确的定位配合,一般不能靠过盈传递力矩,要传递力矩则须加紧固件
	中　型	$\frac{H6}{s5}$ $\boxed{\frac{H7}{s6}}$ $\frac{H8}{s7}$ $\frac{H6}{t5}$ $\frac{H7}{t6}$ $\frac{H8}{t7}$	不加紧固件就可传递较小力矩和轴向力;加紧固件后可承受较大载荷或动载荷的配合
	重　型	$\boxed{\frac{H7}{u6}}$ $\frac{H8}{u7}$ $\frac{H7}{v6}$	不需要加紧固件就能传递和承受大的力矩和动载荷的配合。要求零件有高强度
	特重型	$\frac{H7}{x6}$ $\frac{H7}{y6}$ $\frac{H7}{z6}$	能传递和承受很大的力矩和动载荷的配合,须经试验后方可使用

注:1. 带□的配合为优先配合。

2. 国标规定的47种基轴制配合的应用与本表中的同名配合相同。

表 6-1-16　轴的基本偏差选用说明和应用

配　合	基本偏差	特性及应用
间隙配合	a、b	可得到特别大的间隙,应用很少
	c	可得到很大的间隙,一般应用于缓慢、松弛的间隙配合,用于工作条件较差、受力变形或为了便于装配,且必须有较大的间隙,推荐配合为 H11/c11,也用于热动间隙配合。H9/c9 适用于轴在高温工作的紧密配合,如内燃机排气阀和导管
	d	适用于松的转动配合,如密封盖、滑轮、空转带轮与轴的配合。也适用于大直径滑动轴承配合以及其他重型机械(如球磨机、重型弯曲机)中的一些滑动支承配合。多用 IT7~IT11 级
	e	适用于要求有明显间隙、易于转动的支承配合,如大跨距支承、多余点支承等配合。高等级的 e 轴适用于大的、高速、重载支承,如涡轮发电机、大的电动机的支承。也适用于内燃机轴承、凸轮轴轴承、摇臂支撑等配合。多用 IT7~IT9 级

续表 6-1-16

配合	基本偏差	特性及应用
间隙配合	f	适用于一般转动配合，广泛用于普通润滑油（润滑脂）润滑的支承，如齿轮箱、小电动机、泵等转轴与滑动支承的配合。多用 IT6～IT8 级
	g	配合间隙很小，制造成本高，除很轻负荷的精密装置外，不推荐用于转动配合。最适合用于不回转的精密滑动配合，也可用于插销等定位配合，如精密连杆轴承、活塞、滑阀、连杆销。多用 IT5～IT7 级
	h	广泛用于无相对转动的零件，作为一般的定位配合；若没有温度、变形等影响，也用于精密滑动配合。多用 IT4～IT11 级
过渡配合	js	平均间隙较小，多用于平均间隙比 h 轴小、并允许略有过盈的定位配合，如联轴节、齿圈与钢制轮毂等，一般可用手或木槌装配。多用 IT4～IT7 级
	k	平均间隙接近于零，推荐用于要求略有过盈的定位配合，例如为了消除振动的定位配合，一般用木槌装配。多用 IT4～IT7 级
	m	平均过盈较小，适用于不允许活动的精密定位配合，一般用木槌装配。多用 IT4～IT7 级
	n	平均过盈比 m 稍大，很少得到间隙，适用于定位要求较高且不常拆的配合。用锤或压力机装配。多用 IT4～IT7 级
过盈配合	p	用于小过盈配合；与 H6 或 H7 配合时是过盈配合，而与 H8 配合时是过渡配合。对非铁类零件，为轻的压入配合；对钢、铸铁、铜-钢组件装配，为标准压力配合。多用 IT5～IT7 级
	r	用于传动大扭矩或冲击载荷需要加键的配合，对铁类零件为轻的打入配合。多用 IT5～IT7 级
	s	用于钢制或铁制零件的永久性配合或半永久性配合，可产生相当大的结合力。用压力机或热胀冷缩法装配。多用 IT5～IT7 级
	t～zc	过盈量依次增大，除 u 外，一般不推荐

表 6-1-17 间隙配合的选用说明

<table>
<tr><td>基本偏差代号</td><td>A(a)、B(b)</td><td>C(c)</td><td>D(d)</td><td>E(e)</td><td>F(f)</td><td>G(g)</td><td>H(h)</td></tr>
<tr><td>间隙大小</td><td>特大间隙</td><td>很大间隙</td><td>较大间隙</td><td>中等间隙</td><td>小间隙</td><td>较小间隙</td><td>很小间隙 $X_{min}=0$</td></tr>
<tr><td>定心要求</td><td colspan="5">无对中、定心要求</td><td>略有定心功能</td><td>有一定定心功能</td></tr>
<tr><td>摩擦类型</td><td colspan="2">紊流液体摩擦</td><td colspan="4">层流液体摩擦</td><td>半液体摩擦</td></tr>
<tr><td>润滑性能</td><td colspan="2">差→</td><td colspan="4">好→</td><td>差→</td></tr>
<tr><td>相对运动速度</td><td></td><td>慢速转动</td><td colspan="2">高速转动</td><td>中速转动</td><td colspan="2">低速转动或移动（或手动移动）</td></tr>
</table>

表 6-1-18 过渡配合的选用说明

基本偏差	JS(js)	K(k)	M(m)	N(n)
间隙或过盈量	过盈率很小，稍有平均间隙	过盈率中等，平均过盈接近于零	过盈率较大，平均过盈较小	过盈率大，平均过盈稍大

续表 6-1-18

基本偏差	JS(js)	K(k)	M(m)	N(n)
定心要求	可到达较好的定心精度	可达到较高的定心精度	要求精密定心	要求更精密定心
装配和拆卸情况	木槌装配,拆卸方便	木槌装配,拆卸较方便	最大过盈时需要相当的压入力,可以拆卸	用槌子压力机装配拆卸困难

表 6-1-19　过盈配合的选用说明

基本偏差	P(p)、R(r)	S(s)、T(t)	U(u)、V(v)	X(x)、Y(y)、Z(z)
过盈量	较小或小的过盈	中等或大的过盈	很大过盈	特大过盈
传递扭矩的大小	加紧固件传递一定的扭矩与轴向力,属轻型过盈配合。不加紧固件可用于准确定心,仅传递小扭矩,须轴向定位	不加紧固件可传递较小的扭矩与轴向力,属于中型过盈配合	不加紧固件可传递大的扭矩与动载荷。属于重型过盈装配	传递特大扭矩和动载荷。属于特重型过盈装配
装配和拆卸情况	用压力机装配,用于需要拆卸的场合	用于很小拆卸时	用于不拆卸(永久结合时)	

注意:首先根据使用要求,确定配合的类别。确定了类别后,再进一步确定选用哪一种配合。当实际工作条件与典型配合的应用场合有所不同时,应对配合的松紧做适当的调整,最后确定选用哪种配合。

六、测量技术基础

(一) 技术测量的基本知识

在工业生产中,测量技术是进行质量管理的重要手段,是贯彻质量标准的技术保证。

在测量技术领域中,常用到检验与测量等术语。检验是指判断被测物理量是否合格(在规定范围内)的过程,通常不一定要求得到被测物理量的具体数值。

测量就是将被测物理量与具有计量单位的标准量在数值上进行比较,从而确定二者比值的实验认知过程。任何一个完整的测量过程都包括测量对象(包括长度、角度、表面粗糙度及形位公差等)、计量单位、测量方法、测量精度(测量结果与真值的符合程度)四个要素。

1. 计量单位

我国以国际单位制为基础确定了法定计量单位。长度单位为米(m),角度单位为弧度(rad)、度(°)、分(′)、秒(″)。在机械制造中,长度单位一般用毫米(mm),在精密测量中,长度计量单位采用微米(μm),超精密测量中采用纳米(nm)。

2. 计量器具的分类

计量器具按结构特点分为四类:量具、量规、量仪、计量器具。

(1) 量具　量具一般结构简单,没有传动放大系统,是以固定形式复现量值的计量单位。量具分为标准量具和通用量具。

1）标准量具　标准量具是指用来复现单一量值的量具，如图 6－1－23(a)所示。

2）通用量具　通用量具是指用来复现一定范围内的一系列不同量值的量具，如图 6－1－23(b)所示。

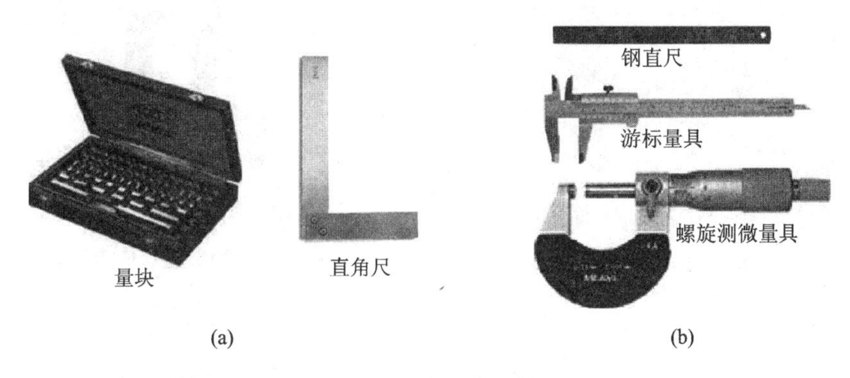

图 6－1－23　量　具

(2) 量规　量规用于检验零件是否合格，是没有刻度的专用计量器具。量规分为光滑极限量规、螺纹量规、圆锥量规。

1）光滑极限量规　光滑极限量规用于检验光滑圆柱形工件的合格性，如图 6－1－24(a)所示。

2）螺纹量规　螺纹量规用于综合检验螺纹的合格性，如图 6－1－24(b)所示。

3）圆锥量规　圆锥量规用于检验圆锥的锥度及尺寸，如图 6－1－24(c)所示。

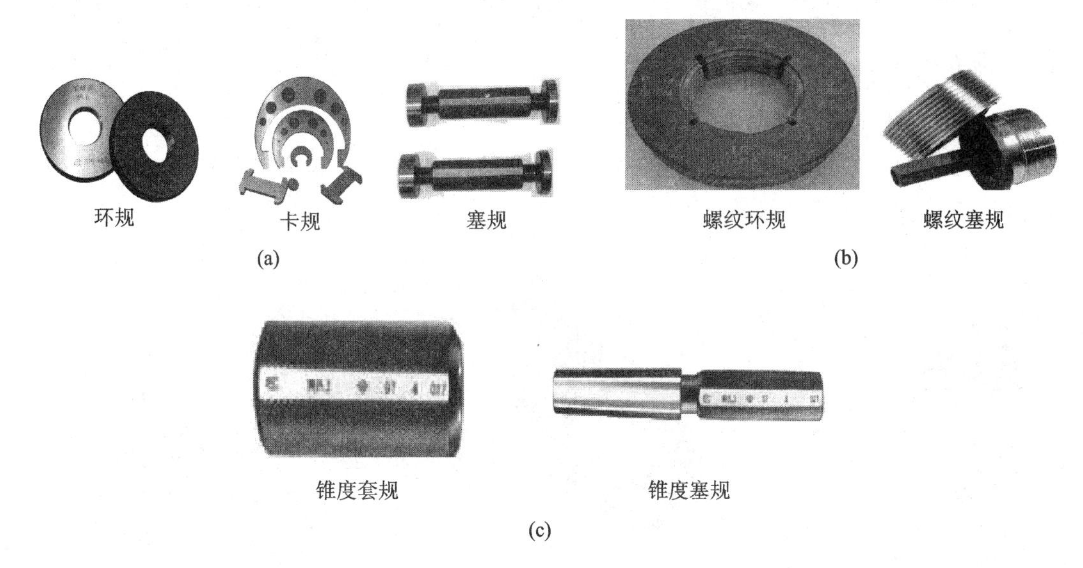

图 6－1－24　量　规

(3) 量仪　量仪一般具有传动放大系统，是将被测几何量值转换成可直接观察的指示值或等效信息的计量器具。分为机械式量仪(如图 6－1－25 所示)、光学式量仪、电动式量仪和气动式量仪。

(4) 计量装置　计量装置是指为确定被测几何量值所必须使用的计量器具及其辅助设备的总称。图 6－1－26 所示为数控检测中心。

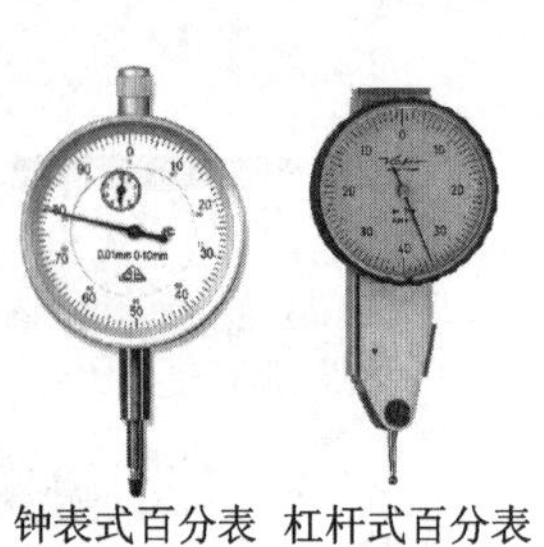
钟表式百分表 杠杆式百分表

图 6-1-25 机械式量仪

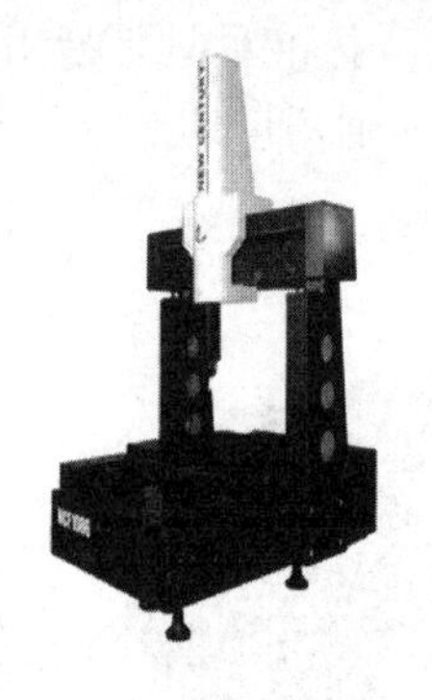

图 6-1-26 数控检测中心

3. 测量方法

测量方法是指进行测量时所采用的测量原理、计量器具和测量条件的总和。根据被测对象的特点,分析研究被测参数的特点及其他参数的关系,确定最合适的测量方法以及测量的主客观条件。测量方法可按不同特征进行分类。

(1) 按实测量是否为被测量进行分类。

1) 直接测量　直接测量是指直接从计量器具的读数装置上得到被测量的数值或对标准值的偏差。例如用游标卡尺、千分尺测量外圆直径,如图 6-1-27 所示。

2) 间接测量　间接测量是指首先测量有关量,然后通过一定的函数关系式再求得被测量的数值。如图 6-1-28 所示,若要测得两孔的中心距 L,可测得 L_1 和 L_2,然后再计算出孔的中心距,即 $L=\frac{L_1+L_2}{2}$。

(2) 按测量结果的读数值不同进行分类。

1) 绝对测量　绝对测量是指测量时从计量器具上直接得到被测参数的整个数值,例如图 6-1-29 中用游标卡尺测量小工件尺寸。

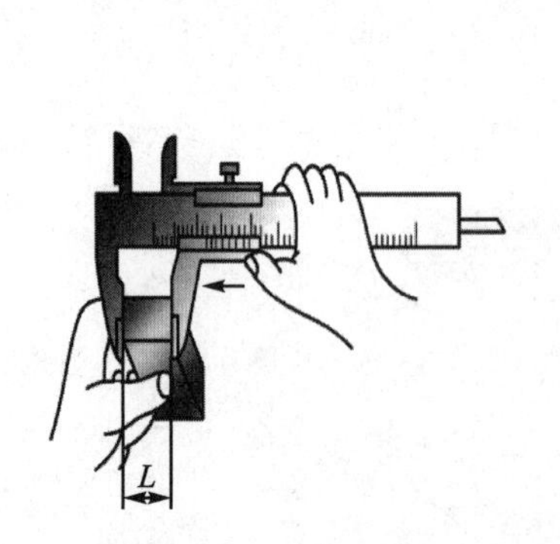

图 6-1-27 直接测量

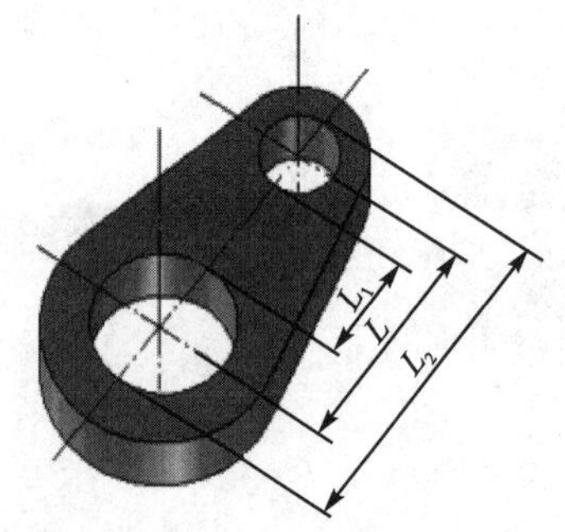

图 6-1-28 间接测量

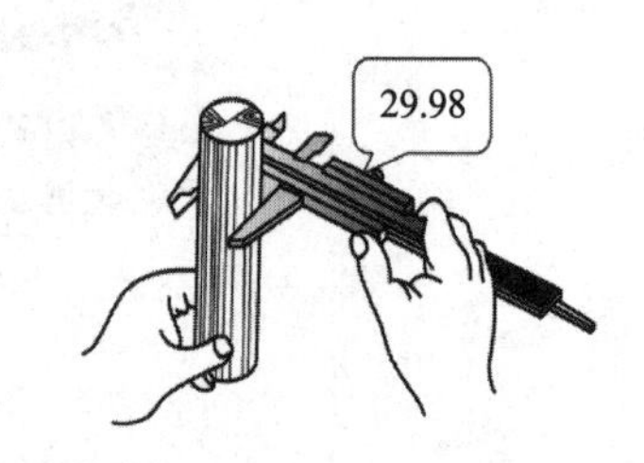

图 6-1-29 绝对测量

2) 相对测量　相对测量是指在计量器具的读数装置上读得的是被测量对于标准值的偏差值,如图 6-1-30 所示。

(3) 按零件上同时被测参数的多少进行分类。

1) 单项测量　单项测量是指在一次测量中,只测量一个几何量的量值。

2) 综合测量　综合测量是指通过测量零件几个相关参数的综合效应或综合参数,从而判

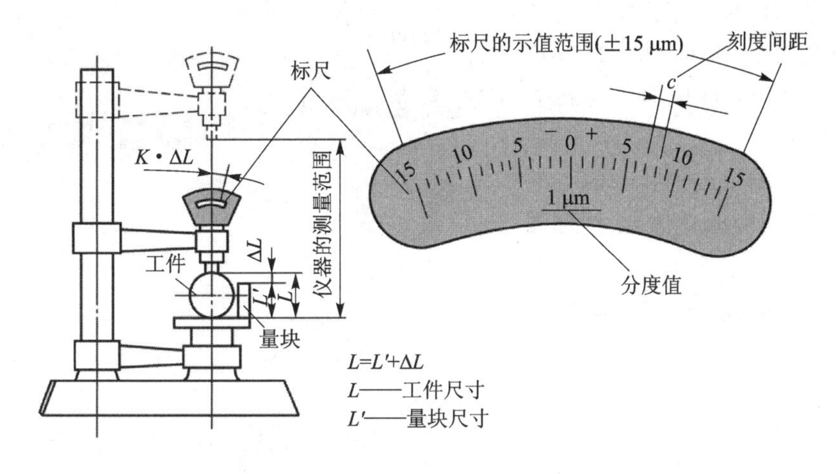

图 6-1-30 相对测量

断零件的合格性。例如测量螺纹作用中径、测量齿轮的运动误差等。

4. 计量器具的基本计量参数

计量参数是选择和使用计量器具、研究和判断测量方法正确性的依据，是表征计量器具的性能和功能的指标。基本的计量参数如下：

(1) 刻度间距 c　刻度间距是指计量器具标尺或刻度盘上两相邻刻线中心线间的距离，一般在 1～2.5 mm 范围内。

(2) 分度值(刻度值) i　计量器具标尺上每一刻线的间距所代表的量值即分度值。

(3) 测量范围　计量器具所能测量的被测量的最小值到最大值的范围称为测量范围。

(4) 示值范围　示值范围是指计量器具的标尺或刻度盘上所指示的起始值到终了值的范围。

(5) 示值误差　计量器具显示的数值与被测量的真值之差为示值误差。一般可用量块作为真值来验定计量器具的示值误差。

(6) 校正值(修正值)　为消除计量器具系统测量误差，用代数法加到测量结果上的值称为校正值。其与计量器具的系统测量误差的绝对值相等而符号相反。

另外，计量器具的基本计量参数还有灵敏度、示值稳定性、测量力、灵敏限、分辨力等。

(二) 常用测量器具举例

1. 游标卡尺

游标卡尺的结构和种类较多，最常用的有三种：三用卡尺(Ⅰ)、双面卡尺(Ⅲ)、单面卡尺(Ⅳ)，如图 6-1-31 所示。

(1) 游标卡尺的刻线原理　游标卡尺的读数部分由尺身与游标组成，其原理是利用尺身刻线间距和游标刻线间距之差来进行小数读数。通常尺身刻线间距 a 为 1 mm，尺身刻线 $(n-1)$ 格的长度等于游标刻线 n 格的长度。相应的游标刻线间距 $b=\dfrac{(n-1)\times a}{n}$，尺身刻线间距与游标刻线间距之差 $i=a-b$ 即为游标卡尺的分度值。游标卡尺的分度值有 0.10 mm、0.05 mm、0.02 mm。

(2) 游标卡尺的读数方法。

1) 首先根据游标零线所处位置读出尺身在游标零线前的整数部分的读数值。

2）其次判断游标上第几根刻线与尺身上的刻线对准，游标刻线的序号乘以该游标量具的分度值即可得到小数部分的读数值。

3）最后将整数部分的读数值与小数部分的读数值相加即为整个测量结果。

如图6-1-32所示，读出游标卡尺上的读数。其中(b)图为13.24 mm，(c)图为20.02 mm，(d)图为23.90 mm。

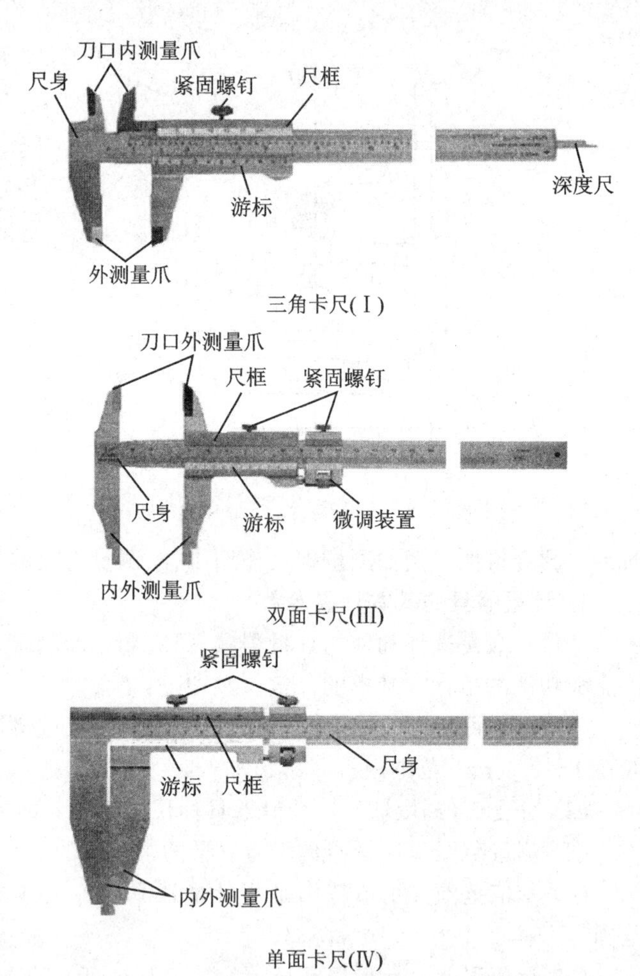

图6-1-31 游标卡尺

2. 外径千分尺

(1) 外径千分尺的结构　千分尺的外形、结构如图6-1-33所示，其尺架上装有砧座和锁紧装置，固定套管与尺架结合成一体，测微螺杆与微分筒和测力装置结合在一起。当旋转测力装置时，就带动微分筒和测微螺杆一起旋转，并利用螺纹传动副沿轴向移动，使砧座与测微螺杆和两个测量面之间的距离发生变化。

(2) 外径千分尺的读数原理　在千分尺的固定套筒上刻有轴向中线，作为微分筒读数的基准线。在中线的两侧有两排刻线，每排的刻线的间距为1 mm，上下两排相互错开0.5 mm。

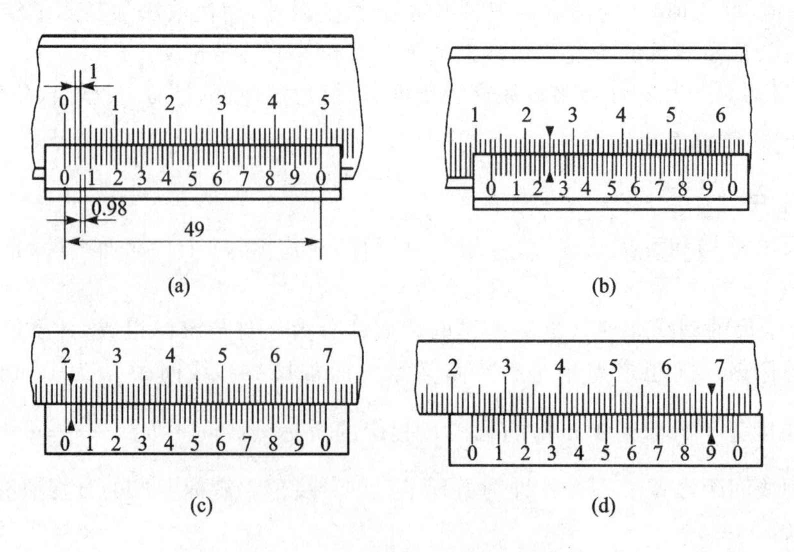

图6-1-32 游标卡尺读数示例

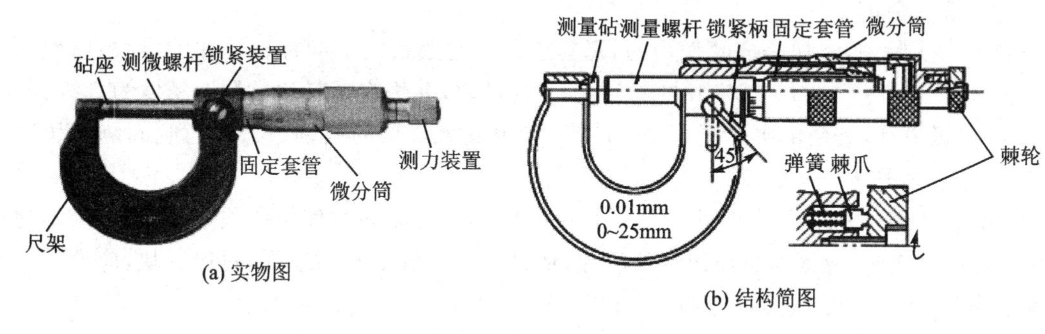

(a) 实物图　　(b) 结构简图

图 6-1-33　外径千分尺

测微螺杆的螺距为 0.5 mm，微分筒的外圆周上刻有 50 等分的刻度。当微分筒旋转一周时，测微螺杆轴向移动 0.5 mm。若微分筒只转动一格时，则螺杆的轴向移动量为 0.5/50＝0.01 mm，因而 0.01 mm 就是千分尺的分度值。

（3）外径千分尺的读数方法　以微分套筒的基准线为基准读取左边固定套筒刻度值，再以固定套筒的基准线读取微分套筒刻度线上与基准线对齐的刻度，即为微分套筒刻度值，将固定套筒刻度值与微分套筒刻度值相加，即为测量值。

例 6-1-8　读出如图 6-1-34 所示的外径千分尺所示读数。

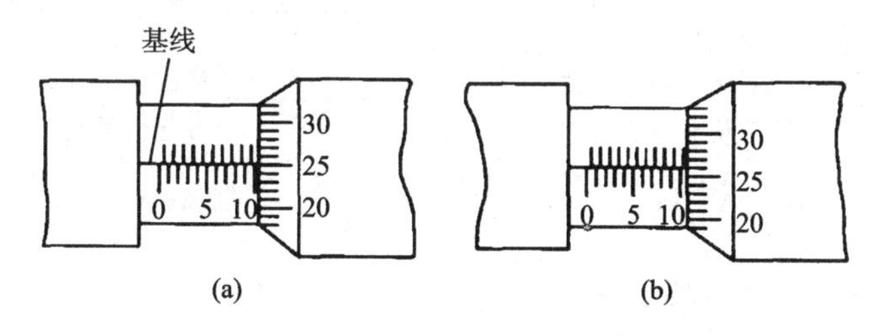

(a)　　(b)

图 6-1-34　外径千分尺读数示例

解　图(a)读数为 10＋0.25＝10.25(单位为 mm)；图(b)读数为 10.5＋0.26＝10.76(单位为 mm)。

3. 量　块

（1）量块的用途及尺寸系列　量块是由两个相互平行的测量面之间的距离来确定其工作长度的高精度量具，其长度为计量器具的长度标准，通过对计量仪器、量具和量规等示值误差的检定等方式，使机械加工中各种制成品的尺寸能够溯源到长度基准。

量块上经过精密加工的很光滑的两个平行平面称为测量面。两测量面之间的距离称为工作尺寸（标称尺寸），该尺寸具有很高的精度，如图 6-1-35 所示。

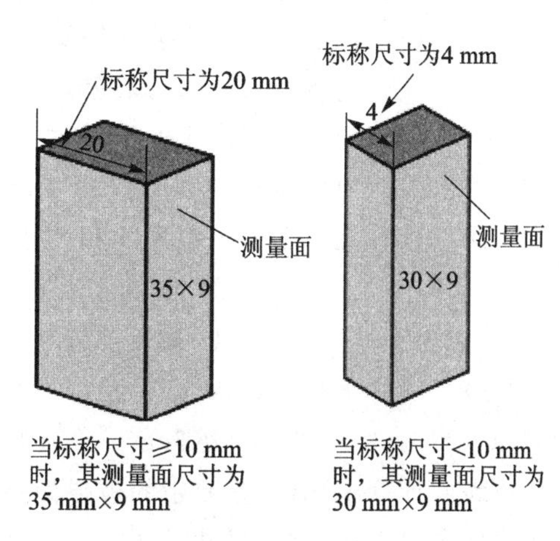

图 6-1-35　量　块

量块具有研合性，即量块的测量面非

常平整和光滑,用少许的力就能使它们的测量面紧密接触,从而黏合在一起。所以可用不同的量块组合成所需的各种尺寸。

在生产实际中,量块是成套使用的,每套包含一定数量的不同标称尺寸的量块,以便组合成各种尺寸。GB/T 6093—2001 共规定了 17 套量块,并规定了量块的制造精度为 5 级:k,0,1,2,3。k 级最高,其余依次降低,3 级最低。常用成套量块的级别、尺寸系列、间隔和块数如表 6-1-20 所列。

(2) 量块的尺寸组合及使用方法　使用量块时,应尽量减少使用的块数,一般要求不超过 5 块。选用量块时,应根据所需组合的尺寸,从最后一位数字开始选择,每选一块,应使尺寸数字的位数减少一位,依次类推,直到组合成完整的尺寸。

例 6-1-9　用量块组成 38.935 的尺寸,试选择组合的量块。

解　若选择 83 块一套的量块,则按图 6-1-36 所示选择量块。

若采用 38 一套的量块,则按图 6-1-37 选择量块。

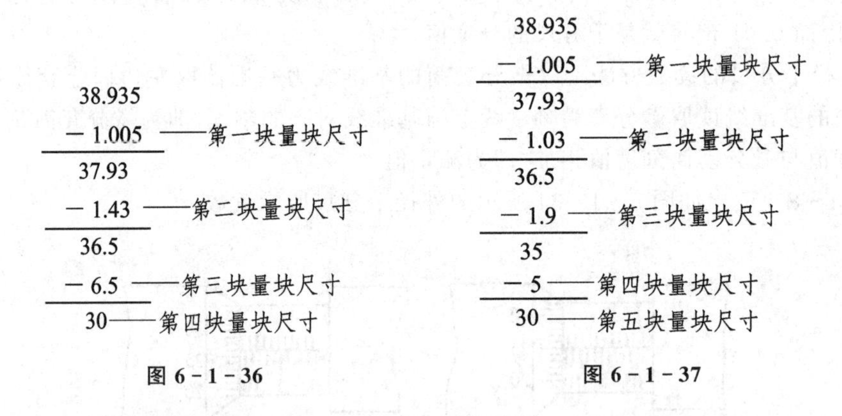

图 6-1-36　　图 6-1-37

综上,选择 83 块一套的量块更好。

[习题]

6-1-1　试述标准公差、基本偏差、误差及公差等级的区别和联系。

6-1-2　什么是极限尺寸?什么是工程尺寸?

6-1-3　什么是配合制?什么是基孔制配合?什么是基轴制配合?

6-1-4　国标规定了多少个公差等级?选择公差等级的原则是什么?

6-1-5　什么是线性尺寸的一般公差?分几个公差等级?在图样上如何标注?

6-1-6　将下列尺寸标注中的错误改正过来:

(1) $\phi 30_{0}^{0.033}$　(2) $\phi 30_{-11}^{+14}$　(3) $\phi 50+1.5$　(4) $\phi 25_{+0.08}^{-0.05}$　(5) $\phi 50_{+0.048}^{+0.009}$

6-1-7　计算孔和轴的极限尺寸和尺寸公差,并分别绘出尺寸公差带图:

(1) 孔 $\phi 40_{0}^{+0.025}$　(2) 轴 $\phi 50_{-0.064}^{-0.025}$

(3) 孔 $\phi 40_{-0.027}^{+0.012}$　(4) 轴 $\phi 50_{+0.017}^{+0.033}$

6-1-8　已知下列配合:

(1) $\phi 30$H7/g6　(2) $\phi 20$K7/h6　(3) $\phi 25$H7/s6　(4) $\phi 80_{js5}^{H6}$

① 查表并计算出孔、轴公差带的极限偏差。

② 按标准写出孔、轴的尺寸标注。

③ 计算孔、轴的极限尺寸和公差,画出公差带图。

④ 判断配合的类别，并计算极限间隙或极限过盈及配合公差。

任务二　汽车零件形状和位置公差

教学目标

- 理解与形位公差相关的各种要素的定义；
- 熟悉形位公差的项目和符号表示；
- 熟悉形位公差代号和基准符号的组成；
- 掌握形位公差的标注方法；
- 了解形位公差常用的检测方法。

一、概　述

在加工中由于受各种因素的影响，零件不仅会产生尺寸误差，还会产生形状误差和位置误差（简称形位误差）。形位误差同样会影响零件的使用性能、寿命和互换性。如孔轴装配，如果轴线存在较大的弯曲，就不可能满足配合要求，甚至无法装配。因此，有必要对零件规定形位公差，用以限制形位误差。

（一）零件的几何要素

形位公差的研究对象是构成零件几何特征的点、线、面。这些点、线、面统称几何要素。一般在研究形状公差时，涉及的对象有点、线两类要素，在研究位置公差时涉及的对象有点、线、面三类要素。零件的形状误差就是关于零件各个形状、方向、位置、跳动所产生的误差，形位公差就是对这些要素的形状、方向、位置、跳动所提出的精度要求。

零件的几何要素有以下四种分类标准。

1. 按存在状态进行分类。

（1）实际要素　实际要素是指零件上实际存在的要素，在测量时用测得要素来代替。

（2）理想要素　理想要素是指具有几何意义的要素，是按设计要求，由图样给定的点、线、面的理想状态。它不存在任何误差，是绝对准确的几何要素。理想要素是作为评定实际要素的依据，在生产中是不可能得到的，如图 6-2-1 所示。

2. 按在形位公差中所处的地位分类。

（1）被测要素　被测要素是指图样上给出了形位公差要求的要素，是测量的对象。如图 6-2-2 所示的 ϕd_1 圆柱面、ϕd_2 圆柱面的轴线和台阶面。

（2）基准要素　基准要素是用来确定被测要素方向和位置的要素。基准要素在图样上都标有基准符号或基准代号，如图 6-2-2 所示的 ϕd_1 圆柱的轴线。

3. 按结构特征分类。

（1）组成要素（轮廓要素）　组成要素（轮廓要素）是指构成零件外形让人们直接感觉到的点、线、面。

（2）导出要素（中心要素）　导出要素（中心要素）是指轮廓要素对称中心所表示的点、线、面，不能为人们直接感觉到，须通过相应的轮廓要素才能体现出来要素，如零件上的中心面、中心线、中心点等。

4. 按功能关系分类。

（1）单一要素　单一要素是指仅对被测要素本身给出形状公差的要素，如图 6-2-2 所

示的 ϕd_1 圆柱面。

(2) 关联要素　关联要素是指与零件基准要素有功能要求的要素,如图 6-2-2 所示的 ϕd_2 圆柱面的轴线和台阶面。

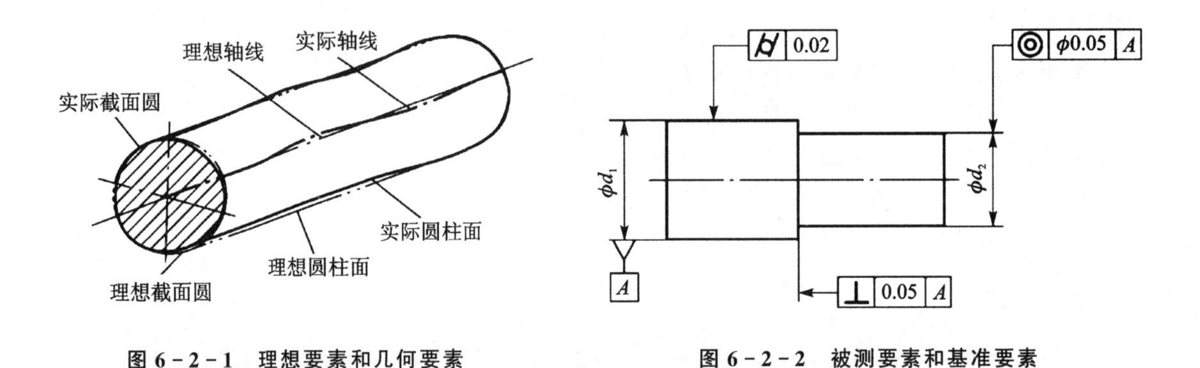

图 6-2-1　理想要素和几何要素　　　　**图 6-2-2　被测要素和基准要素**

(二) 形位公差的项目及符号

国家标准将位置公差分为 14 个项目,其中形状公差包含 4 个项目,轮廓公差包含 2 个项目,方向公差包含 3 个项目,位置公差包含 3 个项目,跳动公差包含 2 个项目。形位公差的每一项目都规定了专门的符号,如表 6-2-1 所列。

表 6-2-1　形位公差的项目及其符号

公差		特征项目	符　号	有或无基准要求
形状	形状	直线度	—	无
		平面度	▱	无
		圆度	○	无
		圆柱度	⌭	无
形状或位置	轮廓	线轮廓度	⌒	有或无
		面轮廓度	⌓	有或无
位置	方向	平行度	//	有
		垂直度	⊥	有
		倾斜度	∠	有
位置	位置	位置度	⌖	有或无
		同轴(心)度	◎	有
		对称度	⌯	有
位置	跳动	圆跳动	↗	有
		全跳动	⌰	有

(三) 形位公差

形位公差是用来限制零件本身形位误差的,它是实际被测要素的允许变动量。

形位公差带是表示实际被测要素允许变动的区域,概念明确、形象,它体现了被测要素的设计要求,也是加工和检验的根据。一个确定的形位公差带由形状、大小、方向和位置四个要素确定。

1. 公差带的形状

公差带的形状主要有9种，如表6-2-2所列。

表6-2-2　形位公差带的形状

序　号	公差带	形　状	应用项目
1	两平行直线	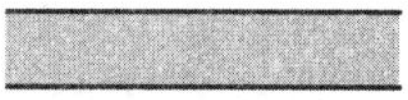	给定平面内的直线度、平面内直线的位置度等
2	两等距曲线	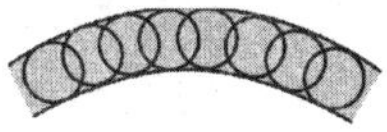	线轮廓度
3	两同心圆	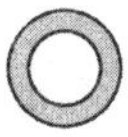	圆度、径向圆跳动
4	一个圆		平面内点的位置度、同轴(心)度
5	一个球		空间点的位置度
6	一个圆柱	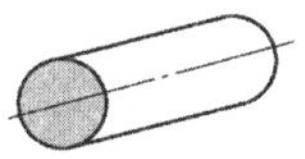	轴线的直线度、平行度、垂直度、倾斜度、位置度、同轴度
7	两同轴圆柱	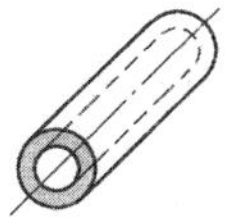	圆柱度、径向全跳动
8	两平行平面	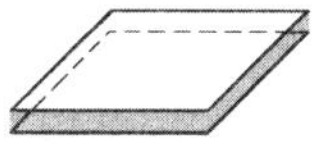	平面度、平行度、垂直度、倾斜度、位置度、对称度、轴向全跳动等
9	两等距曲面	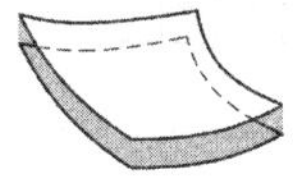	面轮廓度

2. 公差带的大小

公差带的大小是指公差带的宽度、直径或半径差的大小，其由图样上给定的形位公差值确定。

3. 公差带的方向

公差带的方向指允许被测要素几何误差的变动方向，即图样上公差框格标注中箭头所指的方向。对于形状公差，其方向由实际要素决定，并符合最小条件。对于方向公差和位置公差，其方向由基准要素决定。

4. 公差带的位置

公差带的位置是指具有一定形状的公差带，它可固定在某一确定的位置上，还可在一定范围内浮动。形状公差的公差带位置随着被测要素在尺寸公差范围内浮动，方向公差的公差带位置与被测要素相对于基准的尺寸公差有关，位置公差的公差带位置是固定的。

二、形位公差的标注

在技术图样上,几何公差一般采用代号标注,但是当图样上无法采用代号标注时,允许采用文字说明,文字说明应做到内容完整,不产生误解。

(一) 形位公差的代号和基准符号

1. 形位公差的代号

形位公差代号包括公差框格、指引线、公差特征符号、公差值、基准和其他有关符号。

公差框格由两格或多格组成,框格内容包括公差特征符号、公差值、基准等。

(1) 公差特征符号　根据零件的工作性能要求规定的符号称为公差特征符号,由设计者从表 6-2-1 中选定。

(2) 公差值　公差值采用线性值,以 mm 为单位表示。如果公差带是圆形或圆柱形的,则在公差值前面加注 ϕ;如果是球形的,则在公差值前面加注 $S\phi$。

2. 基　准

基准是指相对于被测要素的方向和位置,由基准字母表示。为了不引起误解,字母 E、I、J、M、O、P、L、R、F 均不采用。

(1) 在框格中基准符号的标注。

1) 单一基准符号用拉丁字母表示,如图 6-2-3(a)所示。

2) 由两个字母组成的公共基准,用由横线隔开的两个大写拉丁字母表示,如图 6-2-3(b)所示。

3) 由两个或两个以上要素组成的基准体系,如多基准组合,表示基准的大写字母应按基准的优先次序从左至右分别置于各格中,如图 6-2-3(c)所示。

(2) 基准符号在基准要素上的标注　与被测要素相关的基准用一个大写字母表示。字母标注在基准方格内,与一个涂黑的或空白的三角形相连以表示基准。如图 6-2-4 所示,涂黑的和空白的基准三角形含义相同。

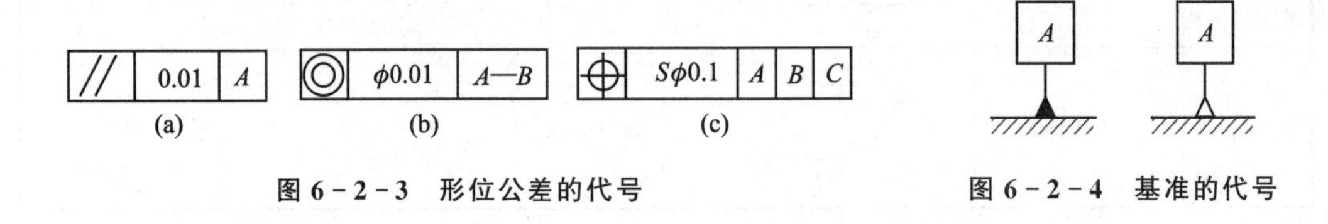

图 6-2-3　形位公差的代号　　图 6-2-4　基准的代号

(二) 被测要素的标注方法

用带箭头的指引线将被测要素与公差框格的一端相连,指引线用细实线表示,可从公差框格左端或右端引出,指引线引出时必须垂直于公差框格,指引线的箭头应指向被测要素公差带的宽度或直径方向。

标注时应注意以下几方面:

(1) 形位公差框格应水平或垂直地绘制。

(2) 指引线原则上从框格一端的中间位置引出。

(3) 被测要素是组成要素时,指引线的箭头应指在该要素的轮廓线或其延长线上,并应明显地与尺寸线分开,箭头也可指向引出线,引出线引自被测面,如图 6-2-5 所示。

(4) 被测要素是导出要素时,指引线的箭头应与确定该要素的轮廓尺寸线对齐,如图 6-2-6 所示。

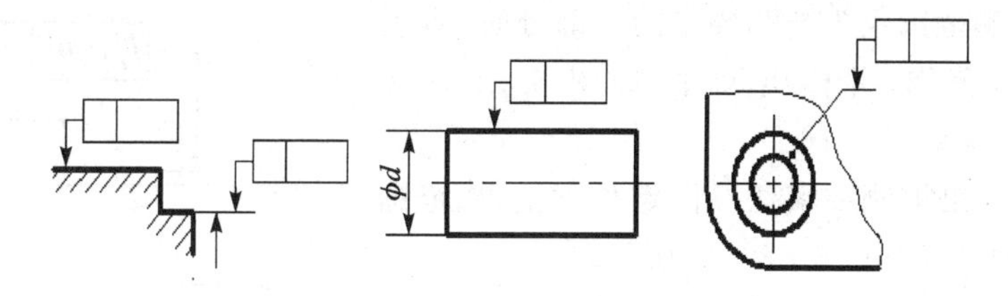

图 6-2-5　被测要素为组成要素时的标注

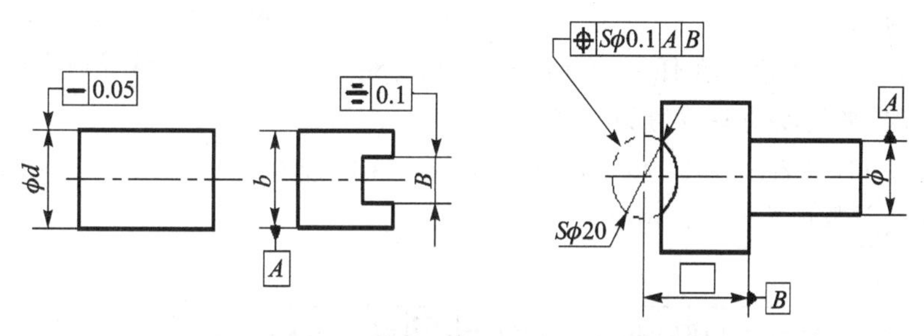

图 6-2-6　被测要素为导出要素时的标注

(5) 当同一被测要素有多项形位公差要求，且测量方向相同时，可将这些框格绘制在一起，并共用一根指引线，如图 6-2-7 所示。

(6) 当多个被测要素有相同的形位公差要求时，可从框格引出的指引线上绘制多个指示箭头，并分别与各被测要素相连，如图 6-2-8 所示。

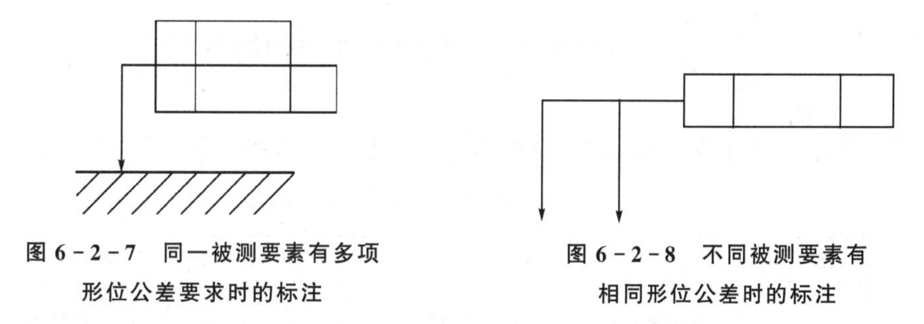

图 6-2-7　同一被测要素有多项形位公差要求时的标注

图 6-2-8　不同被测要素有相同形位公差时的标注

(7) 公差框格中所标注的形位公差有其他附加要求时，可在公差框格的上方或下方附加文字说明。被测要素数量的说明应写在公差框格的上方，如图 6-2-9(a)所示；解释性说明应写在公差框格的下方，如图 6-2-9(b)所示。

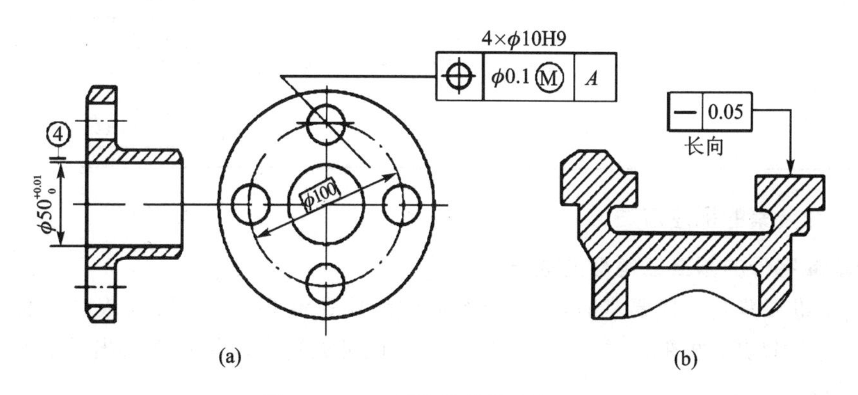

图 6-2-9　形位公差的附加说明

(8) 如果被测范围仅为被测要素的一部分时,应用粗点画线画出该范围,并标出尺寸,如图 6-2-10 所示。

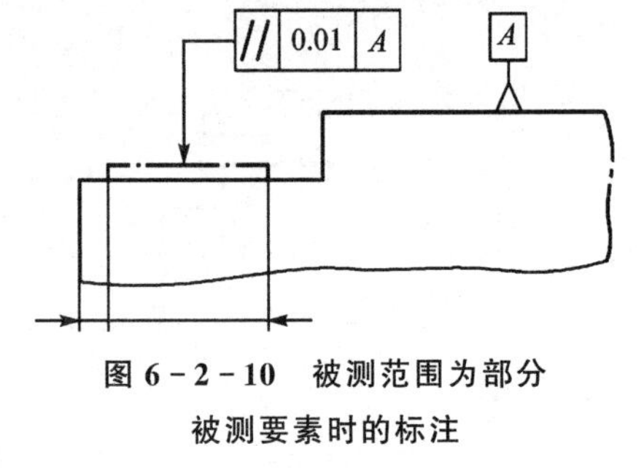

图 6-2-10 被测范围为部分被测要素时的标注

(9) 如果须给出被测要素任一固定长度上(或范围内)的公差值,标注方法如图 6-2-11 所示。

1) 图 6-2-11(a)表示在任一 100 mm 长度上的直线度公差值为 0.02 mm。

2) 图 6-2-11(b) 表示在任一 100 mm×100 mm 的正方形面积内,平面度公差数值为0.05 mm。

3)图 6-2-11(c)表示在 1 000 mm 全长上的直线度公差为 0.05 mm;在任一 200 mm 长度上的直线度公差数值为 0.02 mm。

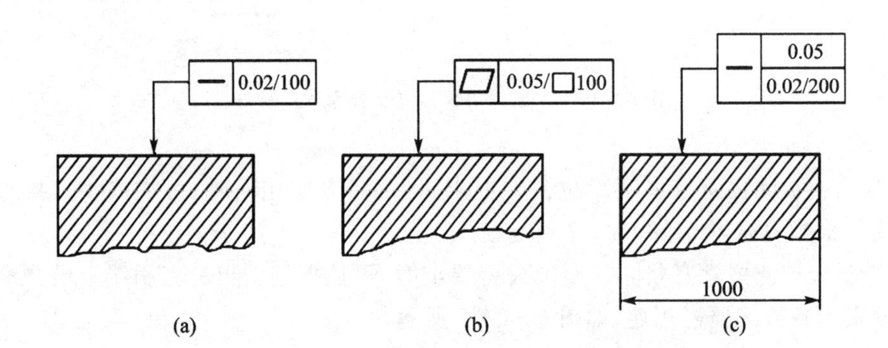

图 6-2-11 公差值有附加说明时的标注

(10) 形位公差有附加要求时,应在相应的公差数值后加注有关符号,如表 6-2-3 所列。

表 6-2-3 形位公差附加符号

符 号	解 释	标注示例
(+)	若被测要素有误差,则只允许中间向材料外凸起	– | 0.01(+)
(−)	若被测要素有误差,则只允许中间向材料内凹下	▱ | 0.05(−)
(▷)	若被测要素有误差,则只允许按符号的小端方向逐渐缩小	⌭ | 0.05(◁) // | 0.05(▷) | A

(三) 基准要素的标注方法

1. 带基准字母的基准三角形的放置

(1) 当基准要素是组成要素时,基准符号的连线应在该要素的轮廓线或其延长线上,并应明显地与尺寸线错开,如图 6-2-12(a)、(b)所示;也可放置在该轮廓面引出线的水平线上,如图 6-2-12(c)所示。

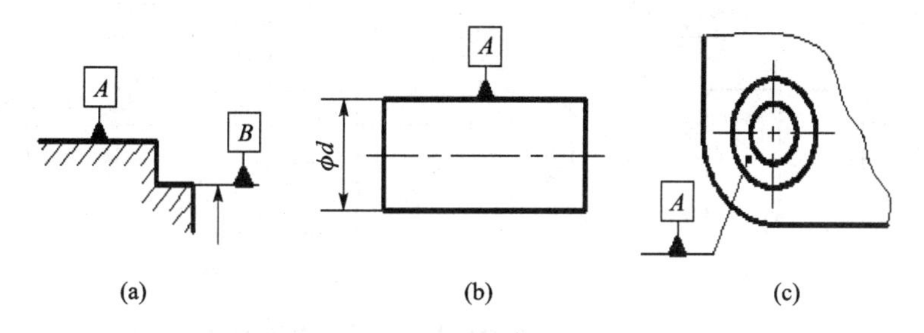

图 6-2-12 基准要素为组成要素时的标注

(2) 基准要素为导出要素时，基准符号的连线应与确定该要素轮廓的尺寸线对齐，如图 6-2-13 所示。

2. 要素的某一局部作基准

如果只以要素的某一局部作为基准，则应用粗点画线表示出该部分，并加注尺寸，如图 6-2-14 所示。

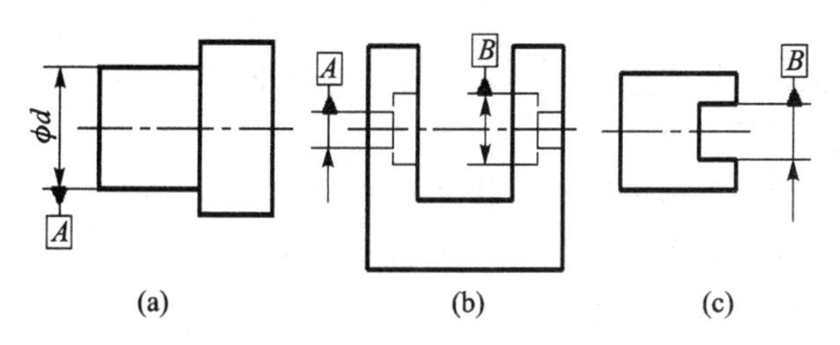

图 6-2-13 基础要素为导出要素时的标注

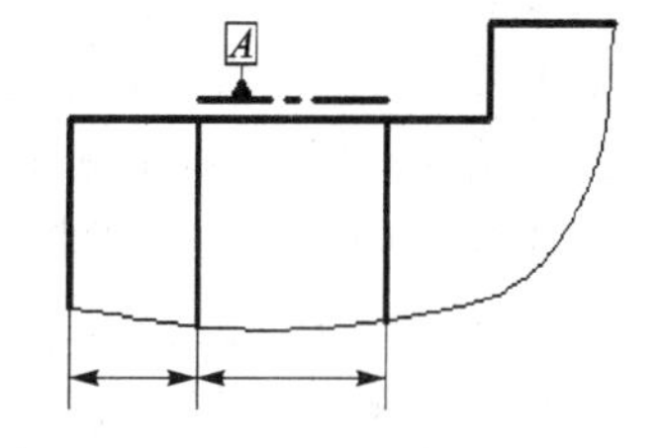

图 6-2-14 要素的某一局部作基准

3. 公共基准和基准体系的标注

以两个要素建立公共基准时，标注如图 6-2-15(a)所示，以多个基准建立基准体系时，标注如图 6-2-15(b)所示。

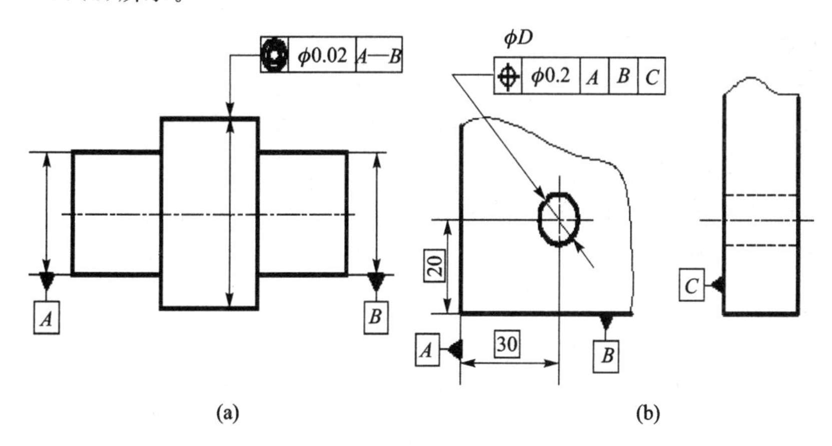

图 6-2-15 公共基准和基准体系的标注

当轴类零件以两端中心孔工作锥面的公共轴线作为基准面时，可采用图 6-2-16 所示的标注方法，其中图(a)所示为两端中心孔参数不同时的标注；图(b)所示为两端中心孔参数相同时的标注。

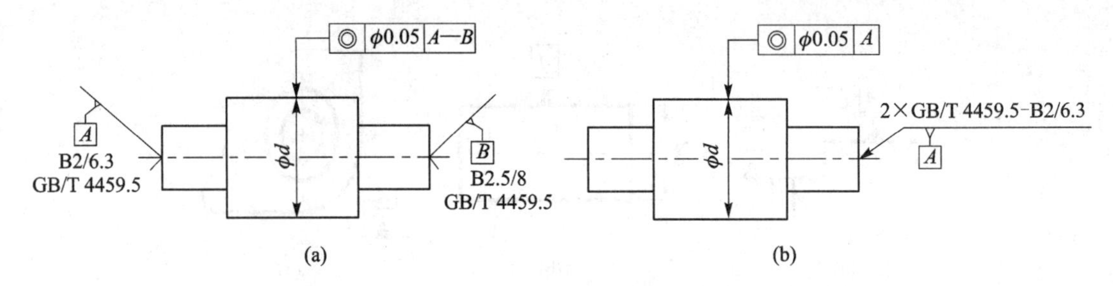

图 6-2-16 以中心孔的公共轴线作为基准时的标注

三、形位公差项目的应用和解读

(一) 形状公差

形状公差是单一实际被测要素相对其理想要素的允许变动量,形状公差带是单一实际被测要素允许变动的区域。形状公差有直线度、平面度、圆度、圆柱度 4 个项目。

1. 直线度

直线度用于限制平面内或空间直线的形状误差。根据零件的功能要求不同,可分别提出给定平面内、给定方向上和任意方向的直线度要求。

1) 在给定平面内　其公差带是距离为公差值的两平行线之间的区域。

2) 在给定方向上　其公差带是距离为公差值的两平行平面之间的距离。

3) 在任意方向上　其公差带是直径为公差值的圆柱面内的区域。

2. 平面度

平面度用于限制实际平面相对于理想平面的变动。其公差带是距离为公差值的两平行平面之间的区域。

3. 圆　度

圆度用于限制实际圆相对于理想圆的变动。其公差带是在同一正截面上,半径差为公差值的两同心圆之间的区域。

4. 圆柱度

圆柱度用于限制实际圆柱面相对于理想圆柱面的变动。其公差带是半径差为公差值的两同轴圆柱面之间的区域。

形状公差各项目的定义、标注和解释详如表 6-2-4 所列。

(二) 形状和位置公差

1. 线轮廓度

线轮廓度是用来限制实际平面曲线相对其理想曲线的变动。其公差带是包络一系列直径为公差值的圆的两包络线之间的区域,其各圆的圆心位于具有理论正确几何形状曲线上。

2. 面轮廓度

面轮廓度是用来限制实际曲面对其理想曲面的变动。其公差带是包络一系列直径为公差值的球的两包络面之间的区域,其各球的球心应位于具有理论正确几何形状的面上。

形状和位置公差的定义、标注和解释如表 6-2-5 所列。

表 6-2-4　形状公差(摘自 GB/T 1182—2008)

mm

符　号	公差带的定义	标注及解释
—	公差带为给定平面内和给定方向上，间距等于公差值 t 的两平行直线所限定的区域 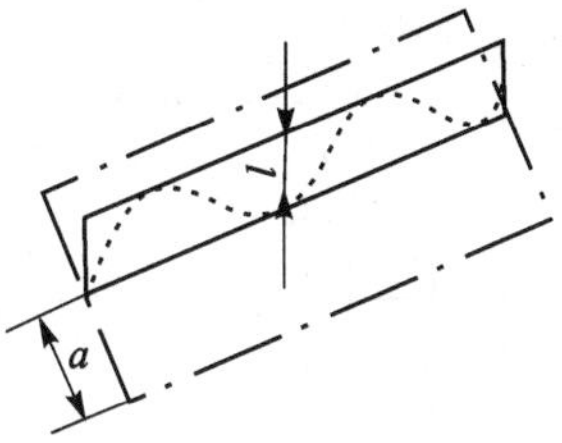 a—任一距离	在任一平行于图示投影面内，上平面的提取（实际）线应限定在间距等于 0.1 的两平行直线之间 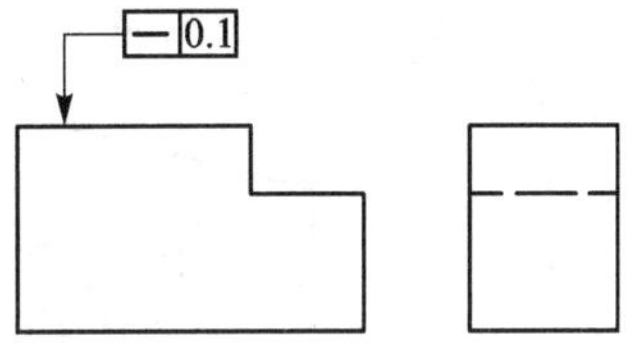 — 0.1
	公差带为间距等于公差值 t 的两平行平面所限定的区域 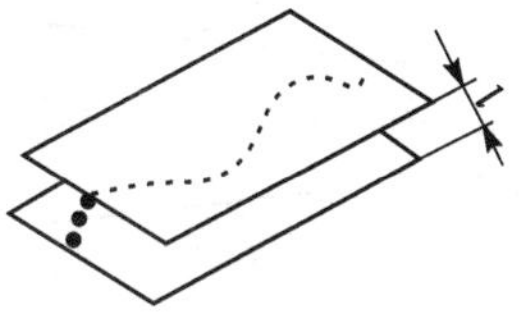	提取（实际）的棱边应限定在间距等于 0.1 的两平行平面之间 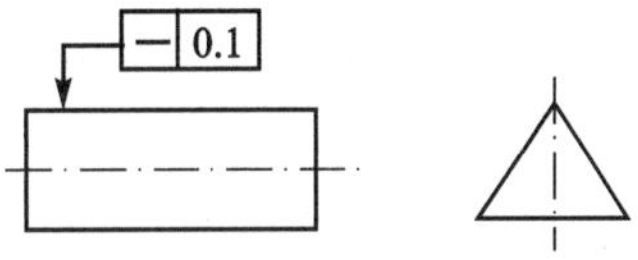 — 0.1
	由于公差值前加注了符号 ϕ，公差带直径等于公差值 ϕt 的圆柱面所限定的区域 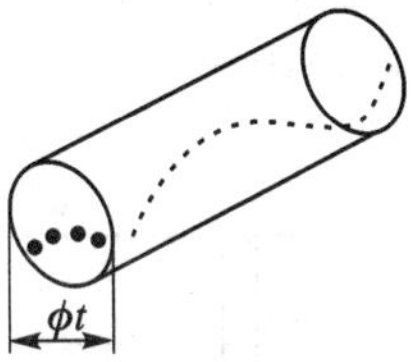 ϕt	外圆柱面的提取（实际）中心线应限定在直径等于 ϕ0.08 的圆柱面内 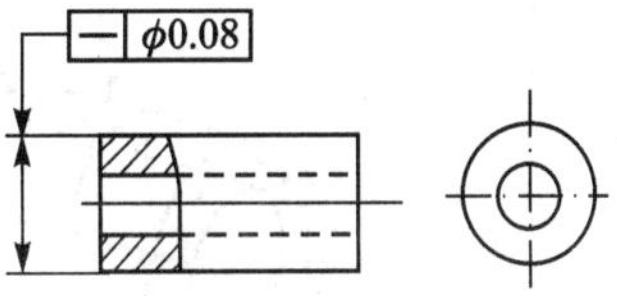 — ϕ0.08
▱	公差带为间距等于公差值 t 的两平行平面所限定的区域 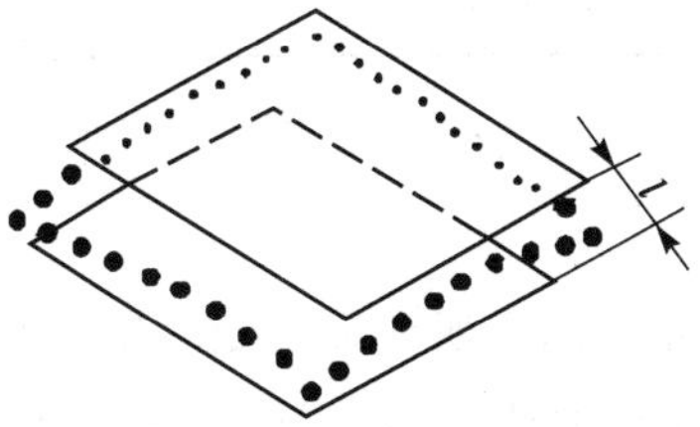	提取（实际）表面应限定在间距等于 0.08 的两平行平面之间 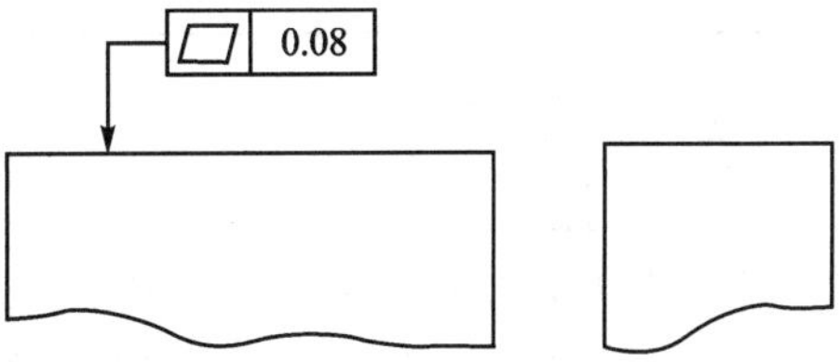 ▱ 0.08

续表 6-2-4

符　号	公差带的定义	标注及解释
○	公差带为在给定横截面内,半径等于公差值 t 的两同心圆所限定的区域 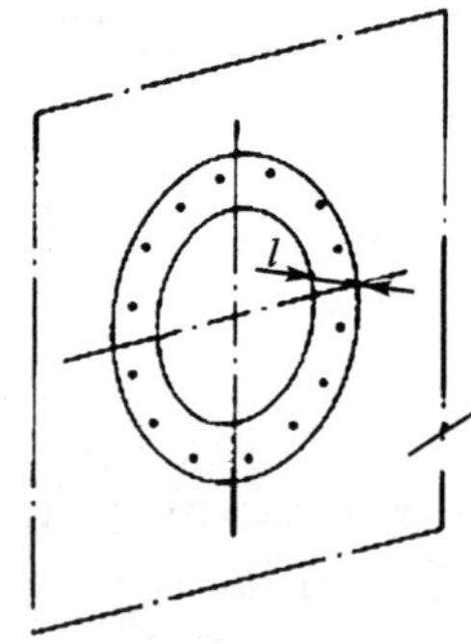 a—任一横截面	在圆柱面和圆锥面的任意横截面内,提取(实际)圆周应限定在半径差等于 0.03 的两共面同心圆之间 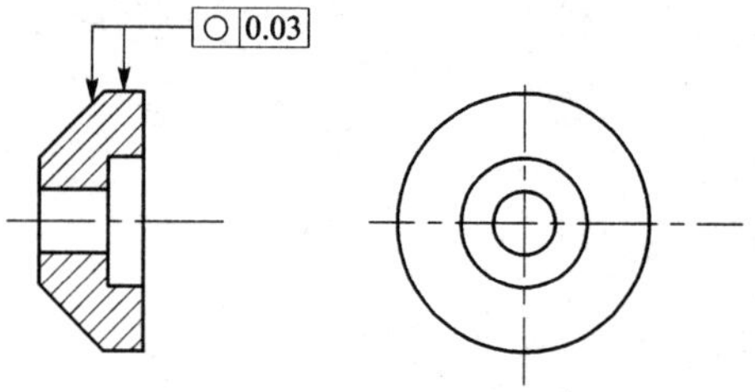 在圆锥面的任意横截面内,提取(实际)圆周应限定在半径差等于 0.1 的两同心圆之间 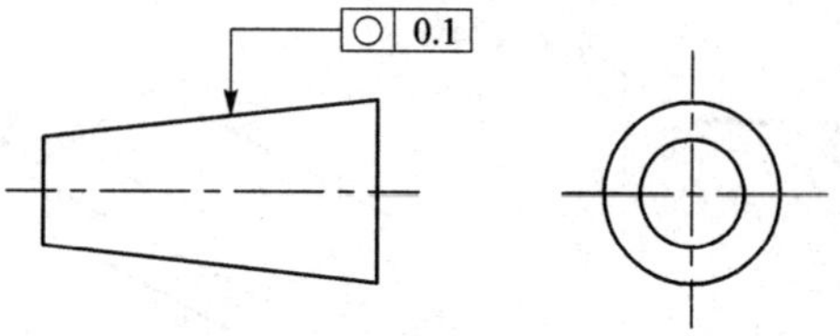
⌭	公差带为半径差等于公差值 t 的两同轴圆柱面所限定的区域 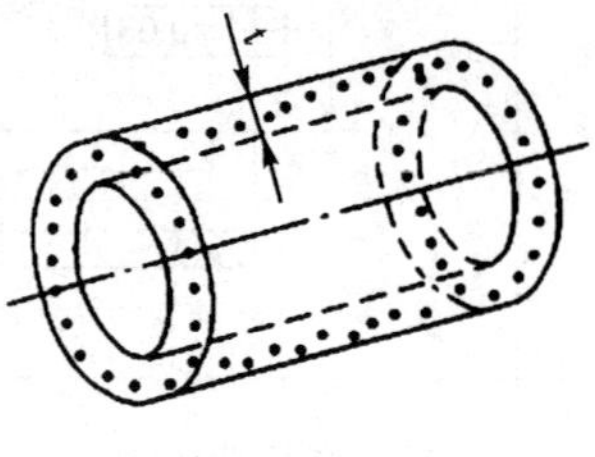	提取(实际)圆柱面应限定在半径等于 0.1 的两同轴圆柱面之间 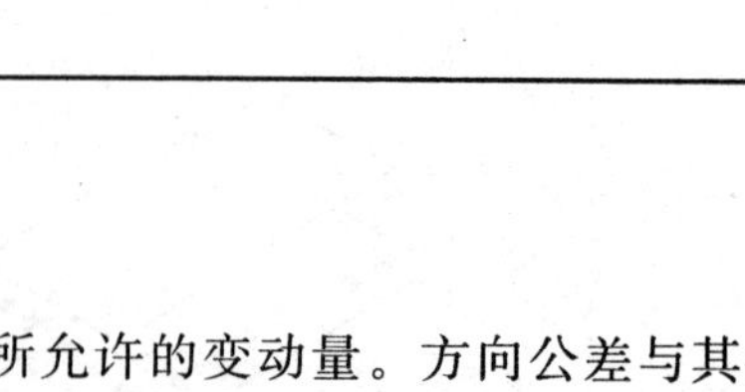

(三) 位置公差

1. 方向公差

方向公差是关联被测要素对基准要素在规定方向上所允许的变动量。方向公差与其他形位公差相比有其明显的特点:方向公差相对于基准有确定的方向,并且公差带的位置可以浮动;方向公差带还具有综合控制被测要素的方向和形状的职能。方向公差分为平行度、垂直度、倾斜度 3 个项目。

(1) 平行度　平行度用于限制被测要素相对基准要素平行的误差。

1) 在给定一个方向的平行度要求时,其公差带是距离为公差值且平行于基准线(或平面)、位于给定方向上的两平行平面之间的区域。

表 6-2-5　轮廓公差(摘自 GB/T 1182—2008)

mm

<table>
<tr><th>符　号</th><th>公差带的定义</th><th>标注及解释</th></tr>
<tr><td rowspan="4">⌒</td><td colspan="2">无基准的线轮廓度公差</td></tr>
<tr><td>公差带为直径等于公差值 t、圆心位于具有理论正确几何形状上的一系列圆的两包络线所限定的区域
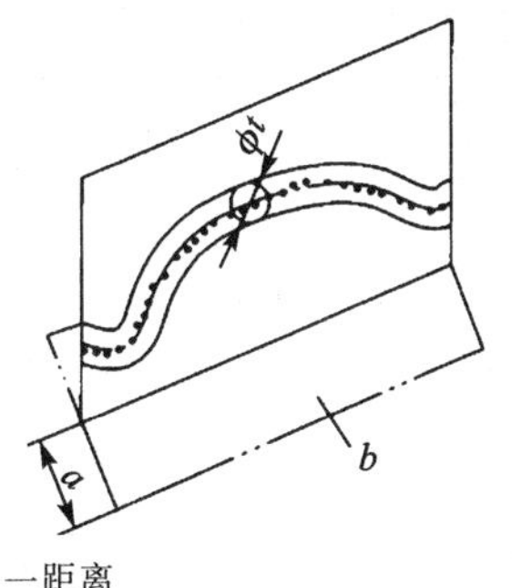
a—任一距离
b—垂直于右面视图所在平面</td><td>在任一平行于图示投影面的截面内,提取(实际)轮廓线应限定在直径等于 0.04、圆心位于被测要素理论正确几何形状上的一系列圆的两包络线之间
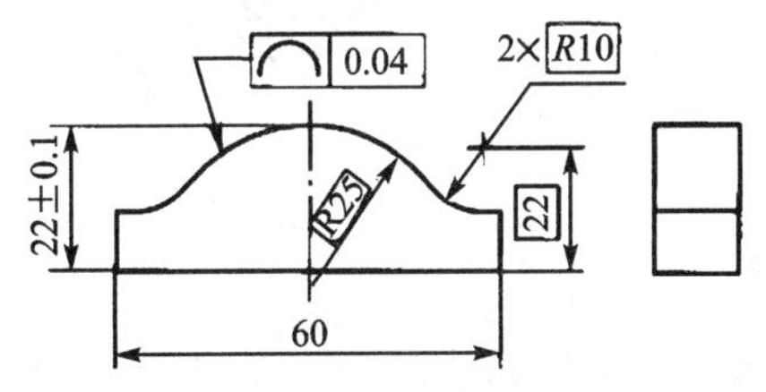</td></tr>
<tr><td colspan="2">相对于基准体系的线轮廓度公差</td></tr>
<tr><td>公差带为直径等于公差值 t、圆心位于由基准平面 A 和基准平面 B 确定的被测要素理论正确几何形状上的一系列圆的两包络线所限定的区域
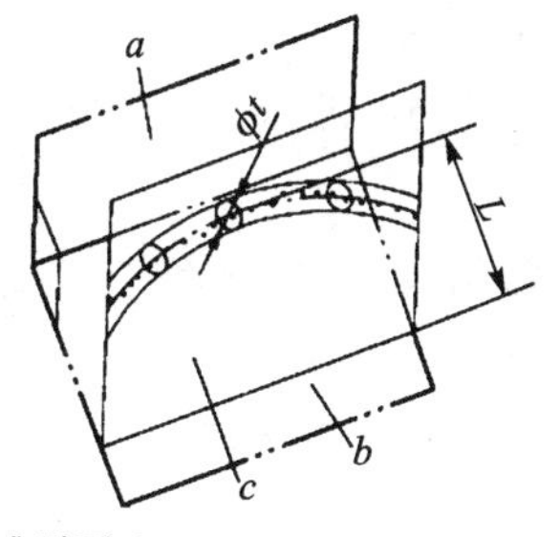
a—基准平面 A
b—基准平面 B
c—基准平面 C</td><td>在任一平行于图示投影面的截面内,提取(实际)轮廓线应限定在直径等于 0.04、圆心位于由基准平面 A 和基准平面 B 确定的被测要素理论正确几何形状上的一系列圆的两包络线之间
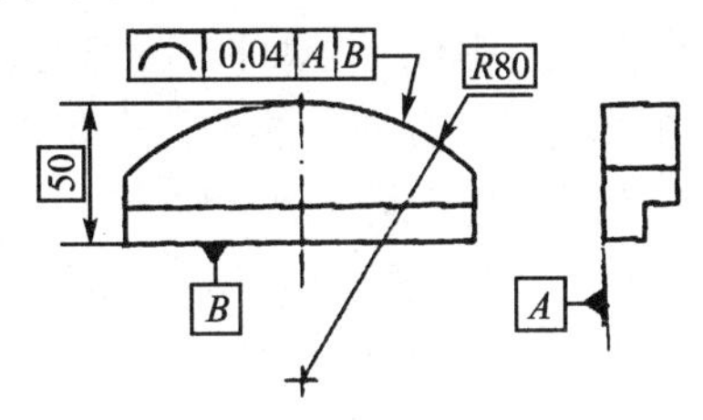</td></tr>
</table>

续表 6-2-5

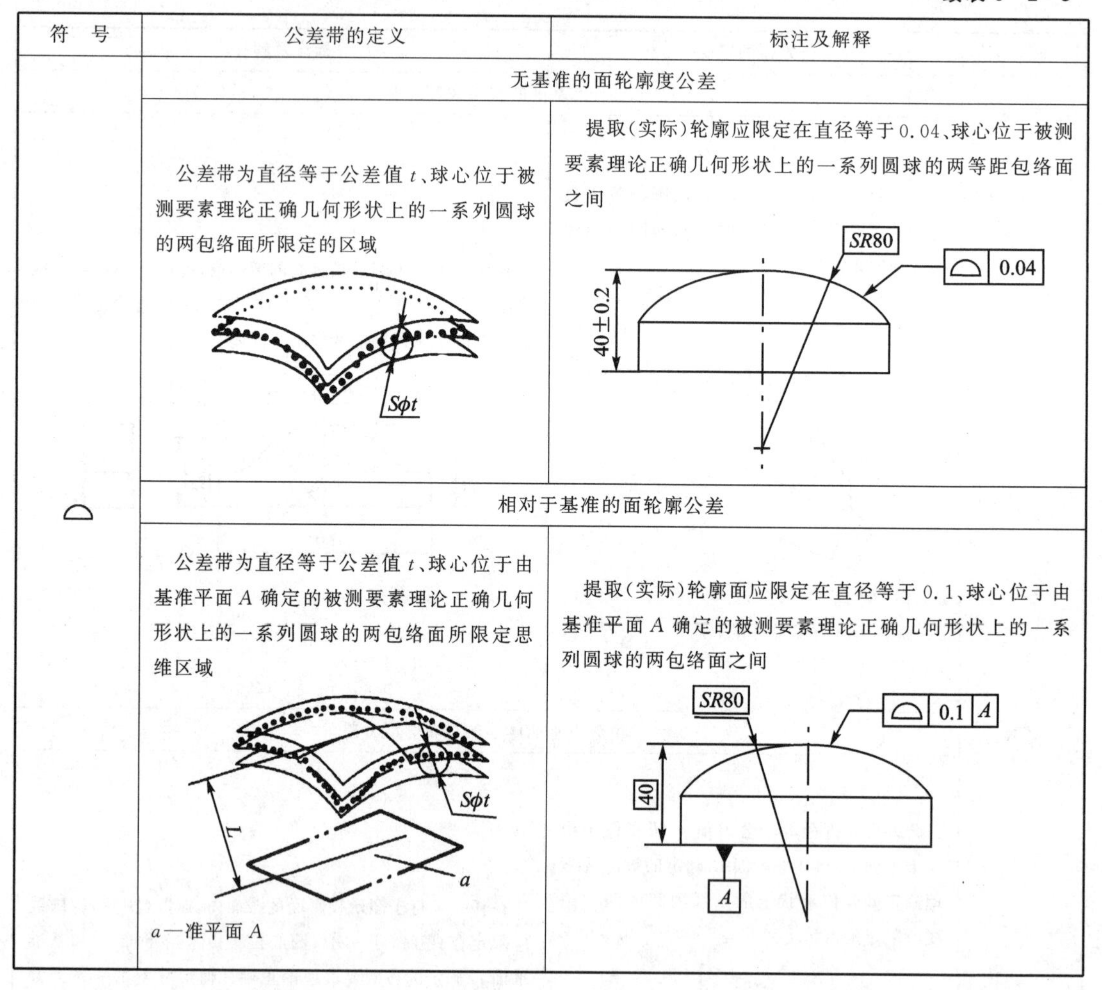

符　号	公差带的定义	标注及解释
⌓	无基准的面轮廓度公差	
	公差带为直径等于公差值 t、球心位于被测要素理论正确几何形状上的一系列圆球的两包络面所限定的区域	提取(实际)轮廓应限定在直径等于0.04、球心位于被测要素理论正确几何形状上的一系列圆球的两等距包络面之间
	相对于基准的面轮廓公差	
	公差带为直径等于公差值 t、球心位于由基准平面 A 确定的被测要素理论正确几何形状上的一系列圆球的两包络面所限定思维区域 a—准平面 A	提取(实际)轮廓面应限定在直径等于0.1、球心位于由基准平面 A 确定的被测要素理论正确几何形状上的一系列圆球的两包络面之间

2) 在给定相互垂直的两个方向的平行度要求时,其公差带为两对相互垂直的距离分别为公差值且平行于基准线的两平行平面之间的区域。

3) 在给定任意方向上的平行度要求时,在公差值前加注 ϕ,其公差带是直径为公差值且平行于基准线的圆柱面内的区域。

(2) 垂直度　垂直度用于限制被测要素对基准要素垂直的误差。

1) 在给定一个方向的垂直度要求时,其公差带是距离为公差值且垂直于基准面(或直线、轴线)的两平行平面之间的区域。

2) 给定相互垂直两个方向的垂直度要求时,其公差带是相互垂直的距离分别为公差值且垂直于基准面的两对平行平面之间的区域。

3) 给定任意方向垂直度要求时,在公差值前加注 ϕ,其公差带是直径为公差值且垂直于基准面的圆柱面内的区域。

(3) 倾斜度　倾斜度用于限制被测要素对基准要素成一定角度的误差。

1) 给定一个方向的倾斜度要求时:

① 被测线和基准线在同一平面内,其公差带是距离为公差值且与基准线成一定角度的两平行平面之间的区域。

② 被测线与基准线不在同一平面内，其公差带是距离为公差值且与基准成一定角度的两平行平面之间的区域。被测线应投影到包含基准轴线并平行于被测轴线的平面上，公差带是相对于投影到该平面的线而言。

2）给定任意方向的倾斜度要求时，在公差值前加 ϕ，其公差带是直径为公差值的圆柱面内的区域，该圆柱面的轴线应与基准平面成一定的角度并平行于另一基准平面。

方向公差各项目的定义、标注和解释如表 6－2－6 所列。

表 6－2－6　方向公差(摘自 GB/T 1182—2008)

mm

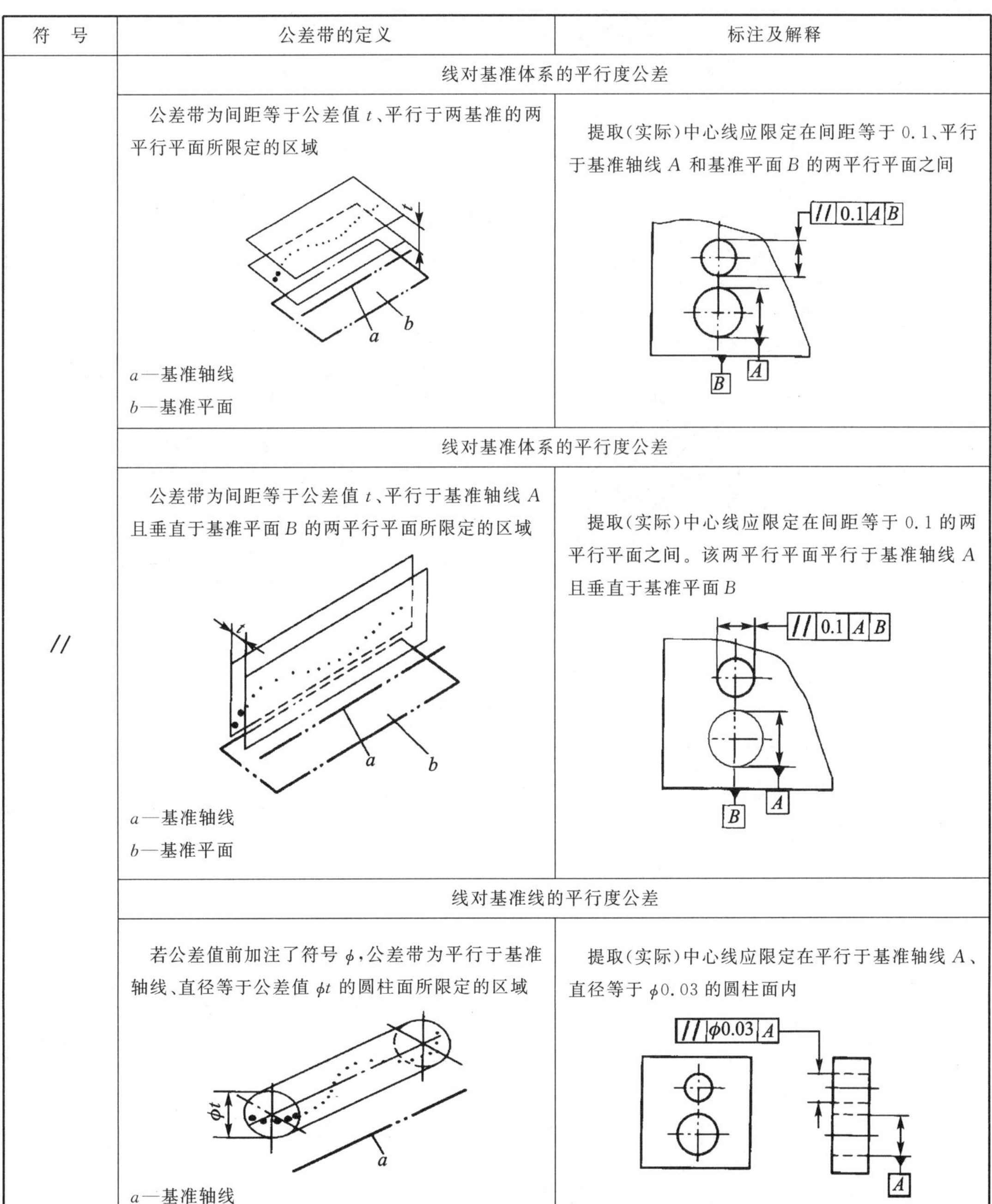

符　号	公差带的定义	标注及解释
//	线对基准体系的平行度公差	
	公差带为间距等于公差值 t、平行于两基准的两平行平面所限定的区域 a—基准轴线 b—基准平面	提取(实际)中心线应限定在间距等于 0.1、平行于基准轴线 A 和基准平面 B 的两平行平面之间
	线对基准体系的平行度公差	
	公差带为间距等于公差值 t、平行于基准轴线 A 且垂直于基准平面 B 的两平行平面所限定的区域 a—基准轴线 b—基准平面	提取(实际)中心线应限定在间距等于 0.1 的两平行平面之间。该两平行平面平行于基准轴线 A 且垂直于基准平面 B
	线对基准线的平行度公差	
	若公差值前加注了符号 ϕ，公差带为平行于基准轴线、直径等于公差值 ϕt 的圆柱面所限定的区域 a—基准轴线	提取(实际)中心线应限定在平行于基准轴线 A、直径等于 $\phi0.03$ 的圆柱面内

续表 6-2-6

<table>
<tr><th>符　号</th><th>公差带的定义</th><th>标注及解释</th></tr>
<tr><td rowspan="6">//</td><td colspan="2">线对基准面的平行度公差</td></tr>
<tr><td>公差带为平行于基准平面、间距等于公差值 t 的两平行平面所限定的区域 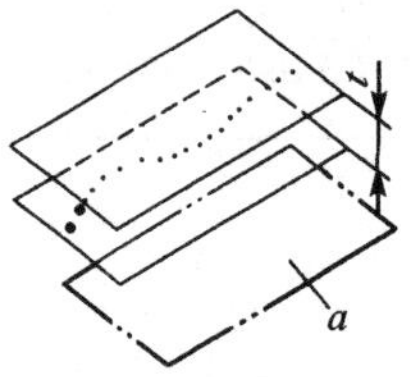
a—基准平面</td><td>提取(实际)中心线应限定在平行于基准轴线 A、直径等于 ϕ0.01 的圆柱面内 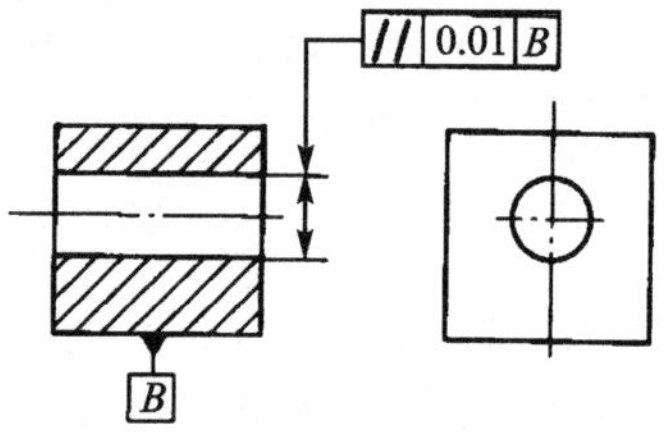</td></tr>
<tr><td colspan="2">线对基准体系的平行度公差</td></tr>
<tr><td>公差带为间距等于公差值 t 的两平行直线所限定的区域,该两平行直线平行于基准平面 A 且处于平行于基准平面 B 的平面内 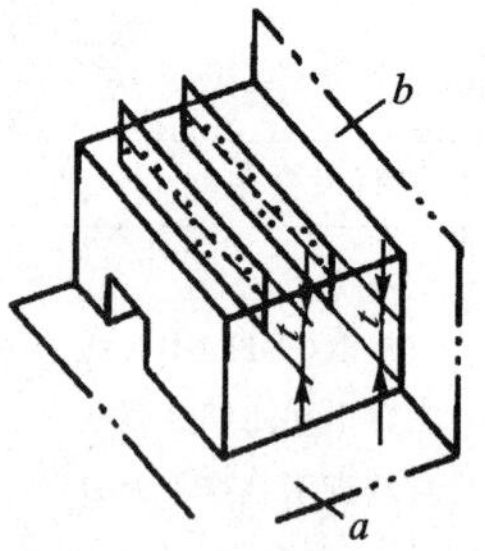
a—基准平面 A
b—基准平面 B</td><td>提取(实际)线应限定在间距等于 0.02 的两平行直线之间,该两平行直线平行于基准平面 A 且处于平行于基准平面 B 的平面内 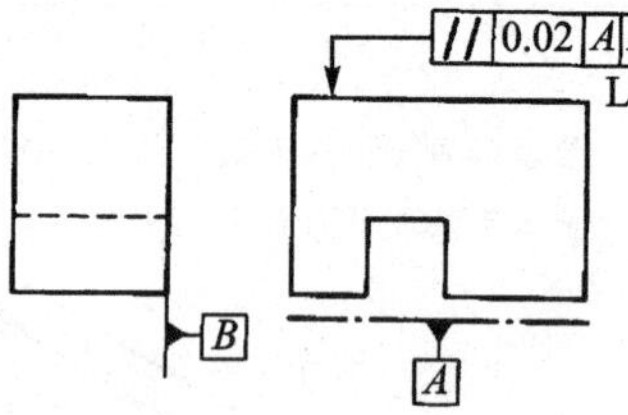</td></tr>
<tr><td colspan="2">面对基准线的平行度公差</td></tr>
<tr><td>公差带为间距等于公差值 t、平行于基准轴线的两平行平面所限定的区域 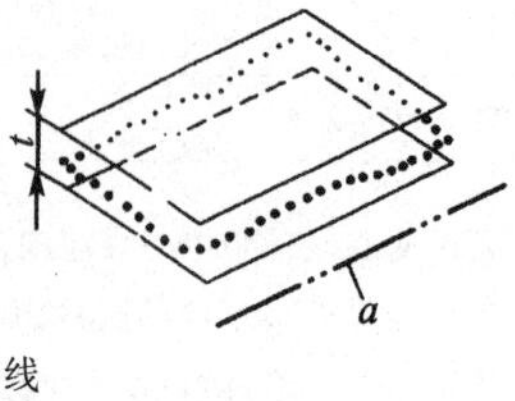
a—基准轴线</td><td>提取(实际)表面应限定在间距等于 0.1、平行于基准轴线 C 的两平行平面之间 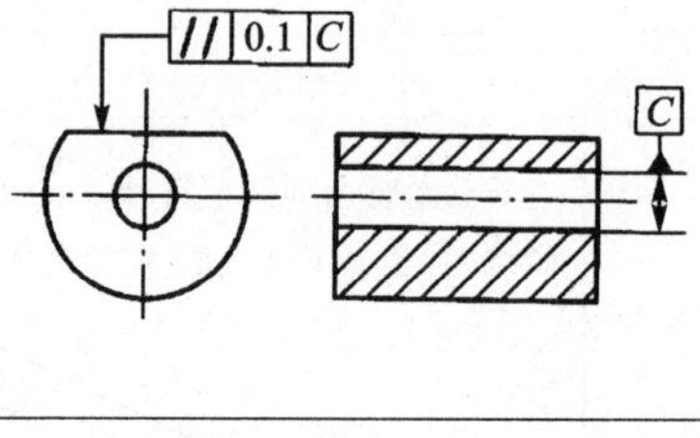</td></tr>
</table>

续表 6-2-6

<table>
<tr><th>符　号</th><th>公差带的定义</th><th>标注及解释</th></tr>
<tr><td rowspan="2">//</td><td colspan="2">面对基准线的平行度公差</td></tr>
<tr><td>公差带为间距等于公差值 t、平行于基准平面的两平行平面所限定的区域 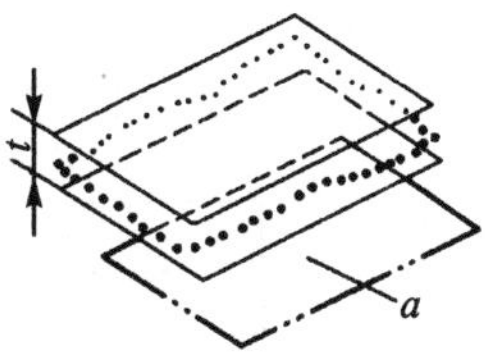
a—基准平面</td><td>提取(实际)表面应限定在间距等于 0.01、平行于基准线 D 的两平行平面之间 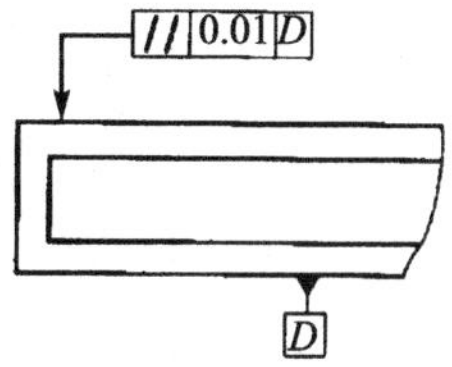</td></tr>
<tr><td rowspan="6">⊥</td><td colspan="2">线对基准线的垂直度公差</td></tr>
<tr><td>公差带为间距等于公差值 t、垂直于基准线的两平行平面所限定的区域 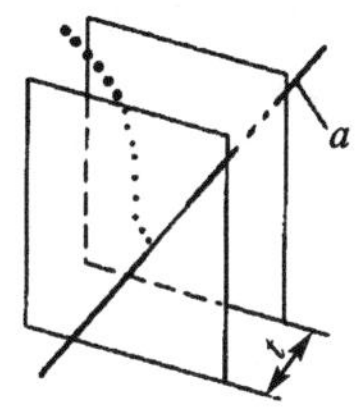
a—基准平面</td><td>提取(实际)中心线应限定在间距等于 0.06、垂直于基准轴线 A 的两平行平面之间 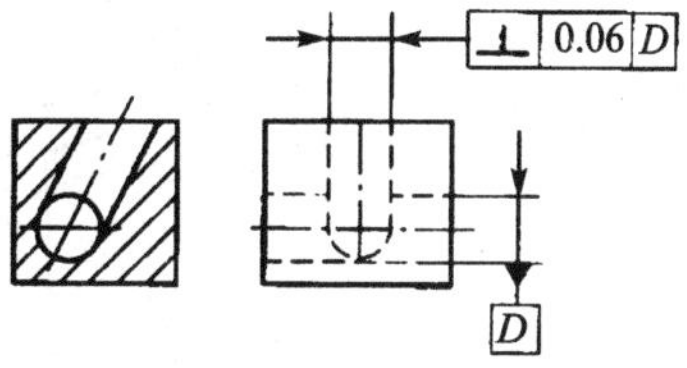</td></tr>
<tr><td colspan="2">线对基准体系的垂直度公差</td></tr>
<tr><td>公差带为间距等于 t 的两平行平面所限定的区域。该两平行平面垂直于基准平面 A 且平行于基准平面 B 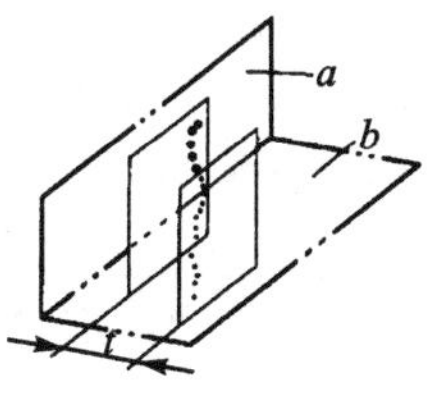
a—基准平面 A
b—基准平面 B</td><td>圆柱面的提取(实际)中心线应限定在间距等于 0.1 的两平行平面之间。该两平行平面垂直于基准平面 A,且平行于基准平面 B 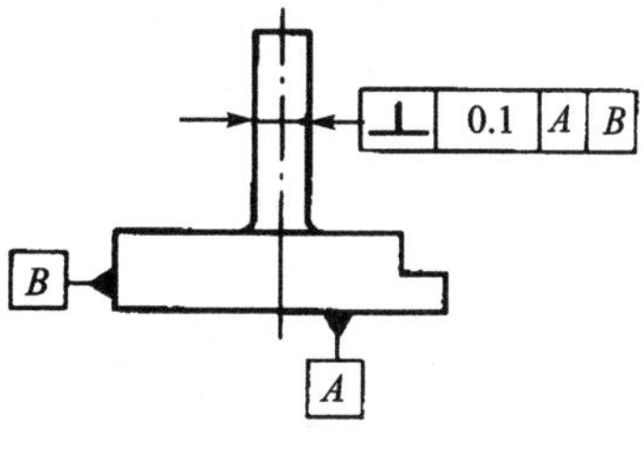</td></tr>
<tr><td colspan="2">线对基准面的垂直度公差</td></tr>
<tr><td>若公差值前加注了符号 ϕ,公差带为直径等于公差 ϕt、轴线垂直于基准平面的圆柱面所限制 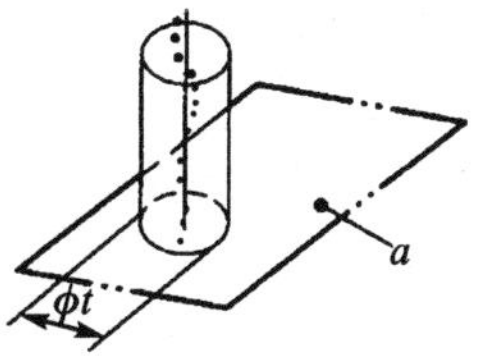
a—基准轴线</td><td>圆柱面的提取(实际)中心线应限定在直径等于 ϕ0.01、垂直于基准平面 A 的圆柱面内 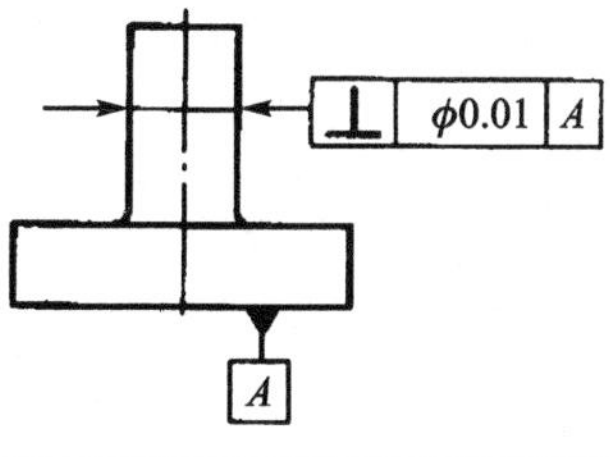</td></tr>
</table>

续表 6-2-6

符　号	公差带的定义	标注及解释
⊥	面对基准线的垂直度公差	
	公差带为间距等于公差值 t 且垂直于基准轴线的两平行平面所限定的区域 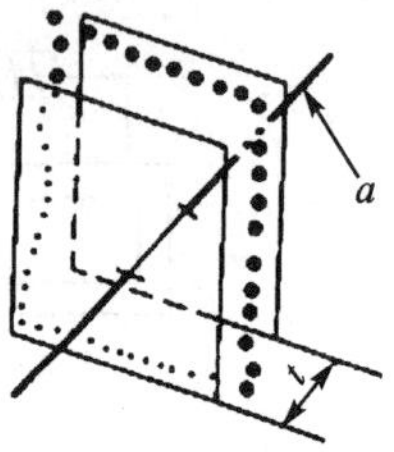 a—基准轴线	提取(实际)表面应限定在间距等于0.04的两平行平面之间。该两平行平面垂直于基准轴线 A 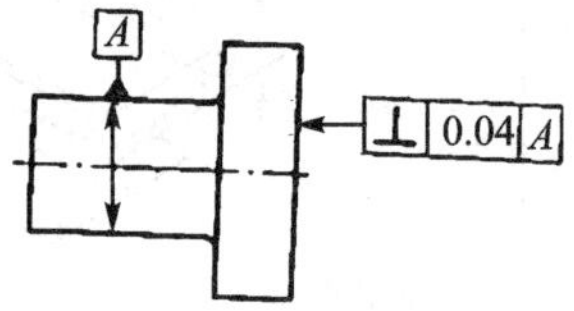
	面对基准面的垂直度公差	
	公差带为间距等于公差值 t、垂直于基准平面的两平行平面所限定的区域 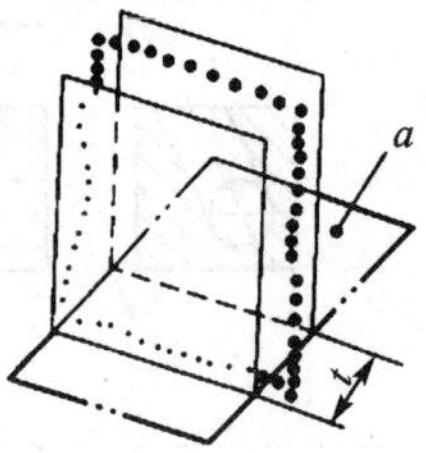 a—基准平面	提取(实际)表面应限定在间距等于0.08、垂直于基准平面 A 的两平行平面之间 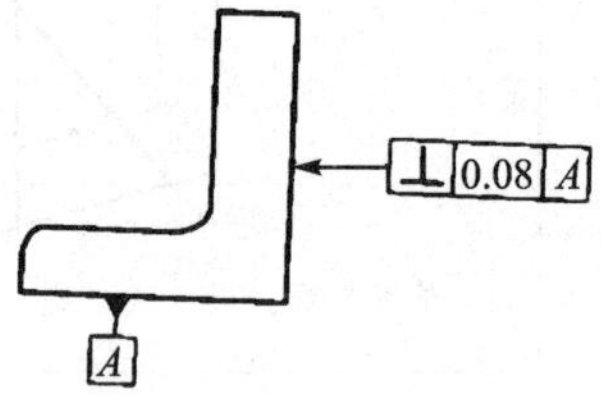
	线对基准线的倾斜度公差	
	a)被测线与基准线在同一平面上 公差带为间距等于公差值 t 的两平行平面所限定的区域。该两平行平面按给定角度倾斜于基准轴线 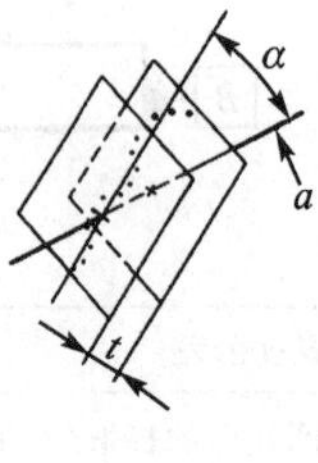 a—基准轴线	提取(实际)中心线应限定在间距等于0.08的两平行平面之间。该两平行平面按理论正确角度60°倾斜于基准轴线 $A—B$ 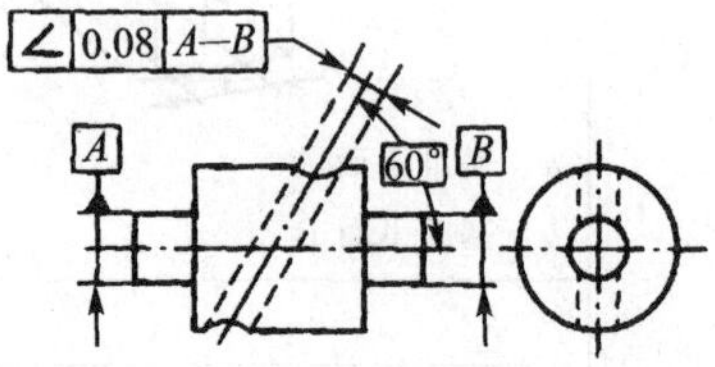

续表 6-2-6

符　号	公差带的定义	标注及解释
	b)被测线与基准线不在同一平面内 公差带为间距等于公差值 t 的两平行平面所限定的区域。该两平行平面按给定角度倾斜于基准轴线 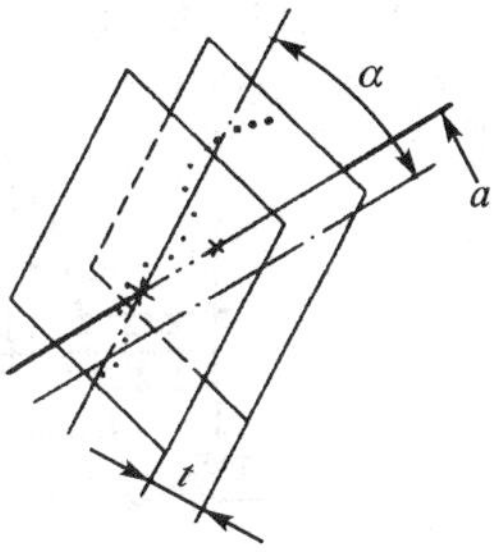 a—基准轴线	提取(实际)中心线应限定在间距等于 0.08 的两平行平面之间。该两平行平面按理论正确角度 60°倾斜于基准轴线 A—B 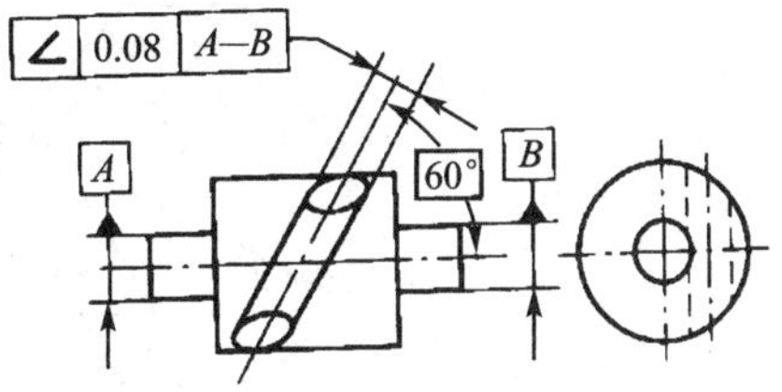
	线对基准面的倾斜度公差	
∠	公差带为间距等于公差值 t 的两平行平面所限定的区域。该两平行平面按给定的角度倾斜于基准平面 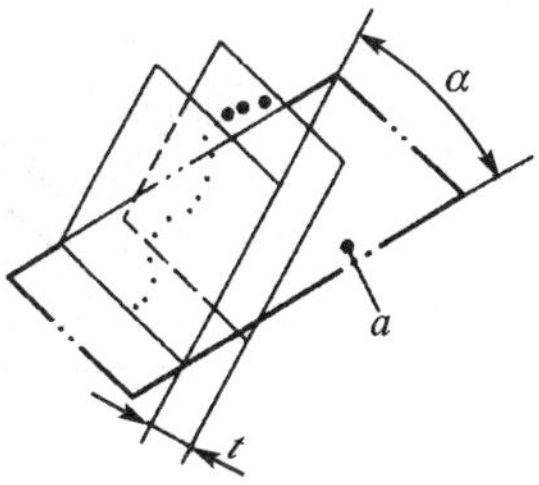 a—基准平面	提取(实际)中心线应限定在间距等于 0.08 的两平行平面之间。该两平行平面按理论正确角度 倾斜于基准平面 A 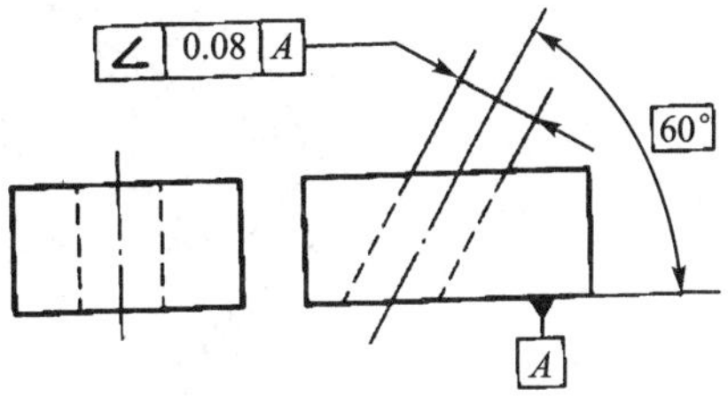
	公差值前加注符号 Φ,公差带为直径等于公差值 ϕt 的圆柱面所限定的区域。该圆柱面按给定角度倾斜于基准平面 A 且平行于基准平面 B 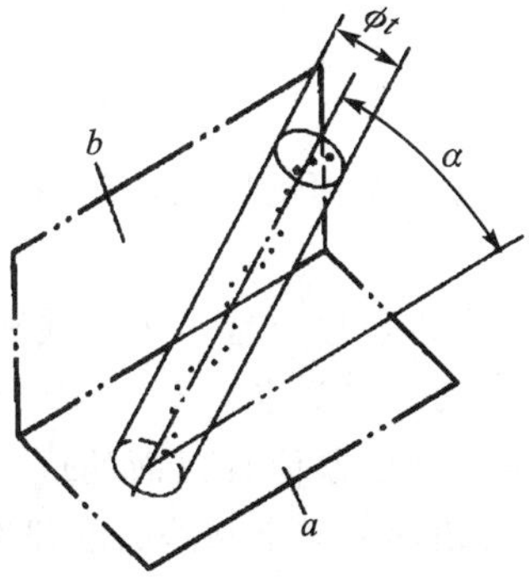 a—基准平面 A b—基准平面 B	提取(实际)中心线应限定在直径等于 Φ0.1 的圆柱面内。该圆柱面的中心线按理论正确角度 60°倾斜于基准平面 A 且平行于基准平面 B 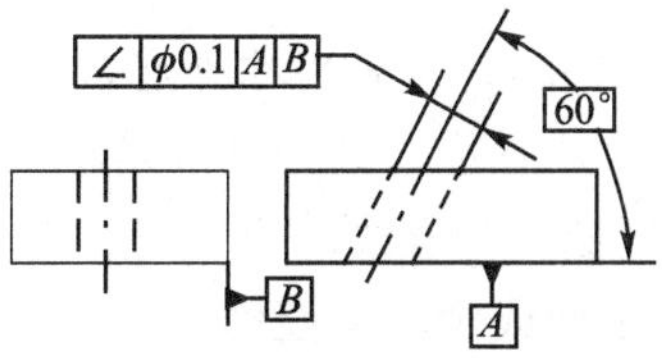

续表 6-2-6

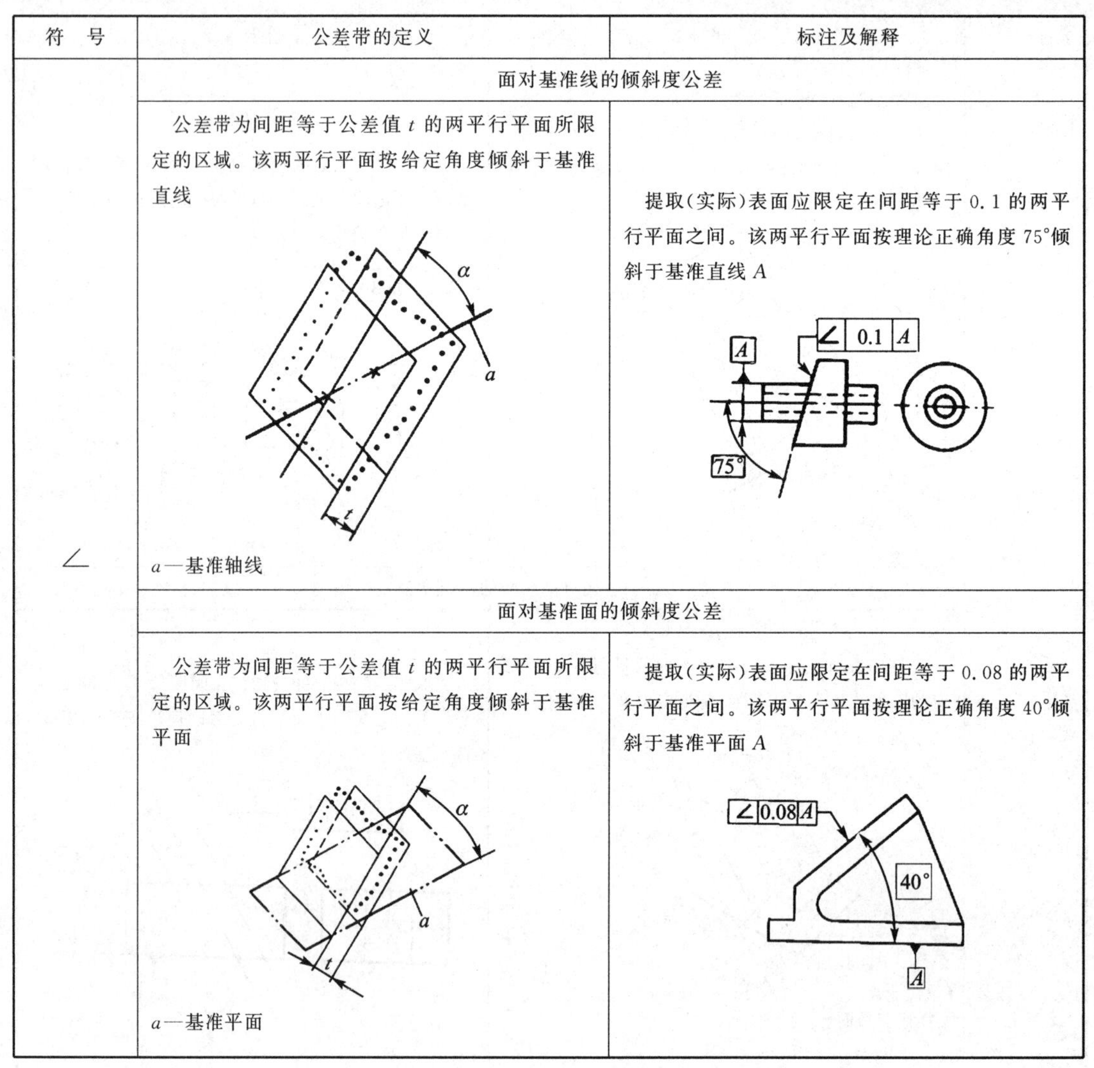

符　号	公差带的定义	标注及解释
∠	面对基准线的倾斜度公差	
	公差带为间距等于公差值 t 的两平行平面所限定的区域。该两平行平面按给定角度倾斜于基准直线 a—基准轴线	提取(实际)表面应限定在间距等于 0.1 的两平行平面之间。该两平行平面按理论正确角度 75°倾斜于基准直线 A
	面对基准面的倾斜度公差	
	公差带为间距等于公差值 t 的两平行平面所限定的区域。该两平行平面按给定角度倾斜于基准平面 a—基准平面	提取(实际)表面应限定在间距等于 0.08 的两平行平面之间。该两平行平面按理论正确角度 40°倾斜于基准平面 A

2. 位置公差

位置公差是关联实际要素对基准在位置上所允许的变动量。位置公差的特点:具有确定的位置,相对于基准的尺寸为理论正确尺寸;具有综合控制被测要素位置、方向和形状的功能。位置公差分为位置度、同轴度和对称度 3 个项目。

(1) 位置度。

1) 点位置度　其公差值前加 ϕ,公差带是直径为公差值的圆内的区域。圆心的位置由相对于基准的理论正确尺寸确定。

2) 线位置度　其公差带是距离为公差值且以线的理想位置为中心线相对称的两平行线之间的区域。中心线的位置由相对于基准的理论正确尺寸确定。

3) 平面或中心平面的位置度　其公差带是距离为公差值且以面的理想位置为中心对称配置的两平行平面之间的区域。面的理想位置是由相对于三个基准面的理论正确尺寸确定。

(2) 同轴度。

1) 点的同心度　其公差带是直径为公差值且与基准圆心同心的圆内的区域。

2）轴线的同轴度　其公差带是直径为公差值且基准线为轴线的圆柱面内的区域。

（3）对称度　其被测要素和基准要素为中心平面或轴线，要求被测要素理想位置与基准一致。

位置公差各项目的定义、标注和解释详如表 6－2－7 所列。

表 6－2－7　位置公差（摘自 GB/T 1182—2008）

mm

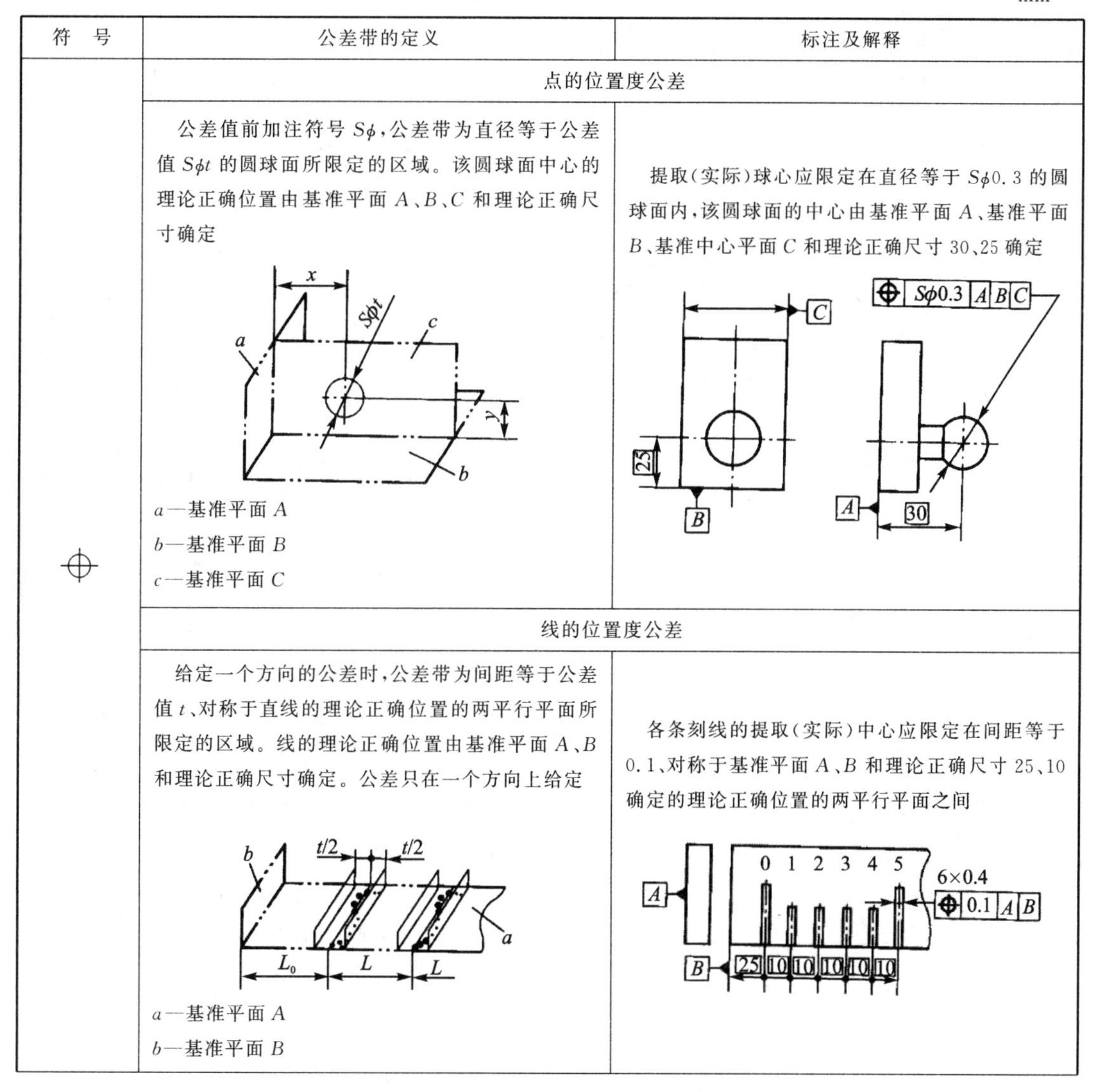

符　号	公差带的定义	标注及解释
	点的位置度公差	
⌖	公差值前加注符号 $S\phi$，公差带为直径等于公差值 $S\phi t$ 的圆球面所限定的区域。该圆球面中心的理论正确位置由基准平面 A、B、C 和理论正确尺寸确定 a—基准平面 A b—基准平面 B c—基准平面 C	提取（实际）球心应限定在直径等于 $S\phi0.3$ 的圆球面内，该圆球面的中心由基准平面 A、基准平面 B、基准中心平面 C 和理论正确尺寸 30、25 确定
	线的位置度公差	
	给定一个方向的公差时，公差带为间距等于公差值 t、对称于直线的理论正确位置的两平行平面所限定的区域。线的理论正确位置由基准平面 A、B 和理论正确尺寸确定。公差只在一个方向上给定 a—基准平面 A b—基准平面 B	各条刻线的提取（实际）中心应限定在间距等于 0.1、对称于基准平面 A、B 和理论正确尺寸 25、10 确定的理论正确位置的两平行平面之间

续表 6-2-7

<table>
<tr><th>符　号</th><th>公差带的定义</th><th>标注及解释</th></tr>
<tr><td rowspan="3">⌖</td><td>公差值前加注符号 ϕ,公差带为直径等于公差值 ϕt 的圆柱面所限定的区域。该圆柱面轴线的位置由基准平面 C、A、B 和理论正确尺寸确定
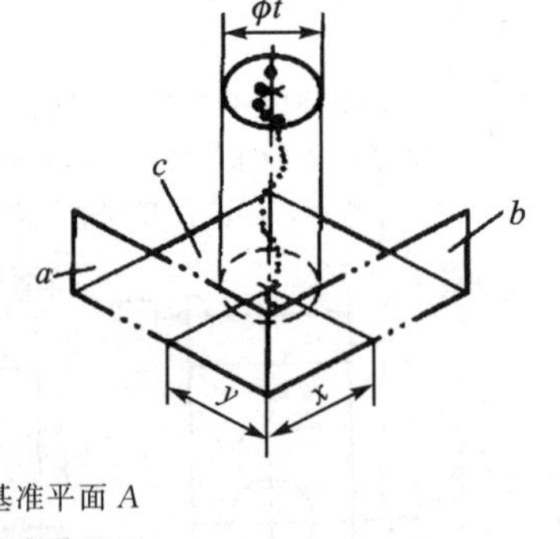
a—基准平面 A
b—基准平面 B
c—基准平面 C</td><td>提取(实际)中心线应限定在直径等于 ϕ0.08 的圆柱面内。该圆柱面的轴线位置应处于由基准平面 C、A、B 和理论正确尺寸 100、68 确定的理论正确位置上
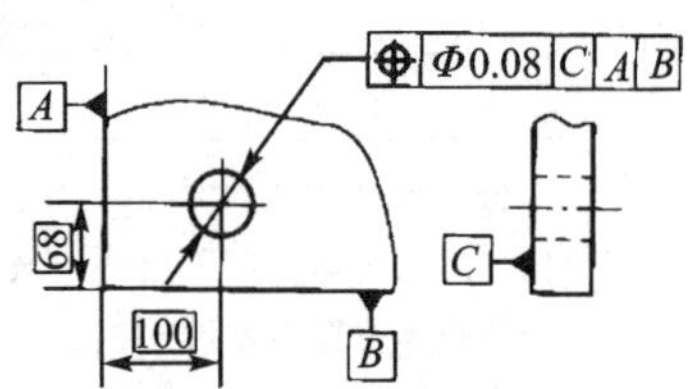
各提取(实际)中心线应各自限定在直径等于 ϕ0.1 的圆柱面内。该圆柱面的轴线应处于由基准平面 C、A、B 各理论正确尺寸 20、15、30 确定的各孔轴线的理论正确位置上
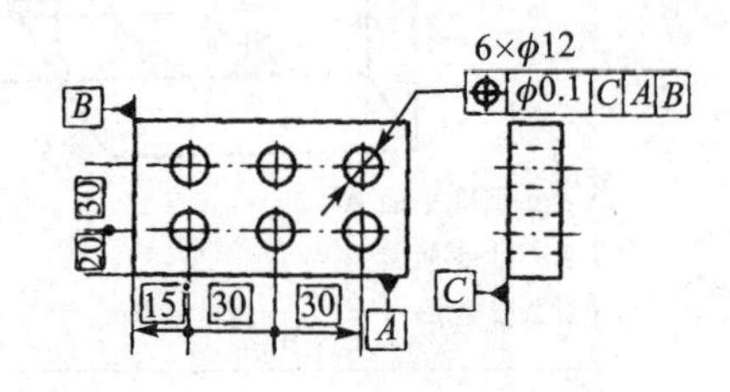</td></tr>
<tr><td colspan="2">轮廓平面对中心平面的位置度公差</td></tr>
<tr><td>公差带为间距等于公差值 t、且对称于被测面理论正确位置的两平行平面所限定的区域。面的理论正确位置由基准平面、基准轴线和理论正确尺寸确定
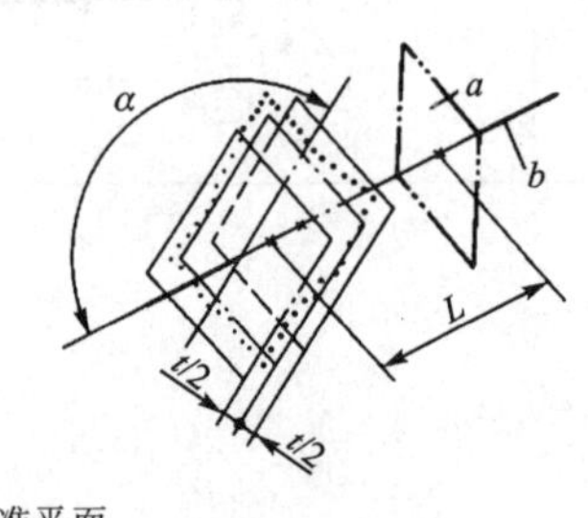
a—基准平面
b—基准轴线</td><td>提取(实际)表面应限定在间距等于 0.05 且对称于被侧面的理论正确位置的两平行平面之间。该两平行平面对称于由基准平面 A、基准轴线 B 和理论正确尺寸 15、105°确定的被侧面的理论正确位置
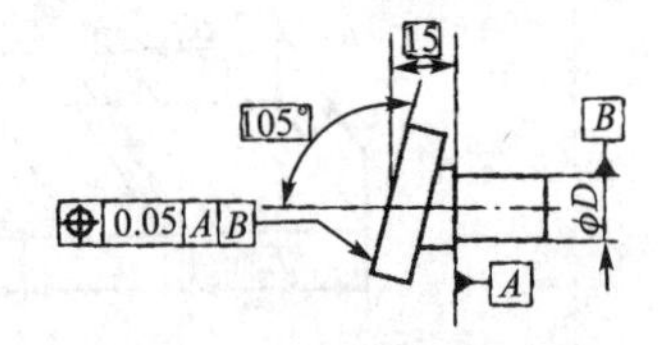
提取(实际)中心面应限定在间距等于 0.05 的两平行平面之间。该两平行平面对称于由基准线 A 和理论正确角度 45°确定的各被侧面的理论正确位置
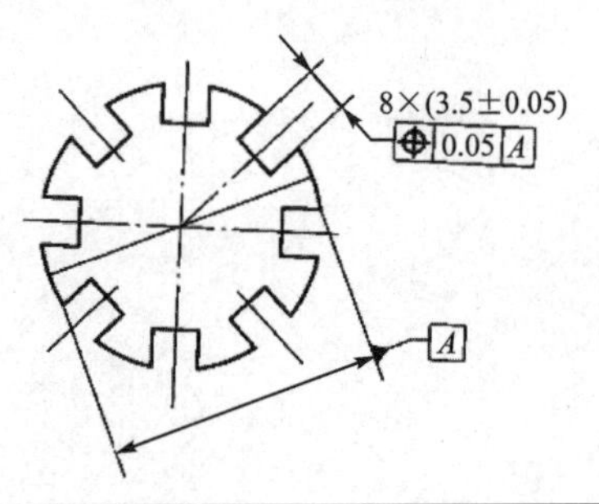</td></tr>
</table>

续表 6-2-7

<table>
<tr><th>符　号</th><th>公差带的定义</th><th>标注及解释</th></tr>
<tr><td rowspan="4">◎</td><td colspan="2">点的同心度公差</td></tr>
<tr><td>公差值前加注符号 ϕ，公差带为直径等于公差值 ϕt 的圆周所限定的区域。该圆周的圆心与基准点重合 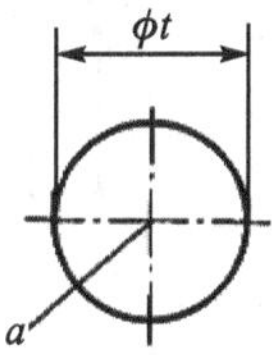
ϕt
a
a—基准点</td><td>在任意横截面内，内圆的提取(实际)中心应限定在直径等于 ϕ0.1，以基准点 A 为圆心的圆周内 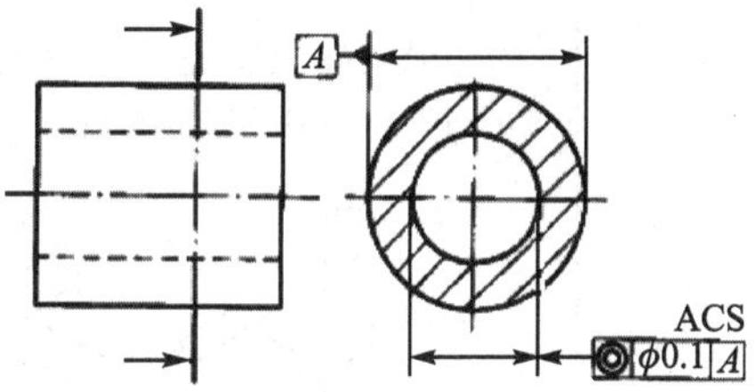
A
ACS
◎ϕ0.1 A</td></tr>
<tr><td colspan="2">轴线的同轴度公差</td></tr>
<tr><td>公差值前加注符号 ϕ，公差带为直径等于公差值 ϕt 的圆柱面所限定的区域。该圆柱面的轴线与基准轴线重合 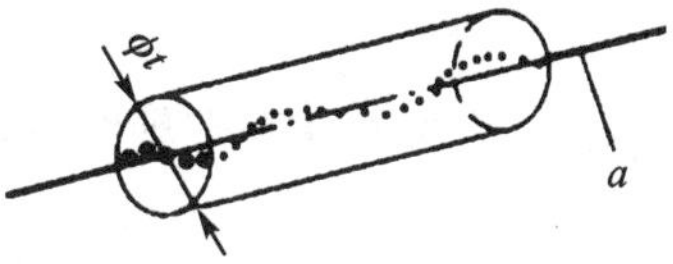
ϕt
a
a—基准轴线</td><td>大圆柱面的提取(实际)中心线应限定在直径等于 ϕ0.08、以公共基准轴线 A—B 为轴线的圆柱面内 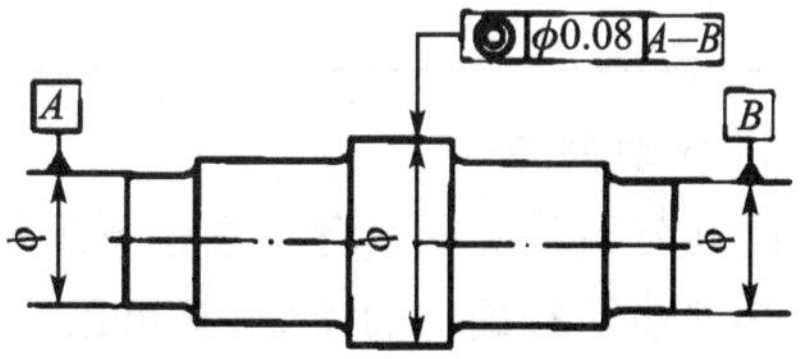
◎ϕ0.08 A—B
A　B
大圆柱面的提取(实际)中心线应限定在直径等于 ϕ0.1、以基准轴线 A 为轴线的圆柱面内
大圆柱面的提取(实际)中心线应限定在直径等于 ϕ0.1、以垂直于基准平面 A 的基准轴线 B 为轴线的圆柱面内 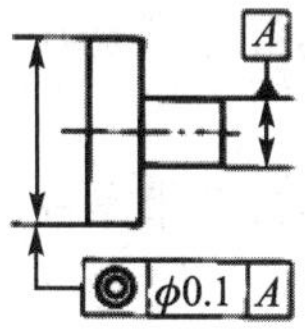 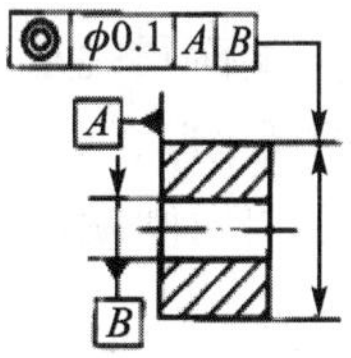
A　◎ϕ0.1 A
◎ϕ0.1 A B　A　B</td></tr>
</table>

续表 6-2-7

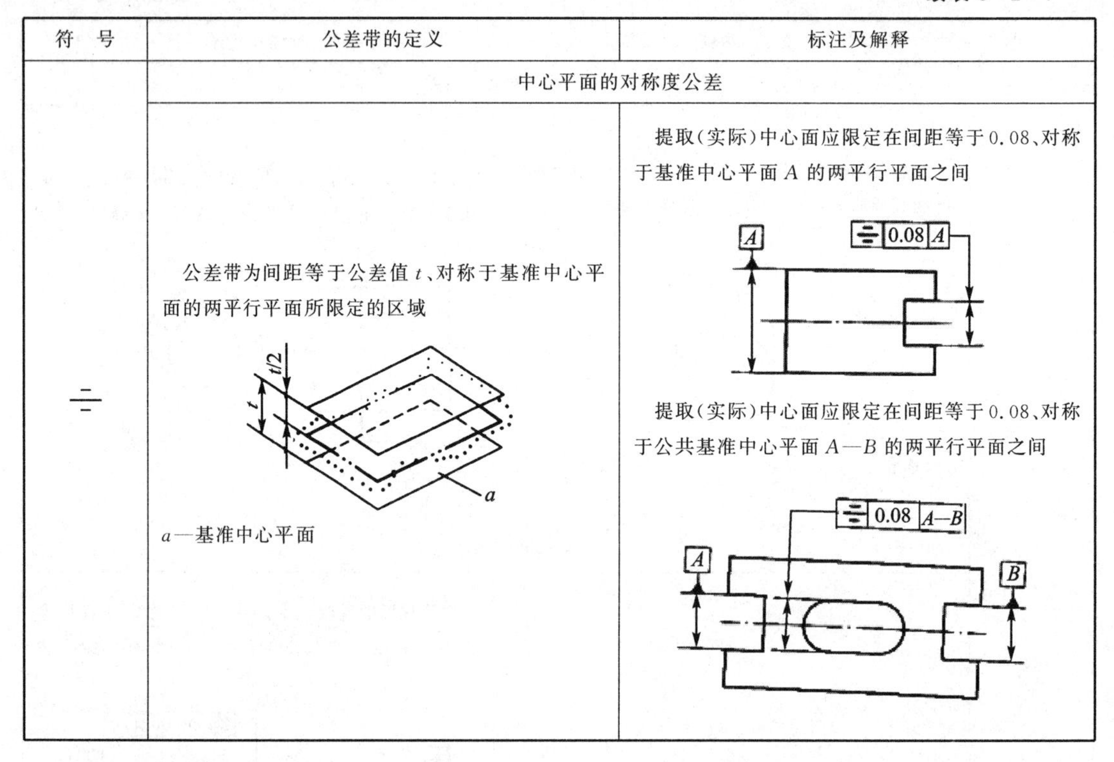

符号	公差带的定义	标注及解释
	中心平面的对称度公差	
⌯	公差带为间距等于公差值 t、对称于基准中心平面的两平行平面所限定的区域 a—基准中心平面	提取(实际)中心面应限定在间距等于0.08、对称于基准中心平面 A 的两平行平面之间 提取(实际)中心面应限定在间距等于0.08、对称于公共基准中心平面 $A—B$ 的两平行平面之间

3. 跳动公差

跳动公差是关联实际要素绕基准轴线回转一周或几周时所允许的最大跳动量,其具有相对于基准轴线有确定的位置,并可以综合控制被测要素的位置、方向和形状的特点分为圆跳动和全跳动两种。

(1) 圆跳动　圆跳动公差是被测要素某一固定参考点围绕基准轴线旋转一周时(零件和测量仪器间无轴向位移)允许的最大变动量。

1) 径向圆跳动　其公差带是垂直于基准轴线的任一测量面内、半径差为公差值且圆心在基准轴线上的两同心圆之间的区域。

2) 端面圆跳动　其公差带是在与基准同轴的任一半径位置的测量圆柱面上距离为公差值的两圆之间的区域。

3) 斜向圆跳动　其公差带是在与基准同轴的任一测量圆锥面上距离为公差值的两圆之间的区域。

(2) 全跳动　全跳动控制的是整个被测要素相对于基准要素的跳动总量。

1) 径向全跳动　其公差带是与基准同轴、半径为公差值的两圆柱面之间的区域。

2) 端面全跳动　其差带是距离为公差值且与基准轴垂直的两平行平面之间的区域。

跳动公差的定义、标注和解释详见表 6-2-8。

表 6-2-8　跳动公差(摘自 GB/T 1182—2008)

mm

符　号	公差带的定义	标注及解释
	径向圆跳动公差	
↗	公差带为任一垂直于基准轴线的横截面内、半径差等于公差值 t、圆心在基准轴线上的两同心圆所限定的区域 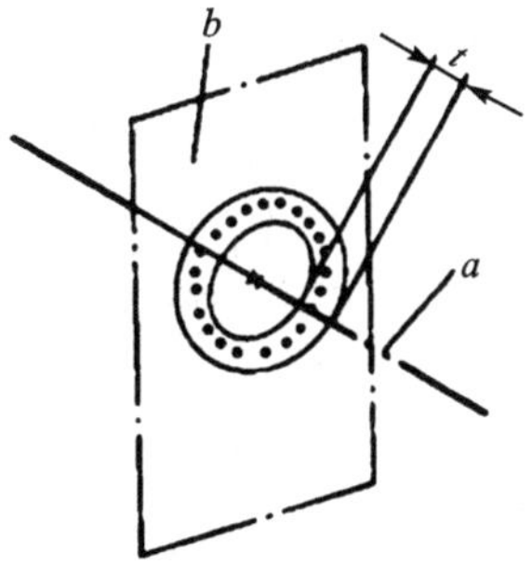 a—基准轴线 b—横截面 圆跳动公差通常适用于整个要素，但也可规定只是用于局部要素的某一指定部分	在任一垂直于基准 A 的横截面内，提取(实际)圆轮廓应限定在半径差等于 0.8、圆心在基准轴线 A 上的两同心圆之间 在任一平行于基准平面 B、垂直于基准轴线 A 的横截面上，提取(实际)圆轮廓应限定在半径差等于 0.1、圆心在基准轴线 A 上的两同心圆之间 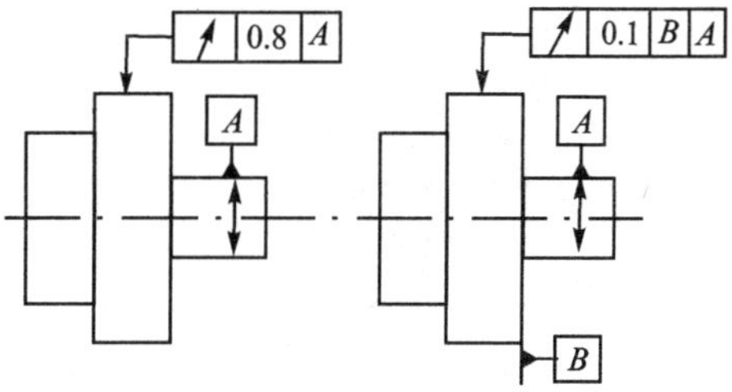
		在任一垂直于基准轴线 A—B 的横截面内，提取(实际)圆轮廓应限定在半径差等于 0.1、圆心在基准轴线 A—B 上的两同心圆之间 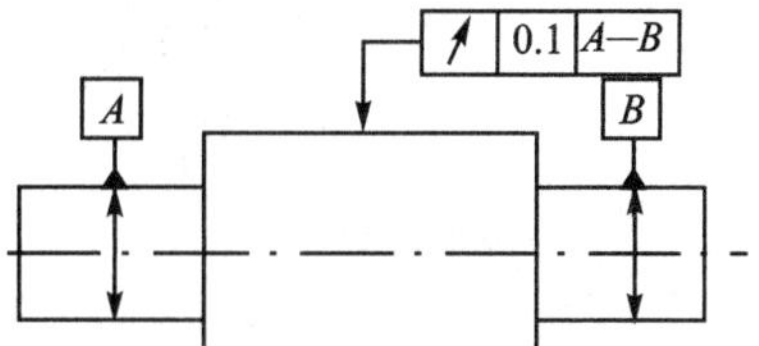 在任一垂直于基准轴线 A 的横截面内，提取(实际)圆轮廓应限定在半径差等于 0.2、圆心在基准轴线 A 上的两同心圆弧之间 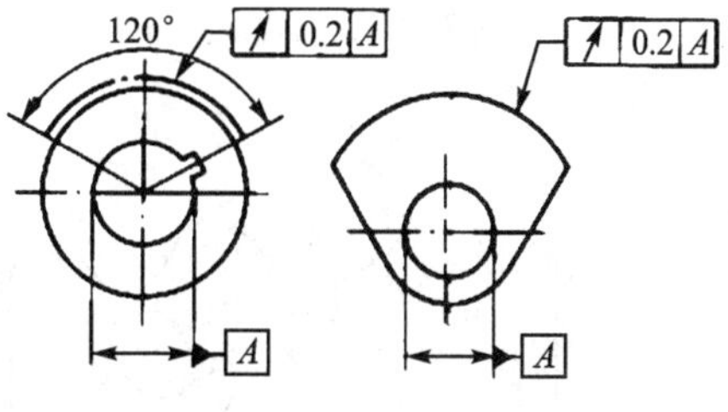

续表 6-2-8

符　号	公差带的定义	标注及解释
↗	轴向圆跳动公差	
	公差带为基准轴线同轴的任一半径的圆柱截面上，间距等于公差值 t 的两圆所限定的圆柱面区域 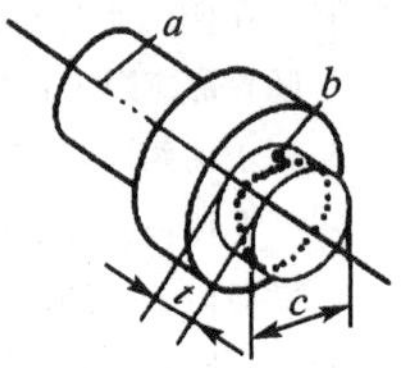 a—基准轴线 b—公差带 c—任意直径	在与基准轴性 D 同轴的任一圆柱形截面上，提取(实际)圆应限定在轴向距离等于 0.1 的两个等圆之间 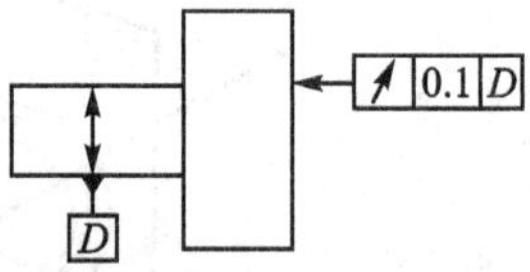
	斜向圆跳动公差	
	公差带为与基准轴线同轴的某一圆锥截面上，间距等于公差值 t 的两圆所限定的圆锥面区域 除了另有规定，测量方向应沿被测表面的法向 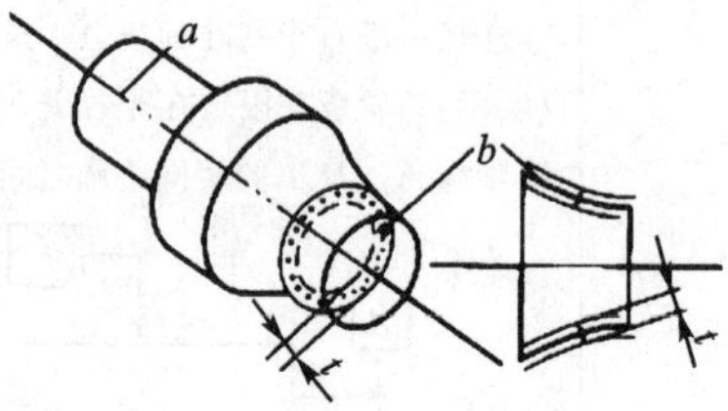 a—基准轴线 b—公差带	在与基准轴线 C 同轴的任一圆锥截面上，提取(实际)线应限定在素线方向间距等于 0.1 的两不等圆之间 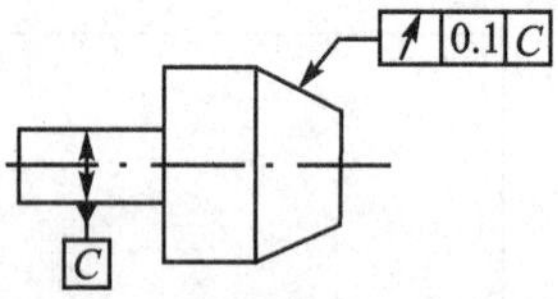 在标注公差的素线不是直线时，圆锥截面的锥角要随所测圆的实际位置而改变 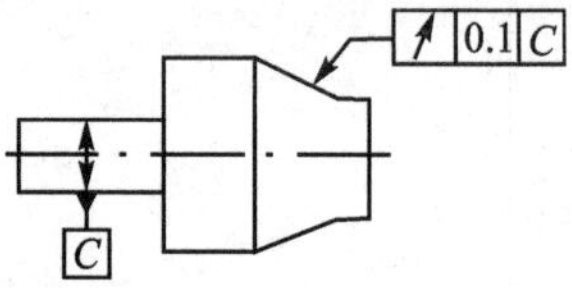
	给定方向的斜向圆跳动公差	
	公差带为与基准轴线同轴的。具有给定锥角的任一圆锥截面上，间距等于公差值 t 的两不等圆所限定的区域 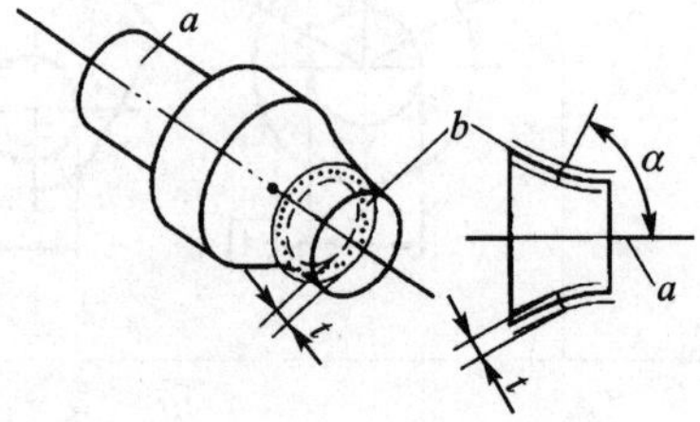 a—基准轴线 b—公差带	在与基准轴线 C 同轴且具有给定角度 60°的任一圆锥截面上，提取(实际)圆轮廓应限定在素线方向间距等于 0.1 的两不等圆之间 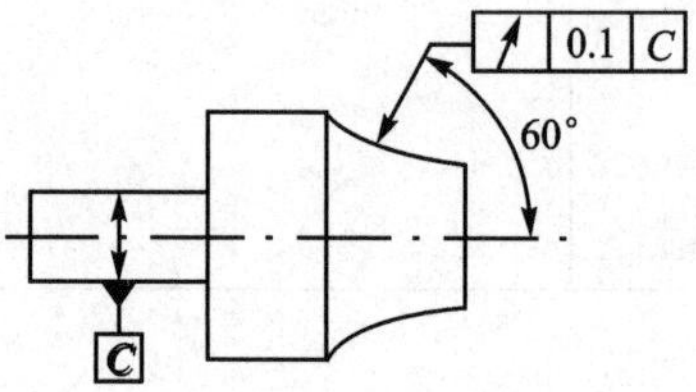

续表 6-2-8

符　号	公差带的定义	标注及解释
⌰	**径向全跳动公差** 公差带为半径差等于公差值 t，与基准轴线同轴的两圆柱面所限定的区域 a—基准轴线	提取(实际)表面应限定在半径差等于 0.1、与公共基准轴线 A—B 同轴的两圆柱面之间 ⌰ 0.1 A—B
↗	**轴向全跳动公差** 公差带为间距等于公差值 t，垂直于基准轴线的两平行平面所限定的区域 a—基准轴线 b—提取表面	提取(实际)表面应限定在间距等于 0.1、垂直于基准轴线 D 的两平行平面之间 ⌰ 0.1 D

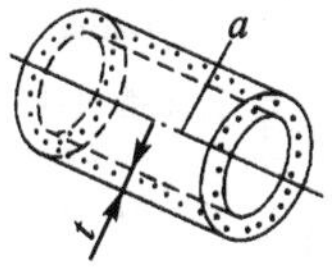

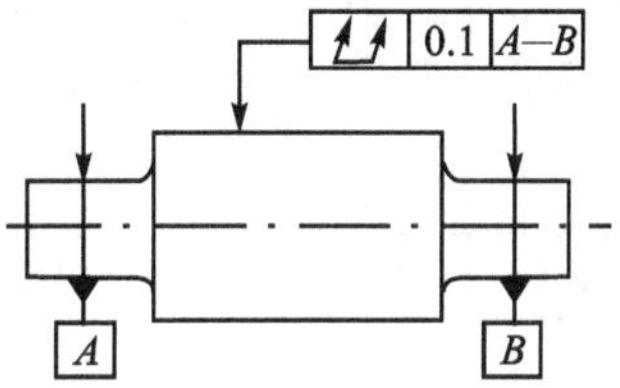

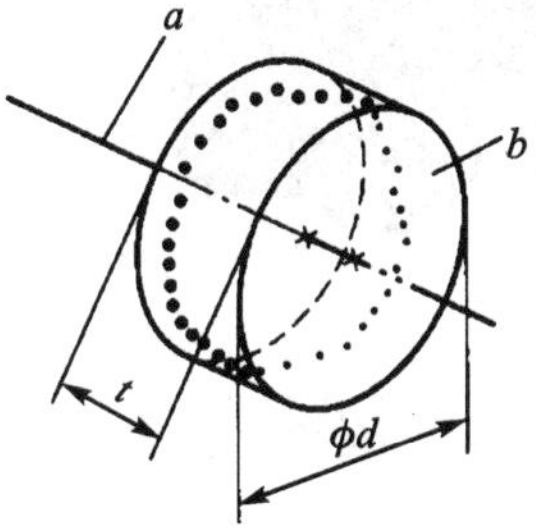

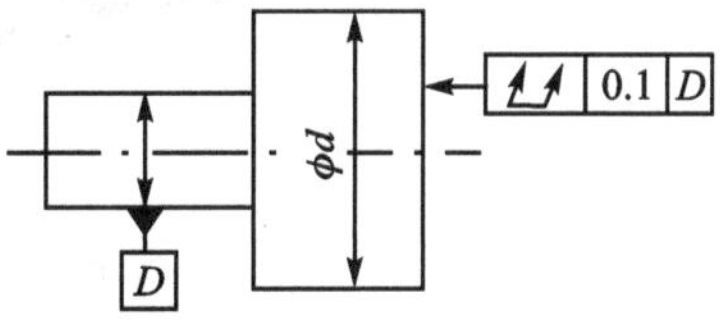

四、形位公差综合解读举例

图 6-2-17 所示为曲轴零件图，图中标注的形位公差的解读和设计要求参见表 6-2-9。

表 6-2-9　曲轴形位公差的解读

代　号	识　读	设计要求
两处 ↗ 0.025 C—D ⌭ 0.006 (1)	曲轴的两个支承轴颈 ϕd_2 和 ϕd_3 外圆有两项要求： (1) ϕd_2 和 ϕd_3 两圆柱面的圆柱度公差为 0.006 mm (2) ϕd_2 和 ϕd_3 圆柱面对两端中心孔的公共轴线(C—D)的径向圆跳动公差为 0.025 mm	(1) ϕd_2 和 ϕd_3 的实际圆柱面必须位于半径差为公差值 0.006 mm 的两同轴圆柱面之间 (2) ϕd_2 和 ϕd_3 两圆柱面绕公共基准轴线(C—D)回转一周时，在任一测量平面内的径向跳动量均不大于公差值 0.025 mm
// ϕ0.02 A—B (2)	ϕd_4 的轴线对两支承轴颈 ϕd_2 和 ϕd_3 的公共轴线(A—B)的平行度公差为 ϕ0.02 mm	ϕd_4 的实际轴线必须位于直径为公差值 ϕ0.02 mm，且平行于公共轴线(A—B)的圆柱面内

续表 6-2-9

代　号	识　读	设计要求
⌭ 0.01 (3)	ϕd_4 圆柱面的圆柱度公差为 0.01 mm	ϕd_4 实际圆柱面必须位于半径差为公差值 0.01 mm 的两同轴圆柱面之间
↗ 0.025 A—B (4)	圆锥面对两支承轴颈 ϕd_2 和 ϕd_3 的公共轴线(A—B)的斜向跳动公差为 0.02 mm	圆锥面绕公共基准轴线 A—B 回转一周时，在垂直于圆锥面素线的任一测量圆锥面上的跳动量均不大于公差值 0.025 mm
⌯ 0.025 H (5)	键槽的中心平面对圆锥面轴线的对称度公差为 0.025 mm	键槽的中心平面必须位于距离为公差值 0.025 mm 的两平行平面之间，且这两个平面对称配置在基准轴线的两侧

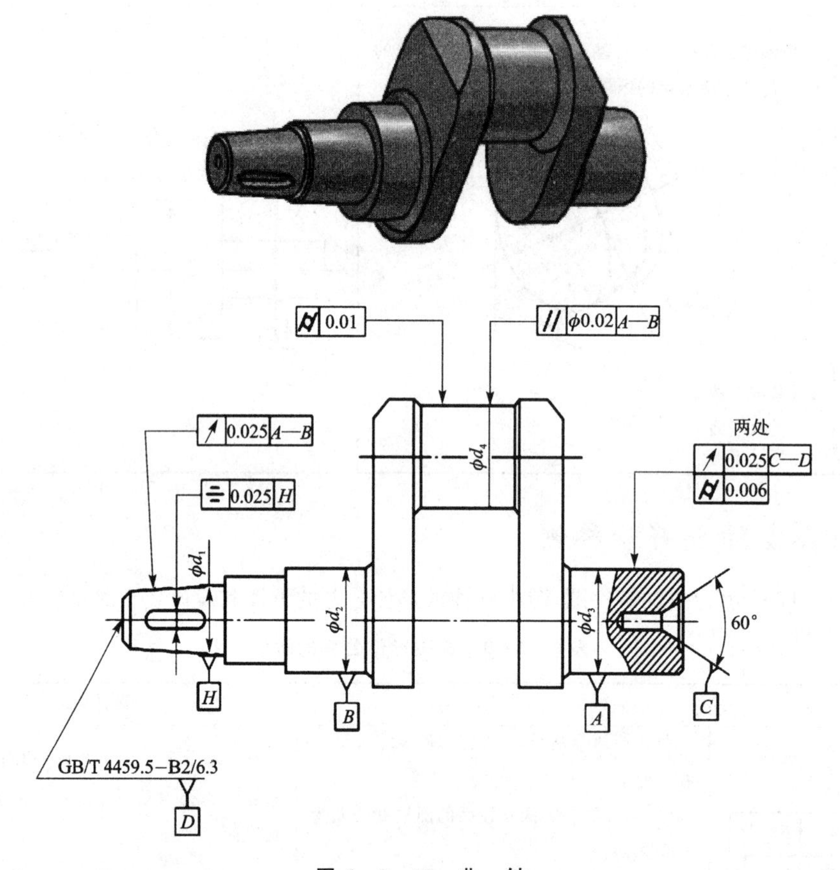

图 6-2-17　曲　轴

五、形位误差的检测

形位误差的检测就是检测实际要素相对于理想要素的变动量，即形位误差是否在形位公差范围内，据此判断零件是否合格。

国家标准《产品几何量技术规范(GPS)形状和位置公差　检测规定》中规定了形位公差的5条检测原则及应用该原则的108种检测方法。检测形位公差时，可在这108种检测方法中选择一种最理想的方法，也可根据实际生产条件，采用标准以外的检测方法，以确保获得正确的检测结果。

（一）形状误差的检测

1. 直线度误差的检测

（1）贴切法　贴切法是采用被测要素与理想要素相比较的原理进行检测。理想要素用实物（刃口形直尺、平尺、平板等）来体现。如图 6-2-18 所示，用刃口形直尺测量，把刃口作为理想要素，将其与被测表面贴切，使两者之间的最大间隙为最小，此最大间隙即为被测要素的直线度误差。注意：①当直线度误差较大时，可用塞尺测量；②当光隙较小时，可按标准光隙估读间隙大小，标准光隙的大小借助于光线通过狭缝时呈现不同的颜色的光来鉴别，如表 6-2-10 所列。

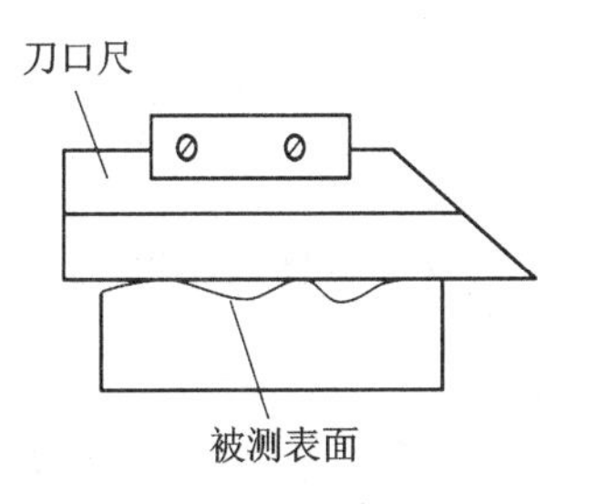

图 6-2-18　用贴切法测量直线度误差

表 6-2-10　标准光隙颜色与间隙的关系

μm

颜　色	间　隙
不透光	<0.5
蓝　色	≈0.8
红　色	1.25～1.75
白　色	>2.5

（2）测微法　测微法用于测量圆柱体素线或轴线的直线度。测量示意图如图 6-2-19 所示。测量时将工件安装在平行于平板的两顶尖之间，沿铅锤轴截面的两条素线测量，同时记录两指示表在各自测点的读数 M_1、M_2，取各截面上的 $(M_1-M_2)/2$ 中最大值的差值作为该轴截面轴线的直线度误差。

2. 平面度误差的检测

如图 6-2-20 所示，通过可调支承调整被测表面上的最远点，使其与平板等高，然后移动表架，用指示表按一定的布点在整个被测表面上测量，则最大值与最小值之差为平面度误差。

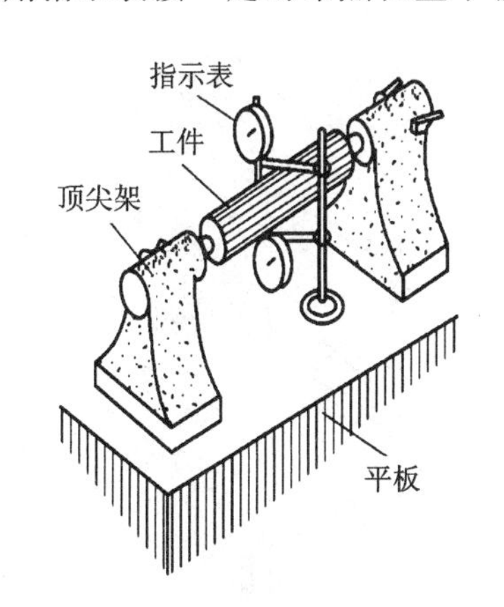

图 6-2-19　用测微法测量直线度误差

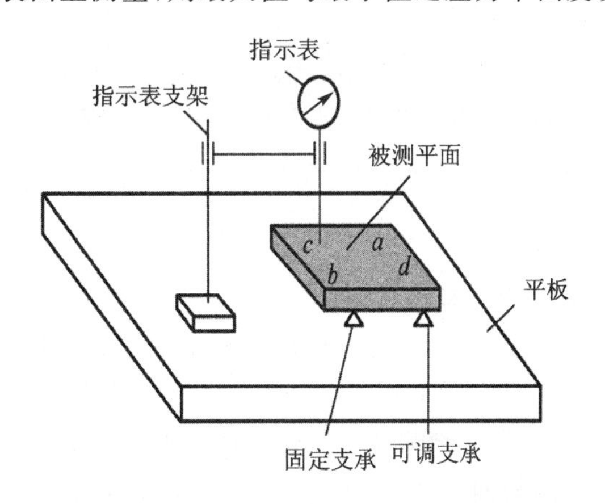

图 6-2-20　打表法测量平面度误差

3. 圆度误差的测量

最理想的测量方法是圆度仪测量。实际测量中可采用近似测量方法，如两点法和三点法等。

（1）两点法　两点法测量是用游标卡尺、千分尺等通用量具测出同一径向截面中的最大直径差,此差值的一半($(d_{max}-d_{min})/2$)是该截面的圆度误差。测量多个径向截面,取其中最大值作为被测零件的圆度误差。

(2) 三点法　其测量装置如图 6-2-21 所示。被测零件放在 V 形架上回转一周,指示表的最大与最小读数之差($M_{max}-M_{min}$)反映了该测量截面的圆度误差 f,其关系式为

$$f=\frac{M_{max}-M_{min}}{K}$$

式中 K 为反映系数,它是被测零件的棱边数及所用 V 形块的夹角 α 的函数。在不知棱数的情况下,可采用夹角 $\alpha=90°$和 120°或 $\alpha=72°$和 108°的两个 V 形块分别测量(各测若干个径向截面),取其中读数差最大的作为测量结果,此时可近似地取反映系数 $K=2$,按上面的公式计算出被测零件的圆度误差。

(二)位置误差的测量

1. 平行度误差的测量

面对面的平行度误差的测量如图 6-2-22 所示。测量时以平板体现基准,指示表在整个被测表面上的最大、最小读数之差即是平行度误差。

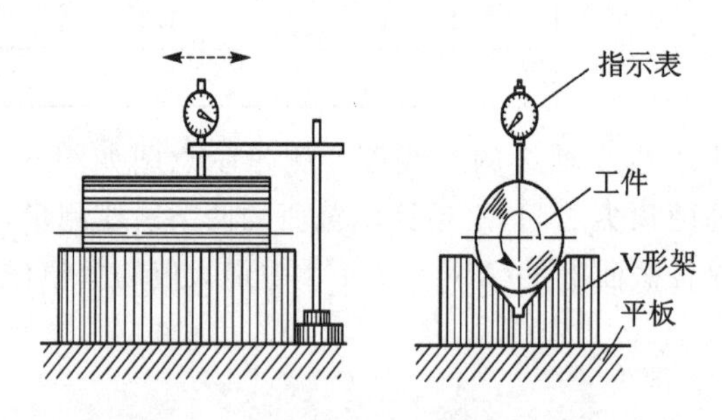

图 6-2-21　三点法测量圆度误差

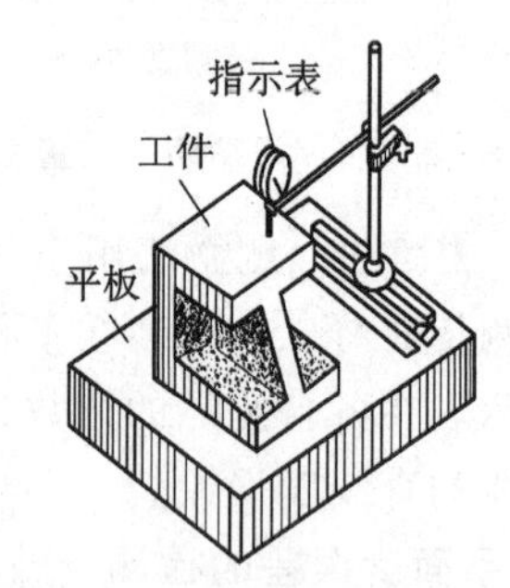

图 6-2-22　面对面平行度误差的检测

线对面的平行度误差的测量如图 6-2-23 所示。测量时以心轴模拟被测孔轴线,在长度 L_2 两端用指示表测量。测得的最大、最小读数为 a,则在给定长度 L_1 内的平行度误差 f 为

$$f=\frac{L_1 a}{L_2}$$

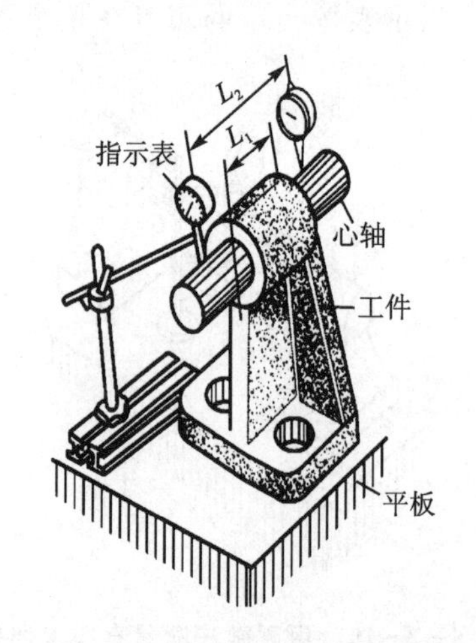

图 6-2-23　线对面平行度误差的检测

2. 垂直度误差的检测

面对面垂直度误差的测量如图 6-2-24 所示。将工件放置在平板上,精密直尺的短边置于平板上,长边靠在被测平面上,用塞尺测量精密直尺长边与被测面之间的间隙 f,在不同位置重复测量,取 f 的最大值 f_{max} 作为被测面的垂直度误差。

端面对轴线的垂直度误差的测量如图 6-2-25 所示。将工件套在心轴上,心轴固定在 V 形架内,基准孔轴线通过心轴由 V 形架模拟。用指示表测量被测表面的若干点,指示表的最大与最小读数之差即为该被测端面的垂直度误差。

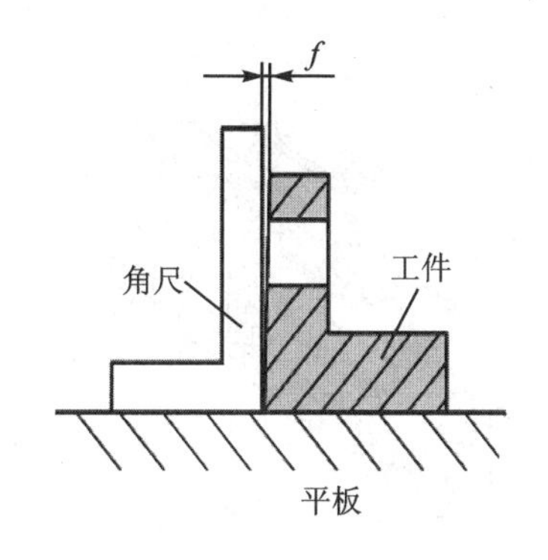

图 6-2-24　面对面垂直度误差的测量

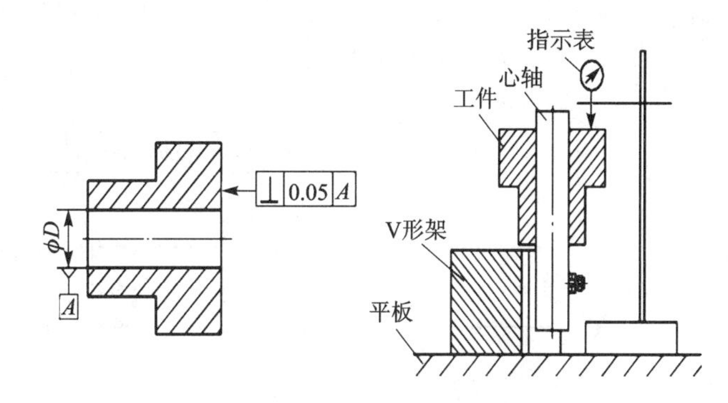

图 6-2-25　面对线垂直度误差的测量

3. 同轴度误差的检测

轴对轴同轴度误差的检测如图 6-2-26 所示。测量时将工件放置在两个等高的 V 形架上，沿铅锤轴截面的两条素线测量，取各测点读数的最大值为该轴截面的同轴度误差。转动工件，重复测量若干个截面，取其中最大的误差值作为该工件的同轴度误差。

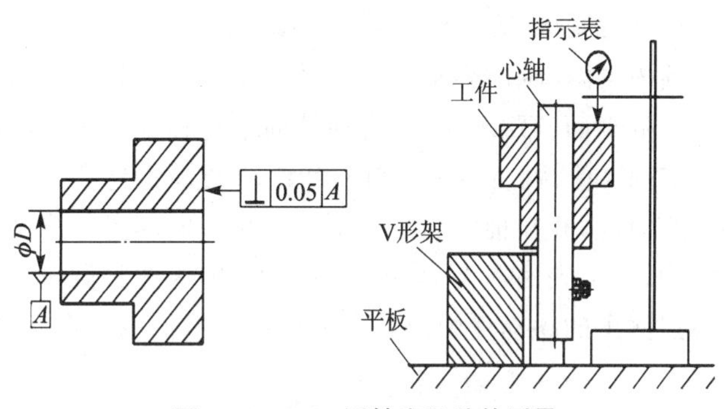

图 6-2-26　同轴度误差的测量

4. 对称度误差的检测

轴键槽对称度误差的检测如图 6-2-27 所示。测量时基准轴线由 V 形架模拟；被测中心平面由定位块模拟。调整定位块，使其沿径向与平板平行，测出定位块到平板的距离，然后将被测轴旋转 180°进行重复测量，得到该截面上、下两对应点的读数差值，按上述方法测量若干个轴截面，取最大的误差值作为键槽的对称度误差。

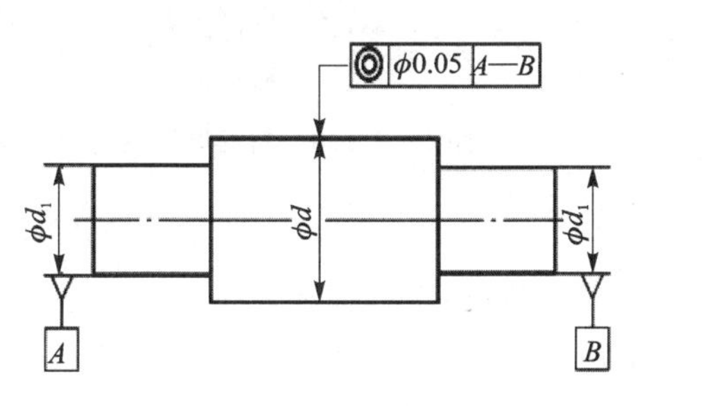

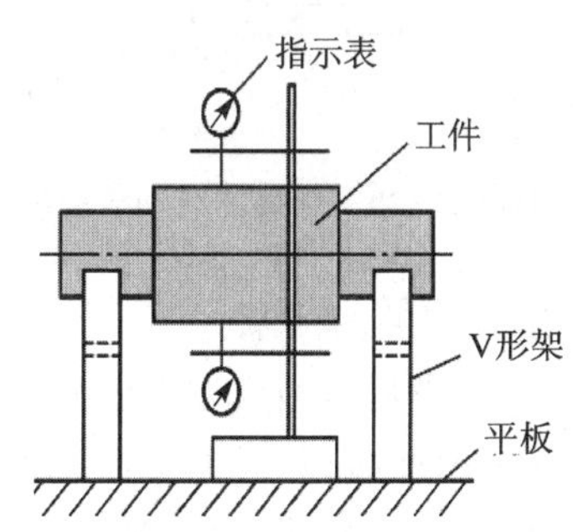

图 6-2-27　测量键槽的对称度误差

5. 跳动的测量

（1）圆跳动误差。

1）径向圆跳动误差　径向圆跳动误差的测量如图 6-2-28 所示。工件安装在两同轴顶尖之间，工件绕基准轴线作无轴向移动的旋转，在回转一周过程中，指示表的最大、最小读数之差，即为该测量截面上的径向圆跳动误差，将在圆柱各截面上测出的跳动量的最大值作为径向圆跳动误差。

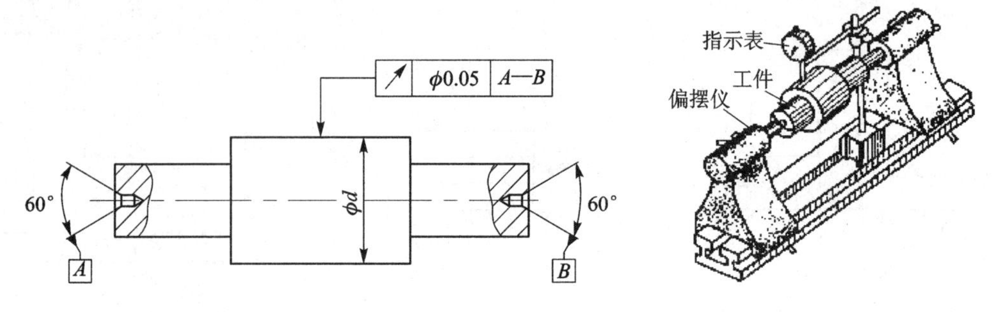

图 6-2-28 径向圆跳动误差的测量

2）端面圆跳动误差　端面圆跳动误差的测量如图 6-2-29 所示。测量时将工件支承在导向筒内，并在轴向固定。在工件回转一周过程中，指示表的最大、最小读数之差，即为测量圆柱面上的端面圆跳动误差，将在端面各直径上测出的跳动量中的最大值作为端面圆跳动误差。

3）斜向圆跳动误差　斜向圆跳动误差的测量如图 6-2-30 所示。测量时将工件支承在导向套筒内，并在轴向固定。指示表测头的测量方向要垂直于被测圆锥面。在工件回转一周过程中，指示表的最大、最小读数之差，即为测量圆锥面上的斜向圆跳动误差，将在圆锥面素线上各点测出的跳动量中的最大值作为圆锥面的斜向圆跳动误差。

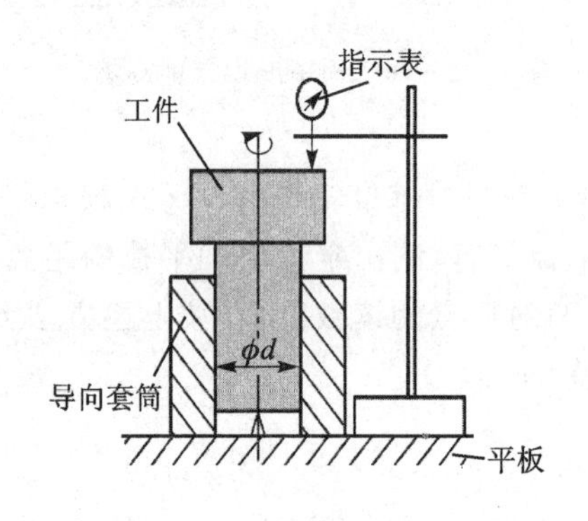

图 6-2-29 端面圆跳动误差的测量

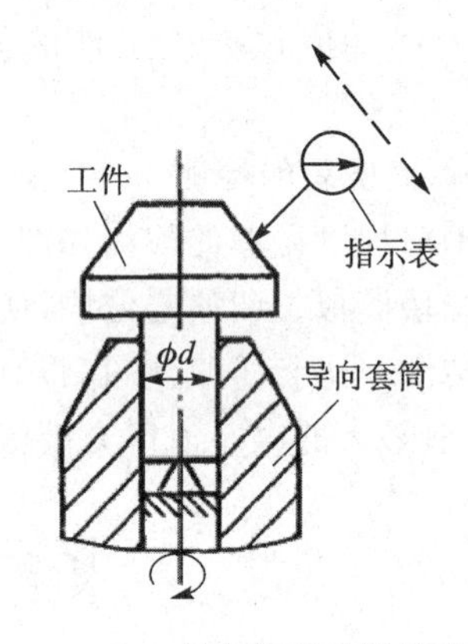

图 6-2-30 斜向圆跳动误差的测量

(2) 全跳动误差的测量。

被测零件在绕基准轴线作无轴向移动的连续回转过程中，指示表缓慢地沿基准轴线方向平移，测量整个圆柱面，其最大读数差为径向全跳动，如图 6-2-28 所示；若指示表沿着与基准轴线的垂直方向缓慢移动时，测量整个端面，则最大读数差为端面全跳动，如图 6-2-29 所示；若指示表沿着圆锥面素线缓慢移动时，测量整个圆锥面，则最大读数差为斜向全跳动。

[习题]

6-2-1　画图说明形位公差代号和基准代号的组成。

6-2-2　形位公差规定了哪些项目？它们的符号是什么？

6-2-3　形位公差的公差带形状有哪些？

6-2-4　将下列各项形位公差要求标注在习题图 6-2-1 所示的图样上。

(1) 左端面的平面度公差为 0.01 mm；

(2) 右端面对左端面的平行度公差为 0.02 mm;

(3) ϕ70 mm 孔的轴线对左端面的垂直度公差为 ϕ0.02 mm;

(4) ϕ210 mm 外圆的轴线对 ϕ70 mm 孔的轴线的同轴度公差为 ϕ0.03 mm;

(5) 4×ϕ20H8 孔的轴线对左端面(第一基准)及 ϕ70 mm 孔的轴线的位置度公差为 ϕ0.15 mm。

6-2-5　将下列技术要求标注在习题图 6-2-2 的图样上。

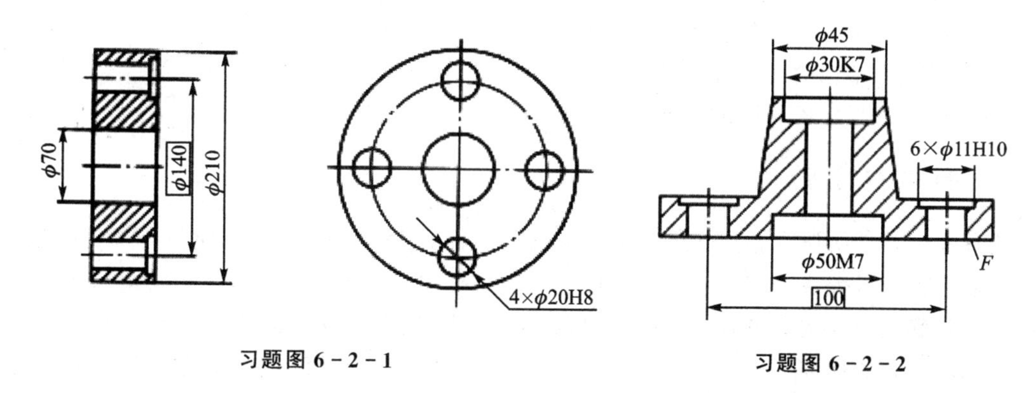

习题图 6-2-1　　　　习题图 6-2-2

(1) 底面 F 的平行度公差为 0.03 mm,ϕ3K7 孔和 ϕ50M7 孔的内端面对它们的公共轴线的圆跳动公差为 0.05 mm;

(2) ϕ3K7 孔和 ϕ50M7 孔对它们的公共轴线的同轴度公差为 0.05 mm;

(3) 6×ϕ11H10 孔和 ϕ50M7 孔的轴线和 F 面的位置度公差为 0.06 mm。

6-2-6　说明习题图 6-2-3 中所标注的几何公差的含义。

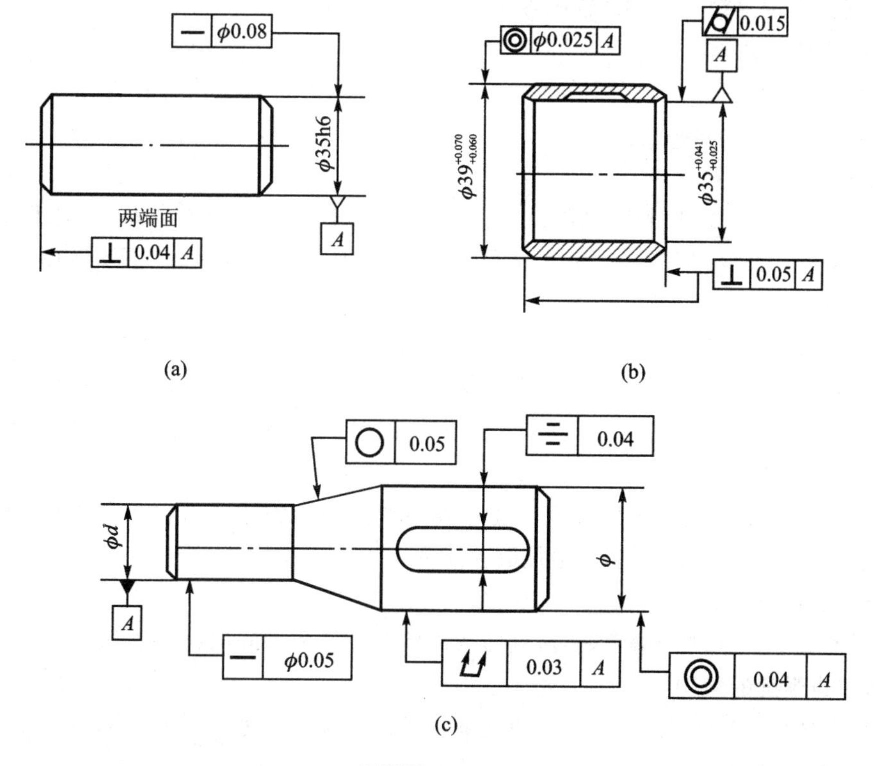

习题图 6-2-3

任务三　汽车零件表面结构

教学目标

- 理解表面结构相关的基本概念;
- 掌握表面粗糙度的评定参数;
- 理解表面粗糙度参数的选择原则;
- 掌握表面结构的图样表示法;
- 熟悉表面粗糙度轮廓的检测方法。

一、表面粗糙度的评定

机械零件表面所研究和描述的对象是零件的表面轮廓。零件的表面质量与加工方法、刀刃形状和切削用量等各种因素有关。表面粗糙度是指加工表面所具有的较小间距和微小峰谷不平。其相邻两波峰或两波谷之间的距离(波距)很小,属于微观几何形状误差。国家制定了表面粗糙度的相关标准,本章参考了GB/T 3505—2009《产品几何技术规范(GPS)表面结构　术语、定义及表面机构参数》、GB/T 7220—2005《产品几何量技术规范(GPS)表面结构　轮廓法　表面粗糙度　术语　参数测量》、GB/T 1031—2009《产品几何技术规范(GPS)表面结构　轮廓法　表面粗糙度参数及其数值》、GB/T 10610—2009《产品几何技术规范(GPS)表面结构　轮廓法　评定表面结构的规则和方法》、GB/T 131—2006《产品几何技术规范(GPS)技术产品文件中表面结构的表示法》等国家标准。

(一)表面粗糙度对零件使用性能的影响

1. 对耐磨性的影响

零件表面越粗糙,配合表面间的有效接触面积越小,压强越大,磨损就越大。因此,表面粗糙度要求越低,零件的耐磨性越差。

2. 对配合性质的影响

对于间隙配合,表面越粗糙,就越易磨损,造成工作过程中间隙逐渐增大;对于过盈配合,由于装配时将微观凸峰挤平,减小了实际有效过盈,降低了连接强度。可见,表面粗糙度影响配合性质的稳定性。

3. 对疲劳强度的影响

粗糙的零件表面存在较大的波谷,它们像尖角、缺口或裂纹,对应力集中很敏感,从而影响零件的疲劳强度。因此,在一般情况下,零件疲劳强度随表面粗糙度要求的降低而降低。

4. 对耐腐蚀性的影响

粗糙的表面易使腐蚀性气体或液体通过表面的微观凹谷渗入金属内层,造成表面锈蚀。因此,提高零件表面粗糙度,可以增强抗腐蚀能力。

5. 对密封性的影响

粗糙的表面之间无法严密地贴合,气体或液体通过接触面间的缝隙渗漏。

6. 对冲击强度的影响

对于钢制零件,其冲击强度因表面粗糙度要求的降低而减小。当配合件在低温状态下工作时,其影响更为明显。

此外，表面粗糙度对零件的外观、测量精度也有一定的影响。

(二) 表面粗糙度的基本术语

1. 取样长度(lr)

取样长度是指评定表面粗糙度时所规定的一段基准线长度。规定取样长度的目的在于限制和减弱其他几何形状误差，特别是表面波纹度对测量结果的影响。l 过大，表面粗糙度的测量中可能包含有表面波纹度的成分；l 过小，则不能客观地反映表面粗糙度的实际情况，使测得结果有很大的随机性。在所选取的取样长度内，一般应包含 5 个以上的轮廓峰和轮廓谷，且表面越粗糙，取样长度越大。国家标准规定的取样长度如表 6－3－1 所列。

表 6－3－1 取样长度与表面结构的评定参数的对应关系(摘自 GB/T 1031—2009)

Ra/μm	Rz/μm	lr/mm	ln/mm($ln=5lr$)
≥0.008～0.02	≥0.025～0.10	0.08	0.4
>0.02～0.1	>0.10～0.50	0.25	1.25
>0.1～2.0	>0.50～10.0	0.8	4.0
>2.0～10.0	>10.0～50.0	2.5	12.5
>10.0～80.0	>50.0～320	8.0	40.0

2. 评定长度 ln

由于加工表面有着不同程度的不均匀性，为了充分合理地反映某一表面的粗糙度特性，规定在评定时所必需的一段表面长度，它包括一个或几个取样长度，称为评定长度 ln。在评定长度内，根据取样长度进行测量。此时可得到一个或几个测量值，取其平均值作为表面粗糙度数值的可靠值。评定长度一般按 5 个取样长度来确定，参见表 6－3－1。

3. 评定表面粗糙度的基准线(中线)

评定表面粗糙度参数值大小的一条参考线称为基准线(中线)，中线有下列两种。

(1) 轮廓最小二乘中线　轮廓最小二乘中线是在取样长度范围内，使轮廓上各点至一条假想线的距离的平方和为最小，如图 6－3－1 所示。即 $\sum_{i=1}^{n} Z_i^2 = \min$。这条假想线就是轮廓最小二乘中线。

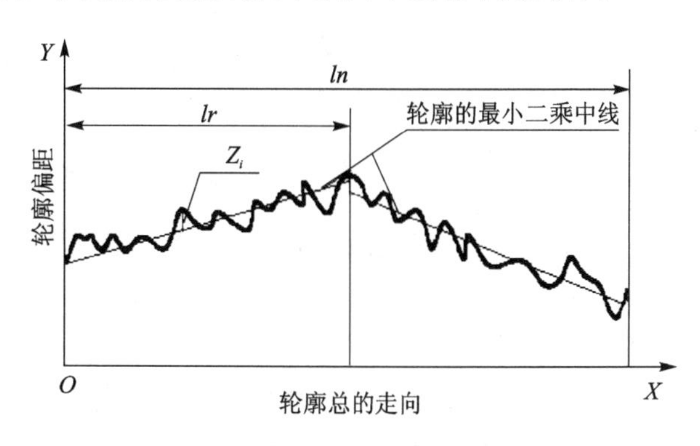

图 6－3－1 最小二乘中线

(2) 轮廓算术平均中线　在取样长度内，由一条假想线将实际轮廓分成上下两部分，且使上部面积之和等于下部分面积之和，如图 6－3－2 所示，即

$$F_1 + F_2 + \cdots + F_n = F'_1 + F'_2 + \cdots + F'_n$$

这条假想的线就是轮廓算术平均中线。

在实际应用中，通常用目测估计来确定轮廓算术平均中线，并以此作为评定表面粗糙度数值的基准线。

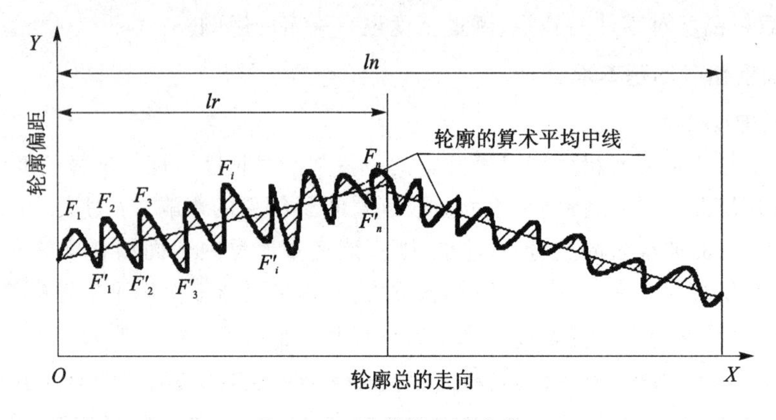

图 6-3-2 算术平均中线

(三) 表面粗糙度评定参数

表面粗糙度的评定参数是用来定量描述零件表面微观几何形状特征的。

1. 幅度参数

(1) 轮廓算术平均偏差 Ra 在取样长度 lr 范围内,被测轮廓线上各点至基准线的距离的算术平均值,称为轮廓算术平均偏差 Ra,如图 6-3-3 所示,即

$$Ra = \frac{1}{n}\sum_{i=1}^{n}|Z_i|$$

式中,n 为在取样长度内所测点的数目。

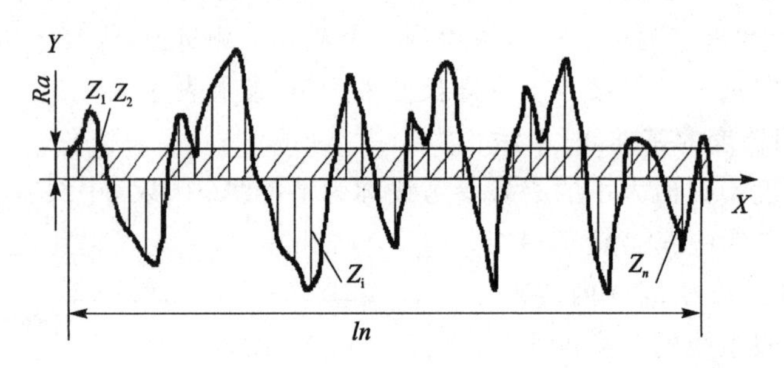

图 6-3-3 轮廓算术平均偏差

Ra 能充分反映表面微观几何形状高度方面的特性,但因受计量器具功能的限制,不宜用作过于粗糙或太光滑表面的评定参数。

国标规定的 Ra 参见表 6-3-2。

表 6-3-2 轮廓算术平均偏差 *Ra*(摘自 GB/T 1031—2009) μm

Ra	0.012 0.025 0.05 0.1	0.2 0.4 0.8 1.6	3.2 6.3 12.5 25	50 100

(2) 轮廓最大高度 Rz 在取样长度 lr 范围内,轮廓峰顶线和轮廓谷底线之间的距离,称为轮廓最大高度 Rz,如图 6-3-4 所示。Rz 值对某些表面上不允许出现较深的加工痕迹和小零件的表面质量有实用价值。

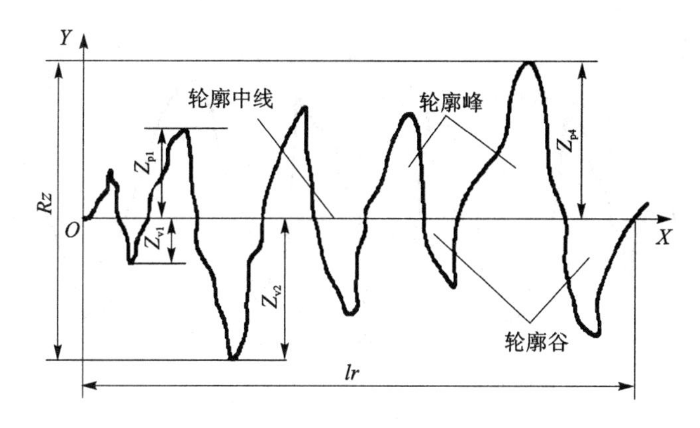

图 6-3-4　轮廓最大高度

国标规定的 Rz 参见表 6-3-3。

表 6-3-3　轮廓的最大高度 Rz（摘自 GB/T 1031—2009）　μm

Rz					
	0.025	0.4	6.3	100	1 600
	0.05	0.8	12.5	200	
	0.1	1.6	25	400	
	0.2	3.2	50	800	

2. 间距参数

轮廓单元的平均宽度（Rsm）：在一个取样长度内轮廓单元宽度 Xs 的平均值，如图 6-3-5 所示，即

$$Rsm = \frac{1}{m}\sum_{i=1}^{m} X_{si}$$

国标规定数值参见表 6-3-4。

表 6-3-4　轮廓单元的平均宽度 Rsm（摘自 GB/T 1031—2009）　mm

Rsm			
	0.006	0.1	1.6
	0.0125	0.2	3.2
	0.025	0.4	6.3
	0.05	0.8	12.5

3. 曲线参数

轮廓支承长度率 $Rmr(c)$：在给定水平截面高度 c 上，轮廓的实体材料长度 $Ml(c)$ 与评定长度的比率，如图 6-3-6 所示，即

$$Rmr(c) = \frac{Ml(c)}{l_n}$$

轮廓支承长度率的国标规定数值参见表 6-3-5。

表 6-3-5　轮廓的支承长度率 $Rmr(c)$ 的数值（摘自 GB/T 1031—2009）

$Rmr(c)$	10	15	20	25	30	40	50	60	70	80	90

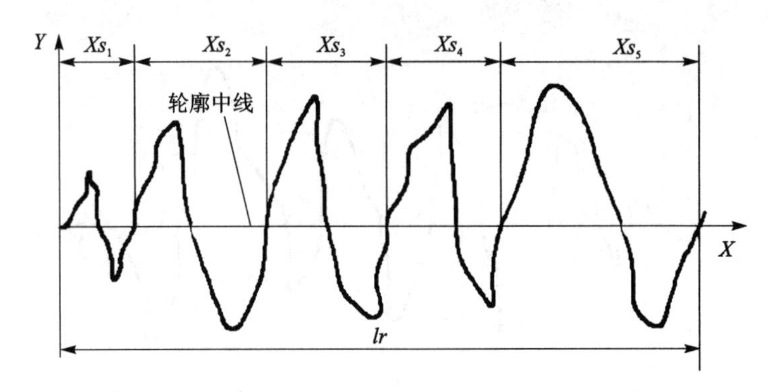

图 6-3-5　轮廓单元的平均宽度

轮廓的实体材料长度 $Ml(c)$，是指在评定长度内，用一平行于 X 轴的直线从峰顶线向下移一水平截距 c 时，与轮廓相截所得的各段截线长度之和，如图 6-3-6(a)所示，即

$$Ml(c)=Ml_1+Ml_2+\cdots+Ml_i+\cdots Ml_n=\sum_{i=1}^{n}Ml_i$$

轮廓的水平截距可用 μm 或用它占 Rz 的百分比表示由图 6-3-6(a)可见，支承长度率随水平截距 c 的大小而变化，其关系曲线称为支承长度率曲线，如图 6-3-6(b)所示。

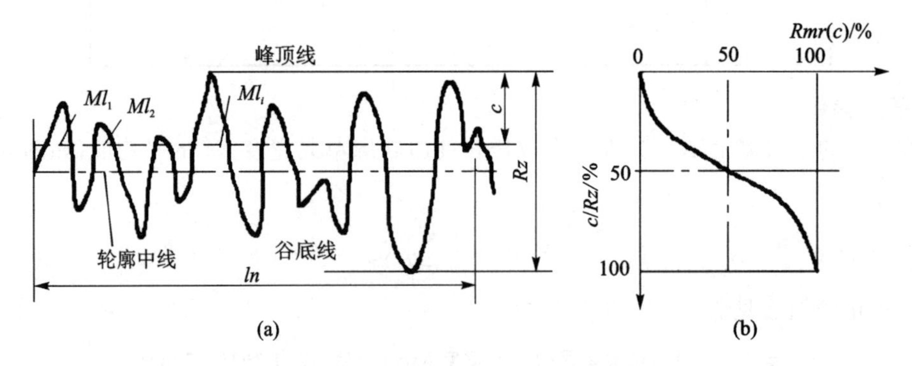

图 6-3-6　轮廓支承长度率曲线

(四) 评定表面结构的规则和方法

完工零件的表面按相应的检验规范测得轮廓参数后，需与图样上给定的极限进行比较，以判断其是否合格。极限判断规则有以下两种。

1. 16%规则

当参数的规定值为上限时，若所选参数在同一评定长度上的全部实测值中，大于图样规定值的个数不超过实测值总数的16%，该表面合格。

当参数的规定值为下限时，若所选参数在同一评定长度上的全部实测值中，小于图样规定值的个数不超过实测值总数的16%，该表面合格。

运用本规则时，当被检表面测得的全部参数中，超过规定的极限值的个数不多于总个数的16%时，该表面合格。

2. 最大规则

检验时，若参数的规定值为最大值，则在被检表面的全部区域内测得的参数值一个也不应超过图样的规定值，并且应在参数符号后加上 max。

表面结构要求标注的默认规则是16%规则。

二、表面粗糙度参数的选择

（一）表面粗糙度参数的选择

在表面粗糙度评定参数中，高度参数 Ra、Rz 为基本参数，Rsm、$Rmr(c)$为附加参数。这些参数分别从不同的角度反映了零件的表面形貌特征。在具体选用时，要根据零件的功能要求、材料性能、结构特点以及测量的条件等情况适当选用一个或多个作为评定参数。

(1) 如果表面没有特殊要求时，一般选用高度参数，在高度特性参数常用的参数范围内(Ra 为 0.025～6.3 μm、Rz 为 0.1～25 μm)，因为 Ra 能充分反映零件表面微观几何形状特征，故优先选用 Ra。在 $Ra<0.025$ μm 或 $Ra>6.3$ μm 范围内，由于表面太光滑或过于粗糙，多采用 Rz。当零件表面不允许出现较深加工痕迹，要求保证零件的疲劳强度和密封性时，须选用 Rz。

(2) 附加参数不单独使用。当表面功能控制加工痕迹的疏密度时，可选用间距特性参数 Rsm，该参数主要影响表面的喷漆性能、抗腐蚀性能、减小流体流动摩擦阻力等方面。对于耐磨性、接触刚度及密封性等要求较高的重要零件表面，应规定曲线参数 $Rmr(c)$。

（二）表面粗糙度参数值的选择

表面粗糙度参数值选择的合理与否，不仅对产品的使用性能有很大的影响，而且直接关系到产品的质量和制造成本。因此选择表面粗糙度参数值不仅要考虑零件的功能要求，又要考虑其制造成本，在满足功能要求的前提下，应尽可能选用较大的粗糙度数值。

常用加工方法能够达到的表面粗糙度 Ra 数值如表 6-3-6 所列；表面粗糙度参数值应用实例参见表 6-3-7。

表 6-3-6　常用加工方法能够达到的表面粗糙度 *Ra* 数值

加工方法	加工情况	加工经济精度	表面粗糙度 Ra/μm
车	粗　车	IT12～IT13	10～80
	半精车	IT10～IT11	2.5～10
	精　车	IT7～IT88	1.25～2.5
	金刚石车	IT5～IT6	0.02～1.25
铣	粗　铣	IT12～IT13	10～80
	半精铣	IT11～IT12	2.5～10
	精　铣	IT8～IT9	1.25～2.5
外圆磨	粗　磨	IT8～IT9	1.25～10
	精　磨	IT6～IT7	0.16～1.25
超精加工	精	IT5	0.16～0.32
	精　密	IT5	0.01～0.16

表 6-3-7　表面粗糙度参数值应用实例

Ra/μm	应用实例
2.5	粗加工非配合表面，如轴端面、倒角、钻孔、键槽非工作表面、垫圈接触面、不重要安装支承面，螺钉、铆钉孔表面

续表 6-3-7

$Ra/\mu m$	应用实例
12.5	半精加工表面,用于不重要零件的非配合面,如支柱、轴、支架、外壳、衬套、盖的端面,螺钉、螺栓和螺母的自由表面;不要求定心和配合特性的表面,如螺栓孔、螺钉孔、铆钉孔等;平键和键槽上下面,花键非定心面,齿顶圆表面,所有孔和轴的退刀槽;飞轮、带轮、离合器、联轴器、凸轮、偏心轮的侧面;不重要的铰接配合面,如犁铧、犁侧板、深耕铲等零件的摩擦表面
6.3	半精加工表面,如外壳、箱体盖、套筒支架和其他零件连接而不形成配合的表面,不重要的紧固螺纹表面,非传动用梯形螺纹,锯齿形螺纹表面,燕尾槽表面,键槽侧面,要发蓝的表面,要滚花的预加工表面,低速滑动轴承和轴的摩擦面,张紧链轮导向滚轮孔和轴的配合面,滑块及导向面,速度为20~50 m/min的收割机切割器的摩擦片、动刀片、压刀片的摩擦面等
3.2	要求有定心及配合特性的固定支承衬套、轴承和定位销压入孔表面,不要求定心和配合特性的活定支承面活动关节及花键结合面,8级齿轮的齿面、齿条、齿面传动螺纹工作面,低速传动的轴颈楔形槽及键槽上下面,轴承盖凸肩,对中用V带轮槽表面,电镀前金属表面等
1.6	要求保证定心及配合特性的表面,如锥销和圆柱销表面,与0和6级滚动轴承相配合的孔和轴颈表面,中速转动和轴颈过盈配合的孔,IT7间隙配合的孔,IT8、IT9花键轴定心表面,滑动导轨面,不要求保证定心及配合特性的活动支承面,如高精度的活动球状接头表面,支承垫圈、磨削的轮齿,榨油机螺旋轧辊表面等
0.8	要求能长期保持配合特性的孔IT7、IT6,7级精度齿轮工作面,蜗杆齿面7~8级,与5级滚动轴承配合的孔和轴颈表面,要求保证定心及配合特性的表面,滑动轴承轴瓦工作表面,分度盘工作表面,受交变应力的重要零件表面,如受力螺栓的圆柱表面、曲轴和凸轮轴工作面、发动机气门圆锥面,与橡胶油封相配合的轴表面等
0.4	工作时受较大交变应力的重要零件表面,保证零件的疲劳强度、防腐蚀性和耐久性,并在工作时不破坏配合特性要求的表面,如活塞表面,要求气密的表面和支承面,精密机床主轴锥孔、顶尖圆锥表面,精密配合的孔IT6、IT5,3、4、5级精度齿轮的工作表面,与4级滚动轴承配合的孔和轴颈表面,喷油器针阀体的密封配合面,液压缸和柱塞的表面,齿轮泵、轴颈等
0.2	工作时受较大交变应力的重要零件表面,保证零件的疲劳强度、防腐蚀性及在活动接头工作中耐久性的一些表面,如精密机床主轴箱与轴套配合的孔、活塞销的表面,液压传动用孔的表面、阀的工作面,气缸内表面,保证精确定心的椎体表面,仪器中承受摩擦的表面(如导轨槽面)等
0.1	精密机床主轴轴颈套和筒外援表面,高压液压泵中柱塞和柱塞配合的表面,滚动轴承套圈滚道、滚珠和滚柱表面,摩擦离合器的摩擦表面,工作量规的测量表面,精密刻度盘表面等
0.05	特别精密的滚动轴承套圈滚道、滚珠和滚柱表面,量仪中较高精度间隙配合零件的工作表面,柴油机高压油泵中柱塞副的配合表面,保证高度气密的结合面等
0.025	仪器的测量面,量仪中高精度间隙配合零件的工作表面,尺寸超过100 mm的量块的工作表面等
0.012	量块的工作表面,高精度量仪的测量面,光学量仪中的金属镜面等

在工程实际中,在具体设计时,一半多的情况采用经验统计资料,用类比法来选用。具体选择时应考虑下列因素:

(1) 在同一零件上,工作表面一般比非工作表面的粗糙度参数值要小。

(2) 摩擦表面比非摩擦表面的粗糙度参数值要小;滚动摩擦表面比滑动摩擦表面的粗糙度参数值要小;运动速度高、压力大的摩擦表面比运动速度低、压力小的摩擦表面的粗糙度参数值要小。

(3) 承受循环载荷的表面和易引起应力集中的结构(圆角、沟槽等),其粗糙度参数值要小。

（4）配合精度要求高的结合表面、配合间隙小的配合表面和要求连接可靠且承受重载的过盈配合表面，均应取较小的粗糙度参数值。

（5）配合性质相同时，在一般情况下，零件尺寸越小，则粗糙度参数值应越小；在同一精度等级时，小尺寸比大尺寸、轴比孔的粗糙度参数值要小；通常在尺寸公差、表面形状公差小时，粗糙度参数值要小。

（6）防腐性、密封性要求越高，粗糙度参数值应越小。

三、表面结构的图样表示法

（一）表面粗糙度的符号

根据国家标准，在图样上表示表面粗糙度的符号参见表 6－3－8。

表 6－3－8　表面粗糙度符号及意义

符　号	说　明
	基本图形符号：表示未指定工艺方法的表面，当通过一个注释解释时可单独使用，没有补充说明时不能单独使用
	扩展图形符号：表示用去除材料方法获得的表面，如通过机械加工获得的表面；仅当其含义是"被加工并去除材料的表面"时可单独使用
	扩展图形符号：表示不去除材料的表面，如铸、锻、冲压成形、热轧、冷轧、粉末冶金等；也用于保持上道工序形成的表面，不管这种状况是通过去除材料或不去除材料形成的
	完整图形符号：当要求表面结构特征的补充信息时，应在原符号上加一横线

（二）表面粗糙度的代号

国家标准中，表面结构的代号中各参数注写位置如图 6－3－7 所示。

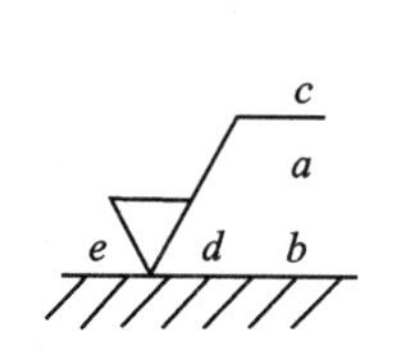

a—表面结构的单一要求；

a、*b*—两个或多个表面结构要求；

在位置*a*注写第一个表面结构要求，在位置*b*注写第二个表面结构要求；

c—加工方法；

d—表面纹理和方向；

e—所要求的加工余量，以毫米为单位给出数值。

图 6－3－7　表面结构代号

表面结构的代号是由在其完整图形符号上标注各项参数构成的，其参数标注和含义参见表 6－3－9。

表 6－3－9　表面结构代号的含义

代　号	含　义
Rz 0.4	表示不允许去除材料，单向上限值，*R* 轮廓，粗糙度的最大高度 0.4 μm，评定长度为 5 个取样长度（默认），"16％规则"（默认）

续表 6-3-9

代　号	含　义
$\sqrt{Rz_{max}\ 0.2}$	表示去除材料,单向上限值,R 轮廓,粗糙度的最大高度的最大值 0.2 μm,评定长度为 5 个取样长度(默认),“最大规则”
U Ra_{max}3.2 L Ra 0.8	表示不允许去除材料,双向极限值,R 轮廓,上限值:算术平均偏差 3.2 μm,评定长度为 5 个取样长度(默认),“最大规则”,下限值:算术平均偏差 0.8 μm,评定长度为 5 个取样长度(默认),“16%规则”(默认)

注:表面结构参数中表示单向极限值时,只标注参数代号、参数值,默认为参数的上限值;在表示双向极值时应标注极限代号,上限值在上方用 U 表示,下限值在下方用 L 表示。如果同一参数具有双向极限要求,在不引起歧义的情况下,可以不加 U、L。

(三) 表面结构符号、代号在图样上的标注

(1) 在图样上标注表面结构符号、代号时,一般应将其标注在可见的轮廓线、尺寸界线、引出线或它们的延长线上,另还可标注在形位公差框格上方,符号的尖端必须从材料外指向被注表面,如图 6-3-8 所示。

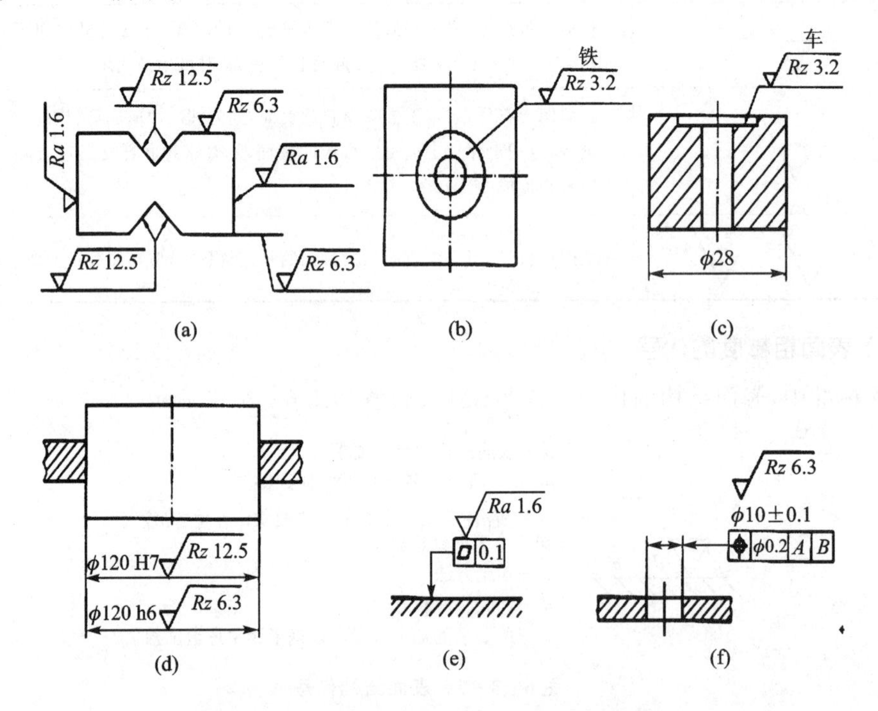

图 6-3-8　表面粗糙度在图样上的标注举例

(2) 如果工件的大部分(包括全部)表面有相同的表面结构要求时,可统一标注在图样的标题栏附近。此时,表面结构符号后应有:在圆括号内给出无任何其他标注的基本符号,如图 6-3-9(a)所示;或在圆括号内给出不同的表面结构要求,如图 6-3-9(b)所示。

(3) 当多个表面具有相同的表面结构要求或图样空间有限时,可以采用简化注法。可用带字母的完整符号,以等式的形式,在图形或标题栏附近,对有相同表面结构要求的表面进行简化标注,如图 6-3-10 所示。

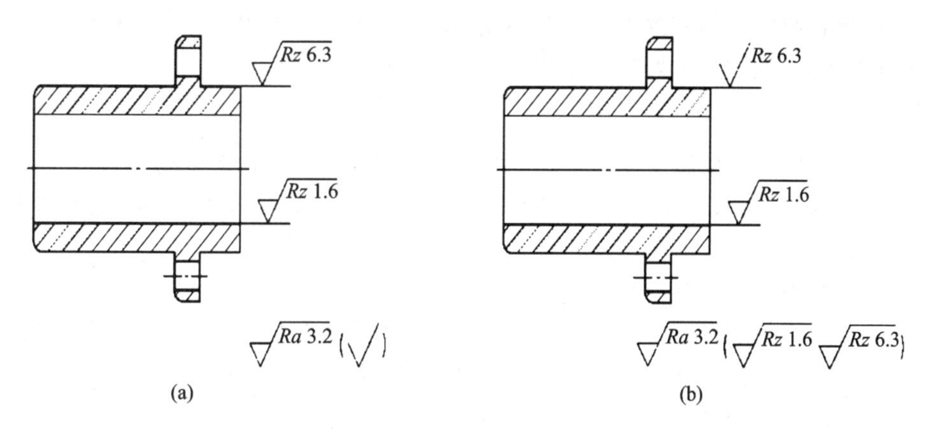

图 6－3－9　表面粗糙度在图样上的标注举例

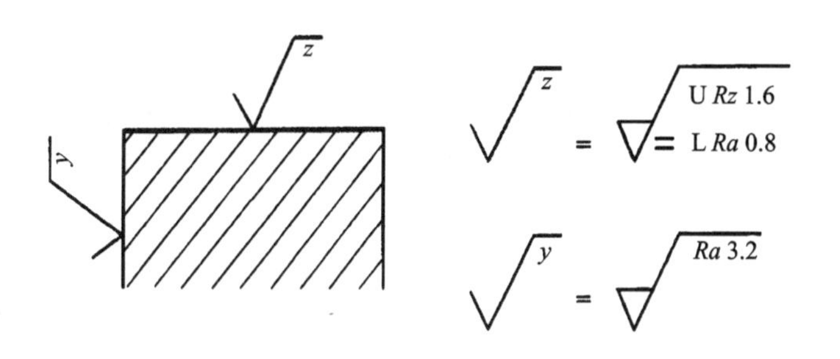

图 6－3－10　表面粗糙度在图样上的标注举例

四、表面粗糙度的测量

常用表面粗糙度测量的方法有比较法、光切法、干涉法和触针法。

(一) 比较法

比较法将被测表面与标准粗糙度样块进行比较，来判断粗糙度的一种检测方法。两者的加工方法和材质应尽可能相同，否则将产生较大误差。可用肉眼或借助放大镜、比较显微镜进行比较，也可用手摸或指甲划动的感觉来判断被测表面的粗糙度。

这种方法多用于车间，用于评定一些表面粗糙度参数较大的工件，评定的准确性在很大程度上取决于检验人员的经验。

(二) 光切法

光切法是利用光切原理，即光的反射原理测量表面粗糙度的一种方法。常用的仪器是光切显微镜(双管显微镜)。适合测量车、铣、刨或其他类似加工方法加工的零件表面。光切法主要用来测量轮廓最大高度 Rz 的值。其测量范围为 0.5～80 μm。

(三) 干涉法

干涉法是利用光波的干涉原理测量表面粗糙度的一种方法。常用的仪器是干涉显微镜。干涉法适合用来测量极光滑的表面，即测量轮廓最大高度 Rz 的值。其测量范围 0.025～0.8 μm。

(四) 触针法

触针法是利用电动轮廓仪测量被测表面的 Ra 值的方法。测量时使触针以一定速度划过被测表面,传感器将触针随被测表面的微小峰谷的上下移动转化成电信号,并经过传输、放大和积分运算处理后,通过显示器或打印方式显示 Ra 值。

[习题]

6-3-1　表面粗糙度属于什么误差?对零件的使用性能有什么影响?

6-3-2　GB/T 1031—2009 规定表面粗糙度的评定参数有哪些?哪些是基本参数?哪些是附加参数?

6-3-3　表面粗糙度符号有哪几种?说明其各自的含义。

6-3-4　什么是表面结构代号?画图说明标准规定各参数在符号上的标注位置。

6-3-5　表面粗糙度符号、代号在图样上标注时有哪些基本规定?

6-3-6　Ra 和 Rz 的区别何在?各自的常用范围如何?

6-3-7　检测表面粗糙度参数有哪些方法?各用于什么场合?

附　录

常用液压图形符号(摘自 GB/T 786.1—1993)见附表 1～附表 10。

附表 1　液压泵、液压电动机和液压缸

名称		符号	说明
液压泵	液压泵		一般符号
	单向定量液压泵		单向旋转、单向流动、定排量
	双向定量液压泵		双向旋转，双向流动，定排量
	单向变量液压泵		单向旋转，单向流动，变排量
	双向变量液压泵		双向旋转，双向流动，变排量
液压电动机	液压电动机		一般符号
	单向定量液压电动机	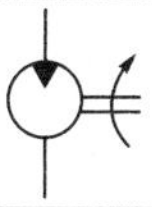	单向流动，单向旋转
	双向定量液压电动机		双向流动，双向旋转，定排量
	单向变量液压电动机		单向流动，单向旋转，变排量
	双向变量液压电动机		双向流动，双向旋转，变排量
	摆动电动机	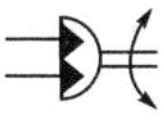	双向摆动，定角度

名称		符号	说明
双作用缸	不可调单向缓冲缸	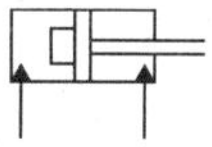	详细符号
		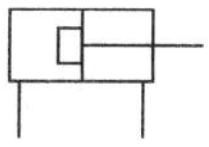	简化符号
	可调单向缓冲缸	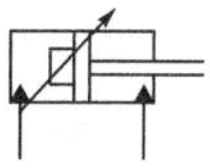	详细符号
		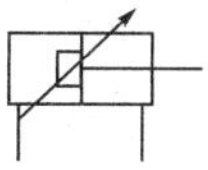	简化符号
	不可调双向缓冲缸	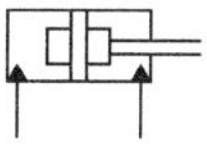	详细符号
		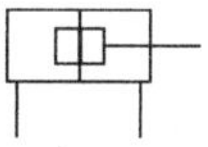	简化符号
	可调双向缓冲缸	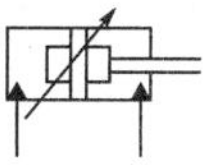	详细符号
		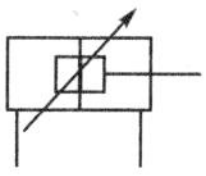	简化符号
	伸缩缸	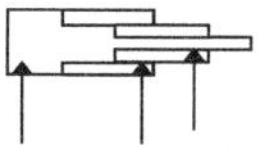	
压力转换器	气-液转换器	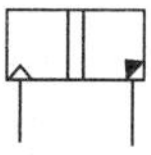	单程作用
		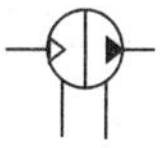	连续作用

续附表1

名称		符号	说明
泵-电动机	定量液压泵-电动机	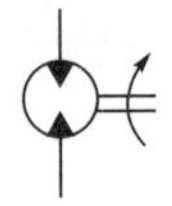	单向流动,单向旋转,定排量
	变量液压泵-电动机		双向流动,双向旋转,变排量,外部泄油
	液压整体式传动装置	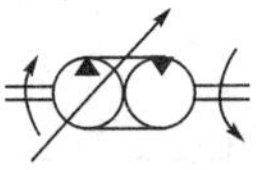	单向旋转,变排量泵,定排量电动机
单作用缸	单活塞杆缸	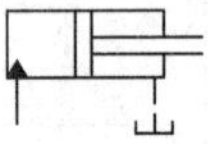	详细符号
		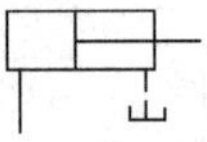	简化符号
	单活塞杆缸(带弹簧复位)	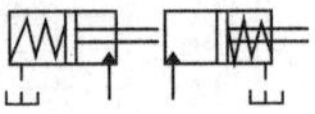	详细符号
		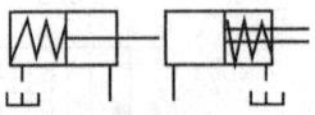	简化符号
	柱塞缸	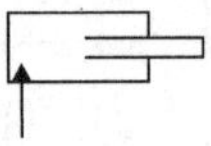	
	伸缩缸	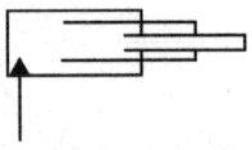	
双作用缸	单活塞杆缸	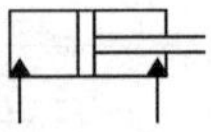	详细符号
		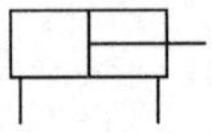	简化符号
	双活塞杆缸	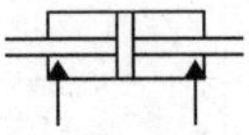	详细符号
		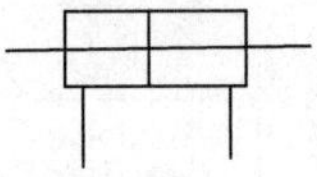	简化符号

名称		符号	说明
压力转换器	增压器	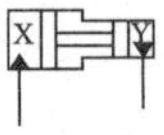	单程作用
		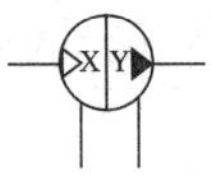	连续作用
蓄能器	蓄能器		一般符号
	气体隔离式		
	重锤式		
	弹簧式		
辅助气瓶			
气罐			
能量源	液压源		一般符号
	气压源		一般符号
	电动机	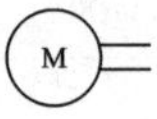	
	原动机	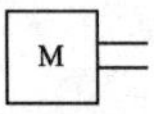	电动机除外

附表 2　机械控制装置和控制方法

名称		符号	说明
机械控制件	直线运动的杆		箭头可省略
	旋转运动的轴		箭头可省略
	定位装置		
	锁定装置		* 为开锁的控制方法
	弹跳机构		
机械控制方法	顶杆式		
	可变行程控制式		
	弹簧控制式		
	滚轮式		两个方向操作
	单向滚轮式		仅在一个方向上操作，箭头可省略
人力控制方法	人力控制		一般符号
	按钮式		
	拉钮式		
	按-拉式		
先导压力控制方法	液压先导加压控制		内部压力控制
	液压先导加压控制		外部压力控制
	液压二级先导加压控制		内部压力控制，内部泄油
	气-液先导加压控制		气压外部控制，液压内部控制，外部泄油
	电-液先导加压控制		液压外部控制，内部泄油
	液压先导卸压控制		内部压力控制，内部泄油
			外部压力控制（带遥控泄放口）
	电-液先导控制		电磁铁控制、外部压力控制，外部泄油
	先导型压力控制阀		带压力调节弹簧，外部泄油，带遥控泄放口
	先导型比例电磁式压力控制阀		先导级由比例电磁铁控制，内部泄油
电气控制方法	单作用电磁铁		电气引线可省略，斜线也可向右下方
	双作用电磁铁		
	单作用可调电磁操作（比例电磁铁，力马达等）		
	双作用可调电磁操作（力矩马达等）		

续附表2

名称		符号	说明	名称		符号	说明
人力控制方法	手柄式	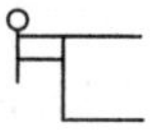		电气控制方法	旋转运动电气控制装置	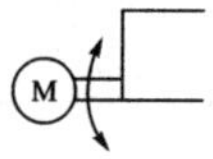	
	单向踏板式	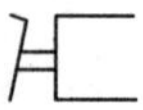		反馈控制方法	反馈控制	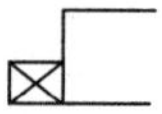	一般符号
	双向踏板式	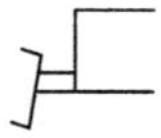			电反馈	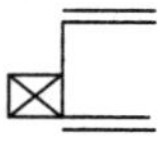	由电位器、差动变压器等检测位置
直接压力控制方法	加压或卸压控制	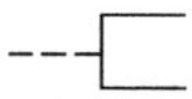			内部机械反馈	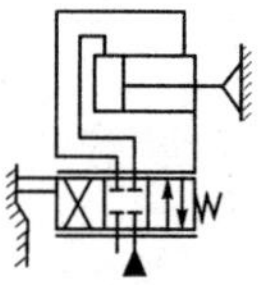	如随动阀仿形控制回路等
	差动控制	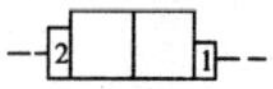					
	内部压力控制	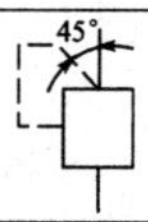	控制通路夺元件内部				
	外部压力控制	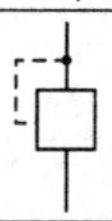	控制通路在元件外部				

附表3 压力控制阀

名称		符号	说明	名称		符号	说明
溢流阀	溢流阀	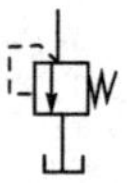	一般符号或直动型溢流阀	减压阀	先导型比例电磁式溢流减压阀	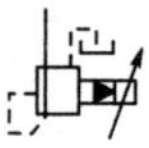	
	先导型溢流阀	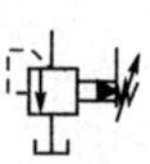			定比减压阀	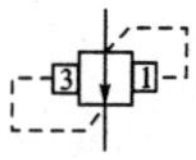	减压比 1/3
	先导型电磁溢流阀	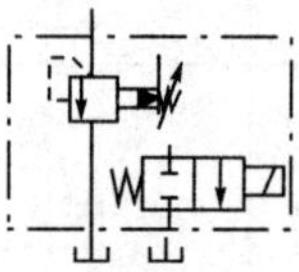	(常闭)		定差减压阀	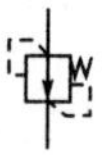	
	直动式比例溢流阀	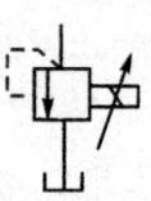		顺序阀	顺序阀	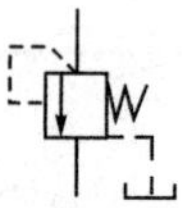	一般符号或睦动型顺序阀

续附表 3

名称		符号	说明
溢流阀	先导比例溢流阀	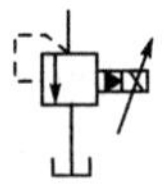	
	卸荷溢流阀	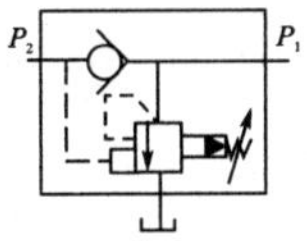	$p_2 > p_1$ 时卸荷
	双向溢流阀	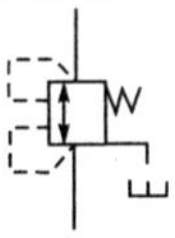	直动式，外部泄油
减压阀	减压阀	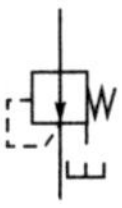	一般符号或直动型减压阀
	先导型减压阀		
	溢流减压阀	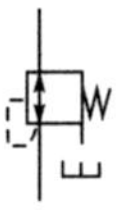	

名称		符号	说明
顺序阀	先导型顺序阀	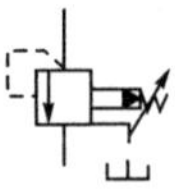	
	单向顺序阀（平衡阀）	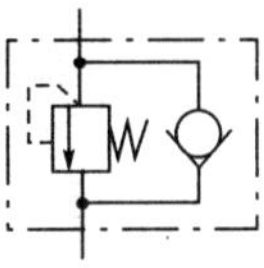	
卸荷阀	卸荷阀	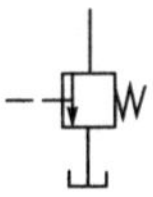	一般符号或直动型卸荷阀
	先导型电磁卸荷阀	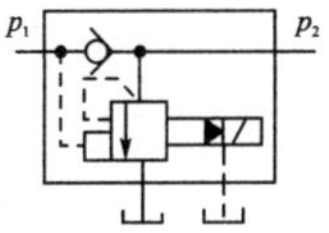	$p_1 > p_2$
制动阀	双溢流制动阀	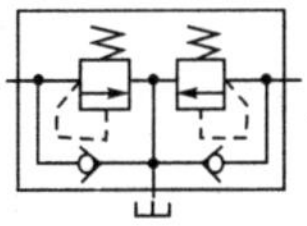	
	溢流油桥制动阀	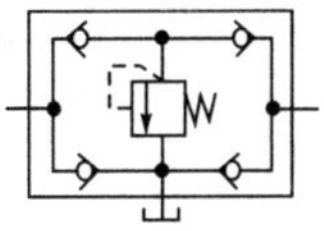	

附表 4 方向控制阀

名称		符号	说明
单向阀	单向阀	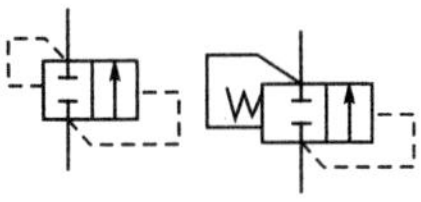	详细符号
		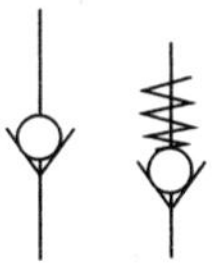	简化符号（弹簧可省略）
液压单向阀	液控单向阀	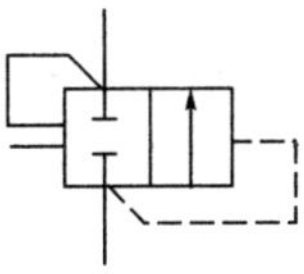	详细符号（控制压力关闭阀）

名称		符号	说明
换向阀	二位五通液动阀	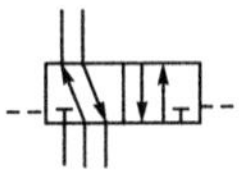	
	二位四通机动阀	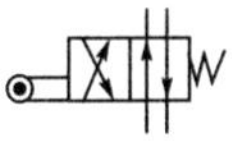	
	三位四通电磁阀		

续附表4

名称		符号	说明
液压单向阀	液压单向阀	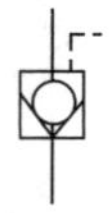	简化符号
		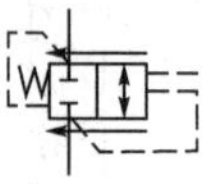	详细符号（控制压力打开阀）
			简化符号（弹簧可省略）
	双液控单向阀	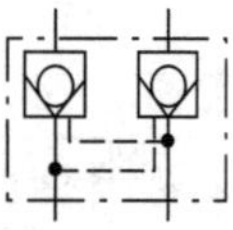	
梭阀	或门型	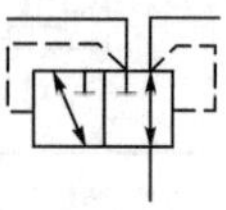	详细符号
		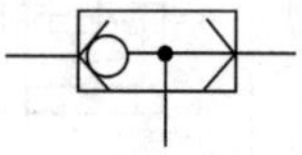	简化符号
换向阀	二位二通电磁阀	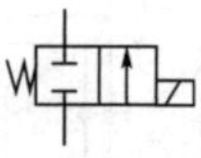	常断
		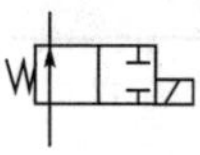	常通
	二位三通电磁阀	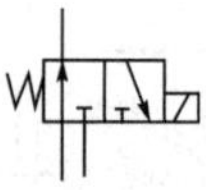	
	二位三通电磁球阀	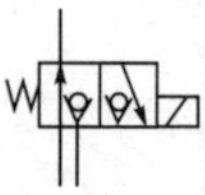	
	二位四通电磁阀	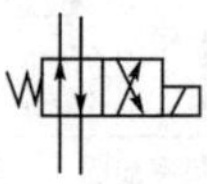	

名称		符号	说明
换向阀	三位四通电液阀	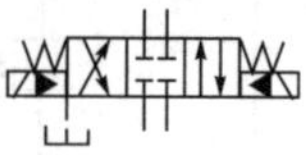	简化符号（内控外泄）
	三位六通手动阀	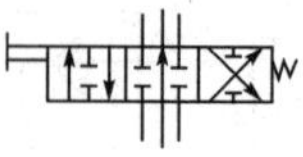	
	三位五通电磁阀		
	三位四通电液阀	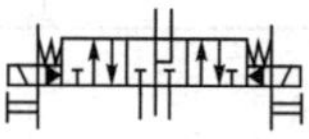	外控内泄（带手动应急控制装置）
	三位四通比例阀	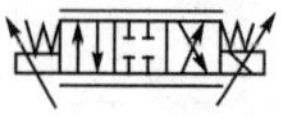	节流型，中位正遮盖
	三位四通比例阀		中位负遮盖
	二位四通比例阀	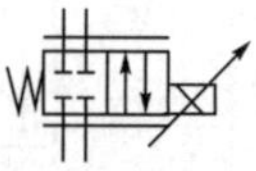	
	四通伺服		
	四通电液伺服阀	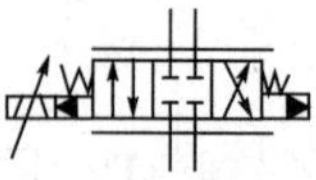	二级
		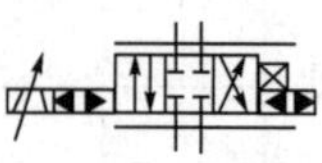	带电反馈三级

附表 5　流量控制阀

名　称		符　号	说　明	名　称		符　号	说　明
节流阀	可调节流阀		详细符号	调速阀	调速阀		简化符号
			简化符号		旁通型调速阀		简化符号
	不可调节流阀		一般符号		温度补偿型调速阀		简化符号
	单向节流阀				单向调速阀		简化符号
	双单向节流阀			同步阀	分流阀		
	截止阀				单向分流阀		
	滚轮控制节流阀（减速阀）				集流阀		
调速阀	调速阀		详细符号		分流集流阀		

附表 6　油　箱

名　称		符　号	说　明	名　称		符　号	说　明
通大气式	管端在液面上			油箱	管端在油箱底部		
	管端在液面下		带空气过滤器		局部泄油或回油		
				加压油箱或密闭油箱			三条油路

附表7　流体调节器

名称		符号	说明	名称		符号	说明
过滤器	过滤器	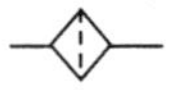	一般符号	空气过滤器			
	带污染指示器的过滤器			温度调节器			
	磁性过滤器			冷却器	冷却器		一般符号
	带旁通阀的过滤器				带冷却剂管路的冷却器	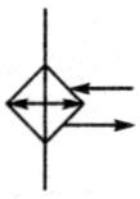	
	双筒过滤器	p_2　p_1	p_1:进油 p_2:回油	加热器			一般符号

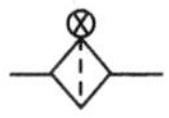

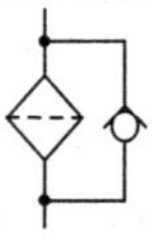

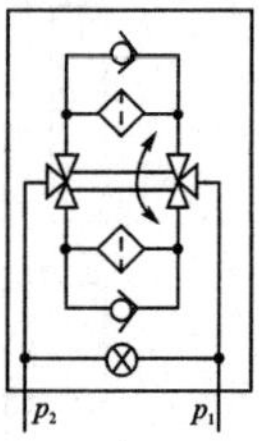

附表8　检测器、指示器

名称		符号	说明	名称		符号	说明
压力检测器	压力指示器			流量检测器	检流计(液流指示器)		
	压力表(计)				流量计	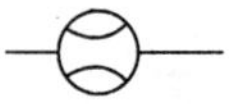	
	电接点压力表(压力显控器)				累计流量计		
	压差控制表			温度计			
液位计				转速仪			
				转矩仪			

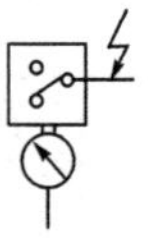

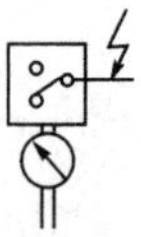

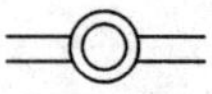

附表 9 其他辅助元器件

名称	符号	说明	名称	符号	说明
压力继电器（压力开关）	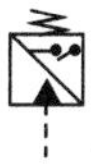	详细符号	压差开关	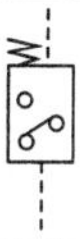	
	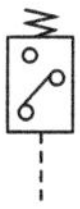	一般符号	传感器 传感器	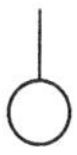	一般符号
行程开关	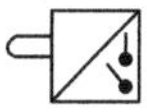	详细符号	传感器 压力传感器	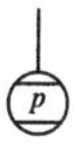	
	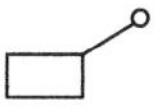	一般符号	传感器 温度传感器	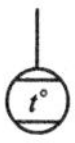	
联轴器 联轴器	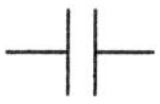	一般符号	放大器		
联轴器 弹性联轴器	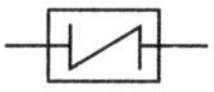				

附表 10 管路、管路接口和接头

名称	符号	说明	名称	符号	说明
管路 管路	——	压力管路 回油管路	管路 交叉管路	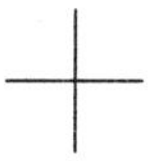	两管路交叉不连接
管路 连接管路	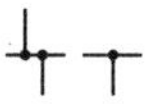	两管路相交连接	管路 柔性管路	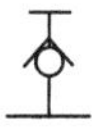	
管路 控制管路	----	可表示泄油管路	管路 单向放气装置（测压接头）	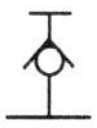	
快换接头 不带单向阀的快换接头	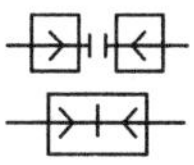		旋转接头 单通路旋转接头	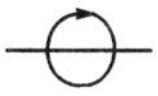	
快换接头 带单向阀的快换接头	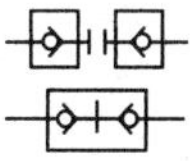		旋转接头 三通路旋转接头	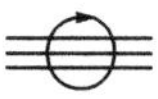	

参考文献

[1] 李刚.工程力学[M].南京:南京大学出版社,2016.
[2] 沈韶华. 工程力学[M].北京:经济科学出版社,2010.
[3] 郭仁生.机械设计基础[M].北京:清华大学出版社,2006.
[4] 杨可桢.机械设计基础[M].北京:高等教育出版社,2013.
[5] 张建中.机械设计基础[M].北京:高等教育出版社,2009.
[6] 栾学钢.机械设计基础[M].北京:高等教育出版社,2006.
[7] 许菁.液压与气动技术[M].北京:机械工业出版社,2016.
[8] 马廉洁.液压与气动技术[M].北京:机械工业出版社,2011.
[9] 于辉,王丹.公差配合与测量技术[M].北京:北京交通大学出版社,2015.
[10] 苏采兵,王凤娜. 公差配合与测量技术[M].北京:北京邮电大学出版社,2013.